章之汶（1900—1982）
（美国耶鲁大学神学院图书馆藏）

章之汶和家人合影

（美国耶鲁大学神学院图书馆藏）

章之汶1928年与金陵大学农林科《农林汇刊》成员合影

（前排左二章之汶）

康奈尔大学中国农学会全体会员

（1932年6月1日摄影，后排右三章之汶）

章之汶和金陵大学农学院1935级合影

（前排左三章之汶，南京农业大学档案馆藏）

金陵大学农学院推广部第二届暑期农业推广讨论会会员合影

（1940年8月6日摄影，前排右六章之汶，南京农业大学档案馆藏）

成都金陵大学农学院办公处前欢送章之汶出国考察

（1945年8月11日摄影，二排左十一章之汶，南京农业大学档案馆藏）

章之汶（左）与金陵大学农学院森林系陈嵘教授

（美国耶鲁大学神学院图书馆藏）

章之汶在联合国粮农组织（FAO）会议发言

1972年章之汶(前蹲者)指导菲律宾社会实验室项目

章之汶文集

南京农业大学 编

南京大学出版社

《章之汶文集》

农业改进事业卓越领导者章之汶

董维春

棉花并不是中国本地作物，传统中棉是从印度传来的。公元前200年左右，中国人已经知道了棉花，但在以后的1000年里，棉花并没有传播到最初引进棉花的西南边疆以外的地方。在元朝时，棉花取代了中国人制衣用的纤维原料苎麻。17世纪，中国的男女老幼几乎都穿着棉布衣服。到20世纪20年代初，中国棉纱制造业在国内市场上占据了主导地位。1937年，中国在棉纱和棉纺织品上再一次自给自足，棉花已成为中国最重要的产业，上海正在迅速成为远东的曼彻斯特。

［摘自（美）斯文·贝克特著《棉花帝国》］

近代中西文化交流史，是一个双向对流的运动过程。中国教会大学既是基督教文化与近代西方文明的载体，同时它又处在东方传统文化环境与氛围之中，因而不可避免地要逐步走向本土化、世俗化；尽管一般规模不大，但大多办得有自己的特色，特别是在农学、医学、女子高等教育方面具有领先地位与较大贡献。二十世纪二十年代以后，教会大学的宗教功能逐渐减弱，教育功能日益增长，而且不断加强与社会联系并为社会服务，在中国教育近代化过程中起着某种程度的示范和导向作用。

（摘自章开沅主编《教会大学在中国》总序）

引用这两段文字，是为了表达我研究农业教育史时所遵循的基本方法，即“用哲学和历史的眼光看世界”。我们先将目光聚焦到二十世纪二十年代后的三十年，这是中国近现代史上激烈动荡的年代，也是西学引进后的社会实践时代。

在政治变革方面,1919年五四运动标志着新民主主义革命的开始,中国共产党随后诞生,并最终形成了新中国和社会主义制度,直至当前以中国式现代化全面推进中华民族伟大复兴;在社会进步方面,从鸦片战争后"坚船利炮"认知上升到新文化运动时"科学救国"理想,随着西方现代科学的引进传播,导致了从技术范式转变为科学范式的中国传统农业改进;在教育转型方面,1902年和1905年先后停废了中国沿袭千年的书院教育和科举制度,起初的学堂教育尚不具备现代科学教育的完整体系,以农业为例,随着美国教学科研推广"三位一体"农学院办学模式引进和"农科教结合"办学思想实施,叩开了中国高等农业教育现代化的大门。

近几年,经常陪同访客或带领学生参观南农校史馆,颇多感触。当现代学子接触到他们老师的老师以前的学术先祖时,往往无法判断这些先贤们开创性工作的历史定位,有时甚至会想当然地认为今天的知识以前就有。在研究南农创始人之一过探先时,曾与相关教师讨论中国现代植棉事业创始人问题,一般认为始于冯泽芳。在冯泽芳1925年获得国立东南大学农科本科文凭前,郭仁风(J. B. Griffing)、过探先、章之汶、王善佺等已先后开展植棉工作数年,这几位都是伟大的开创者。冯泽芳院士在南京工作到1952年院系调整后的南京农学院,使得当今老师能够直接成为他的学术传承。这使我认识到向青年教师和学生讲授校史和学科史的重要性。研究和讲述包括校史在内的农业教育史,不仅是简单地收集编年故事和人物生平,还要回到历史时空中去做出判断,以《南农简史》通识课为例,我们教师团队都试图用"看南农—看中国—看世界"的逻辑来引导学生建立历史思维。

2021年6月21日,应章之汶之孙章安强之约,我与南农校友总会办公室张红生等一行来到多伦科技有限公司,就章之汶图书馆和章之汶铜像等相关事宜进行交流。当看到章总收藏的他祖父1936年出版的中国第一本《农业推广》教材原件时,我惊叹于南农先贤后代对祖辈的自豪和对南农的挚爱。本次交流中,双方决定在李扬汉先生1998年主编的《章之汶先生纪念文集》基础上,扩大文献收录范围,出版《章之汶文集》,并由南农大图书馆牵头负责。

经过一年多努力,编写组初步完成了《章之汶文集》整理工作,邀我为文集作序。若论生平与论著,文集中已有详细记载,没有必要再作简单罗列;若论缅怀与追思,裘维蕃、陈俊愉、李扬汉、周邦任等先生均有好文在前;若论职务与称号，则有中央农业推广委员会专门委员、金陵大学农学院院长、联合国粮农组织副总干事，以及著名农业推广专家、棉作专家、农业教育家等。起初觉得无从入手，曾想以“华西坝上金陵风”为题，简述章先生抗战期间担任金陵大学农学院院长的事迹，但又觉得这是挂一漏万之举，不能体现章先生全貌，特别是他高贵的精神品质。

我想，还是得回到那个年代去看章之汶所做出的开创性工作及其在中国传统农业改造中的重要意义，正如雕塑家创作塑像时，在“形似”基础上往往更重视“神似”。于是，通读《章之汶先生纪念文集》《金陵大学史》《金陵大学画传》《风过华西坝：战时教会五大学纪》《中国教会大学史（1850—1950）》等，一幅幅栩栩如生的金大农学院和章之汶先生的画面，开始浮现在我的眼前。

私立金陵大学成立于1910年，其前身为基督教长老会1888年成立的汇文书院，有着“钟山之英”“江东之雄”美誉。农科一直是金大最富特色的科目，声誉鹊起、闻名于世。我们先来看看金大农科的几份成绩报告单。1914年春，金大创办的农科开创了中国大学四年制农业本科教育先河；1936年，金大农科又在全国率先招收农业经济研究生。1928年，美国教育界对外国人在中国所办的大学进行ABC评鉴分类时（由加州大学负责），金陵大学是中国唯一的A类大学，其毕业生可直接进入美国大学研究生院。1949年前，金大毕业生一度领导着中国农林部7个技术部的5个、5所国立研究所的3所、10余所国立大学农学院的7所。1918年的首届农科毕业生陈桢和1924年的毕业生俞大绂1948年当选为中央研究院第一届院士（共81人），新中国成立后有20位金大农学院校友当选中国科学院或中国工程院院士。1956年，胡适在《沈宗瀚自述》的序言中认为，“民国三年以后的中国农业教学和研究的中心是在南京。南京的中心先在金陵大学的农林科，后来加上南京高等师范学校的农科。这就是后来的金大农学院和东南大学（中央大学）的农学院。这两个农学院的初期领袖人物都是美国几个著名的农学院出身的现代农学者。他们都能实行他们的新式教学方法，用活的材料教学生，用中国农业的当前困难问题来做研究。”在1985年出版的《中国现代农学家传》一书所列54位农学家中，有18位毕业于金大农学院。我在走访中国主要涉农高校校史馆时，也注意到这个现象，各校早期学科创始人中一般都有金大毕业生身影。这些辉煌成就的取得，与校院层面卓越领导者和杰出学科带头人的开创性工作是密不可分的。

1914—1952年，在金大农学院38年办学史中，共有七任院长（含中美双科长制），分别为：① 裴义理（Joseph Bailie，1860—1935），任期1914—1916年；② 芮思娄（J. H. Reisner，1888—1965），任期1916—1928年；③ 过探先（1887—1929），任期1925—1929年；④ 谢家声（1887—1983），任期1930—1937年；⑤ 章之汶（1900—1982），任期1937—1948年；⑥ 孙文郁（1899—1981），任期1948—1949年；⑦ 靳自重（1907—1954），任期1950—1952年。七任院长可分为三个阶段：第一个阶段是教会大学学科奠基，裴义理和芮思娄都是美国传教士，前者在“中国义农会”赈灾基础上引进了美国大学四年制农科学士学位教育，后者引进了美国农学院教学科研推广“三位一体”办学模式和大批美籍农林学者及留学美国的中国学者；第二个阶段是教会大学本土化，过探先、谢家声、章之汶都是美国大学农科硕士，作为较早获得现代农业科学高级学位的学者，特别是在1925年前后中国收回教会大学办学权思潮后，他们遵循陈裕光校长“贯通中西科学文化”的办学思想，将现代农业科学与中国农业实际问题结合，实现了美国农学院办学模式本土化，并与同期南京高等师范学校和国立东南大学农科主任邹秉文提出的“农科教结合”办学思想相映成辉，共同促进了清末农务学堂教育向现代大学农业科学教育的转型，在中国高等农业教育史上具有里程碑意义；第三个阶段是教育体制过渡，孙文郁、靳自重就职于新中国成立前后，此时解放战争进入尾声，在民国教育体制向新中国教育体制过渡的同时，结束了中国教会大学办学史。

1920年，当金大美籍教授郭仁风招募有志青年协助棉花改良事业时，一位来自安徽来安的大二学生章之汶成为签约者之一，开始了为期两年的棉作实习，在参与金大“百万华棉”选育中接触了棉花育种与栽培的基本科学方法，在乌江棉作推广时对农业推广与乡村教育有了基础认识，这成为他的事业起点和未来方向，决定了他留校八年后又去康奈尔大学攻读农业教育与乡村社会硕士学位。1932年毕业时，康奈尔大学曾高薪聘请他留美从事农业研究，但强烈的爱国情怀驱使他毅然回国，要将国外所学付诸实施，由此产生了中国第一本《农业推广》教材和现代农业推广理论，产生了中国大学第一个农业推广机构（金陵大学农林科农业推广部，1924）和第一个农业推广实验区（乌江农业推广实验区，1930），抗战西迁后还在四川温江、仁寿、新都和陕西南郑、泾阳等地创办农业推广区。他在康奈尔大学副校长孟恩（A. R. Mann）推广理论基础上，提出了基于中国问题的农业推广理论，将狭义的农业推广扩展到广义的农业推广，即“以农业学术机构研究改良之结果，推广于农民普遍种植或使用，以增进农业生产，增加农民财富”为基础，“提倡卫生运动，以促进农民之健康。实施农民教育，以增长农民之智识。改造乡村环境，以养成农民之美感。倡导合作组织，提倡正当娱乐，辅助地方自治推行，以及改善儿童、妇女、家政与乡村社会之种种不良习惯，使农民知有适当之社交，享受真正之公平”。当我们今天重新打开章之汶三十年代建立的农业推广理论时，发现仍然具有较高的学术价值。

1937 年，章之汶就任金大农学院第五任院长。若从 1933 年担任农学院副院长开始，包括 1936 年代理兼任中央农业实验所所长的谢家声院长之职，章之汶前后担任农学院领导 15 年，是农学院院长中任期最长者。这个时期，既是金大农学院的辉煌期，也是金大农学院的困难期。他经历了南京沦陷前的西迁成都，全面抗战时在华西坝五所教会大学的同院办学，以及战后的复员回迁。在这 15 年期间，章之汶的农业教育思想趋于成熟并付诸实施，在中国高等农业教育史上留下了浓墨重彩。①他注重理论与实践结合，践行“学理证诸实验”格言，多次参与实地考察，了解各地农业问题，积极推进教学科研，推广“三一制”，坚持农业基础研究必须为现实农业问题服务，且研究、教育、推广缺一不可。②他系统论述了中国农业改进体系，提出农业改进的三大支柱系统（农业人才培养系统、农业推广指导系统、农业研究改良系统），农业改进思想的三个层次（推动农业技术发展、推进农村社会改良、维护农民身心健康），绘制了“农业整个事业研究相关图”，用大教育观构思了农业教育体系（高级农业教育、中等农业职业教育、小学生产教育及农民教育），对每类教育的目的、组织、课程、活动等都做了详细论述；1940 年与邹秉文、钱天鹤、赵连芳等 8 人联名上书教育部提出改进农业教育建议，1943 年与邹秉文主编《我国战后农业建设计划纲要》，产生了重要影响。③他对中国传统文明持敬仰态度，作为现代教育所培养的海归农学家，他没有忽视中国古老、传统、深厚的农业文明，并对其中诸多科学经验有着客观评价，在他多篇文章和演讲中常以“我国向以农业著称”等开头，认为一定程度上传统经验农学也是具有科学性的，但“可惜尚未有人利用科学方法加以编纂”。1943 年，金大在成都同时举行三个庆典：西迁 5 周年、农学院成立 30 周年和金大建校 55 周年，从珍贵的历史照片中，我注意到陈裕光、吴贻芳、章之汶等校院长都是身着中式长衫出场的，这并非偶然。再看看《金陵大学画传》，在民国学界尤其是教会大学西装盛行的年代，这些海归学者为什么喜欢身着中式长衫？这或许暗合了陈裕光的办学思想：金陵大学虽是教会大学，但它首先是中国人的学校，中国大学生要吸收西方的科学文化，但必须以中国文化为主体，重视祖国固有文化，对外来文化应加以择别。

1948年，章之汶离开金陵大学，改任联合国粮食及农业组织（Food and Agriculture Organization of the United Nations，FAO，以下简称“联合国粮农组织”）副总干事、国际水稻协会执行秘书和亚洲远东地区办事处（曼谷）顾问等职，开始了他的国际任职。长期以来，联合国粮农组织与南农有着特殊缘分，先后有邹秉文、章之汶、钱天鹤、钟甫宁、朱晶以及渔业学院几位领导在联合国粮农组织担任职务或顾问。1943年，美国总统罗斯福为解决战后粮食问题，倡议召开世界粮农会议（Post—War World Food and Agriculture Conference）。中国派出了郭秉文为团长的10人代表团，其中邹秉文、沈宗瀚、赵连芳三人为南农校友。在会后筹建这个永久性国际组织时，邹秉文担任筹委会副主席、中国政府驻联合国粮农组织首任首席代表，并代表中国在宪章上签字，使中国成为联合国粮农组织创始国之一。联合国粮农组织正式成立于1945年10月16日（世界粮食日），成为第一个加入联合国体系的国际组织。章之汶1945年底赴欧美考察，曾受到联合国粮农组织任职邀请，因正担任金大农学院院长未应允。1948年11月，章之汶担任联合国粮农组织副总干事后，他将学术视野由中国扩展到亚洲，并将毕生所学在亚洲各地农村实践，对亚洲及远东地区农业发展、农业研究机构建设、三一制与农业推广等撰写了诸多论著，如《亚洲及远东地区农业研究发展现状》《农业教学、研究、推广综合体制》《农业推广理论与实际》《迈进中的亚洲农村》《亚洲农业发展新策略》等，对战后亚洲饥饿问题的缓解发挥了积极作用。1966年，他从联合国粮农组织退休后，受菲律宾大学邀请前往该校任教7年，积极在亚洲和菲律宾推进“社会实验室”项目，主要目的是“发动人力以充分开发土地和水资源，将现存的传统农业转变为现代化的商业农业”，1973年获得“社会实验室之父”（Father of Social Laboratory）称号。1973年从菲律宾大学退休后，定居美国与子女共同生活。在美期间，他仍心怀祖国、思念金陵。1975年承周恩来邀请，拟于1976年2月率领留美金大同学农业代表团访华，因总理去世未能成行。1980年，农业部副部长杨显东访美之际，章之汶赠送1943年与邹秉文主编的《我国战后农业建设计划纲要》。农业出版社重印800本，呈送中央领导和国务院有关部门，并分送各农业院校，得到高度评价。1982 年 1 月 5 日，章之汶病逝于美国寓所。

1988 年，在金陵大学建校 100 周年校庆之际，章之汶亲属将落实侨房政策后收回的位于南京金银街(北京西路 9 号)几幢房产(共 1422 平方米)，捐赠南京大学。

2020 年 10 月 18 日，南京农业大学与多伦科技股份有限公司举行战略合作暨捐赠签约仪式。章安强表示，南京农业大学距今已经有 118 年的历史，正是包括祖父章之汶在内的一代又一代教育工作者们共同坚守建设的成果。祖父的坚持、坚守、自律一直深深地影响着自己，从而才能通过不懈的奋斗把一个创业公司做成上市公司。很荣幸以章之汶的名义冠名南京农业大学江北新校区的图书馆，这不仅是自己作为后辈对祖父的纪念，也希望能够通过这样的方式把他的精神和南农的精神永远地传承下去。

本次签约仪式后，我与章安强有多次交流。目前，南农新校区章之汶图书馆建筑已经封顶，中国国画院雕塑学院王艺院长对章之汶铜像的创作也在进行中，《章之汶文集》也将由南京大学出版社付梓印行。躬耕双甲、奋进一流，诚朴勤仁、强农兴农，2022 年适逢南京农业大学 120 周年校庆，愿南农历史上像章之汶等“大先生”学农报国的精神，能够历久弥新、启迪未来；愿作为南农新校区新地标的章之汶图书馆，成为求知之馆、成才之馆！

2022 年 12 月 26 日，写于南农。

(董维春，南京农业大学副校长)

编 例

一、章之汶先生著述甚丰，本次编辑文集，根据文章内容和体裁进行了分类编排，在每个类别中，文章依出版时间先后排序。

二、文集收录的有些文章在不同的出版物数次刊载并有不同程度的修订，文集根据情况选用一篇，请读者注意文章之后的刊发记载。

三、文集以简体字编排，原稿中的繁体字简化影响原文稿文意时，则用原字。作者当时的行文、用字习惯，不会产生歧义的，原文照录。若可充分认定为印刷误植等原因造成的误写，则径直修改。原文中的字漫漶不请、无法识读的，以“□”表示。

四、文集标点符号依现行规范修改。有些文章系旧式句读，由编者加以标点。

五、文集中表示层级的序号用法尽量尊重原文。

六、文集中的图表与现行图表规范或有相悖之处，但因涉及作者的创作想法，照录原文。

七、文集数字基本照录原文，图表内的数字转写为阿拉伯数字。

八、文集中某些篇章的字句在不影响文章大意的情形下，编者根据时代变化酌情删除。

目　录

论　述

考察 · 调查

演　讲

序　言

译　文

附　录

论述

农业教育

乡村教育谈

教育者，进化之母也，教育良，则进步速，教育不良，则进步缓，此天演之公例也。吾国自五四运动以来，对于都市教育，有不满足者，则改造之，建设之，惨淡经营，不余遗力，故其进步之速，大有一日千里之势。然对于乡村教育，则视若无睹，若谓无足轻重，任其消长也者。是以今日之乡村学校，非惟寥落晨星，教育不能普及，即考其所定之课程，及其教授之方法，与昔日之私塾，曾无以异。处此境遇之下，若求吾国农业进步，是犹缘木求鱼，岂可得乎？余不揣冒昧，略将平日研究所得者，条分缕析，拉杂陈出，以与海内热心于乡村教育者，作一商榷焉。

一、支配乡村学校课程之标准

甲、适合现在本地之农情　乡村学校，所定之课程，应以现在本地之农情为依归，例如于产棉区域，则宜以棉学为主要课程，其他产米、产麦、产丝，以及森林、牧畜、渔猎诸地，亦如之。

乙、以农学为主，参以城市之教育　现在乡村学校所授之课程，全系依照城市学校之规定。要知此种课程，非特不能应一般农民生活之需要，且易引起彼投入城市职业之思想，而不愿安于为农，故今后之乡村教育，必须按照乡村之环境、人民之职业，而支配之。

丙、包含广义之教育与实验　吾国农民，进步迟缓，其原因有二：

（子）由于知识浅陋。

（丑）由于技术欠精。

宜于学校专设主要科目外，另设补助机关，以资练习，如农场、林场、实习工作场所等。

二、课程之类别

甲、卫生教育　俾农民得有健全之身体，完美之环境，以发展其本能。

乙、国民教育　俾农民洞悉彼等在社会中应有之权利与义务，以养其服务之热心。

丙、职业教育　俾农民谙习生产之原理，以谋物产丰登，而获美满之生活。

丁、安舒教育　此系修身教育，殆新教育之宗旨，非特使人民明白生财之道，且晓之以用财之方。

三、乡村学校之组织

甲、学校之三要点：

（子）编制学程，以适合乡村情形为依归。

（丑）特色教员，以能应用新教材者为合格。

（寅）建筑校舍，以适合新教育之要求为标准。

乙、改造乡村教育时，应考虑下列之要素：

（子）组织乡村教育委员会，主理一区或一县之乡村教育事宜。

（丑）为现时计，因经济之困穷与人才之缺乏，乡村教育，可仅限于高小及初小教育，即新学制所谓六年小学教育是也。

（寅）分配全县之教育经费，使各地人民得有享受同等教育之机会。

（卯）设备适中之校址，无使过于繁密及偏枯。

（辰）学校添设儿童图书阅报室。

（巳）派遣青年子弟，留学他方，养成适宜之教职员。

（午）奖励有专门学识及耐于劳苦之教员。

（未）教育之薪金，必敷其生计，及至教授多年时，当有修养之恩金，以示鼓励。

四、乡村教育之分类

甲、乡村小学教育　为在学龄期内之青年人。

（子）考察现在小学教育之缺点

（1）缺少有充分预备之教职员。

（2）缺少经费。

（3）缺少教育机关。

（丑）解决上述问题之初步

（1）应行乡村调查，以考察乡村之切实情形及学龄儿童之多寡。

（2）组织教育委员会，促进乡村教育。

（3）请求教育部与农商部，襄助乡村教育。

（4）组织倡办乡村教育各机关联合会。

（5）请求专门学校，添办讲习科或速成科，以造就乡村小学之教育人才。

（6）藉报纸及讲演方法，引起人民注意乡村教育之重要并其改良之步骤。

乙、成年人教育　为幼年失学者，与无机前进之中年人。

（子）成年人教育之现在问题

（1）普及成年人教育。

（2）教授幼年无机入学之成年人，以农家生活应用之学识。

（3）启发农人之技能与智识，以及传布关于改良农业之新计划或新消息。

（丑）进行之办法

（1）要求各大学添办暑期学校。

（2）要求各大学添办一年卒业之讲习科。

（3）设立通俗学校或夜校或半日学校。

（4）设立函授学校。

（5）设立通俗演讲会所。

（6）设立春冬学校。

（7）设立工读学校。

五、学校之社会职务

学校为社会文化之中心，教员为社会进步之领袖，故社会中之文化事业，学校宜提倡之，办理之，但今日之教职员，只知一校之教授而已，良可叹也。

甲、教育儿童，以同工合作之方法　农民因乡村孤独、社交稀少，个人主义常易发展，以致对于共同合作之事业，往往缺少兴味，故今后之教育，宜有以矫正之，俾儿童在学校时，得受同工合作之训练，以养其后日为人群谋幸福之习惯。

乙、教育儿童，使知改良社会之恶风俗　乡村学校，宜指示儿童以社会之优劣点，并解明改良之方法，使彼等自改良之。

丙、为通俗讲演会所　教员须轮流为讲演会员。

丁、为美术研究会所　凡本地工作及著名物产，俱应陈列，他地比较上优良可资参考者，亦应加入。

戊、为古物保存所　就本地古物，加以历史的说明，附设校中，以供考验。

己、为图书阅报所　课后尽人观览，为开通风气之先声。

庚、为宣传公共卫生之教育机关　例如保持清洁及扑灭蚊蝇会等。

辛、为讨论自治会所　因乡僻之地，人民政治观念缺乏，宜于适要时期，就现行法制，为法理的说明。

壬、为社交与游艺会所　于寒暑假或行毕业式、开恳亲会时，相机行之。

癸、为讨论农业问题会所　于农业开始或新谷登场时，例得开会讨论。

六、鼓励儿童入校读书之方法

甲、对于现在失学之儿童

（子）设立半工半读学校。

（丑）设立夜校。

（寅）免收学费。

乙、对于现在已进学校之儿童

（子）增加学校之兴趣　例如音乐、体操、足球、文学会等。

（丑）与儿童以范围内之自由权　促进彼等之自动力。

（寅）奖励有专长之儿童　如毕业后，直接送入相当学校升学。

（卯）常演文明新戏　最好于节令时演之，盖彼时学生无荒时废学之虞，而一般农民，可得观览之机，藉以消遣。

（辰）于相当时期添设与彼等生活有关系之课程。

（巳）奖励彼等招引失学之儿童入校读书。

丙、对于儿童之父兄

（子）开恳亲会　以连络儿童之父兄为宗旨，而以下列之题目，为讲演之资：

（1）教育与生活之关系。

（2）读书之利益。

（3）学校之情形及入校之手续。

（丑）开同乐会　请失学之儿童及年长者加入。

（1）会中秩序，最好以在校之儿童担任之。

（原载于《金陵光》1923 年 9 月第 13 卷第 1 期）

对于江苏省中等农业教育改进意见*

民国二十二年五月二十一日，江苏省教育厅召集省立二个农校课程标准会议，被邀请参加会议者，除苏州农校校长廖南才及淮阴农校校长李维章、蚕桑学校校长郑辟疆外，计有中大农学院李龢宸教授，江苏省立教育学院吴雨公教授，金陵大学农学院谢家声院长、胡星若教授及树文与之汶等，由教育厅向复庵科长担任主席，会议二日，讨论至为详尽。用特撮要记录，并参加个人意见，以供同好。

绪　论

高中农科为职业学校之一，与普通高中有别；前者重在造就职业人才，后者贵在升学，宗旨不同，办法自异。兹将职业学校之目的、任务、教导与师资，分别言之：

一、职业学校之目的——职业学校之目的，宜按照所在地社会之需要，详细规定，不应概括言之；迨有详细之目的，然后课程之编定，教材之选择，以及教导之方法始有标准。否则目的概括，则其课程教材及教导，亦不免概括；而其所造就之人才，自难精专，不适社会之需要。例如某省农校以“发展职业教育”及“改良农业”为宗旨，此二项宗旨何等概括，试问根据此项宗旨所设立之农校，其课程及教材，将以何种为标准而选定之乎？毕业生之出路，又将何如乎？其不思也甚矣！

二、职业学校之任务——凡一职业学校应具有下述四种任务：

（甲）选录任务　每种学校必有其办学宗旨，以作教导之方针，自应依照

* 原文署名为中央大学农学院院长邹树文、金大乡村教育系主任章之汶（合拟）。

其宗旨，选录适宜之学生，例如年龄、体质、兴趣、学历等，均在考虑之列。

（乙）教导任务　适宜之学生，既经选录，则应施以恰当之教导，以达办学之宗旨。

（丙）介绍任务　学生修毕预定课程后，学校应设法介绍职业。设毕业生之出路（即职业）与办学宗旨相符合，则此校教导有方，适应社会之需要；若毕业生之出路与办学宗旨不同，则此校教导或不切实际，或社会无需此项人才；改进之道，应于是求之。

（丁）考查任务　毕业生既经介绍而得一与学校宗旨相符之事业，则学校当局仍应时常与之通讯，考查是否胜任愉快，于学校中所习之课程及所受之训练，是否足用与适用，以作学校当局改进课程之依据。

回顾我国职业学校能具有此四种任务者，实不多见，每闻人云“学校与学生之关系，直一商店与顾客之关系，货物出门，概不退换”——学生能毕业，一般学校即认为责任已尽，至其出路之有无初未尝注意也。无怪我国职业学校毕业生仍不免失业，此中固有种种原因，而学校当局忽略“介绍”与“考查”二项任务，以致教导方法是否恰当，无由测定，要为重要原因之一。

三、职业学校之教导——职业学校之教导可分三部言之，即课程之编制、学程之内容与实习是也。

（甲）课程之编制　职业学校所授之课程，全国颇难一致，应依各地方之实况与需要商讨定之。例如于蚕桑区域，自以蚕桑课程为主要，其余类推。至于课程之编制，应依据下述三项原则办理之。

（1）主要学程如生产学程应提前教授之。例如动植物生产学程能提前教授者，最好提前教授之，以增加学生工读之经验，而为将来理论学程之基本。设若学生中途辍学，则生产学程业经学读，于其职业，更有裨益。

（2）机械及劳作学程应每年平均分授之。例如农事实习应平均分授之，毋使一年过多或一年过少。

（3）理论或综合学程应于本年教授之。例如农场管理、农业问题等学程，应于最后一年教授之。

（乙）学程之内容　学程之内容应按照学生之程度选择之。尝见大学毕业生，每以其在大学所受之讲义，转授诸中学学生，其不切乎实际，自不待言矣。即以商务或中华书局所印行之中等农学教材，亦多系概括叙述，各地均可采用，而于某一地则未必能完全适用或足用，要在教员善于利用之。

（丙）实习　中等农校之教导方针，宜注意训练学生“工作之技能”与“管理之能力”，是以实习一层，特为重要，不容忽略。

四、职业学校之师资——“工欲善其事，必先利其器”，师资之重要，不言而喻。我国教员，每以学校为传舍，教书为不得已之举，初未尝有志于此；更少教学之训练；而所教者或非其所习，勉强敷衍；其结果不良，早在意中。今后我国中等农校师资，亟应设法养成，给予证书，介绍工作，我国农教进步，其庶几乎？

两个农校课程之分析（苏州及淮阴）

甲、农本科必修学程

1. 普通学程

学程 校名	党义	国文	外国文	数学	物理	化学	国技	军训	体育	学分总计	学分总数百分比(%)
淮阴	12	24	24	12			3	6	3	84	47.1
苏州	12	14	22[×]	18[⊗]	3	13		8		90	47.4

×：外国文包括英文及日文。
⊗：数学包括几何、三角及解析几何。

2. 农学必修学程

（1）农学相关学程

学程 校名	气象学	测量学	农艺化学	机械学	农产制造	学分总计	学分总数百分比(%)
淮阴	4	6	6	6	4	26	14.6
苏州	2	3	4	2	4	15	7.4

（2）动物生产学程

学程 校名	蚕桑学	畜产学	学分总计	学分总数百分比(%)
淮阴	4	4	8	4.6
苏州		4	4	2.0

(3) 植物生产学程

学程 校名	土壤学	肥料学	植物生理	作物学	园艺学	森林学	育种学	学分总计	学分总数百分比(%)
淮阴	4	4	4	12	12		6	42	23.5
苏州	2	4		24	24	4	3[⊗]	61	31.4

⊗:遗传学。

(4) 农政学程

学程 校名	农政	经济概论	农业经济	农村社会问题	学分总计	学分总数百分比(%)
淮阴	4		4		8	4.6
苏州	2	2	4	2	10	5.1

(5) 病虫害学程

学程 校名	微生物学	病虫学	植物病理	昆虫学	学分总计	学分总数百分比(%)
淮阴			4	6	10	5.6
苏州	3	6	4		18	6.7

必修学分总数:淮阴 178(外加选习学程);苏州 193。

乙、蚕本科必修学程

1. 普通学程

<table>
<tr><th>学程
校名</th><th>党义</th><th>国文</th><th>外国文</th><th>数学</th><th>物理</th><th>化学</th><th>国技</th><th>军训</th><th>体育</th><th>学分总计</th><th>学分总数百分比(%)</th></tr>
<tr><td>淮阴</td><td>9</td><td>18</td><td>18</td><td>9</td><td></td><td></td><td>3</td><td>4.5</td><td>3</td><td>64.5</td><td>45.8</td></tr>
<tr><td>苏州</td><td>12</td><td>14</td><td>22</td><td>18</td><td>3</td><td>13</td><td></td><td colspan="2">8</td><td>90</td><td>52.7</td></tr>
</table>

2. 蚕桑学必修学程

(1) 蚕桑相关学程

学程 校名	农学	化学	植物病理	微生物学	病虫害	畜产学	昆虫学	农村社会问题	经济概论	农政	森林	学分总计	学分总数百分比(%)
淮阴	3	4.5*			6√		3					16.5	11.7
苏州		4⊗	4	2	4	4		2	2	2	4	28	16.3

*:实用蚕桑化学 ⊗:农艺化学 √:桑树病虫害

(2) 蚕桑学程

学程 校名	气象学	土壤学	肥料学	蚕业泛论	养蚕学	栽蚕(桑)学	遗传学	蚕种学	蚕体解剖学	蚕体生理学	蚕体病理学	屑物利用学	蚕业经济学	制丝学	显微镜使用法	蚕业经营	学分统计	学分总数百分比(%)
淮阴	3	3	3	3	7.5	7.5	4.5△	4.5	4.5	4.5	4.5	3	3	4.5			60	42.5
苏州	2	2	4		4	4	3	4	4	4	4		4	8	2	4	53	31.0

△:蚕体遗传学

必修学分总数:淮阴 141(外加选修学程);苏州 171。

观上列数表,则知普通学程甚多,几占全部学程之半,例如数学内所授之几何、三角与解析几何及外国文内所授之英文与日文,又合占普通学程之半,此多为升学学程而非从事实地经营者所必读也。至于农学学程中,亦有若干似宜合并者,例如植物病理与病虫害是也。

六个中等农校之宗旨及毕业生之出路

最近曾调查中等农业学校六个,计湖南省二个、江苏省二个、福建省一个、绥远一个,兹将上述各校之宗旨及毕业生出路作一比较,如下。

一、宗旨　各校所列举之宗旨,比较适当者条分如下:

1. 养成实地经营人才

2. 养成农业推广人才

3. 养成农业技术人才

4. 养成农村指导人才

5. 养成乡教人才

6. 养成乡村基本领袖

二、毕业生之出路　共计二百九十三个毕业生,其出路如表[①]:

出路	人数	占比(%)
实地经营者	20	6.8
技术者	63	21.5
教育者	65	22.2
升学者	42	14.4
其他	60	20.5
未详	41	14.0
死亡	2	0.6

观上表,则知实地经营者少。要知我国为小农制,每家收入无多,而工作劳苦,处此情形之下,而希望高中毕业生,实地经营胼胝手足之工作,不亦难乎?此为我国中等农校之一般问题,亟应设法改进。

改进意见

一、全省宜有整个农业教育计划——于最近期内,苏省教育厅及建设厅宜联合召集全省农业教育设计委员会,邀请农教专家出席,共同拟定全省整个农业教育计划,以划清各级学校之责任而免重复之弊。其计划内容应包括下列数件:

(一)全省中等及小学农教师资,宜如何养成?

(二)乡村师范为造就小学农教师资之处,乡村师范设立之地点及数目,宜根据详细之调查及社会之需要决定之。

(三)大学农学院为造就中等农教师资之处,现苏省已有农学院三个,似不宜另设大学农科,以免重复,苏省府宜委托现有之农学院造就苏省需要之农教人才。

---

① 此表系编者据作者原文文意所制。

（四）全省中等及小学现任之农学教员，应受检定，合格者给予证书（证书内注明应担任之学程）。将来师资即由农学院及乡师造就之；造就之人才，应设法介绍之，以运用其所学。

（五）全省乡村完全小学五、六年级应增授农业课程，于农闲时增办农民学校，招收成年及青年农民，授以农业常识，造就良好职工。（其详细计划见章之汶著《建设乡村应取统一途径之刍议》）

（六）全省需要之实际技术与推广，以及合作指导人才，由高中农科或专科学校造就之。

（七）农业研究机关、人才造就机关、农校教员及推广员等，应设法打成一片，庶研究之结果得以推广，学校可得实际之教材，推广员遇见之困难得以解决。

（八）家政教员与农学教员同为重要，亟应设法养成之。

（九）全省农教机关，宜联合办理，例如农事试验与农业学校，应联合一起，以达教育生产化及生产教育化。

二、全省宜举行农教机关详细调查，以为改进之张本——在未召集全省农业教育设计委员会之前，宜聘请少数农教专家，调查全省农教机关之实况，并拟具改进之方案，以为全省农业教育设计之参考。

三、对于现在二个农校改进之意见（已由江苏省教育厅采纳）

（一）办学宗旨宜详细规定　现在二农校均系高级中学，如其宗旨系造就实际应用人才，其办法如下：

（甲）宗旨　为江苏省造就下列应用人才

1. 实地经营农业人才（新时代农民）

2. 农业各机关场所技术人才

3. 农业推广人才

4. 农村合作指导人才

5. 乡村教育人才（此项人才应由乡师造就，但在乡师未设立之省，或已设立而农业课程无多，不足应用时，得以农校毕业生充任之）

江苏省所需要之推广、技术及指导人才，应由此二农校造就之，不必另设各种养成所，以免重复。

（乙）入学资格

1. 年龄宜长——在乡村工作者，年龄宜稍长，最低入学年龄须在十六岁以上。

2. 体质强健——乡村工作，比较辛苦，投考者须体质强健。

3. 兴趣——此为事业成功之要素，见异思迁者，绝不能让其尝试，于入学试验时，先考田作，入校后更加一月田间工作，以资甄别，不合格者辞却。

4. 学历——招考初中毕业或具有与初中毕业相当程度者。农校既定为职业学校，学历似不宜严格规定。（此条按照教育部定章办理）

（二）教导内容宜详细规定

（甲）课程分配（田间实习时间在外）

1. 普通学程，应占百分之二十（军事、国技及党义在外）。

2. 农业相关学程，又百分之二十。

3. 农业生产学程，又百分之六十。

（乙）课程编制次序之原则详前，不另述。

（丙）课程种类

1. 普通学程　应占百分之二十

（1）国文

（2）日文（以能看日文参考书籍为目的，如认为太费时间可取消之）

（3）数学（以为学习测量之预备）

（4）物理学（注重应用学识）

（5）生物（注重野外观察及认识标本）

（6）史地（世界农业经济史地）

2. 农业相关学程　应占百分之二十

（1）气象

（2）测量

（3）农业机械

（4）农业经济（合作农产贸易）

（5）农村社会（社会调查）

（6）农村教育

（7）农业推广

（8）乡村卫生（应用医药常识）

（9）农场管理

（10）农场簿记

3. 农业生产学程　应占百分之六十(其中应有少数选修学程)

各就学校所在地之需要规定主要科目加增分量。

(1) 土壤

(2) 肥料

(3) 作物类学程(侧重所在地之主要作物)

(4) 园艺类学程(侧重所在地之主要园艺)

(5) 森林类学程

(6) 育种(侧重育种技术)

(7) 畜产

(8) 蚕桑类学程

(9) 病虫害

(10) 农产制造

(丁) 实习　每日上午上课,下午实习,暑假期内,应于农场长期实习(凡省县农场均应供给学生实习之便利)。

实习最好用设计方法,校中田地如多,宜租给学生实习,所有一切工作应合经济原则,于未着手工作之前,应拟定详细计划,说明周年工作次序及所需要之资本、劳力与用具,以及预计之收入,一切进行,犹如自己经营然,计划拟定,呈交教员核定施行。凡于课室内所习之学程如管理、簿记、种植、施肥、驱害等,均得一一实验之。实习收入除去租金及其他开支,盈余应为学生所有,以资鼓励。设计工作完毕时,应呈交详细报告书。

(三) 学程纲要　学程纲要,宜明白规定,以示范围。例如病虫害学程应教授本地几种重要病虫害,使学生认识之,并能使用适宜防除方法。

结　论

我国中等农校之第一条宗旨,既定为造就“实地经营农业人才”,则其教导方针应以实地经营为目标,侧重田间实习。据最近之中等农校调查,结果仅有福建集美高级农林学校比较满足人意,该校最近三年(十九、二十、二十一)五十五位毕业生中,有十八人从事自己经营,占百分之三十四,农事工作中最适宜中等学生自己经营者,当推园艺蚕桑及畜牧等,一以获利较厚,二以便利制造副产,有此二因,从事是项经营者比较多数,中等农校当局幸注意及之。

附淮阴农校课程表

每日上午授课，下午实习，每周上课二十二小时（纪念周及党义在外），即每学期二十二个学分，下午实习，不作学分计算，但必须参加，若有避免行为立即训戒或辞退。

通习学程

普通及相关学程	第一学年		第二学年		第三学年		共计	备考
	秋期	春期	秋期	春期	秋期	春期		
国文	3	3	3	3	2	2	16	
日文	4	4					8	注重看参考书籍
数学	2	2					4	为测量准备
理化	3	3					6	
生物	2	2					4	注重野外观察及认识标本
史地						2	2	农业经济史地
气象			2				2	
测量				2			2	
农用工学				2			2	
农政学						2	2	
农业合作					3	3	6	合作社农产贸易
农场管理					2	2	4	
农场簿记			1	1			2	
农业推广						2	2	
农村社会			2				2	注重社会调查
乡村教育					2		2	
乡村卫生					2		2	医药常识
土壤	2						2	
肥料		2					2	
农产制造					3	3	6	

农科专习学程

农科专习学程	第一学年		第二学年		第三学年		共计	备考
	秋期	春期	秋期	春期	秋期	春期		
园艺	2	2	2	2			8	蔬菜、果树、花卉
森林			2	2			4	造林及认识经济树木
棉作			2	2			4	
麦作	2	2					4	
杂谷			2	2	2	2	8	
育种			2	2			4	育种技术
统计					2		2	
垦殖						2	2	
蚕桑	2	2					4	
家禽			2	2			4	
猪牛羊					4	2	6	
病虫害			2	2			4	认识当地主要病虫害及防除方法
共计	22	22	22	22	22	22	132	合通习学程

蚕科专习学程

蚕科专习学程	第一学年		第二学年		第三学年		共计	备考
	秋期	春期	秋期	春期	秋期	春期		
作物			2	2			4	作物泛论
园艺			2	2			4	果树、蔬菜并略及花卉
森林					2	2	4	认识经济树木
病虫害			2	2			4	当地主要病虫害
家禽	2						2	
猪牛羊		2	2				4	
养蜂				2			2	
栽桑	2	2					4	
养蚕	2	2	2				6	
生理解剖					2	2	4	
蚕种				2	2		4	

续　表

蚕科专习学程	第一学年		第二学年		第三学年		共计	备考
	秋期	春期	秋期	春期	秋期	春期		
蚕业经济						2	2	
蚕病			2	2			4	
遗传			2	2			4	
缫丝					2		2	
共计	22	22	22	22	22	22	132	合通习学程

畜牧科专习学程

畜牧科专习学程	第一学年		第二学年		第三学年		共计	备考
	秋期	春期	秋期	春期	秋期	春期		
作物			2	2			4	作物泛论及饲料作物
园艺			2	2			4	果树、蔬菜，略及花卉
蚕桑				2			2	蚕桑大意
森林					2	2	4	造林及认识经济树木
饲养	2	2					4	
遗传			2	2			4	
鉴别					2		2	
肉品检查						2	2	
家禽	2	2					4	
养牛			2	2			4	
养马					2		2	
养猪			2	2			4	
养羊			2				2	
生理解剖	2						2	
细菌		2					2	
兽医			2	2	2	2	8	疾病及医药
共计	22	22	22	22	22	22	132	合通习学程

（原载于《金大农专》1933年第3卷第1/2期，
又载于《农林新报》1933年6月1日第10年第16期）

抓着痒处

由于过去办理农业教育的缺乏正确认识和方法上的错误，遂使具有三十余年历史的农业教育，辜负了各方面极为殷切的希望。例如前任教育部长蒋梦麟氏，就曾很悲痛地说过："中国教育最没有进步的，即是农业教育。"还有教育部普通教育司司长顾荫亭氏也曾说："中国中等职业学校毕业生的出路，要以中等农业职业学校的毕业生，最感困难。"蒋、顾二氏均曾先后主持中国教育行政，对中国农业教育现状的观察自较精确；这实使吾们从事农业教育工作的人，抱愧万分的。

查中国创办新式农业教育，已历三十余年，其进步速率的缓慢，确为不容掩饰之事实，惟此项阻碍农业教育进步之因子极多，而最重要的即是缺乏研究。盖研究有研究的条件，必须具备充足的经费、相当的人才，以及较久的时间，始足以言研究；有研究乃有成绩，有成绩自有进步。过去最感困难的，非经费之短欠，即人员时常更动，故研究工作无法进行，但自蒋部长卸任以来，政治日趋安定，关于改进农业方面，显有长足之进展。例如中央农业实验所、全国稻麦改进所、中央棉产改进所，以及各大学农学院等机关，多延聘专门人才，从事研究，并已有相当的成绩，实足欣幸。

关于中等农业职业学校的毕业生出路问题，委实非常的严重，但是，农业是含有地域性的，所以办理农业职业学校也有相当的困难；而最大的问题，即是缺乏师资训练。农业职业学校的学生，是以农为唯一职业的，然而农业职业学校教员的职业，却未必是农；以一般并不以农为职业的教员，来训练以农为职业的学生，宁非滑天下之大稽?!

最近，教育部对于中等农业职业学校师资训练方面，深切注意，除对现任农职教员予以进修机会外，并筹有的款，拟委托各大学训练职校师资。教部此项措施，确能抓着痒处；吾人深为未来的中国农业教育前途庆幸。

（原载于《农林新报》1936年8月11日第13年第23期）

创办安徽合肥私立蜀山初级农业职业学校计划草案

一、引言

提倡生产教育以发展生产，佥认为当前之急务。农业为我国主要生产事业，故农业职业教育之发展，尤为各方所重视。农业职业学校之数量，乃逐年激增，而初级农业学校之设置，为数尤多，然其办法多属陈陈相因，徒资点缀，结果毫无效率可言。作者于视察某省农业职业学校时，曾询及学校所在地农民对于农校之认识，有答称不知当地有农业学校者，有谓农校与彼等无任何关系者，竟有谓农校学生行为不检，瓜豆之属，常被采摘，致予农友以极劣之影响者，农业学校对于农民之贡献，于此可见。

我国农业职业教育之发展，约可分为三个时期。最初为书本知识传授时期，教师教书，学生读书，此外毫无田间实习工作，教员亦缺乏指导学生实习之经验与能力，故学生毕业后仅能获得若干空洞的农业知识，而毫无实际农事工作技能。次则为注重农事劳作时期，农业学校渐知学生田间实习工作之重要，乃使学生从事于各种农事劳作，然多为片段的农事劳工，而缺乏职业教育上之价值。此为美中不足，有待于改善而演进于第三个时期者。农校学生实习工作，事前必须具有一定之目的与实施计划，于教师指导之下，逐步进行，以求实现，并须计算成本会计，使学生所从事之实习工作为设计的，有职业的与经济上之价值，然后所训练之学生，方能有从事于农业之技能与经验。此为今后农业职业学校必然之转变，循此进行，我国农业职业教育之前途，庶有厚望。

然欲推行设计实习，实施职业性质之训练，非先有优良之师资、具有辅导学生实习工作之经验与能力、从做上教，不足以言实施职业性质之训练，故农校师资之培养,实为当前之急务,所谓工欲善其事,必先利其器是也,幸我国教育当局注意及之。

……卫俊如先生督兵皖北,目睹民生之凋蔽,慨然思有以拯救之。因决于合肥之蜀山,斥资创办一私立蜀山初级农业职业学校,邀之汶等代为设计。曾于七月四日约定农业专修科代理主任周觉生先生亲赴合肥蜀山,作实地之考察,因农业富于地域性,农业学校之创设,若不切合地方需要,即失其意义。此次在合肥逗留两日,对于该地之气候土宜以及农牧之情况加以考察,回来根据当地之需要,约同辛君润棠、宋君紫云合草一私立蜀山初级农业职业学校计划草案,希阅者指正是幸。

二、使命

农业职业教育之目的,原为造就职业人才与发展生产,以改善农民生活。故初级农校之使命应为作育农业人才,改进农村社会。然一学校之能力有限,对于上述二重使命之工作,应有具体与详细之规定,以利进行。

(一) 作育人才:本校因应当地之需要,造就下列各种人才:

1. 实地经营农事工作人员。

2. 乡村小学生产教育师资。

3. 县乡以下之地方自治工作人员,农业推广员及合作社指导员等。

(二) 改良农村:农业职业教育之最后目的在于改善农民之生活,故农业职业学校不应专致力于学校范围以内之定式教育,而应推广学校力量到社会方面,努力于农民生活之改善,使本校成为当地农村社会改造之中心,推行下列各种社会改进工作:

1. 训练民众:例如开办短期农民补习学校、露天学校,灌输生产知识及技能。

2. 组织民众:例如创办农会,推行团体事业。

3. 改进生产:例如介绍改良品种,推广优良苗木,提倡副业,以充裕农民经济之收入。

4. 实施卫生教育:例如本校附设一诊疗所,为农民治疗疾病,并指导公共卫生事业。

5. 推行合作事业:例如指导农民组织合作社以流通农村金融。

6. 辅导乡村小学：例如辅导乡村小学实施生产教育，使学校成为社会中心。

7. 提高文化：例如提倡正当娱乐，破除迷信。

本校所作育之人才，视当地社会之需要而定其数量，需要多则多收学生，需要少则少收学生，而以余力，从事于当地农村社会之改进，而不应以本校学生数目之多寡而定学校工作范围之大小也。

三、组织

（一）校董会：本校为一私立职业学校，最高组织为学校董事会，由创办人邀请国内农业教育专家若干人组织之，其主要任务为呈请立案、聘任学校校长、审核学校设施计划、筹募学校基金，校董会应每年集会一次，由董事长召集之。

（二）学校组织：校长由董事会聘定后，即由校长负责聘请各科教师，学校各项行政职务，可由全校教员分别兼任，校长之下，可分设总务部、教导部、推广部、农事部。总务部可分设文书、会计、庶务三股；教导部可分设工读指导及生活指导两股；推广部应就学校所在地，设立一中心实验区，推行生计、语文、康乐及公民等教育工作；农事部可分设农艺、园艺、森林、畜牧四股，主持农事之进行。此外应设立数种委员会，如教导委员会、经济稽核委员会、推广委员会、职业指导委员会。其组织系统，列表如下：

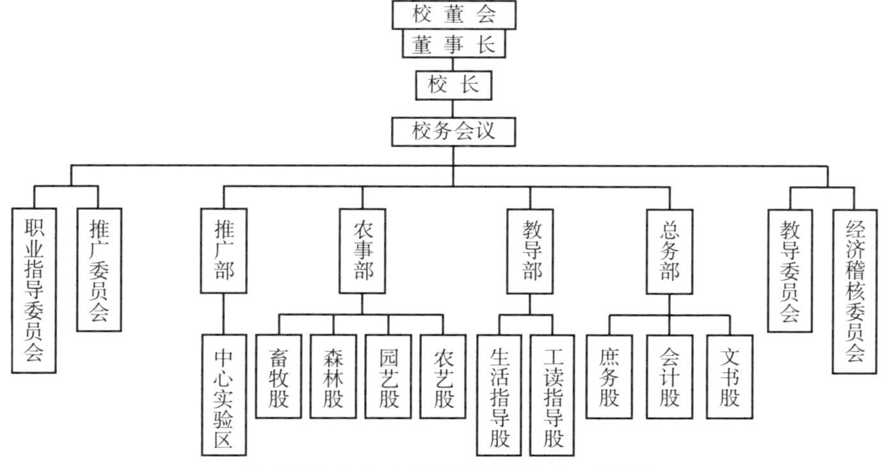

私立蜀山初级农业职业学校组织系统图

四、修业年限

本校为充实训练起见，规定修业期限为四年，招收后期小学结业生，年龄须在十六岁以上，每年招收新生一班，每班五十名，学校不放寒暑假，暑假列为农事实习及从事社会服务时期，寒假农事较闲，可举办农民补习学校或农事讲习班，以训练农民。本校第一年侧重于基本知识之灌输及一般农事劳作，第二年与第三年则着重于职业技能之训练，第四年则侧重于社会活动，培养服务精神。第四年第二学期，全班学生分为若干组，派往各地实习，以增见闻。

五、课程

学程	第一年		第二年		第三年		第四年		共计	备注
	秋	春	秋	春	秋	春	秋	春		
军事训练										
公民										包括精神、讲话、时事报告等
国文	4	4	4	4	4	4	4		28	注重应用文字
英文	3	3	3	3	3	3	3		21	了解科学名词
数学	3	3	3	3					12	为学习统计及测量之准备
史地	2	2							4	中外史地
生物	3	3							6	为学习动物生产及植物生产之准备
农艺学	3	3							6	注重本地重要农作物之栽培及改良
造林学	3	3							6	注重本地重要树木之认识及栽培
劳动实习	24	24							48	练习基本农事操作、养成刻苦耐劳之习惯
理化			3	3					6	为学习土壤肥料及农产加工等课程之准备
气象			2						2	重要仪器之应用及普通记录之方法
土壤肥料				2					2	土力改进

续　表

学程	第一年		第二年		第三年		第四年		共计	备注
	秋	春	秋	春	秋	春	秋	春		
园艺学			3	3					6	注重本地主要果树、蔬菜、花卉之栽培及改良
畜牧学			3	3					6	注重本地重要家畜之饲养、管理、繁殖及改良
生产实习			24	24					48	注重农业生产技术之学习，养成实地经营之能力
作物育种					3	3			6	注重田间技术
植物病虫害					2	2			4	注重防除方法
农产加工					2	2			4	注重本地农产品之加工制造
兽医大意					3				2①	各种家畜疾病之防除
测量					2					平板测绘
农业经济						3			3	
农村社会					3				3	农村组织及调查
教育原理						3			3	
专题讨论						2				讨论一切农事问题由各科教员分担指导
生产实习					24	24			48	
乡村教育							2			
农业推广							3		2	注重农业推广之方法
农村合作							3		3	合作社之组织与指导
农业经营							3		4	注重土地资本劳力等使用与管理方法及农场簿记之应用
乡村卫生							2		2	讲习普通医药卫生之知识
各科教学法							2		2	
指定实习							24	46		轮流分派至国内著名农业研究实验机关、农村教育机关及农村改进区等作长期实习，最后一月集中讨论，各人均须呈缴报告
总计	45	45	45	45	46	46	46	46	364	

① 原文如此，下同。

六、教学方法

本校为培养学生从事职业之能力起见，采用半工半读制，即半日室内教学，半日田间实习，使学生于工作中获得实际经验，教学方法注重教学做合一及设计实习。

（一）教学做合一：凡事怎样做，就怎样学，怎样学就怎样教，教的法子根据学的法子，学的法子根据做的法子，教与学都以做为中心。如训练果树芽接法，学生即当从事于实际芽接工作，从芽接工作去学习芽接，教师即就学生的学习上加以辅导，指正错误，解决困难，学生对于芽接工作即能获得一深刻之印象与实际之经验。再室内教材宜与田间实习工作相联贯，如实习小麦杂交，课室内即宜讨论小麦杂交问题，倘能于田间实习后始加以室内讲授，尤能使学生对于该问题有真确之认识。

（二）设计实习：农业职业学校极重田间实习工作，然实习苟无一定之目的与计划，则等于劳作，无补于职业之训练。初级农业职业学校二、三年级学生应各人分配田亩，选择研究题材，确定实习目的，拟具详细计划，按步实施。教员供给材料，指导方法，纠正错误，并考核其成绩。对实习工作之进行，宜有详细之记录。实习生产之收入，除付学校地租、农具及种子等费用外，应悉归学生所有，以引起学生实习工作之兴趣。

实习工作之性质，按年级而异，第一学年，宜着重于农事劳作，以养成其吃苦耐劳之习惯；第二、三年级则侧重于设计实习，养成从事职业之技能，第四年则宜从事于社会活动，作将来服务社会之准备，教师应按此标准以支配学生实习工作。

以上所述，为农业职业学校所必采之教学方式，至于教学之实施，宜依照下列四步骤。

（一）调查农事：农业富于地域性，欲求教材切合于实际之需要并有实用上之价值，各科教师应于事先按照所开之课程，举行实际调查，搜集教材，其调查范围宜为本校所属之学区。自生产以至于推销均应作详细之统计与分析，以谋获得整个之事业认识。

（二）分析工作：在举行农事调查以后，当知何者为本地之主要农作物，而每种农作物之作业又包含若干工作单位，此项工作单位，宜为搜集教材之中心。例如教授棉作，宜分析棉作为选种、整地、播种、中耕、施肥、防除病害、收获、轧花、包装、运输推销等单位。教师按照工作单位之顺序，拟订各段工作纲要，先期分给学生从事调查与阅读参考书报，在纲要中提出问题，使学生于调查或阅读参考书报后，能自动答复，并须规定学生对于每段工作，提出改进意见，以资讨论。讨论时，由全班学生分别发表意见，然后由教师加以归纳，指示方针。此种教学方法，最适用于农业学校，以其能使学生对于农事工作得一深刻之认识。

（三）辅导活动：学生之田间实习及社会活动均应由教师随时加以辅导，例如供给材料、指导方法、改正错误、解决困难等；学生对于所从事之活动，宜有详细之记录，例如记载活动之名称、目的、工作范围、进行步骤、收支预计、工作地点、开始日期、每日工作及费用、工作结果及工作时所遭遇之困难等，以供研究改进之参考。

（四）考核成绩：各科教学之实施，宜于结束时期予以测验，考核成绩，此不惟可测度学生之学习程度，尤足供教师改进教学方法之参考。

七、农场

农事经营愈单纯则危险愈大，因一失败，即毫无所获，若采多角经营，则甲项失败，乙项或仍可丰收，彼此调剂，不致一无所得，并能调节劳工，在此项工作之闲暇时间，适可从事于他种工作，不致虚废工人时间。本校为适应当地农事之需要及求具备一模范田场之功用，以及养成学生多方面之农事能力起见，拟分本校农场为下列四区：

（一）农艺区：本校所在地之农艺作物，最要为稻麦棉，以二、三年级学生一百人为标准，宜有水田五十亩，每生应摊得实地五分，作稻作之栽培，旱地每人一亩，共计一百亩，可供栽种大小麦、豆、棉、玉蜀黍等之用。因一年级学生从事于劳作，四年级则从事于社会活动，故实习地之分配，宜以二、三两年级学生人数为标准。

（二）园艺区：合肥为产桃之地，余如柿子、石榴、樱桃、枣、栗之类均可栽培，果树园艺区宜有果园五十亩。每二人为一组，分配果园一亩，归其负责管理。为求学生对于各种果树有管理之经验，可使各组学生轮流管理各种果园。

蔬菜之栽培为适应学校全体师生生活之需要，每生可分配蔬菜园地一分，计共十亩，使其独立经营，以供全校师生之食用，合肥可栽培之蔬菜种类极多，惟马铃薯富于营养价值，可作食粮，亟宜大规模栽植。

（三）森林区：本校山地，极宜林木。据作者观察所及，现有林木多为麻栎，林内幼苗，樵夫任意砍伐，地方当局应力加禁止。次则宜就空地，遍植有经济价值之树木，如桐子、乌桕、椿、杨、榆、檀、杉、松、茶、银杏及孟宗竹等。森林面积宜就本校荒山尽量扩充。学生对于森林方面之实习，除实际从事树木栽植外，每生应有苗圃一分，全部计共十亩。

（四）畜牧区：本校荒地，可划出一部分，用作牧场，饲养山羊、绵羊、猪、鸡之属。余如蜂兔及鸽等，都可酌量饲养，故宜有牧场三十亩，兹将各项场地面积列表如下：

私立蜀山初级农业职业学校农场分配表

区别	种类	亩数（亩）	每生分配面积（亩）
农艺区	稻作	50	0.5
	麦作及棉作	100	1.0
园艺区	果树	50	0.5
	蔬菜	10	0.1
森林区	林地	利用山地	
	苗圃	10	0.1
畜牧区	牧场	30	
区域试验	稻麦棉试验地	10	
共计	除森林地在外	260	

初级农业职业学校，受经费人才与设备之限制，实不宜作高深农事之研究，仅宜搜集邻近农场或农学院改良之品种，作一品种比较试验，择其最优良者推广于农民，收效易而费用省。故宜有区域试验地十亩，至于优良种子，可由学生在实习田内繁殖，以供推广之用。

八、中心实验区

农业职业学校不应专致力于农业生产之改进，而应以整个社会农民生活之改善为努力之对象。故于本校应有之使命一节，曾以改良农村社会与作育人才列为对等之目的，于本校组织系统内因亦规定设立一中心实验区，负全区改进之责。

中心实验区之范围，由小而大，逐渐扩充，本校中心实验区宜以学校为中心，先取五里路为半径画圆圈，凡在此范围以内之村落，悉为本校中心实验区之范围。本区之工作宜从教、养、卫三方面同时着手进行，以收互助之效，因为教的工作足以推进经济建设及自卫组织，养的工作足使人民生活安定，以便教与卫的工作易于收效，卫的工作因训练强健的个体与有组织的群众，使教与养的工作得有保障，故三者实具有连环性。今就教、养、卫三方面，列举应推行之工作如下。

（一）教：教的工作应以唤醒人民爱国意识、灌输普通常识、培养生活能力及提高乡村文化为目的，其应推行之工作如下：

1. 组织民众学校，如夜校或露天学校

2. 开办农民讲习班

3. 组织民众巡回阅书室

4. 特约民众茶园

5. 设立问字代笔处

6. 张贴壁报

（二）养：养的工作，可分为改进生产与流通金融，其应推行之工作如下。

（甲）改进生产：

1. 推广优良品种与苗木

2. 指导农事如土力之改进等

3. 提倡造林

4. 防除病虫害

5. 兴修水利

6. 提倡副业

（乙）流通金融：

1. 组织小本贷款所

2. 组织合作社

3. 组织农业仓库

（三）卫：卫的工作，一方在强健个体，一方在组织群众，以达到自卫卫人之目的，其应推行之工作如下：

1. 举行清洁运动
2. 开办诊疗所
3. 提倡运动
4. 提倡正当娱乐
5. 组织人民自卫团体
6. 组织民众团体,例如:(1) 组织农会,(2) 组织儿童四进会,(3) 组织民校毕业生同学会,(4) 其他。

本校创办伊始,百事待举,此文所及,仅其要者,至如何因应时地之需要,斟酌事实之缓急,主校政者应能达变制宜,以求止于至善,皖北农业生产之发展及农村建设之推进,本校固责无旁贷。

九、开办费预算

种类		数量	预算数	备注
场地	农艺区	150 亩	场地预算另定	
	园艺区	60 亩		
	森林区	利用山地		
	苗圃	10 亩		
	畜牧场	30 亩		
	区域试验地	10 亩		
建筑	办公室及教员预备室	6 间	建筑预算另定	
	教室	2 座	为 100 名学生应用	
	仪器标本室	3 间		
	图书馆	1 座		
	礼堂	1 座		
	测候所	1 所	与中央气象台合作	
	学生宿舍	2 座	每座学生 50 名	
	教员宿舍	1 座		
	会客室	1 间		

续　表

种类		数量	预算数	备注
建筑	消费合作社	1间		
	娱乐室	1间		
	陈列室	1间		
	医药室	1间		
	饭厅	4间		
	厨房	3间		
	浴室	2间		
	学生贮藏室	2间		
	校工室	1间		
	农场工作室	4间		
	农具室	2间		
	种子贮藏室	2间		
	牛舍	1间		
	猪舍	1间		
	羊舍	1间		
	鸡舍	1间		
	温床	1座		
	碉堡	1座		
设备	农具类		708元	
	犁	2具	45元	
	耙	2具	24元	
	中耕器	1具	20元	
	锄	110把	110元	每生一把
	锹	25把	30元	
	四齿钯	25把	30元	
	梳钯	10把	10元	
	手铲	110把	40元	每生一把

续 表

种类		数量	预算数	备注
设备	粪桶	8 副	32 元	
	喷壶	25 个	20 元	
	轧花机	1 具	40 元	轧棉花用
	打包机	1 架	150 元	
	脱粒机	1 架	35 元	为稻麦脱粒用
	玉米脱粒机	1 架	10 元	
	连枷	4 副	4 元	
	镰刀	25 把	12 元	
	筐	8 副	12 元	
	接刀	50 把	12 元	
	芽接刀	10 把	50 元	
	采种钩	4 副	12 元	
	喷雾器	2 架	40 元	
	拌种机	2 架	10 元	
	天秤	1 架	60 元	
	木器类			
	办公桌椅	10 套		办公室、医药室、合作社用
	课室桌椅	100 套		
	床铺	120 架		
	长餐桌	1 张		会客室用
	货架	2 张		消费合作社用
	玻璃橱	10 张		办公室、陈列室、医药室用
	书架	10 张		办公室、图书馆用
	公事橱	4 张		办公室用
	方桌	16 张		饭厅用
	长凳	64 张		同上

续　表

种类		数量	预算数	备注
设备	碗橱	1 张		
	洗澡桶	6 个		
	长方桌	15 张		教员寝室、校工室、农场工作室用
	板椅	20 张		同上
	种子贮藏柜	2 个		
	书报类			
	辞典			
	农艺书籍			
	园艺画籍			
	森林书籍			
	畜牧书籍			
	教育书籍			
	社会科学书籍			
	文学书籍			
	教育杂志			
	社会科学杂志			
	文艺杂志			
	时事杂志			
	各种报纸			
	仪器标本类			
	物理仪器			
	化学仪器			
	生物仪器			
	生物标本			
	测量仪器			
	测候仪器			
	医药类			

续　表

种类		数量	预算数	备注
设备	医具			
	药品			
	子种苗木类			
	树木种子			
	树苗			
	果苗			
	蔬菜种子			
	花卉种子			
	牧草种子			
	改良棉种			
	改良麦种			
	改良稻种			
	种畜类			
	美利奴羊	2 头		
	波支猪	1 头		
	来克行鸡	10 羽		
	黄金蜂	2 箱		
	其他			
	耕牛	2 头		
	课铃	1 个		
	挂钟	2 个		

十、岁出经常预算

款别		数目	备注
第一款	支出经常	14746.00	
第一项	俸给	7356.00	

续　表

款别		数目	备注
第一目	薪俸	7020.00	
第一节	校长兼教员	1200.00	月薪百元
第二节	总务主任		由校长兼职
第三节	教导主任兼教员	1200.00	月薪百元
第四节	生活指导兼教员	720.00	月薪 60 元
第五节	工读指导兼教员	720.00	月薪 60 元
第六节	农事主任兼教员	720.00	月薪 60 元
第七节	推广主任		由教导主任兼职
第八节	中心实验区 总干事兼教员	720.00	月薪 600 元
第九节	文牍兼教员	840.00	月薪 70 元
第十节	会计事务	720.00	月薪 60 元
第十一节	校医	180.00	月薪 15 元
第二目	工食	336.00	
第一节	校役工食	168.00	校役二人，每人 每月工食洋 7 元
第二节	农夫工食	168.00	农夫二人，每人 每月工食洋 7 元
第二项	办公费	480.00	
第一目	文件	120.00	
第二目	消耗	240.00	包括灯油、薪炭、茶水等
第三目	邮电	60.00	
第四目	杂支	120.00	
第三项	事业费	6510.00	
第一目	书报	240.00	
第二目	实习津贴	4800.00	每小时劳作以 4 分 计算，合每生每月 4 元
第三目	推广	720.00	包括调查费、印刷费、教育费、 村民集会招待用费等
第四目	专家旅费	200.00	聘请专家来校指导

续　表

款别		数目	备注
第五目	农具	100.00	增置及修理
第六目	种苗	100.00	
第七目	肥料	50.00	
第八目	饲料	300.00	
第五项	预备费	400.00	

（原载于《农林新报》1936 年 8 月 11 日第 13 年第 23 期）

我国农业教育政策（概论）*

任何事业之推行，均应遵循一定之目的与步骤，此种目的与步骤之组合，即为一种政策。否则工作之实施，将漫无一定之方针，势必凌乱支离，难期成效。过去一般事业之失败，由于缺乏一贯之政策者居多。

农业教育，所包者广，一切设施，应根据我国现时代之需要，确定整个政策，然后遵照施行，逐渐推进。如此既可免去重复与偏枯之弊，复能得分工合作之效，金钱与人才均能得充分之利用，而事业亦易于完成。过去我国农业教育之实施，实缺少此种一贯之政策，各方各自为政，而一切设施又未尝切中当地之需要，且多奉行故事，以致收效甚微，此乃我国过去三十余年农事教育最显明之现象。兹以我国农业教育政策有极速确定之必要，特草意见如次，就正于我国农业教育当局。

一、农业教育中三步事业之连环性

农业教育事业，可大别为三类，即研究、训练与推广。兹分论之。

（一）研究：农业为一种应用科学，极富于地域性，甲地之所施，多不宜于乙地，故应就当地社会之情形，作详细之调查与研究，明了当地农事与农民生活之需要，以作改良工作之根据。准此进行，方不致闭门造车，不切实用，是以农事改良，宜首重研究。

农事研究工作比较专门，非有充分之经费、适当之人才与夫长久之时间，断难获得优良之结果。此三者非普通机关所能具备，故研究工作当由高级农事机关如中央农业实验所、农学院以及省立农事试验场分任之。

---

* 原文署名为章之汶、辛润棠。

（二）训练：研究有结果，当设法推广，以使农民作普遍之应用。然苟无适当之人才担任推广工作，则研究之成绩将见徒劳而无功。故农事人才之训练，与研究实同其重要。

人才之训练，非可任意施行，必先有训练之目的与适用之教材，然后用之于教学，则所造就之人才方能适应社会之需要。否则学校随便设置，人才随便造就，其结果徒为社会养成若干高级游民，贻害青年，实非浅鲜。是以人才训练之责，应由研究机关主持；至少亦应与之合作，受其指导。则研究所得始能尽量施之于训练，而所造就之人才，方可切于实用。故训练与研究，乃不可强为分离之事也。

（三）推广：既有研究成绩，复有适用人才，然后始足以言农事之推广。推广事业为农业改进程序中之最后与最要阶段。缘农业教育改良之最后目的，不仅在研究之成功及人才之造就，而在能将研究之结果藉训练之人才，推行于民间，使农人因获得较多之福利，此为吾人农事改进之终极目的。故农业机关价值之高下，恒视其对民众福利影响之大小而定。然使推广工作无研究为之准备，则无可靠之推广资料。推广工作若无适当人才为之执行，则推广事业不易发展。故农业研究、训练与推广三者实具有一贯之连环性，彼此实相倚而相成。

上述三种工作之实施，最好归纳于一种组织系统之下，使三种事业之执行能打成一片，以收互助之效。美国各州之农事研究、训练与推广工作，悉委诸州立农科大学，所有推广行政及推广人员之任用，亦由农科大学主持，美国农业改进之速，盖有由也。

二、组织

农业教育政策之实施，贵有一健全之组织。过去我国农业教育因无具体政策，故无一贯之组织。各省各自为政，工作自不免于凌乱。在农业教育政策确定后，即宜明白规定实施该项政策之组织系统。

关于农业研究、训练与推广工作，中央宜有一主持机关，对全国农事作全盘之计划与实施。关于研究工作，实业部现设有中央农业实验所，此外复有中央棉产改进所及全国稻麦改进所；推广工作亦由实业、内政、教育三部合组中央农业推广委员会；训练工作则属诸教育部所管辖之大学农学院。惟此三方面工作，目前尚无彼此沟通之机构，自难收分工合作之效，工作既易趋于重复，经费与人才亦不免有浪费之处，似有改进之必要。各省农学院，自应仍归教育部管辖,惟中央方面之农业研究与推广机关实可合并为一。如于中央农业实验所内增设农业推广处,专司全国农业推广事宜;或将中央农业推广委员会,改为推广处,隶属于实业部,办理全国农业推广事宜;如此,则中央农业实验所,不必直接办理农业推广,以免工作之重复。

上述三方面工作机关,应有一联合会,每年至少举行一次会议,借以讨论全国农业政策及报告各方进行状况。兹将中央农业研究机关及中央农业推广机关应为之职责分述如下。

(一)中央农业研究机关应有之职责

1. 研究改进有普遍性之农事工作,以为推进各省农事研究工作之张本。

2. 研究引进外国优良品种,以备各省采用。

3. 指导并资助各省农事研究事业,以谋分工合作。

4. 调查各省农事研究事业,并编制是项报告,以资促进。

(二)中央农业推广机关应有之职责如下

1. 研究推广方法。

2. 指导并资助各省推广事业。

3. 调查各省农业推广情形,并编制是项报告,以资促进。

至于各省之农业教育,每省应有一组织系统,执行全省农业教育事宜,凡省内各农林试验场所、农林职业学校及各县农业推广所均应受该项组织之直接指导与管理,以便集中事权而收事半功倍之效。是项理想组织,最好为省立农学院或农业院。

现在国内有数种不同之农业教育组织,各有其利弊,今特分论如下。

1. 江苏省农业教育组织:

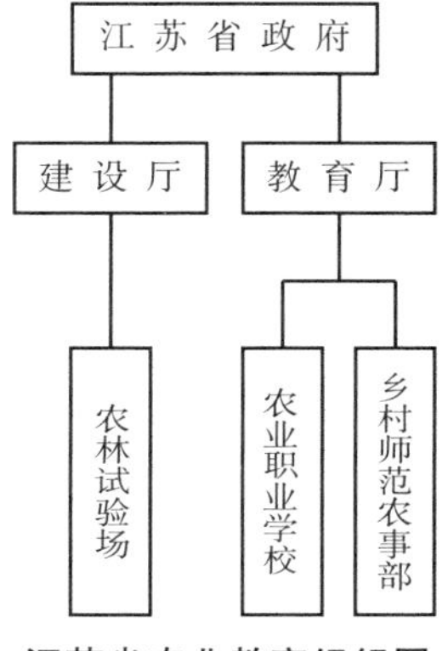

江苏省农业教育组织图

江苏省立之各农林试验场系直辖于建设厅，而农业职业学校及乡村师范农事部则属于教育厅。此项组织之缺点，即在教育与建设两主管机关各不相为谋，教育厅方面所造就之人才，每不为建设厅方面所聘用；或建设厅方面所需要之人才，而非教育厅方面所得知悉，两者中似有鸿沟存乎其间。

2. 安徽省农业教育组织：

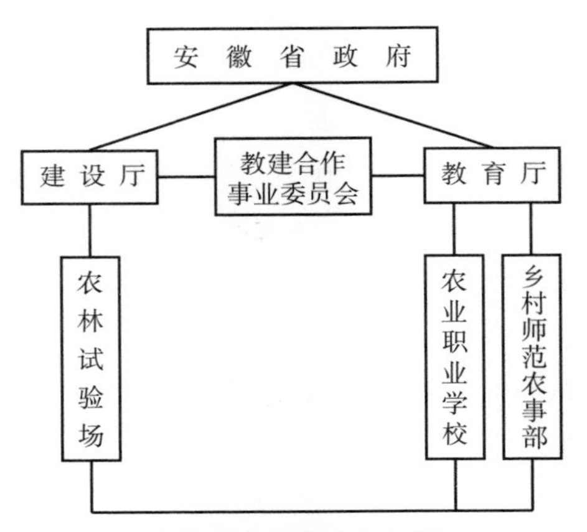

安徽省农业教育组织图

上项组织系统，系于民国二十四年春在安徽省政府由建教二厅联合会议所决定，此种组织，较诸江苏省为进步，因为两者间有一建教合作事业委员会，以谋沟通建教两机关，而免各行其是、彼此不相为谋之弊。

3. 江西省农业教育组织：

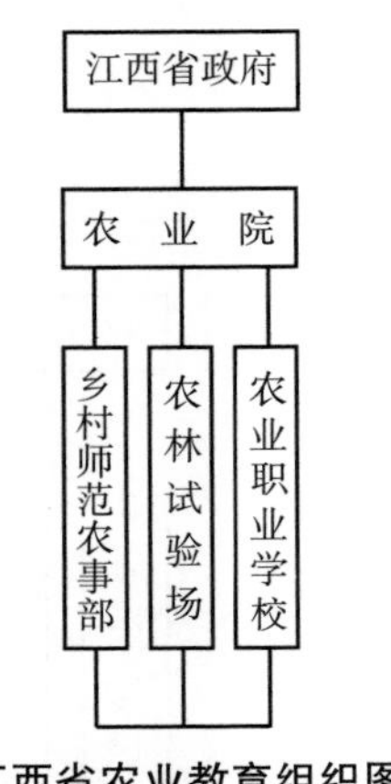

江西省农业教育组织图

此项组织,较为健全,因为省内仅有一种组织即农业院,负全省研究、训练与推广之组织。

凡有省立农学院之省份,其理想之组织,图示如下:

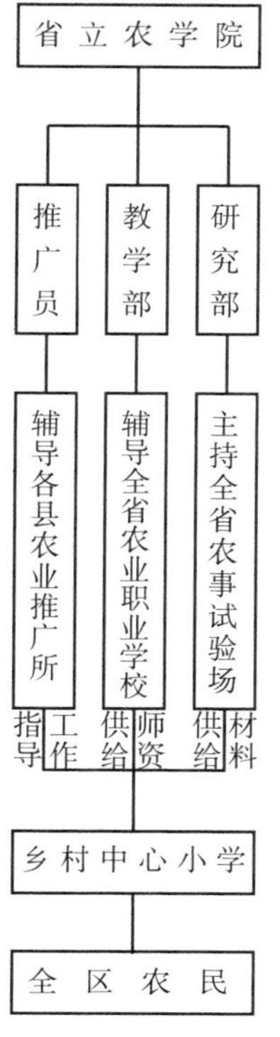

省立农学院理想组织图

各省农业职业学校,办理多不切乎实际,以致多数毕业生不能从事专门职业,形成一极严重问题。今后改进之道,首在注重农业职业学校师资之训练,使能胜教学之重任。此可由省政府责成或委托农学院造就师资,并应由农学院负全省农业职业学校辅导之责。

省立农事试验场亦应划归省立农学院管理,以便研究与教学能互相为用。省立农事试验场,每省至多设立二三处,待研究有结果,即由各农业职业学校及各县农业推广所举行区域试验,如属成绩优良,则积极利用乡村中心小学或其他组织,以推广于农民。

至于中等农业教育推行之方式,吾人有一种理想计划,即农业职业学校应以整个农人生计问题之改善为努力之中心,而成为推进社会之原动力。以今日我国农村之破碎，人民经济之穷困及知识之落后，如欲稳定农村基础，应注意教养之兼施，以提高人民知识及改善人民生活。故适合我国目前乡村社会需要之学校，不为遍于教育性之乡村师范，亦不为遍于农业性之农林实验学校，最好冶两者于一炉，使合而为一，以期造就农业经营、农事指导、乡村小学师资及农村服务人员。在此种学校中，实可划分为农事、社会及师范三组。此种学校，系为改造乡村而设，自宜位于乡村环境中，即可命名为乡村中学，以别于普通中学，其应有之组织系统，试图示如下：

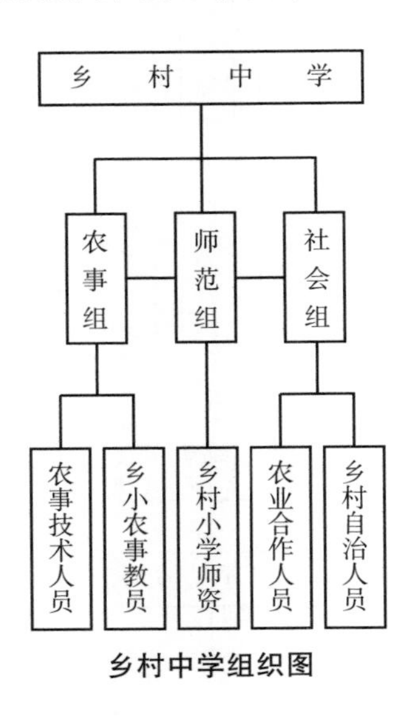

乡村中学组织图

各省应就其农作区域，划分为若干乡村中学区，每区设立一乡村中学，实施农事、师范及社会三种人才之训练。全省乡村中学，应受省立大学农学院、农业专门学校或农业院之辅导，使全省农业教育之设施，能作有系统之规划。乡村中学对于所在地之社会，负有改造之使命，各区乡村小学，应置于各区乡村中学辅导之下。乡村中学，既能供给农事上之推广材料与指导农事之技术，复能供给小学之师资及指导其各种社会工作，故乡村中学，实可藉乡村小学以推行各种社会活动于全区之民众。乡村小学，为适合乡村社会之需要，应施行乡村全民教育，教育活动之对象，不独为乡村中之儿童，应兼及于成人男女。故今日之乡村小学，应兼负儿童、成人及妇女三种教育之责。乡村中心小学之组织，应分为儿童、妇女及成人三部。对于农事教育工作，可由省立农学院，经乡村中学及乡村小学而直达于乡村农民。故全国农业教育之理想

组织,应有整个之系统如下:

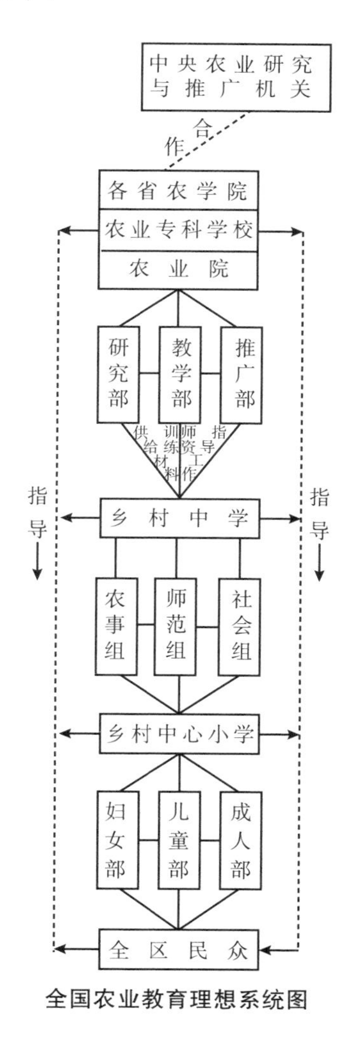

全国农业教育理想系统图

三、农业教育政策实施方法

农业教育政策之实施,应有适当之方法,下述数项,胥其大者。

(一)农业学校区域之划分:农业为富于地域性之科学,农业学校之使命,亦在完成所在地农业之改良及农民生活之改善,故各级农业学校,均应有一确定区域。该区域内之农业研究、教学与推广诸项,均应由该农校负其全责。

各农校可各按其学区内农事上之特殊需要，作特殊之适应。故农校区域之划分，为实施农业教育政策之基本工作。各省中等农校之学区，咸按各省气候、土壤、地形等各因子为区划之标准。按民国二十二年十月教育部公布职业教育法令，在《各省市设置中等农工学校实施方案》中，对中等农校学区，有下列三款之规定：

1. 各省先就旧道区每一区内设立一中等农校，大约每省为四或五校。

2. 各省于设齐旧道区之中等农校后，以次于旧府区域或旧直隶州辖县较多，区域较大者，每区内添设中等农校一所。

3. 各区应择区内荒地最多，且距区内各县交通较便之乡村为设立中等农校地点。

故中等农业职业学校区域之适当范围应为四至六县。大学农学院，类以省为单位，每省以设立一校为原则。惟以目前经费与人才之困难，可将全国各省就地势与气候之差别，划分为若干农科大学区，每区设立农学院一所，负全区高级农业人才造就之责。

我国农业教育专家邹秉文先生曾拟将全国划分为八农业大学区，每一大学区所包括之省份如下：[①]

第一区：辽宁、吉林、黑龙江

第二区：内外蒙古、热河、察哈尔、绥远、宁夏

第三区：河北、山西、河南、山东

第四区：湖北、湖南、江西

第五区：江苏、浙江、安徽

第六区：广东、广西、福建、云南、贵州

第七区：四川、西藏

第八区：甘肃、陕西、新疆

上述分区办法，颇觉适当，然据实际情形，则江苏一省，现有农学院三所、农业专修科一所及教育学院农事教育学系一所。浙江、安徽复各有农学院一所。第二区与第四区均无农学院之设立，分配殊觉不均。然因经济与人才两条件之限制，此种已成之事实，实不易更变。故今后之急务，应先就原有学

① 邹秉文：《中国农业教育问题》《实施全国农业教育计划大纲及筹划经费办法》，商务印书馆，民国十二年五月初版。

校,加以充实。对于未曾设立农学院之省份,从速组织农业院,办理农业研究与推广工作。至于高级人才之训练,可委托邻省农学院代办。此为目前最合理想之一种办法。

(二) 人才统制:关于农事人才之训练,应注意下列数原则:

1. 人才之训练,应根据当地农事上之实际需要,如训练何种人才及需要若干人才均应预为计划。已经训练之人才,则应设法安置,俾能实地用其所学。

2. 所用之教材,须切乎实用。训练方法及时期之长短,尤须注意适应将来职业上之需要。

3. 设置学校,应有一定之目的。对科目之增减,亦应依实际之需要,切不宜随意增删。

(未完)

(原载于《经世》1937 年第 1 卷第 1 期)

我国农业教育政策(续・分论)*

农业教育之范围,可分为高级农业教育、中等农业职业教育、小学生产教育及新农教育四类,兹分述之。

一、高级农业教育

(一) 目的:高级农业教育包括大学农学院、农业专门学校、农业院及教育学院农事教育学系。大学农学院之目的应为:1. 造就专门技术人才,从事高深研究及大规模农事之经营;2. 训练中等农校师资;3. 造就农业行政人才及农事指导人才。农业专门学校之目的应为造就农业技术辅佐人才,注意农业经营及农业推广工作。农业院之目的应为农事研究与推广。教育学院农事教育学系之目的应为造就农事师资、注重农业推广及农民生活之改善。

(二) 分系:农学院为造就高深农事研究人才,以适合我国目前之需要,应设有主辅系之学程,以造成各种专门人才,美国农科大学多不分主辅系,任学生自由选读,因美国教育较为进步,大学教育仍视为一种普通教育,分系研读,可待之于研究院。我国教育比较落后,研究院一时不易成立,故大学即应负专门人才训练之责。

目前我国农学院分系方法,极不一致,有少至二三系或多至七八系者。农业之主要活动为动植物之生产及农产之经营与农民生活之改进,故农学院最理想之分系方法,应为植物生产、动物生产、农业经济及乡村社会四学系。各地可斟酌当地情形,于每系之下,再行分组。如植物生产学系可分为作物改良、土壤肥料、园艺、森林、农产制造、植物病害及农具诸组。动物生产学系

* 原文署名为章之汶、辛润棠。

可分为畜牧、兽医、蚕丝、昆虫等组。农业经济学系可分为合作、农场管理及农产物价农业统计等组。乡村社会学系可分为乡村组织及乡村教育等组。

(三)经费:高级农业学校以研究事业为入手工作,故研究经费应占全部经费百分之五十。次则训练经费,应占百分之二十五。推广经费应占百分之二十五。美国各农科大学经费之支配,悉以此为标准。南京私立金陵大学农学院其全部经费之支配,计研究费占百分之五十四,教授经费占百分之二十八,推广经费占百分之十六。[1]

(四)事业:高级农校之事业可分为研究、训练与推广三部。

1. 研究:(甲)研究工作宜注重有经济价值之研究,研究范围不宜过于庞杂,须就经费与人才作适当之支配。(乙)次则研究工作应非为研究而研究,应为解决问题而研究,使研究之所得,能适应社会之需要。(丙)研究目的既经确定,即应有一具体之设计,厘订工作之纲要与步骤,以为进行之根据。兹将金陵大学农学院,所订之研究设计纲要提示如下,藉资参证:

金大农学院设计研究纲要表

项目	说明
1. 名称	
2. 目的	
3. 需要	
4. 结果应用	
5. 工作程序	
6. 工作地点	
7. 合作机关	
8. 完成期限	
9. 费用	
10. 负责人	
11. 核准日期	

(丁)各种研究设计应注意彼此间之相互关系,使各系组间有关之研究设计,彼此取得联络,以收完整之效。如研究某种植物生产之改良,即应与其他有

① 《私立金陵大学农学院概况》第3号第9页,民国廿三年至廿四年。

关各部合作，进行研究该项作物适宜之土壤、肥料、水利农具及育种、除虫、贮藏、加工、运销等项，藉谋整个事业之改进。试绘一整个研究系统图如次：

农业整个事业研究相关图

2. 训练：农事人才之造就宜根据本省之需要，并宜随时代之演进，对于所授之课程，不断作有计划之改进。

3. 推广：农学院对于本省推广机关，宜负辅导之责，派遣专家巡回辅导，并宜开办一直属实验区，由农学院直接管理与指导，试验一切推广计划，以备普通推行。

二、中等农业职业教育

（一）目的：中等农业职业教育最理想之目的，自为训练新式农民，实地经营农业。但依我国目前之农民经济状况，殊难达此目的，故于今日小农制度之下，中等农校所造就之人才，其出路要以任农事指导、农民训练及技术助理为相宜。故我国今日中等农业职业学校之目的，应为造就新农学校及小学农事之师资、县乡农业推广人才、农业经营人才及技术辅佐人才。

（二）组织：中等农校欲达到前述之目的，应有下列之行政组织。

1. 教导组——掌理下述各项职务：

a. 编制课程。b. 保管学生成绩。c. 指导学生生活。d. 调查毕业生服务状况。

2. 农事组——掌理下述各项职务：

a. 管理学校全部农场事宜。b. 处理农场收获。c. 分配学生实习农田。d. 督促学生实习工作。

3. 推广组——掌理下列各项职务:

a. 拟订推广计划。b. 支配推广工作。c. 督促推广工作。d. 筹备推广工作。e. 研究推广方法。f. 调查推广成绩。

(三)课程:中等农校课程之编制,除实习外,应以普通学科约占上课时间百分之四十、农事学科占百分之五十、社会经济学占百分之十为原则。普通学科,多为基本学科,应提前修习,社会经济学科多为综合及理论学科,应排于最后一二年修习,至于农业学科,则宜于三年中分配学习之。

(四)活动:学校周围纵横一二十里,应划为学校社会服务中心区。区内之一切活动,如指导农事、组织合作社、办理民众教育、组织民众等均可划归学校办理,由教员率领学生协力推进,如此始可养成社会服务人才。

三、小学生产教育

小学为国民基础教育,欲普及全国人民生产之训练,应于小学中推行生产教育,培植儿童生产之意识。

(一)目的:小学生产教育之实施,为养成儿童之劳动习惯与生产兴趣,使其认识乡村社会之事物,并了解与其生活所发生之关系,以引起从事生产之活动。故乡村小学应有农事课程,为实施生产教育之初步训练。

(二)工作:小学生产教育之工作,可分述如下:

1. 指导学生认识自然环境。

2. 指导学生经营校园,布置校景。

3. 指导学生从事简易农事工作。

4. 率领学生参观附近农庄。

5. 指导学生作家庭设计,例如:a. 种植一株或数株果树。b. 饲养数只鸡或一只猪。c. 布置家庭园林。d. 其他家庭农事工作。

(三)设备:每校应有校园及农场五亩至十亩,以作学生工作场所。至于力畜及犁耙等农具,学校不必置备,可向学生家属分别轮流备用,并商由其父兄义务担任耕耙之劳,其他简易农事工作,如播种、除草、收获等,则由学生分任之。

四、新农教育

农业教育之重心，应为农民职业之训练。过去我国农民对农事之学习，全根据于经验之传授，缺乏学理之探讨，故我国农业生产技术数百年来殊少进步，以致生产落后，不能与欧美诸国相抗衡。故应积极运用教育方法以造成时代的新式农民，新农教育实为农业教育之最终极与最重要目的。

（一）目的：新农教育之目的，在对青年与成年农人，施以合于实用之农事知识与农业技能之训练，以造成一进步的农民。新农教育常为一种补充或短期教育，以应实际之需要。

（二）组织：新农学校可单独开办或附设于乡村小学、农民教育馆、农事试验场及其他乡村工作机关。训练期限最多为一年，次则为半年或数月，最少亦应有一个月之训练。除一年与半年外，余皆于冬末及初春之农闲时举行之。在训练时期宜密切注意学校与家庭两方之合作，学生宜于家庭中划出农场一部分作家庭设计实习（Home Project），将学校所学习之理论与方法作实地之实验，由学校教师与以不断之指导，方能使学理与工作谋得实际之印证。

（三）教学：新农学校之教学，宜偏于实际工作，故实习为最要。教材之选择，宜完全根据当地农事上之需要，最好先对当地农事情形作一精确之调查，认明当地农作种类及各种农事上问题，然后选择与每问题有关之事实作教材。课程之编制，应根据学生之经验，注意全体学生之个别需要、时间之限制、非职业性课程之性质与范围。美国伊利诺省（Illinois）有一农业补习学校[①]，其学程为六星期，课程种类计分为作物、土壤、畜牧、农场组织与管理、社会、农业算学、实用英文等。至于教学方法，最好采取讨论方式。在讲习时间，由教员提出一当地农事上问题，由大家公开讨论，发见其成为问题之原因及其解决之方法，并使能付之于应用。其讨论进行方式，可采用如下之程序：[②]

---

① Stewart, R. M., Teaching Agricultural vocations, chapterb, 6. constructing curricula and courses of study, pp. 143 - 150; Gohn Waley and Sons. Inc., N. Y., 1930, 2nd Edition.

② 同上。

新农学校教学讨论程序表

题材/共同问题	对该项问题之不同意见	教员意见	公认意见	解决方法之应用
玉蜀黍选种/选择何种玉蜀黍穗	各人提出认为最好品种名称及其理由	教员主张最好之品种	经过全体讨论后大家共同承认应选种类及其重要点	指导学生选择最好之品种
适宜播种时间/何时下种为最适当	各人提出常用下种时期及对于成熟之影响	最适宜下种时期	全体承认之最适宜下种时期	在下种以前访问农人,指示应下种时期

(四)辅导:新农学校学生,在校训练时期甚暂,一出校门,便无继续之训练与辅导,则知时期之所学,或不能见诸应用,或应用而有所困难。故农校应实施辅导工作,使学生成为地方之中坚份子,凡有所推广,先由彼等采用,结果如有成效,则推广事业,不难普及于全体民众。

其他参考书

1. 章之汶、辛润棠:《我国中等农业职业学校与农事教员训练问题》,《教育与民众》第六卷第八期。

2. 章之汶:《安徽省立农业职业学校视察报告书》,安徽省教育厅,民国廿四年三月印行。

3. 章之汶:《筹办安徽大学农学院计划草案》,金陵大学《农林新报》第十一年第十八期。

4. 邹树文、章之汶:《对于江苏省中等农业教育改进之意见》,金陵大学《农林新报》第十年第十六期。

5. 章之汶:《广西普及国民基础教育研究院廿四年度生产教育实施计划草案》,载天津《大公报》廿四年九月廿五日"乡村建设刊"。

6. 辛润棠:《农业教育之重心》,载天津《大公报》廿四年七月八日"明日之教育周刊"。

(原载于《经世》1937 年第 1 卷第 2 期)

农村建设声中我国大学教育

一、农村建设之重要及其涵意

我国自古以农立国，时至今日，犹滞留于农业社会阶段中。全国人口，农民约居其十分之八，全国生产，农业约居其十分之九；是以吾人生活之资源，社会经济之基础，与夫国家赋税之征收，莫不出自农业、来自农村。然反观我国农村社会与农业生产情形，在在呈现崩溃与落后之现象。据金陵大学卜凯(J.L.Buck)教授之调查，我国每一农家全年各种收入，合计不过二百另三元四角四分左右，至生产成绩，更远不如他国之精良，英国小麦之平均产量，每英亩有三二点九蒲氏耳，我国各地平均产量仅一〇点八蒲式耳。再以稻米产量而言，我国平均每英亩仅产一七五〇磅，而日本则一英亩之平均产量可达二三五〇磅。由此可见我国农业生产技术远逊他人，农家收入既如是之微少，而人民生活水准当随之低下，社会之秩序，国家之安宁，深受影响。三中全会宣言中，对于经济建设方面，首重增加农民生产力，路谓："盖必生产力增加，始可以谋耕者有其田原则之实现……"故朝野人士，亟求农业之改进，农村之建设。非无由也。

农村建设之重要，已略如上述。至其工作，要以全民为对象，以农民实际需要为内容，以提高农民生活程度为终极目标，而生活程度之涵意，即指人民实际上所享受之物质生活，我国农民泰半挣扎于饥饿线上，遑论物质生活之享受。

美国康乃尔大学副校长孟恩博士(A.R.Mann)尝谓人生适当生活之成分凡六，正与我国定县乡村建设家所主张之四大教育，不谋而合：

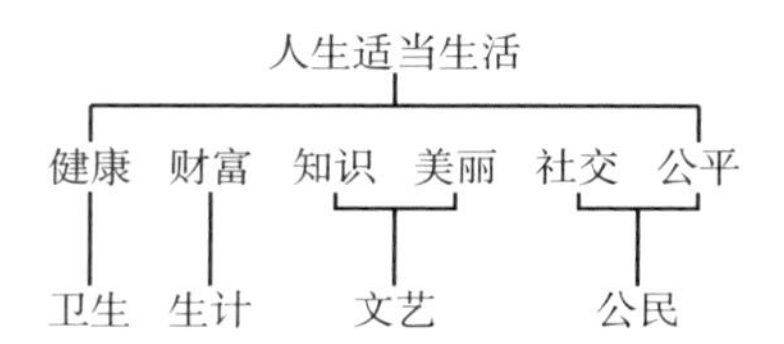

农村建设之目的，原在改善农民之实际生活。则生计教育之实施，所以增加农民之财富；提倡卫生教育，以促进农民之健康；施行文艺教育，以增长农民之知识，改善农村环境，以养成农民之美感；倡导公民教育，使农民得有适当团体生活、正当娱乐与夫高尚社交，享受真正之公平。凡此种种，均系建设农村应循之途径，唯工作之进行首需专才，故我国今日之大学教育，非速事广植，实不足以应时代之需要。

二、农村建设运动对于我国大学教育之影响

我国今日之农村建设运动风起云涌，实建设国基、复兴民族之良好现象也。其影响大学教育之趋向尤为显著。我国教育以前只注重都市教育、分利教育与资产阶级教育，社会耗费大量财力，结果使百废待举之今日社会，不能"事得其人，人用其能"。李鲁人先生指谪现有大学教育之缺陷有言曰："……可是现在的大学不但不能供给国家所需要的人才，而且为社会造出许多失业者！到处都是人才缺乏的呼声，而一般大学毕业生却没有事做，岂非怪现象？固然现在社会有许多黑暗，但如果一个大学生真是学有所长，似乎还不致于找不到事做。其所以然之故，乃因为现在的大学只有粗制滥造的毕业生，而不能造就出适用的人才。"此诚一针见血之评语，于今日民穷财尽之社会，际兹政府当局倡导国民经济建设之日，实不能再事浪费社会大量之财力，虚掷于空洞而不适用之教育矣。

是以国内各大学从而转换其教学趋向，注重学科之适用，使学理与实际确切连锁起来，学以致用，用中求学。因而自办各种实验区以利教学，俾教学之结果得有实地证验之场所，以实验区为大学教育之试金石，藉观教学之成绩。如金陵大学农学院十四年前，即创立乌江农业推广实验区，努力优良棉种之推广，同时并办理农村、经济、教育、卫生、政治及社会诸项事业，一方面推广研究之结果，他方面供教员研究及学生实习之场所，他如北平燕京大学

之清河实验区、齐鲁大学之龙山实验区、江苏省立无锡教育学院之惠北及北夏实验区等，均系从事农村建设运动之“学而做”“做而学”之良好场所也。

但农村建设工作极难，因其范围颇广，问题至多，工作尤为繁重，若求于短期间内，单独美满的解决某一农村问题，事实有不可能。但使各大学之实验区，对于农村一切问题，事事兼谋并策，则又心余力绌，盖长于此者，未必不短于彼，但为实际之需要，又不得不勉力办理，致财力分散，难以尽量发挥其所专长之工作。故年来所述各大学之教学，虽力求着重实用，固有相当功效，然均各自为政，埋头苦干，未能通力合作，着重有效率之计划工作，终觉为其缺憾。

客岁，燕京、清华、金陵、南开诸大学暨协和医学院与中华平民教育促进会，鉴于农村工作之艰巨，与夫建设人才之缺乏，乃共同商洽通力合作，组织华北农村建设协进会，以实地从事农村建设之研究，其共同实施区域，即为各校各科学生之共同实验室与工作场。分工合作之机关为：(一) 清华大学专司工程，(二) 南开大学从事经济及地方行政，(三) 燕京大学办理教育及社会行政，(四) 协和医学院实施公共卫生，(五) 金陵大学改良农业，(六) 中华平民教育促进会则负推进联锁的农村建设工作。此种组织，一方面对于研究训练得有从事实际工作之便利，一方面谋各项研究训练之联锁，各大学就其所最专长之学科，分别担任该协进会一部分工作，于共同目标之下，各展所长，冀收事半功倍之效，农村建设工作，从此可谓步入协调时期矣。

农村工作人才，既为我国今日所急需之人才，负培养专门人才之大学当应时代之需要，广为培植是项人才。然农村建设为我国特有之新兴事业，闭户造车，固鲜启途合辙之效，东剽西窃，尤憾削足适履之讥。故欲寻求切合需要之建设方案，必须深入民间，欲训练具有专门知识技能又有农民身手之建设人才，亦非深入民间不可。

该协进会倡导大学生下乡，走入所谓“民间实验室”，实农村建设声中之革命的大学教育，盖该会创办民间实验室，“不惟须使各科学生，消极的了解农村与农民，且须积极的用其所学，参加实地建设工作。故一方面各大学有为学生设置民间实验室之责任，而他方面，凡从事农村建设之各学术机关，亦有供给各大学学生研究材料之义务……以实地从事农村建设之研究实施区域为各校各科学生之实验室与工作场；各校学生从此而能深入民间，躬就田舍”，此种创举洵学术史上之一大革新事业也。

今后我国大学教育，应采行计划教育，即就社会国家之切实需要，设置或充实其所需要之学科，造就适用专科人才，如我国农村建设亟待大规模之兴办，则农业各科人才，应广事培植。同时须计划实际需要之数量，使造就之人才不致过剩，必使所造就之人才，均能予以相当工作之机会。如是，则大学教育不至虚縻社会财力，且为社会真正造就实用之人才，而大学毕业生亦不致感受失业之痛苦矣。

参考资料

1. 章之汶、李醒愚合著：《农业推广》（大学丛书，商务出版）。
2. 李鲁人：《现有大学教育之缺陷及其改革》（载《大公报》）。
3. 《华北农村建设协进会工作大纲》。
4. 《独立评论》一一五期。
5. J. L. Buck：*Chinese Farm Economy*.
6. 蒋杰：《乌江乡村建设之研究》。
7. H. P. Fairchild：*Applied Sociology*.

（原载于《农林新报》1937年3月21日第14年第9期）

对于我国农业教育改进贡献几点意见

一、引言

我国农业，始自神农教民稼穑，重农思想，历数千年而勿替。上至帝王，下达庶民，旁及君臣硕彦与夫山林隐逸之士，无不以教稼穑躬耕亩以为荣。故我国以农立国，历史之悠久与宝贵之农事经验，实为举世所无。近年欧西新法中如葡萄酒之酿造，不知我国于唐太宗时早经发明，明季徐光启辈于农学颇有研究，其所论开垦治蝗，尤有独到之见。可惜此种宝贵经验，迄未加以整理，编成有系统记载，以供后人之参证。私立金陵大学农学院有鉴于此，曾于十年前即着手搜集我国古农书籍，对于宝贵之农事经验，拟加以整理，辑为《先农集成》。嗣因经费支绌，人事更动，迄未完成。

海禁大开，有识之士，鉴于利权外溢，对于农业教育渐知注意。光绪廿二年，江西高安首先设立农业学校，实开我国新式农业教育之先河。迄今四十余年，农业学校虽成立多所，但因国家社会正值鼎革之时，秩序未定，学校经费不足，人事更动频繁，以致学校未能趋入正轨而从事于农事研究与改进工作，一切农业教学遂不免流为书本知识之传授，绝少切合实际之需要。其结果学农者不能实行为农，于我国农事之改进无甚裨益，此乃我国过去农业教育之一般情形，无可讳言。八九年前，某教育专家曾有言曰"我国各种教育，以农业教育最无成绩"，诚慨乎言之。

处于今日之世，科学农业建设之重要，自不待言，惟其是否能达到"巨艰责任，以切合需要"，则须视农业教育之实施是否合理化、科学化。教育部于廿五年，曾举行第一届农业职业学校教师暑期讲习会于南京，施以严格训练。廿六年春设立农业教育委员会，除于实业部、教育部中各派二人外，并聘请国内农业专家若干人组织之，同时派员视察各省农业教育状况，期以促进农业建设为目标，而谋实现农业教育合理化、科学化。惜全面抗战展开，未能毕其事。廿七年政府迁移重庆，该会亦随教育部移渝，并加以改组，扩大组织，草拟我国农业教育改进纲领凡十条，其缘起有言曰："我国农业教育，向因系统不清，课程内容无标准，各地发展不平均，以及对农业人才无通盘支配计划，致少成就。应兴者未兴，应革者未革，一方面深感农业人才不敷分配，而另一方面则又往往用非所学，此在平时对于国民经济之发展，已属不利，而在目前则尤足影响于抗战前途。"基于此种理由，对于规定农业教育目标、系统与划分各级农业教育区域、调整建教合作关系，均有详细订定。二十八年教育部为培植各种农业人才，从事适合自然环境社会及国防需要之生产，复指令中央大学及金陵大学，分别举办农艺及园艺师资科，是教育部对于全国农业教育改进应兴应革已具有决心与实施之步骤矣。

二、改进意见

（一）原则——以往各级农业教育之实施，均各自为政，极不一致，毋庸讳言。今后如欲改进农业教育，使其趋入正轨，以达到适应实际环境需要，特就管见，提出如下原则，以供讨论。

甲、农业问题富有区域性，适于此者，未必适于彼，南方种稻，北方植麦，农事工作随地而异，故一切农业必须就地改良，就地推广。而农业学校为培养此项改良与推广人才之场所，亦必以某一农事自然区域之农事作业为施教对象，以谋与农事改进工作相适应。此美国所以每州有一州立农科大学，其施教即以该州农业为对象。

乙、农业研究、农业推广及农业教育三者，具有连环性，不应强为分离。研究所得，付之于推广，用之于教学，推广时所发现之困难，复可用为研究之资，如此周而复始，方切实用。是以三者宜如何密切连系，而发生最大之效能，实值吾人之深切注意也。

丙、农学院为某一农事自然区域之最高农业学府，一切农业专门人才之所从出，全区农业改进工作之中心，其重要可知，则其内容宜如何求其充实，教学宜如何求其实际，以胜此负荷，确有研究与讨论之价值也。

丁、农学院之职责，既如是之繁重，非其他学院所可比拟，为推行职责便利计,以单独设置为宜。

戊、在同一区域内之各级农业学校,应使其彼此间发生严密之连系,低级农业教育机关,应受高级农业教育机关之指导与协助,以树立完整之农业教育制度。

己、农业教育之目的,既为培养各种农业技术人才、领导并协助全国农民实行国民经济建设及改进农民生活,则今日之农民与明日之农民,均应使其接受新式之农业教育,灌输农事新知识与新技能,养成现代化之农民,使成为地方农业改进之中坚份子,以树立农业改进之永久基础。

庚、全国各级农业学校之师资,应由政府通盘筹划,就其需要,分别培养,同时予以合法保障,规定其任用标准与待遇。

(二)行政机构——为求实现上列原则,达到完整与合理化之农业教育与农业建设起见,应组织一强有力之行政机构,为之推动,兹试拟于后:

甲、设立中央农业教育建设委员会。本委员会直属于行政院,委员人选由有关部会长官为当然委员,加聘国内农业教育专家若干人为委员,由行政院聘请秘书或总干事一人,负本会事业执行之责,并得列席行政院会议,俾得随时报告会务之推行。本会任务为根据中央施政纲要,统筹全国农业教育及农事改进之实施,并审核与监督全国各省农业教育与农事建设事宜,所有中央每年应拨之农业教育及农事改进经费,统由本会通盘筹划支配之。

乙、设立各省农业教育建设委员会。本委员会直属于省政府,委员人选由有关各厅长官为当然委员,并加聘省内外农业教育专家若干人为委员组织之,由省府聘请秘书或总干事一人,负本会事业执行之责,并得列席省府会议,以便报告会务之推行。本会任务为根据中央农业教育建设委员会之规定,统筹全省农业教育与农事改进之设施,并审核与监督各县农业教育及改进事宜,所有全省每年应拨之农业教育与农业改进经费,统由本会通盘筹划支配之。本会秘书或总干事同时应兼任各该省农学院或农业院院长,以一事权。

(三)各级学校——我国各级农业学校,应根据前述原则加以调整改进,以便发展其较大之功能,兹特分述如后:

甲、大学农学院 大学农学院既为某一农事区域之最高农业学府,则其设置宜采取省区制,抑采取农事自然区域制?省立抑国立?农业研究、农业教育、农业推广三者,宜集中办理,抑宜分工合作?均属迫切问题,亟待解决,以作实施之准绳。笔者认为大学农学院，以省立为宜，但在人力物力俱感缺乏之今日，农学院之设置，可根据我国各农事自然区域之大小而作适当之分配。例如某一农事自然区域已有农学院二所，则各就其所在地划分邻近若干省区为其施教之对象，并专负其所在省区一切农业研究推广及教学之全部责任。其未设置农学院之省区，可先设置农业院，专负该省农业研究与推广及该省大学农学院以下之农业教育事宜。盖前者为农业最高学府，教授人才，宜应有尽有，后者为事业之实施机构，技术人才，可按事业之缓急及其推进之范围，而延聘之。根据我国目前人才而论，我国至多可设置四五个完备之农学院，逾此则不免滥设，内容空虚而已。

乙、农业专科学校　其主要使命，在培养适合所在地区某一种农业技术人才，此种学校以省立为宜，如本省内已设有农学院及农业院，则由院附设之。

丙、高级农业职业学校　其主要使命，在养成农业实地经营人才与农业改进机关之干部人员，此种学校宜由农学院或农业院按照省区内实际之需要设立之，每省以设立三校为度。

丁、农民学校　农民学校，系招收优秀青年农民，予以新式农业教育之训练，使成为地方农业改进工作之中坚份子，树立我国各地农业改进之永久基础，此种学校，以县农业推广所设立为宜。例如某一县人口有二十万，其中青年农民若以百分之二十计算，则有四千人，从此四千人中选择优秀者五百人，分期入学受训，是全县二十万人口中，于若干年后，每四百人即有一人受过相当训练，则此五百人分布全县各乡区，协助政府推进农业建设，其力量之伟大，实有不可思议者。刻金陵大学农学院于四川省仁寿县籍田铺苏家坝第五农业推广中心区创设实验农民学校一所，招收青年农友六十名，已于十一月一日开学，情形尚佳，容日为文介绍之。此种学校如试办成功，可代替今日之初级农业职业学校。

戊、农业推广学校　农业推广学校，系招收地方农民，不分男女老幼，入学受训，旨在宣传农业常识、灌输几种重要农事知识与技能，培养成为现代化之农民，参加地方农事改进工作，此种学校以县农业推广所设立为宜。刻金陵大学农学院于四川省新都县农业推广区创设农业推广学校一所，一切情形容日一并为文介绍之。农民由此校训练完毕后，择其青年而优秀者，进入农民学校，受时间较长及内容较高深之训练。

农民学校与农业推广学校，均为培养新式农民而设置，教学内容注重实际，与农民生活发生密切连系，如此始可引起农民求学之兴趣。且由县农业推广所主其事，则于训练完毕后，学生与推广所永久发生关系，此于学生与推广工作，两有裨益。

三、结论

教育为立国之根本，抗战愈紧，建国愈亟，需要教育亦愈迫切。因此我国今日之农业教育，应迅速集中人力物力，按照有计划之设施，作整个有力之推进。即以四川省一百三十四县而论，平均每县需要高级技术人员五名（合作指导室二人，合作金库一人，农业推广指导员二人）。是全省需要七百人，假定每年百分之十离职，每年七十名空额，须加递补。今日川大农学院，每年所造就之人才，纵令全部分发各县，恐尚不敷，遑论其他农事改进工作。此外各县农业改进工作一旦进展以后，其所需要之高级农业职业学校毕业生作为干部人才，假定平均每县十名，则全省需要一千三百余人；今日四川省仅有省立高农二三所，学生二三百人，其与事实上之需要相去远矣。至于农民学校及农业推广学校，则仅有金陵大学农学院试办者各一所，学生百余人，全省人口七千万人，青年农友当在千万名左右，彼等教育工作之艰巨不言而喻，深望我国行政当局及农业教育专家，于此三致意也。

（原载于《农林新报》1940年2月21日第17年第4—6期）

向我国农业教育与行政当局进一言

抗战建国，为既定之政策，而必胜必成，尤为全国一致之坚决不可摇撼之信念，本此信念，奋发图治，增加生产，开拓资源，以期配合军事上之需要，而奠定战后之国基，蓬勃焕发，努力迈进，向所未有。最近中央政府成立农林部主持全国农林建设事宜，组织愈趋健全，计划尤亟缜密，将来我国农业生产建设，当更积极，其成果之大，非可限量。笔者除馨香祷祝吾国农业之早觇成功外，尚有不能安于缄默者，愿向我热心农业教育与行政当局敬进一言，以供参考，倘不以刍荛而河汉，则欣幸矣！

查我国抗战以还，后方各省农业机关相继成立，其隆盛气象，犹如雨后春笋，略事统计，其足述者，约有下列数端。

一、属于农业研究试验与改进者，在中央有中央农业实验所，在各省有省农业改进所，在各县有县农业推广所。上自中央，下迄县府，系统严整，运用灵活，语云“组织即力量”，以此健全之组织，推动农业建设，实施以来，无往不利。此种现象为全国热心农业人士日久企求而不可得者，今竟藉战事之需要，迅速达成。于兹抗战建国伟大艰巨事业之中，新农业确在孳长繁昌，而尽其应负之任务，举凡军糈民食之供给、农村金融之救济、特种作物之培植以换取外汇，在在均有显著之效果，值戎马怆惶之今日，能有如此建树，则抗战胜利之后，吾国农业之发展，当更凌驾欧美而上之。

二、属于高等农业教育者，国立学校计有中央大学农学院、浙江大学农学院、广西大学农学院、西北农学院、中山大学农学院、四川大学农学院、云南大学农学院，省立者有河南大学农学院、南通学院农科，私立者有金陵大学农学院、岭南大学农学院、福建协和学院农科。在筹备中者有国立中正大学农学院、福建省立农学院、国立贵州农工学校、私立川康农工学院、私立铭贤农工专科学校、私立复旦大学农学院、浙江省立英士大学农学院，此外尚有三个国立技艺专科学校及二个省立教育学院，其中亦均设有农业教育部门，合计上列已成立与在筹备中者，共达二十余所，较诸战前几增一倍。盖民为邦本，民食之供给，惟农是赖，矧农业教育为传递科学知识与技术之手段与力量。无此手段与力量，非特科学农业无由普遍实施于乡村，即推广此科学农业之中坚人才亦无由育成，今竟能于抗战期间，创立百年树人之宏基，我农业教育界人士之高瞻远瞩，弥足钦佩！惟新兴机关之数目增多，则全国农界之人才，不敷分配。初创设之机关，每以优厚之待遇，向其他机关争聘人员，结果原有机关人才逐渐空虚，而新兴之机关，仍有人才不足之感，乃今日最显著而普遍之现象，急待予以调整者，笔者不敏，特提供意见如下。

一、农学院之设立，应切实遵照教育部预计之分区设立标准，按我国自然区域，其已设立者尚拟以调整，新设立者亟应酌斟环境之需要，详慎考虑，不宜率尔成立，阻碍战后调整工作。抑尤有进者，农学院为农学最高学府，所负之使命至大且钜，应广延人才，充实设备，以期作有系统之研究与实际之教学。考美国素称富有，每州有一州立大学农学院，但其人才济济、设备完善者，为数无几，限于人力与财力故也，我国当引以为前车之鉴。凡人才与设备俱臻完善之农学院，可令举办研究所、专修科及训练班，以应需要，如此不但经济节省，且可培植大量适用之人才。

二、各省农业改进机关之设立，应力求普遍，但应行推进之工作，当择其切合战时或环境之需要，着重于少数中心工作，努力以赴，以底于成，切勿面面顾到，应有尽有。其中有关于研究实验或推广工作事项，亦须与附近之农学院，取得密切联络，通力合作，利用农学院之人才与设备，作科学知识之探讨与技术人才之训练。而农学院亦可利用改进机关作学生之实习场所，互助互成，建教益趋于一致，其向振兴农业之目标竞进，新农业之曙光，始克在望。

三、农林部与教育部宜会同派员视察各改进机关与各农学院，多作积极之指导，尽量予以援助，以求充实，务使农业教育配合农业建设。

总之，处于人才缺乏之今日，农业改进之机关，宜力求其普遍设立，从事于几种中心事业之改进，以应目前迫切之需要。至于高等农业教育机关，为培养专门技术人才之场所，宜力求其充实，更应遵照教育部之规定分区设置，不宜随意设立，影响日后调整工作。更希望农林部与教育部密切合作，以期农业教育能配合农业建设，则我国农业前途之发展，其庶几乎。

（原载于《农林新报》1940 年 9 月 21 日第 17 年第 25—27 期）

对于大学农学院课程标准之检讨(上)

我国自举办高等农业教育以还,对于课程之编制,初无一定标准,即间有所规定,亦多不适用,尤以民国十一年新学制颁布后,因标举“谋个性之发展,多留各地方伸缩余地”之教育目标,各大学一时均采用选科制,将校内课程编制之权,悉付之于教授会。各校既取得自由规定课程之便利,流弊所及致有为人设课因陋就简,或巧立名目,故示高深。而农业学科因富于地域性,尤予各校以任意开设课程之口实,由是农校各科课程之纷歧庞杂,破碎支离,几成为普遍之现象。各农校对于学生之训练,既极参差,毕业生之程度,自难趋于一致,实为高等教育设施上之一大缺憾。及至民国二十七年,当局乃召集各科教育专家,商订各科共同必修,主系必修及选修科目,随即以部令公布施行,大学农学院课程始有一共同标准,各院校乃根据此标准,参酌各院校实际需要,制定课程表,呈部备案。全国各大学农学院乃有同一之训练内容与目标,实为我国高等教育之一显著进步,殊值吾人之庆幸。

今教育部高等教育季刊社,以大学农学院课程标准已实施三年,为求明了实施情形及有无改进之处,乃嘱之汶草拟《对于大学农学院课程标准之检讨》一文,爰就管见所及,制为是篇,以就教于贤明教育当局及农业教育界人士,尚希不吝指正是幸,斯篇之作承蒙金大农学院农业教育系园艺师资组主任辛君润棠整理编辑,费时至多,特此志谢。

一、大学农学院课程编制之原则

大学农学院课程之编订,应根据下列数项原则。

(一)应能适合高级农业人才训练之目标:农业教育约可分为农事补习教育、中等农业职业教育及高等农业教育三个阶段。每一阶段,实各有其特殊目标，如农事补习教育，在对实际从事农事工作者予以某一种应用农事知能之灌输，以培养现代农民；中等农业职业教育，在培养学生农事工作技能与农场管理能力以养成实用农业干部人才；高级农业教育，则在使受教育者对于农业技术获得科学上之了解与欣赏，并能养成其研究改进某一专门农事之能力。故各级农业学校实各有其不同之使命，课程为达到此种训练目标之重要工具，故其编制必须根据训练目标而确定之。

（二）应能养成学生具有从事某种专业之能力：教育发达如英美诸国，大学农学院之目的，仅在造就农业通材，故无分系习读之规定，学生可视个人之兴趣与能力，遵从教师之指导，自由选习，修毕规定学分即可毕业，及至研究院始分主辅系。回观我国，教育尚未普及，农科研究所之设立为数尚少，我国大学农学院即应视为专业训练场所，分系施教。故我国大学农学院应将若干有关科目，列为一组，而以训练学生能具有一专门知识与技能为目标，然后根据此目标以确定科目之种类与份量。例如希望训练农具人才，自应使受训者具有制造与使用农具之能力，凡能完成此项目的科目，如力学、机械工程、农艺知识、农场管理等科目，应配为一适当组合，此即所谓主修学程是也。

（三）应使学生有机选习与主修有关之辅修学程：辅修学程与选修科目有别，前者系根据一中心目标而将有关科目编为一种课程，由学生习读之，后者则系个别科目由学生自由选读之。辅修学程之功用，在配合主修学程之学习，以增强其研究效能，如研究农业加工者，可以化学为辅修，研究作物病虫害者，可以农艺为辅修，因辅修学程，实有助于主修学程之研习也。故农学院学生选择辅修时，宜注意其是否与主修有关，藉收相得益彰之效，辅修学程之学分数量，应约等于主修学程总数三分之一。

（四）应具有相当之适应性：教育之功用，在使受教育者能随其个性之所近，自由学习，养成自发自动之能力，以期成为社会独特之人才，故各校必修学程之规定，切忌过于繁多，致妨碍学生个性之发展。农业为一种应用科学，深富于地域性，尤贵能因地制宜，以适应各地农事之自然状况。大学农学院，对主修学分数之规定不宜过多，应使学生能按个人兴趣与能力有选习之便利，故农学院不惟应设选修学程，尤贵使其有选修之机会也。

（五）应能充实学生自然科学基础：农业为一应用科学，实为科学之应用，凡从事于农业改进者，非具有充分之自然科学知识，作为研究基础，实难有长足之进展。如研究土壤改良须有丰富之物理化学与地质学知识，研究农产加工制造,须有优良之化学知识,他如物理数学之于农具、生物统计学之于育种、动物学之于畜养、植物学之于农艺等,均有密切关系。故农学院学生宜有相当自然科学基础,方足以实验与研究,现中等教育,去理想标准尚远,科学之设备与教学,均不充实,大学农学院之共同必修学程,实有加重自然科学教学之必要。

(六)应使学生具有较远大之眼光:农业生产之能否改进,有时非可全恃农事技术,每有若干社会原因,亦足为生产改进之障碍。如小农经营制度,不足以刺激农人对于农事改良工作之重视,以及租佃关系,足以减低农人对土地改良之热情等,此均属社会问题。故从事农业研究工作者切不可徒认农事知识与技术为万能,因常有农事知识丰富、农事技能熟练,而不能解决一农事问题者,盖尚有社会原因在也。故高级农校学生,应有较广泛之知识与远大之眼光,认识社会情况,了解政治经济等现状,然后可以发现农事问题之核心,运用熟练之技能,作有效之解决,故大学农学院应有适量之社会科学学程。

二、对部颁大学农学院课程标准之检讨

吾人既认识大学农学院课程编制应有之基本原则后,始可进而检讨目前之大学农学院课程标准,兹分为全部课程标准及分系主修科目两部论之。

(一)全部课程标准。就全部课程标准作一概括之检讨如下。

1. 对共同必修科目

(甲)增加自然科学科目:在二十七年十一月一日部颁大学农学院共同必修科目表中,物理算学仅列为农业工程、农业化学及森林系之分系必修科目,惟物理学之于土壤,算学之于生物统计与农产物价、农业统计等项,均极重要。故物理学亦应列为农艺、植物病虫害及园艺等学系必修科目,数学亦应列为农艺学系、植物病虫害系与农业经济学系之分系必修科目。

(乙)增加农艺、园艺、森林三概论学程或增加农学概论学分:无论任何系别之农学生,均不能无农艺、园艺、森林常识,否则农业经济系学生即无法进行农场经济调查与土地利用研究,农业工程系学生亦无法谈农具之应用,畜牧系学生亦难从事刍草之培育。故此三种常识为全体农学院学生所应有。今规定共同必修科目中,虽有农学概论或农艺一学程共四学分,殊嫌不够,且此三种科目混合教学对教材方面之选择与配合,颇感不易,因过简则无效,过

繁则时间太少，殊有分列为三个学程之必要。农艺、园艺、森林各二学分，各学程之田间实习则并入丙项农场实习之内，如能将此三种学程合并成为农学概论，改为六个学分，由一有经验之教授主持之，亦无不可。

（丙）农场实习宜有严密之规定：大学农学院学生须有实地农事工作经验，方可作进一步之研究。故德国农学院入学资格，规定应有一年之农场实习证明，部颁大学农学院共同必修科目表，有农场实习一学程之规定，计二学分，并确定每周工作三小时，法意至善，惟如无严密之计划与管理，则此种实习，将流为不相连续之片断的农事劳作，对于学生将来之从事研究，殊少补益，农事实习学程之重要，在使学生获得一具有系统而完整之农事经验，举凡整地、播种、施肥、耘草、驱除病虫害、排水、灌溉、收获、加工、贮藏、运销、计算成本等，皆由学生亲自实习。

据笔者之意见，此种实习宜有一专用实习农场，一切设备与布置，均须与实际农家田庄相同，一切经营，须合土地利用原则。大学入学新生，可按人数分为若干组，同一主系之学生，宜列入一组，于一年之时间内，分班轮流，使亲自工作，指导教授则从旁说明意义，指示方法。课其勤惰，并考核其成绩，凡农事实习不及格者，即不得升入二年级，可由学校令其转学，经此种训练之学生，始能望其胜农事研究或农事经营之重任。

（丁）宜增加一选系指导学程：现部令规定，凡大学生一经选定主系后，即不得再行更改，此为行政便利计，自未可厚非，惟对大学农学院学生，则殊多不便。新生之升入大学农学院，对农业各科内容与学习范围，均无详细之认识，因农艺、园艺或畜牧等名辞非若文学、哲学、史地或物理、化学、生物之耳熟能详也。故农学院新生之选系，每凭直觉与臆测，究何系适于个人之兴趣与能力，均无法事前计及，结果多于学习中途，忽发现当前所追求之知识，实与个人兴趣能力相左，改弦易辙，既为时间所不许，完全抛弃，又觉可惜，勉强学习之结果，自难望有专业能力之养成。兹为补救此项缺点起见，农学院新生入学之第一学期，应设特种演讲学程，不给学分，但为新生所必修，每周邀请各系主任或教授讲述各该系工作内容、研究范围及学习条件，学生对各系有充分认识后，如感觉有改系之必要，学校应接受其请求。故大学农学院，应于第一学期内，设置选系指导学程，并于第一学年内，准许学生改系，以提高农业教育之效率。

附另拟大学农学院共同必修科目表

科目类别	科目名称	规定学分	总计	备考
工具学科	国文	4	12	全院必修,须注重应用文
	外国文	8		全院必修
自然	植物学	6	17	全院必修
	动物学	4		全院必修
	地质学	3		全院必修
	化学	4		分析化学全院必修
科学	化学	4	4	有机化学为农艺、园艺、森林、病理、虫害、畜牧、蚕桑及农化等系必修科目
	物理学	4	4	为农艺、森林、病理、虫害、畜牧、园艺及农化等系必修科目
	数学	3	3	为农经、农艺、森林、病理、虫害及畜牧等系必修科目
社会科学	农业经济学	3	6	全院必修
	农村社会学	3		全院必修
农业基本学科	农学概论	6	8	全院必修,包括普通农艺、园艺及森林等常识
	农场实习	2		全院必修
	特种演讲	必修但不给学分		为选系指导学程,属全院必修,不给学分,每周请各系主任、教授演讲一次

(原载于《农林新报》1942年1月21日第19年第1—3期)

对于大学农学院课程标准之检讨（下）

2. 对各主系必修课程

（甲）应减少蚕桑、森林及农业经济三主修学分并增设辅系课程。根据前述大学农学院课程标准编制之原则，每一主系学生，须习读公共必修、主系必修、辅系必修及选修等四种科目。苟对各种科目所具之目标，作合理之支配。就笔者意见，大学农学院公共必修科目，应占全部百分之三十五，主修科目应占全部百分之四十，辅系科目应占百分之十，选修科目应占百分之十五。今查部颁标准，蚕桑、森林与农业经济三系之主修，学分最低数均在五十九以上，实有略予减少之必要，否则学生即少选读选修学分机会，同时各系学生，除主修外，应规定选读一辅系，故应增设辅系学程。

（乙）植物病虫害学应分为二主修科目。植物病害与植物虫害，完全为两独立专门科学，病害需要较多之植物学基本知识，虫害需要较多之动物学基本知识，实不必冶为一炉，且一人之精力有限，欲谋专门知能之养成，决不能同时致力于同等重要之两种研究。故欲造就农学生同时为病害与虫害专家殊不可能，此两种科学实有分别列为两个主系之必要。

（丙）各系均应添设设计实习为必修科。高级农业教育旨在养成研究、解决专门农业问题之人才，然非从实际工作经验中，殊难养成研究之能力。故设计实习一科，实为农院各系必不可少之学程，因针对某一农事问题，自行计划，自力进行，以求获得一具体之结果，实为学习之最好方式，尤为农业学校必须采用之教学方法。今如农艺、畜牧、蚕桑、园艺、植物病虫害、农业化学及农业经济等系，均未设置设计实习科目，实有增设此一学程计二或四学分之必要。

（二）主系必修科目分论：除对全部课标准作一概括检讨外，兹复就各主系必修科目，迻一论之。

1. 农艺学系：本系原定作物学为十二至十六学分，宜改为七学分，此外宜增加设计实习二学分及细胞遗传学三学分。其辅系必修科目试拟订如下：

肥料学	三学分
(因土壤学已为各主系必修科)	
遗传学	四学分
育种学	四学分
生物统计学	二学分
共计十三学分	

2. 畜牧兽医系：本系应增设计实习二至四学分，其辅系必修科目试拟订如下：

家畜生理学	三学分
家畜饲养学	三学分
家禽学	三学分
家畜卫生学	二学分
免疫学	三学分
共计十四学分	

3. 蚕桑学系：本系规定必修之蚕业经营学及蚕种遗传，似可列入选修科目，惟应增设计实习一学程，计二至四学分，其辅系必修科目，试拟订如下：

养蚕学	三学分
栽桑学	三学分
蚕种学	二学分
制丝学	三学分
蚕体病理学	二学分
共计十三学分	

4. 农业化学系：本系宜增设计实习一学程，计二至四学分，其辅系必修科目可分为甲、乙二种，试分别拟订如下：

(甲) 分析化学	六学分
农业微生物学	三学分
土壤分析	二学分
肥料分析	三学分
共计十四学分	

（乙）分析化学　　　　　　　　　　　　六学分

　　农产品分析　　　　　　　　　　　　二学分

　　农产制造学　　　　　　　　　　　　六学分

　　共计十四学分

5. 农业经济学系：本系规定必修之肥料学，似可列入选修科目，至于作物、园艺及森林三个学程均已列入公共必修内，本系不宜增设，其辅系必修之科目，试拟订如下：

农村金融学　　　　　　　　　　　　三学分

农产物价　　　　　　　　　　　　　三学分

农产运销　　　　　　　　　　　　　二学分

农业合作　　　　　　　　　　　　　二学分

农业统计　　　　　　　　　　　　　四学分

共计十四学分

6. 园艺学系：对部定科目表，关于本系部分有数点意见如下：

（甲）本系应增设计实习计二至四学分。

（乙）本系应增加果树园艺学为九学分，计分果树原理三学分、经济果树学三学分及果实处理贮藏学三学分，因如此方能使学生从栽培问题以迄果品之处理及贮藏，均获有系统之基本认识，以便致用。

（丙）园艺利用，应改称园艺加工，方为合适。

（丁）园艺选种，应改称园艺育种，方为合适，且应属于选修科目。

（戊）园艺品制造等于园艺加工，毋庸另设。

（己）果品学不知何指，应请取消。

（庚）果实处理，应改为果实处理及贮藏学，且应改作必修科目，理由见（乙）。

（辛）树桔栽培及草果栽培，想系“柑桔栽培及苹果栽培”之误。

（壬）农场管理，既已列入必修科目，可以不必再在选修科目项下加二学分，其辅系必修之科目试拟如下：

果树栽培原理　　　　　　　　　　　三学分

经济果树学　　　　　　　　　　　　三学分

蔬菜园艺学　　　　　　　　　　　　六学分

观赏园艺学　　　　　　　　　　　　三学分

共计十五学分

7. 森林学系:本系规定必修学分达六十至六十七,似嫌过多,且课程名称涵义不明,兹特拟一主系必修科目标准如下:

造林学	八
本论	
各论	
森林经营学	六
测树学	
林价算法及森林获利学	
森林经理学	
森林利用学	八
木材性质学(或木材工艺学)	
采运学	
林产制造学(或森林化学)	
木材防腐学	
森林保护学	三
林政学	五
森林法律	
森林管理	
林政学	
气象学	二
测量学	六
土壤学	三
分析化学	四
森林植物(或木本植物学)	六
设计实习	二
毕业论文(或研究报告)	二

共计五十五学分

森林系辅系必修科目,试拟订如下:

中国树木分类学	六学分
造林学本论	六学分

森林保护学　　三学分

共计十五学分

8. 植物病虫害学系：植物病理与虫害之不宜并合为一主修学程，其理由已见于前，故应分列为二，试拟该二科目标准如下：

（甲）植物病理学主系必修科目

有机化学	四学分
气象学	二学分
土壤肥料学	六学分
植物生理学	三学分
植物病理学	四学分
植物病害防治之理论	三学分
植物病理研究法	三学分
经济植物解剖学	三学分
细菌学	三学分
真菌学	六学分
普通昆虫及经济昆虫学	六学分
讨论	二学分
设计实习	二学分
毕业论文	二学分

共计四十九学分

植物病理辅系必修科目，试拟订如下：

普通植物病理学	四学分
植病防治之理论	三学分
真菌学	六学分

共计十三学分

（乙）植物虫害学主系必修科目

有机化学	四学分
气象学	二学分
土壤肥料学	六学分
植物生理学	三学分
普通植物病理学	四学分

普通昆虫及经济昆虫学	六学分
害虫防治	三学分
昆虫研究法	二学分
高级经济昆虫学	二学分
养蜂学	三学分
昆虫形态学	三学分
昆虫翅脉学	一学分
昆虫分类学	三学分
讨论	二学分
设计实习	二学分
毕业论文	二学分

共计四十七[①]学分

植物虫害学辅系必修科目试拟订如下：

普通昆虫学及经济昆虫学	六学分
高级经济昆虫学	二学分
昆虫形态学	三学分
害虫防治	三学分

共计十四学分

三、结论

教育行政当局，对于大学农学院课程标准之编订，力求其合于理想，此实为改进我国农业教育之一重要设施。惟如何使农学院教学趋于充实，以培养专门实用人才，首在各农学院是否具备研究、教学与推广事业，且能认识三者之连环性，而予以适当之配合与运用。因农事教学之实施，首在取得有实用价值之教材，然非对当地农事问题有实际之研究，此种教材无法获得。而研究方面问题，又非自农业推广活动中所产生，决无实际应用之价值，三者实缺一不可，否则教材无法趋于实际，学生之学习亦徒觉其为书本知识，与实际生活活动无关，自减低学习之兴趣，如何使每一农学院教授均有此三方面经验，

① 原文如此。

此实有待于努力者一也。

农业受风土之限制，形成各种不同之农事自然区域，如南方宜稻、北方宜麦，均环境使然。故农学院应按农事自然区域分区设立，惟同一学程，在两不同区域之农学院内，其教材内容，实大有差异。故课程标准，只能确定课程名目，而其内容，则尚有赖于各校院斟酌农业环境予以确定，方能适合各地农事之需要。现我国农学院分区设立计划，尚未实现，而各农学院学生，亦多来自全国各地，漫无区域之限制，对于课程内容之择选，自感困难，此有待于努力者二也。

有治法亦须有治人。农学院课程标准虽已订定，若从事农学院教学之教师均无教学之素养，对教材之选择与编制、教学之实施，均无适当之技术，学生决不能有成功之学习。过去大学农学院教师颇多漠视教育科学，更不注意教学方法，学生有上课数星期而不知教授所讲为何事者，此种教学，焉有成效可言？故如何训练专门以上农校师资，以加强教学效率，此实有待于努力者三也。

上述三者，如能早日获得适当之解决，而课程标准又能随时改进，以适应农业建设之需要，则我国农业教育前途之光明，自可预卜，望教育行政当局及农业教育人士注意及之。

（原载于《农林新报》1942年2月21日第19卷第4—6期）

三十年来之中国农业教育*

一、农业教育之重要

中国以农立国数千年，时至今日，农业犹为我国之主要生产，国家经济基础实建筑于农业之上，欲繁荣国民经济、复兴国家民族，实非革新农业、发展农业生产不可。惟农业之能否改进与发展，全赖于从事农业工作者是否具有丰富经验与科学知识以为衡。吾国过去数千年之农业技术，概属父子相传，经验累积堪称丰富，然迄无长足之进展者，实因仅有农事经验而无农业科学，是以不能推陈出新发扬光大也。人类社会愈趋文明，职业分工亦愈精进，为求满足生活欲望，各项分工无不力求技术化与完善化。因之处此优胜劣败时期，已往互相传授之农业，实已感不足，应根据我国原有宝贵农事经验，配合最新科学技术，培养各级人才，促进农业生产，而为有组织有计划之推动。故农业教育办理之是否具有成效，实为国家前途兴衰之所系。

吾国之有新式农业教育，迄今已历四十余年。最初因政治不安定，复因仅着重中等农校之发展，以致成效未臻显著。民元以后，高等农业学校次第林立，开始采用科学方法，研究科学技术，一面训练人才，一面着手改良农事，现今吾国农业上各项优良品种与方法，多为各高等农业学校研究改进之结果。迨“七七”抗战发动后，各地农业改进机关普遍设立，需要人才与日俱增。今后吾国农业教育，首应看重高等农业学校，充实内容，提高教学水准，培养实际人才，以应战后我国大规模农业建设之需要。

---

* 原文署名为章之汶、郭敏学。

二、我国农业教育发展程序

我国自黄帝时起，即开始固定农业生活，虽无农业教育之名，而历代相传，子以继父，固已寓有教育之意义在焉。以故数千年来，农民技术高超，令人钦佩。此种经验之彼此相传辄表现于各地流行之农谚，即古人文章之内，亦恒于有意无意间，渗入老农之良好经验与技术。例如陶渊明名句有："农人告余以春及，将有事于西畴。"又如柳宗元《种树郭橐驼传》有"其本欲舒其培欲丰，其土欲故，其筑欲密"，颇合现代森林家之科学种树方法。此外历代农书如北魏贾思勰之《齐民要术》、宋之《陈旉农书》、元之《农桑辑要》，以及明徐光启之《农政全书》，均为叙述农民实地经验之重要文献。所惜述而不作，未依科学方法加以研究改进。抗战之前，金陵大学农学院曾着手《先农集成》之编纂，将吾国历代农事经验，利用科学方法加以整理，惜因抗战及经费关系尚未完成。

吾国新教育运动之产生，迄今约有八十年，正式学制之颁布，亦达四十年之历史。本文论及吾国三十年来之农业教育，将民元以前列为萌芽时期，藉以明了其演进之路向；此后三十年则列为两个时期，曰发展，曰改进，而发展时期，又分为民国初元、新学制下及北伐成功后三个阶段。盖就事实之演进而划分，俾便读者之参照与记忆也。

甲、萌芽时期

中国之有近代化农业教育，实自茶、蚕学校始其端。光绪二十年二月二十五日，张之洞据江西绅士蔡金台等之呈请，奏准于高安县地方创设蚕桑学堂，是为我国农业学校之首倡。次年杭州太守林迪臣就西湖金沙港创设蚕学馆，初聘留法学生江生金为教习，是为我国留学生中研究农业之最早者。继聘日人前岛轰木及西原氏担任教习，是为我国农业学校聘用外籍教授之始。二十四年三月二十六日，张之洞奏准于武昌设立农务学堂，延请美籍农学教习二人，招生学习种植与畜牧之学。同年四月戊戌政变时期，清廷依康有为之请，谕各省筹设农务学堂，并命刘坤一查明上海农学会章程，以为办理学堂之参考；五月十六日，诏兴农学，命各省督抚劝谕绅民兴办，并命总理衙门颁行农学会章程，命各学堂翻译外洋农学书籍，旋以政变已作，复告中止。二十六年下诏产茶省份设立茶务学堂，产丝省份设立蚕桑学堂，此后国人始渐知注意农业。二十八年二月十一日，山西巡抚岑春宣[①]委派严道震在日本聘订农林专门教习各一员，开办农林学堂，四月十一日开学，为各省农专之最早创办者。斯后直（二十八年开办，名农业学堂）、鄂（同年开办，名高等农业学堂）等省，相继开办。同年管学大臣张百熙订定学堂章程，农业教育遂被正式列入学制系统之内。此章程于次年奏定学堂章程颁布后作废。

奏定学堂章程系张之洞、荣庆及张百熙三人合拟，颁布于二十九年十一月二十六日。自此章程颁布之后，农业教育始渐为上下一致所重视而步入逐渐发展之途径。终清之世，全国计有实业学堂（包括农、工、商三种）二百五十四所，学生一万六千六百四十九人，与一般学校之百分比，约占百分之一（学部奏报第二十一次教育统计图表，宣统元年各省学生数计一百六十二万六千七百二十人）。

本期农业教育，仅发展中等学校阶段，专科以上学校，除上述之晋、直、鄂等省外，大学农科仅有宣统二年筹设之京师大学堂农科，分农学及农艺化学两部，后经历次改组，至民国十七年始正式改为国立北平大学农学院，是为我国大学农科创办之最早者。

乙、发展时期

1. 民国初元之农业教育

国民革命获得胜利，国人精神为之一振，共和政体建立，国人耳目为之一新。首任教育总长蔡元培氏于就职之后，发表其国民教育主张，为公民道德教育、军国民教育、实利教育、美感教育及世界观教育。民国时代之教育界，莫不受其主张之影响，彼之实利教育后为黄炎培氏所接受，倡导其实用主义教育，复演变而为职业教育。

在此阶段内农业教育之设施，经政府积极提倡，较前显有进步，有关教育法令亦次第颁布。元年七月十日，教部召开临时教育会议，议决有实业学校令案，次年八月四日公布，同时公布实业学校规程；十二日布告实业学校须照规程设置本科预科，方准立案。实业学校令分实业学校为甲乙两种，其第三条第四项规定女子职业学校，令得就地方情形与其性质所宜参照各项实业学校办理，"职业学校"名词之见于法规实自此始。农业专门学校规程，亦系于元年十月七日公布，民国四年以后，全国教育联合会每年举行一次，关于实业

① "岑春煊"之误。

教育、职业教育、农业教育之议案甚多。八年二月十一日，教育部通令实业学校于暑假期内，应令学生轮流实习或实地调查，亦可见当时教育行政当局对于农业教育之重视。

此时国人渐注意于高等农业教育之发展，如民国三年金陵大学创设农业科，民国六年国立南京高等师范学校创办农业专修科，又如此后民国十三年浙江省改组甲种农业学校为浙江省公立农业专门学校，以上均先后改组为各大学农学院。自此以后，吾国农业教育始渐有成绩表现于国人。

2. 新学制下之农业教育

民国十一年九月二十日，北京教育部召集学制会议，议决有学制系统改革案，将上年全国教育联合会在广州开会时所通过之"新学制"草案，加以审订，作成新教育方案，呈请大总统于十一月二日公布新学制之学校系统。全系统分为三段，将实业学校系统取消而代以职业学校，内分为高初两级。高级招收初中毕业生，初级招收高级小学毕业生，但依地方情形亦得录取相当年龄之初小毕业生。

农业教育发展至本阶段，渐由培养学校青年学生而注意于训练乡村实地从事生产之农民。如晏阳初成立平民教育促进会，以文艺、生计、卫生及公民四大教育解除中国农民愚穷弱私切身痛苦，而达除文盲、作新民之目的。陶知行在南京晓庄设立试验乡村师范学校，以"教学做合一"为教育原则，以"深入民间与农民一齐生活"为教育思想，梁仲华、梁漱溟主持山东乡村建设研究院，以"改进社会促成自治"为口号，以"教养卫合一"为方法，以建设人类理想社会为目标。每乡设乡农学校，教授当地失学男女老少以日用生活之常识及技能，遂蔚成一时之教育风气。

3. 北伐成功后之农业教育

民国十七年国民党统一全国后，规定以实现三民主义为其教育宗旨。十八年一月第三次全国代表大会规定中华民国教育宗旨为："中华民国之教育，根据三民主义以充实人民生活、扶植社会生产、发展国民生计、延续民族生命为目的，务期民族独立、民权普遍、民生发展以促进世界大同。"

各国民政府于同年四月二十六日公布，至今全国奉为典章。该会尚议决有教育实施方针八条，几于每条均系阐述农业教育之真谛，其第三、第八两条如左[①]：

---

① 原文为竖排，故称"左"，下同。

（三）社会教育必须使人民具备近代都市及农村生活之常识、家庭经济改善之技能、公民自治必备之资格、保护公共事业及森林园地之习惯，养成恤贫防灾互助之美德。

（八）农业推广须由农业教育机关积极设施，凡农业生产方法之改进、农民技术之增高、农村组织与农民生活之改善、农业科学知识之普及，以及农民生产消费合作之促进，须以全力推行。

于此阶段有一值得注意之事，即国立劳动大学之成立是也。十六年五月九日，中央政治会议议决，将上海江湾之模范游民两工厂，改设国立劳动大学成立筹备委员会，定是年九月劳工学院开学，十八年春劳农学院开学。迄二十年七月十一日，教育部电令解散。二十二年筹备西北农林专科学校，以劳大经费作为专校经费，并将劳大学院院址、农场及新收之新公司农场作为专校财产，是即现今西北农学院之前身。

农业教育至此时期盖已步入发展阶段。十七年国府公布七项运动，列造林为七项之一。十九年四月十五日第二次全国教育会议开会于南京铁道部，于各级教育中特别注意培养生产能力养成职业技能，故对于职业高中之设置，特别注意，兹节录改进中等教育计划案中有关各条如次：

（乙）职业科高中，除师范科、商科和家政科等所需特殊设备不多，得酌量情形与普通科合办外，应就农工两科设立。

（丙）普通高中及普通科，师范科、商科、家事科高中与农工高中校数之比率：

（1）凡普通科高中，以及普通科与师范科，商科或家事科合设之高中，应与农工科高中各占半数为原则。

（2）如已设普通高中与农工高中，校数超过二与一之比者，至少应将超过比率之普通高中，在训政期内，分别改办农科或工科。

二十年四月二日，教育部通令各省市，限制设立普通中学，增设农工科职业学校，其要点如次：

自二十六年度起，各省应酌量情形，添办高初农工科职业学校。

自二十年度起，各县中学应逐渐改组为职业学校。其办法即自二十二年度起，停招普通中学生，改招职业学生。自二十年度起，各县市及私人呈请设立普通中学者，应分别督促并劝令改办农工等科职业学校，此外并规定在普通中学添设职业科或职业科目，县立初中应将附设或改设乡村师范及职业科，各职业学校应增加经费，充实设备。同时公布规定章程十一条，设立职业教育设计委员会，负责推进。

同年五月十三日，国民会议第五次大会通过确定教育设施趋向案，内容：(一) 注意刻苦勤劳之训练规律的生活；(二) 中小教育注意养成独立生活，增加生产能力；(三) 社会教育以增加生产为中心目标；(四) 增设职业及补习学校；(五) 尽量增设各种有关产业及国计民生之专科学校；(六) 大学教育以注意自然科学及实用科学为原则。同年六月，国民政府根据国民会议议决，拟具"教育实施趋向办法"公布之。

二十年八月，教育部编印十八年度全国大学生统计，计全国大学本科生二〇九二五人，内计男一八七六四人，女二一六一人。又各学院人数计法七〇二九、文四六五一、工二六五七、理二〇二九、商一四二六、教育一四二二、医八九六、农七六六、未定三九人(成都师大、河北女师等三院尚未列入)，农学生约占全数百分之三点六六。

丙、改进时期

自民国二十一年起，吾国遭罹空前未有之内忧外患，在内全国经济枯竭，农村破产，百业凋零，失业日众，在外日人打破势力均衡局面，发动空前侵略战争。国人于创巨痛深、敌忾同仇之余，于二十六年七月七日，激起全国抗战之局，以争取国家自由与民族生存。政府在一面抗战一面建国之大国策下，除领导全国民众从事抵御外侮外，在教育方面亦力谋改进，以适应抗建大业之推行。一面积极整顿学风，严加训练，一面注意生产教育，增加抗建资源。

民国二十一年，教育部将中等教育分为中学、师范及职业三部分，各自独立设置。于同年十二月十七日，由国民政府公布职业学校法十七条，次年三月十八日公布职业学校规程十三章九十六条、职业补习学校规程二十三条，明定自民国二十二年八月一日起施行。迄今奉为典章。

本期农业教育，在教育当局积极推动之下，内容日见充实。民国二十三年，教育部召开第一次全国农业职业教育委员会，通过农业职业教育推行原则及推行办法。关于推行原则：在纵的方面，农学教育、农事教育及农民教育应有一贯系统；在横的方面，应与社会教育合作并对于人才培养有统制办法。至推行方法：大学农学院、农业专科学校及研究院，负农学教育之推行；高初级农业职业学校，负农事教育之责；各地民众教育馆及巡回农闲农业补习学校、乡村师范等负农民教育之责，并谋教建机关之密切合作。二十五年，教育部创设农业教育委员会，聘请专家担任委员。其任务：(一) 规划农教方案、(二) 拟订各级农校课程标准、(三) 求各地建教合作及推广事项之推行及(四)农业兴革事项。自该委员会成立后，吾国农业教育积极改进，日趋合理。二十五年及二十六年均举办农业学校教员暑期讲习会，并派邹树文、薛培元、章之汶等，赴各省视察农业教育与农林建设，俾便拟具改进方案，督促进行。不幸抗战军兴，一切计划，暂告停顿。

全面抗战，政府西迁，增加农业生产列为长期抗战重要国策之一。农业教育亦因时代之需要，努力推行。二十七年至二十八年，继续奉办暑期讲习会两次。二十七年六月，组织中央建教合作委员会，以促进教育与建设双方之联系，并勾通需要与供给。由有关各部各派代表二三人组织之。其任务：(一) 登记各方所需技术人员种类与数目，由教育部根据登记结果，予以训练及支配；(二) 决定各学校招收学生之数目；(三) 拟订训练方法；(四) 与各方生产机关之联络。二十八年教育部公布陕、甘、宁、青、川、康、云、贵等省创办农工学院办法，并规定各职业学校由农工学院辅导，同年十月，教育部公布高初级职业学校课程标准，二十九年，规定大学农学院分系标准，为农艺、森林、园艺、农业经济、蚕桑等十系。同年规定全国各大中小学每周应有三小时农事生产工作，如种菜、养鸭、养羊、作豆芽菜等。三十一年六月，教育部农业教育委员会通过提案，限制以后增加新校，并将全国划分为十个农业区域，每区各设一独立农学院。至各区原有之农业教育机关，即应加以改组归并，使学校单位减少，教授人才集中。且学校因分区设立，教材有所侧重，教学自易趋于实际。在中央方面，对于农业教育之计划与提倡，可谓无微不至，因之近年来农业教育之发展，颇为迅速。

据教育部统计第二十学年度第一学期全国专科以上农科学校计：(1) 大学农学院十三所，国立者八所，省立者二所，私立者三所；独立学院七所，国立者二所，省立者二所，私立者三所。(2) 农业专科学校九所，招收高中毕业生之二年或三年制者七所，招收初中毕业生之五年制者二所。(3) 农业专修科八所，国立者四所，省立者一所，私立者三所。总计三十所，至全国专科以上学校学生数目，计：(1)大学生三七一〇人，内农艺学系一〇七〇人，森林学系二六九人，畜牧兽医学系三二七人，园艺学系三七一人，农林或农业化学系一九五人，农学系二三人，蚕桑学系四〇人，病虫害学系六三人，农林生物学系一九人，农业经济学系七〇三人，农园学系一四九人，农田水利学系六四人，农垦学系三九人，生物学系一二人，农林学系二五人，一年级不分系一三一人。(2)专科生六一二人，内农林三六人，畜牧科七二人，茶业科三二人，兽医科九〇人，养蚕科三六人，垦殖科三八人，农业工程科二人，农业经济科九六人，森林科五八人，农艺科一〇三人，农田水利科四九人。(3)专修科生三一五人，内畜牧兽医科四七人，蚕桑科一六人，农业科九九人，垦殖科一六人，茶业科三九人，农业经济科九八人。(4)有关农业教育各系科生二二三人，计农业教育学系一四四人，乡村教育学系五三人，乡村教育专修科二六人。总计四八六〇人。中等农业职业学校在二十九年度第二学期，计有六十一校，高级二十二，初级三十九，学生共计一五五八〇人。

专科以上学校历年学生毕业生人数，在民国十七年以前北京教育部时代，未有明确之统计，致付缺如。兹将十七年后至三十年第二学期历年人数列表如下：

全国历年专科以上学校学生及毕业生人数表

年度	在校学生数			毕业生数		
	各科学生总数	农科学生数	农科占各科总数百分比（%）	各科毕业生总数	农科毕业生数	农科占各科总数百分比（%）
17	25,198	1,085	4.3	—	—	—
18	29,121	1,294	4.4	—	—	—
19	27,566	1,219	5.1	—	—	—
20	44,167	1,413	3.2	7,034	226	3.2
21	47,710	1,557	3.2	7,311	303	4.1
22	42,936	1,690	3.9	8,665	374	4.3
23	41,768	1,831	4.4	9,622	323	3.4
24	41,128	2,163	5.3	8,673	426	4.9
25	41,922	2,590	6.2	9,154	427	4.7
26	31,188	1,802	5.8	5,137	282	5.5
27	36,180	2,257	6.2	5,085	303	5.9

续　表

年度	在校学生数			毕业生数		
	各科学生总数	农科学生数	农科占各科总数百分比（%）	各科毕业生总数	农科毕业生数	农科占各科总数百分比（%）
28	44,122	2,899	6.5	5,622	435	7.7
29	52,376	3,675	7.0	7,710	604	7.8
30★	57,832	4,545	7.9	8,030	863	10.7
合计				82,043	4,566	5.6

附注：★仅为三十年度第二学期之数目。

全国农业职业学校历年学生及毕业生人数，在民国二十年以前，材料不齐，无法统计。兹将二十年后到二十九年第二学期历年人数列表如下：

全国历年农业职业学校学生及毕业生人数表

年度	在校学生数			毕业生数			备考
	职校学生总数	农校学生数	农校学生占职校总数百分比（%）	职校毕业生总数	农校毕业生数	农校毕业生职校总数百分比（%）	
20	40,393	8,616		8,045	1,908	新 21.2	
21	78,015	8,815	11.3	8,268	2,031	24.9	
22	42,532	10,389	24.4	8,824	2,158	24.5	
23	46,355	10,181	21.9	11,764	2,317	19.7	
24	50,637	12,573	24.8	11,764	2,317	19.7	材料不齐，依上年度估计
25	56,822	15,865	27.9	10,294	2,659	25.8	
26	31,592	10,312	32.6	7,025	1,808	25.7	
27	31,897	11,521	36.1	6,618	1,996	30.2	
28	38,971	11,412	29.3	5,614	1,581	38.1	
29	47,503	15,590	32.7	——	——	——	材料不齐
统计				78,216	18,778	23.7	

我们农业人才中，曾作进一步之专门研究而现在仍从事于所学者，除留学日本者因人数较多，尚未有明确之统计外，先后留学欧美者约计三百余人。

以专攻农艺者为最多，约占五分之一；农林生物、森林、畜牧兽医、农业化学、农业经济、园艺等次之；农村社会、蚕丝、农业教育、农业工程人才最感缺乏。

三、我国当前之农业教育问题

吾国农业教育，虽已垂四十余年之历史，历届政府当局，亦确尽倡导之责，而著效尚微者，实由于各种设施，多未能尽臻完善。兹就各级农业教育过去办理之缺点及问题，择要略述，以供探讨。

（一）高等农业教育之应予加强　试一考美国农业教育之发展程序与吾国显属不同。美国首先举办高等农校然后发展中等农校，以至小学自然教育。吾国则先由初级农业教育倡办起，发展至高等农业教育，而高等农业教育复与中等农业教育及小学劳作教育脱节。于是中等农校及小学劳作教育，均感师资缺乏与教材空洞。今后应以高等农业教育为中心，尽量充实内容，提高教学水平，培养高级人才，编印实用教材，以应发展中等农业教育之需要，然后以中等阶段所培养之人才，普遍加强小学劳作教育，并推行新农业教育，训练现代农民。吾国农业前途，庶其有豸。

（二）各级农业学校之目标应具体规定　各级农业学校，均应各有其特殊之使命，以为办学三方针，例如：

1. 高等农业教育

（甲）农科研究所　造就农业研究人才，注意农业科学理论之探讨，技术之创造，组织与计划能力之养成。

（乙）农学院　培植农业行政、农事技术、治事、治学、治人之创业全才，农校师资及农业推广之领导人才。

（丙）农业专科学校　培养农业推广人员及较大规模之农场经营人才。

2. 中等农业学校

（甲）农业职业学校　培养技术佐理、小学农科教师及小规模农场经营人才、农村工作干部，如合作指导、农业推广人员及乡区地方行政人员等。

（乙）乡村师范农事教学　(1) 认识并能设法解决当地农事问题；(2) 能教农事课程，并使学生从事农事工作；(3) 领导并协助农民改善生活。

3. 小学劳作教育　培养儿童生产兴趣，改革其对于劳作之轻视，而愿立志从事于生产事业，使现在天真烂漫之学生，将来均能变成竞业乐群之生产份子。

4. 新农教育　对农民灌输新农事知识，训练新农事技能，并辅之以公民教育，以造就现代农民、培养农民领袖。

（三）各级农业学校宜分区设置　考我国对于各级农校之设置，大多偏重于通商大埠。农业富有地域性，甲地适宜之品种与方法，未必适合于乙地。故各级农校校区之划分，实属当前切要之图。校区之划分，应按全国自然区域及交通状况，每区域设一农学院，中等农校则每若干县设立一校。

（四）农学院应单独设立　吾国高级农业学校——农学院，大多分设于普通大学内，农业科学不但富地域性，抑且富时间性，因之事业恒受牵制。兼因吾国大学，多设立于通商大埠，农学院亦随之而多设于通商大埠。农学院既以分区设置为妥善，自应与普通大学脱离而单独设立，庶不受大学行政之牵制，而自由进行一切计划，全力培养技术劳动人才。

（五）中等农业学校应改为一级制　吾国初级农校数量最多，学生年龄幼小、无科学知识基础，毕业之后，既不肯下田工作，又不能应考升学。从事技术或推广工作，学力体力，均不胜任。故在现代状况之下，初级农校实无存在余地。应将中等农校改为一级制，招收初中毕业生，予以三年训练，或招收高小毕业生，予以五年训练。

（六）农校师资应统筹训练　农业学校师资，较任何学校为重要，因其不但对于教育及农业应具相当学识，尚须具有推广学识与设计能力。但我国现时农业学校师资，不但素质低落，抑且极感缺乏。今后政府对于中等农校之师资训练方法、训练机构、在校待遇及其毕业后之服务问题，均应力谋解决。

（七）农校教材宜适应环境需要　我国各级农校教材，或转译欧美成书，或采用坊间课本，农业系应用科学，一种教材，决不能适合各地域之用。农学院负有教学、研究、推广三种职责，其研究对象，为当地农业环境，故其研究所得，当能适应所在地农事之需要。对于当地中等农校，应负教学辅导与供给教材之责，俾中等农校之教学确为当地农事实际问题，而引起学生学习兴趣，并能将学习所得，实际应用于当地农业之改进。

（原载于《学思》1943年第3卷第12期）

改进我国中等农业学校教学方案

一、前言

战后我国经济建设，当不外着重于国防中心与民生中心两方，开发矿藏，制造机器，建筑铁道，完成全国交通网，是为国防经济建设，而煤铁之采制，则为国防经济建设之重要基础。然欲提高人民生活水准者，首应注意于衣食丰足，而人类生活之所需，类多取给于农产，故民生中心之经济建设，则应着重于农业之改进与发展。总理有云："建设之首要在民生。"农业既为养命之源，农业建设之重要，自不待辞费，即从工业发展上着眼，亦非发展农业，无法取得大部工业原料，如棉花之于纺织工业、小麦之于面粉工业、牲畜之于皮革工业等，其例至多。故现代高度工业化国家，如德、美、苏联等，莫不致力于农业之改进，更为农工不可偏畸之明证。惟农业建设事业之成败，端赖于从事建设事业之人才，而人才之优劣，则又视农业教育之优劣以为断。

我国过去农业教育之设施，颇多缺憾，而以中等农业教育为尤甚。中等农业学校，旨在造就农业建设干部人才，实际负指导农事与领导农民之责，在整个农业教育系统中，最直接于农事与农民，其地位实为重要。然以我国中等农业教育之现状，非速加改革，殊难造就有实际工作能力之人才。惟革新之道，虽不止一端，而教学方法之改进，则为加强中等农校教育效率核心问题之所至。

二、改进教学方法之先决问题

学校教育行政，与教学实施，常息息相关，故中等农业教育行政之改进，实为改进教学方法之先决问题。

（一）取消初农：初级农业职业学校，在培养现代农业公民，然我国现犹为小农制，农家子弟决无力升入中等学校，初农学生之家庭，因均属于小资产或地主阶级，学生入校，既非为农事技术而来，离学后自亦不愿真到田间，躬耕田亩，且学校因经费之短绌，设备简陋，亦不足以造就农事技术人才。而初农学生，年龄幼稚，体力不充，亦不适于农事劳作训练，学生毕业即等于失业，故在现行农事经营制度下，初级农业职业学校，毫无存在之意义，实以专办高级农业职业学校为宜。关于农民直接职业训练，则可付之农民补习教育。

（二）分区设立：农业教育贵能适应当地农事之需要，就地训练人才，以解决当地农事问题，故农业学校，应普遍深入农村，中等农业教育更宜直接于农事与农业，尤宜集中于都市，为求设置之普遍、分布之均匀，自非划分中等农校校区，分区设立不可。

据教育部三十一年统计，我国现仅有中等农校一百三十一所，过去中等农校毕业生，共一万八千余人，战事结束后，为谋人民衣食资源之自给，农业建设事业，更将大步推进，农业干部人才之需要，尤百倍于今日。按农林部计划，十年内须培植高初级农业职业学校毕业生十万零七千余人（见《农业推广通讯》第九卷第七期第五页）。据作者之估计，战后立即需要中等农校毕业生七七六七八名，每年以百分之三十离职计，则年须补充二三二〇三人，如每校每年平均有毕业生三十人，则共需七百七十余校，始足供给如许人才。就我国现有县行政区域计，约为每两县强须有中等农校一所，此尚系假定全部毕业均从事于指定工作，而升学与自由从事职业者均未计及。将来农业建设事业日益发展，专门人才需要数量更日益多，故战后之理想中等农校校区，即应以每一县为范围。惟于战事结束之初，人力财力均感不足，每县设一高农，或为事实所不许，可先就每一行政专员区，先设立一校，即以专署所在地之附城乡村为校址，视事实之需要，再逐渐扩充于其他各县。

（三）农工并重：工业之发展，固有赖于农产，以求取得大部原料之供给，而农业生产方面，如欲获得大量剩余，增加生产收益，亦非谋农业工业化不可。故农业与工业实相倚而相成，农工教育之配合实施，实为最理想方法，如棉作科之与棉织科，森林科之与木工科，蚕桑科之与制丝科，畜牧科之与制革科等，均宜合设一校，一方供给原料，一方加工制造，彼此之间互相为用，实用价值益加显现，更足加增学生学习之兴趣，最有助于职业技能之训练，故今后中等职业学校应以农工合设为宜。

（四）确定学校目的：过去中等农业学校，均未能确定其应有之目的，故人才训练，亦无一贯之方针，据教育部规定，中等农校在养成“自力经营各项农业人才：农业技术员，农事指导员，农业推广、农民合作、农村改良等办理人员及小学农科教师”。盖以农事经营人才之培养，为其主要任务。惟默察我国现状，非使广大农民群众，能应用科学农事方法于实际农事工作，农业生产决无普遍发展之可能。而此蚩蚩者氓，不识不知，启迪诱导，端有赖于大量之农事指导人员，此等人才之培育，即可为中等农校最自然之任务。故今后中等农业学校首应训练农村建设干部人才，次则为低级农科教师，前者为乡镇经业推广所指导员、县以下各级农场技术员等，后者如中心学校、农事劳作与自然科教师及经济干事、农民补习学校教师等，至自力农事经营人才，则应列为中农最后之目的。

（五）采用全科制：吾人既认定中等农业学校之目的，主要在造就农事推广指导人才，中农学生实宜有较多方面之农事知识。因我国为小农制，工作集约，不得不从事于多角经营，问题发生亦为多方面。在当前经济状况下，自无法在每一农村同时派遣多种农业专门人才，担任各项农事指导工作，则一人之力，即须兼负全部农事指导之责，非有较普遍之农事知能即无法胜任。故中等农校，实以采用全科制较为相宜。

三、改进教学方案

在各项先决问题有妥当办法后，吾人始可进而讨论改进中等农校教学应有之方案。

我国过去以农立国数千年，因徒有农事劳作，而无农事教育，农业生产技术殊难进步。近虽有农事教育，而从事此项工作者，又多不知有此所谓教学方法，徒以卒业高级农校后无他出路，不得已而退为农校教师，既无教学经验，复无教学兴趣，故教材则多采用陈旧之课本或讲义，教法则纯取刻板之注入式，对农事实习，尤无具体计划、切实指导，校内工作，既以敷衍搪塞为能事，对于校外之农业状况与农民问题，益如越人视秦人肥瘠矣。此等现状，若不速加以改进，则中等农业学校之设立，徒耗国家无量之金钱，与青年宝贵之时光而已，故中等农校教学之改进，实急不容缓。

（一）加强师资训练：教师为人才之母，师生之关系，如影随形。故师资之培养，实为农业教育之核心问题，政府对于训练普通科师资，已普遍设立师范学校，惟对于农事职业师资训练，则尚少具体设施，虽于三十年委托金陵大学农学院代办一园艺师资组，现亦将宣告结束，殊为农业教育方面之隐忧。农业为应用科学，中农目的在造就实际工作人才。故中农教师，不仅贵能知，尤贵能行，农业富于地域性，教材之选用，务宜合于当地农事之需要，故非自行编辑教材不可；且每一农校恒负有改进当地农业责任，农校教师，尤宜具有领导农民从事农村社会服务工作之能力，故农校教师之职责，较普通教师，加倍繁难，非有专门训练，不足以胜此重任。教育当局应督令各优良大学农学院，从速开设农业教育学系，专门训练农事师资，因训练与环境，具有极密切关系，农事师资之训练，务需适应农事环境，故仍以由农学院主办为宜，且农业学校增加教育方面设备，较之师范学院增加农事方面设备，其事较轻而易举。

根据前述分区设校办法，战后至少应有中等农校二百所，每校农事教师即至少以十人计，则共需中农教师二千人，若不于此时早为储备，则将来师荒问题之严重，将非吾人所能想像者，兹将培养中农师资之治标与治本两种方法，略陈于后：

（1）治标方法：教育部宜速恢复暑期中农教师讲习会，轮流指派各校老师赴会受训，同时可敦聘国内农业教育专家三至五人组织巡回教学辅导团，亲赴各中等农校指示改进教学方法及代为解决教学困难问题。部内现设之农业教育委员会，殊有加强之必要，至少须发行农业教育刊物一种，介绍农业教学方法及传播农业教育消息，如能开设函授学校及代各校编辑农业教材，则尤为妥善。

（2）治本方法：各农学院宜速开办农业教育学系，招收优秀高农毕业生，予以四年之师资训练。训练内容，职业科目及普通基本科目应占百分之七十，专业科目应占百分之三十。在专业训练科目中，应有教育原理、教育心理、中等教育、农业教育、训育原理、农业教学法及农业教学实习等，尤以教学实习之指导，宜切实注意。除参观见习外，至少须有二十小时以上之实际教学实习，俾确能养成教学之经验与能力。除四年制外，复可举办一年制一种，招收专科以上农校毕业生，具有两年教学经验之在职教师，训练内容宜注重直接知能之复习及教学问题之讨论。凡受训期满之学生，经考试及格，宜由教部颁发中等农校教师证，分发工作并保障其任职，待遇更宜从优，应有年功加俸，按期给予退修金以及子女助学金等，俾能安心任职。学校方面，尤宜设法促进教师之在职进修，除奖励其参加各种讲习会或函授学校及指定优良教师举行示范教学外，校内宜组织一教学研究会，所有教师务须一律参加，每周应开会一次，讨论解决教学上困难问题，并指定教师轮流阅读教学方法新书，公开报告，最有助于教学技能之改进。余如相互参与教学、自动组织读书会、从事专题研究及发行研究刊物等，均为帮助教师进修最有效方法。

（二）自行编辑教材：现在各地等学农校所用之教材，非采陈旧之课本，即直接应用大学讲义，太不适于中农训练之需要，农业深富于地域性，甲地栽培之作物或饲养之牲畜常不宜于乙地，故中等农校所用教材，以由教师按照当地农事之需要，自行编辑为宜。

农事教材之收集，务宜依照职业分析方法，首应调查当地农事状况，认识何为校区内最重要农作及次要农作。在编辑教材时，对此种农作，即应倍求其详尽，如教果树园艺，而当地最重要之果实为苹果、梨、葡萄等，则关于该科目教材之收集，即应以此数种果实之栽培为中心，而不必谈及柑桔、柠檬等项之栽培也。

每一科内之作业种类，既经确定后，次即宜详细分析每种作业所包括的各部工作单位（Job），并列表登记，复按各项工作单位所需的知识与技能材料和工具，就其情形相似、学习难易程度相同者并为一组，分列为单元。复对每一单元所包括之各种工作活动（Operations）详细审定，与所需要之特殊的专门的与普通的知识与技能，于每个单元下分别登记之，将单元依学习难易，排列为教学顺序，按每单元预定之教学目标，依次教学之，其主要之目标应为每一单位活动上实际工作能力之养成。

至于选择教材之原则，首应注意其能适应当地农事之需要，次则要能完成职业能力之训练，最后则应比较其最有价值者，教材为教学之实际内容，其选辑之当否，最影响于教学之成败也。

（三）改进教学方法：教师为一种专门职业，自应有专门之技能，过去中等农校教师，因未受师资训练，多不知所谓教学方法，非诵读教本与讲义，即纯采用注入式之讲解，对于学生有无反应恒少注意，更不知启发学生自动学习兴趣，故农事教育，几成为农业识字教育，殊堪浩叹。

中等农校最适宜之教学方法，实为设计实习教学法，其活动之程序类为：（1）引起机动，（2）决定目的，（3）拟具计划，（4）实地进行及（5）评判结果。

其最显著优点，为以一种主要目的作根据，去组织和利用知识，自动地去实行，去求解决，并自己去判断，可养成学生自发自动之创造能力与学习习惯，且学生实际从做上求解决问题，即实则从做上去学，教师亦可从做上予以指导，可收知行合一之效，最适宜于农事职业之训练。

中等农校最好根据当地农事状况，规定若干必须学习之作业种类，任令学生依自己兴趣志愿与能力选择其应学习之作业。然后由学校供给充分之试验场地与实验设备，以设计实习方法为中心，由学生按选定之作业，自动从事全部工作实践，以期获得该项作业上一完整而有系统之知能，教师可随时从旁予以指导。故中等农校教学应以学生自动而有计划的田间试验与实验室研究为主，而以课室之集合讨论为辅，方能确实养成学生实际工作能力。惟骤采用此项教学方法，教师能力与学校设备均感不足，在此改革之过渡时期，吾人感觉每一中等农校教师，在实施教学上，至少应注意下列四事：

（1）准备动机：学生对于每一新功课之学习，设不感觉真实之需要、产生浓厚之兴趣，决不能有良好之学习。故教师于施教之始，应设施适宜动机，诱发学生学习动机，使对新问题产生求知之愿望，激发其进取之意识，成立一合宜而有效率的学习态度。过去中农教师，多不注意及此，在学生未感觉新问题之意义前，即用填鸭式方法，横加注入，自易使学生感觉厌恨与烦恼，安能产生深刻之印象？故中等农校教师，对于每一新工作单位之教授，须就新问题之有关旧知识发问，联络旧经验与新事实，以建立一吸收新知识的稳固基础，如陈述该项工作之意义与价值，预计该项工作可能产生之优良结果，均可促进其学习之欲望。孟禄（W. S. Monroe）谓教师的责任“在供给刺激，如指导发问，解决问题，例如阐明、解释、批评、暗示、欣赏、劝戒、惩罚等，以解放学生，诚恳的坚定的做指定的功课所需的推动力”，最足以说明准备动机之作用与方法。

（2）诱发自动：学习（Learning）为一种对于动境积极的反应作用，教学（Teaching）则为一刺激与指导学生学习的活动，故教师的责任，仅在利用学生自然动作倾向，设施适宜的动境，夸引学生产生反应及从而予以适当的指导。故教师决不能代学生去反应，教师的任务，仅在激起学生的反应，而加以指导。过去中等农校教师，几完全以自身教授代替学生学习，殊失教学之本旨，今后实施教学时，即宜随时设法启发学生自动学习动机，培养其自动学习能力，供给材料与工具，随时从旁予以协助与指导，故宜多采用问答讨论等方法，使学生常有发表意见及提出疑问之机会，余如指令学生上黑板表演，规定课外阅读及参考资料，均为培养自动学习能力之适当方法。

(3) 注意反应：学生学习结果如何，全视学生之反应程度以为断，过去中农教师，恒倾注全力，注意自己之讲解，或黑板之写示，学生是否集中注意力、有无何种反应及反应程度如何，教师当无暇计及，结果一课讲完，学生有不知所讲为何物者。今后教师于上课中，宜随时向学生发问，以测知学生了解程度，注意学生反应之是否正确，以为随时改正教学之依据，教与学双方，始能有密切之联络。

(4) 严格考绩：考试具有测知学生学习结果及教学优劣之作用，在学生方面，因考试结果可明了自己学习的成绩，因而激发其努力，且因考试成绩之竞赛，可增加学习之兴趣。在教师方面，可藉明了学生学习状况，发现其缺点之所在，施行诊断从而改善其教材与教法，故考试本身，实为一种最好之教学方法。

过去中等农校教师，对于学生考试常缺于严格，更未能藉考试结果之反映，因而改进教学之效率，且过去考试多偏重于机械记忆，评定成绩又乏客观标准，阅卷记分颇耗时间，而题材太少又易养成学生舞弊等不良习惯，殊失去考试之宝贵意义。

今后中等农校应严格执行考试，尤宜注重平常之成绩，考试次数宜较多，考试时间宜较短，题材应包括学习课程之全部，而不偏于一隅。评定成绩，应有客观标准，故考题答案，最好具体而简明，使是非无所假借，有阅卷评分，亦不致浪费时间，尤其根据考试结果，严格执行惩奖，方能使学生有切实之学习。

(四) 改进农事实习：农业为应用科学，中等农业学校在养成农业干部人才，使具有实际工作能力，对于农事技能之学习，非真达于熟练不可，实习方法可使学生对于某种反应，成为机械性的习惯，在技能训练上，为最有效之教学方法。过去中等农校之实习缺点颇多，最重要者为：(1) 实习环境概为假设，与真实田庄环境相去太远；(2) 实习工作常为片段，而不足以养成完整系统之技能；(3) 教师缺乏工作能力，不能起良好之示范作用，学生对实习活动，因亦不感兴趣；(4) 实习辅导与考查类多松懈，致学生视实习为具文。故今后中等农校对于实习之改进，首应开设多数大规模经济农场，采合理经营与管理方法，以求获得赢利为目的。学生半日在校上课，半日从事农场实际工作，其所选之设计实习，即可列为农场经营农事之一部，如此方可望养成切实而完整之农事知能。教师对于学生实习之督导，务宜严格每一学生之设计实习，宜先提出工作计划，进行中宜有详细记录，工作结果应依照规定严密分析，缮具报告。实习成绩，应列为总成绩十分之一。实习收获，除去地租种子肥料之价值外，至少应划二分之一归学生所享有，以鼓励学生对于实习工作之兴趣。

中等农校，应有数种不同之实习，第一学年应着重于劳作实习及当地农事状况调查，以培养学生劳动习惯及使其了解当地农事实际状况，第二学年应使每一学生从事于一主要及一次要设计实习，第三学年除继续上年设计实习外，应有社会服务实习，以培养其领导农民与改良社会工作能力。为使学生对每一农业之经营，有全部完整之经验，每一设计实习工作，即宜始终其事。暑期为农作物生长最重要季节，即不宜有所间断，过去中等农校，均于六七八月间，举行暑假，学生纷纷离校，实为最大之错误。今后中等农校学季之划分，切宜适应农事季节训练之需要，重加厘定，可根本废除暑假，于第一学季结课后，可有一两星期之停课，从事上学期各项结束，即重行开学。在此停课期间，学生概不得离校，应督导其继续从事实习工作，每年冬季农闲时期，可放寒假，酌量延长期限，如竟能改采春季始业制，尤为相宜，因农事作业多始于春季，学习进程与作物生长，更易于配合也。

（五）扩充推广活动：就教学意义言，每一学校，应扩展其教育力量到社会中，以学校为中心，从事于当地社会之改造，故中等农业学校，即具有改进当地农事与改善当地农民生活之责。就学生训练效率言，中等农校在养成学生实际解决当地农事问题与改善农民生活之能力，然此种能力之获得，亦非于真实环境中从事具体工作，以取得真实之经验不可。过去中等农校，徒知闭门办学，校外之农事生产情形与农民生活状况，均漠不关心，学校设施，全非根据当地社会之需要，训练之学生，自亦不为社会所需要。今后中等农校应于校内成立推广部，推广经费不得少于全部经费百分之十，在校区内设立一中心推广区，凡属学校中心五里半径内之农村，均划为中心区活动范围，再择区内重要据点成立工作站。第三年级学生，应轮流派遣其往各工作站，从事各项农村服务活动，其应有工作时间，应不少于该年上课时间十分之一，在教师指导下，依一定计划进行教、养、卫各种工作，并须于结束后，提出详细工作报告，非社会服务成绩及格者，不得毕业。

四、结论

战后农业生产建设，将普遍开展，农业干部人才，需要尤为迫切。近教育当局，复限制普通中学之设立，倡办职业中学、中等农业职业中学，教育之加速发展，决无疑议。然若不调整其行政组织，强其教学效率，则学校数量之增加，不啻徒为社会增加若干失业份子之制造所，将遗国家以无穷之祸。笔者此次因奉教育部令，从事于数个中等农业职业学校之辅导，目睹当前实况，心所谓危，爰根据年来对中等农业教育调查研究之所得，拟具一改进中等农业学校教学方案，藉供各方之参考。惟有一点切须注意者，即方法之运用，全在于人，优良师资实重于一切，故农学师资训练，诚为改进中等农业教学之最基本问题，甚愿教育当局，有以适应此种实际之需要也。

（原载于《农林新报》1944 年 3 月 21 日第 21 年第 7—12 期）

新学风运动

一、前言

三十三年一月三十一日起，成都各大中学校利用寒假时期，假外北崇义桥华美女中疏散校址举行春令会，到各大中学十一单位，学生八十人，顾问十余人，利用大自然环境，以陶冶身心、敦睦友谊。一切日常生活、集团活动，如行李之运输、膳食之举办，乃至讲演、讨论、唱歌、游戏、参观，皆系自动自理，盖所以发扬自治治人、自爱爱人之优良风气，并养成服务社会、造福人群之志趣与能力。余被邀前往演讲"新学风运动之意义"，谨就管见所及，简略阐述，抛砖引玉，尚希贤达有以教正，是幸。

二、何谓学

吾国自古设学教士，首在敦品励行，一部论语，无一字一句不属于修身养性、待人接物之重要法则。大学一书开宗明义即"大学之道，在明明德，在亲民，在止于至善"。大学全书精意之所在，不出修身齐家治国平天下，而其核心作用，则在个人之道德、之修养。"是故君子先慎乎德，有德此有人，有人此有土，有土此有财，有财此有用。"曾子谓吾日三省吾身，为人谋而不忠乎，是乃对事；与朋友交而不信乎，是乃对人；传不习乎，是乃对己，可知古人求学，一方在敦品，一方在力学，而品较学尤为重要，故曰："行有余力，则以学文。"

三代而后，学之意义，渐转移其重心为文字之传授、知识之灌输，然对于学者之志向与节操，仍倡导不遗余力。昔人有谓多读几部圣贤书，脊梁会挺得直一点，骨头会硬一点，充分阐明知识与道德之不可分性。韩愈进学解有

“业精于勤荒于嬉，行成于思毁于随”。故此时期之学者，虽“口不绝吟于六艺之文，手不停披于百家之编”，但风气之所趋，群以人格气节相尚，历来知识份子于恶劣环境之下，尚能坚持不屈者，史不绝书。每临赴义不先人欲横流之时代，保持人类之正义，撑持国家于垂危者，亦多由学者任之。我中华立国四千余年，迄今犹能卓立于世界，即因此种正义犹能保存于不垂之故。

晚近提倡新教育，采取班级制度，分班授课，教师与学生，缺乏个别接触、个别指导机会，每不免有知识贩卖之讥，学生之行为与活动，恒在不加闻问之列，古人设学之旨，至此可谓全部改观。

三、何谓学风

风乃一时之风气，有如空气然，人人呼吸，习焉不察，行焉不著。在社会谓之风俗、风尚，转移至于求学，则谓之学风。昔人有所谓“头巾气”者，即学风之表现于个人态度与行为；但个人之态度与行为，亦可因彼此间之互相同化，而蔚成一时之风气。如抗战初期，各地教会大学集中于华西坝，一时有所谓某校也神气，某校也洋气，某校也土气，某校也俗气，但数年来交接往还，相互影响，迄今已成为华西坝一种特殊之风气，而上述之差别，亦遂消灭于无形矣。

任何一机构，必须具备四大要素：组织、计划、干部、风气，而风气实为其灵魂之所在，有如画龙点睛然。……盖战时及战后一切问题之处理，均要求极坚定之人心与高深之学问，培养风气，储备专才，以为国致用，均属刻不容缓者也。

优良学风之培养，不特转移社会风气，倡导国民气节，亦即所以奠定建国之心理基础。总理昭示吾人：“有了高尚的道德，国家才能长治久安。”学生为未来……之支柱，对于道德之修养，尤有坚决实践之必要，使之有远见，有明辨，不与世俗沉浮，不随他人好恶。论语所谓“志士仁人，无求生以害仁，有杀身以成仁”者即是。昔有吊伯夷叔齐诗云：“几根硬骨头支持天地，两个饿肚子包罗古今。”亦即形容学者安贫乐道、至死不渝之伟大精神。颜回居陋巷，一箪食，一瓢饮，人不堪其忧，回也不改其乐，所乐者并非箪食与瓢饮，盖乐其道也，故能敏而好学，不改其所业。

四、何谓新学风

今日之学风如何？抗战时期延长，若干国人之精神之麻痹怠惰，自所不免。而若干在校学生，亦鲜有求学精神，颓靡骄奢，投机取巧，嚣张浪漫，玩日丧志，不负责任，不守纪律，以遵守校规、实事求是为可耻，以敷衍了事、苟且因循为美德。此风若不痛加纠正，则若干年后，专门事业，何从办理？社会进步，何从促成？

纠正之道，不在于消极之抑制，而在积极的从改进环境着手。第一，改良社会环境以造成优良之社会风气。盖恶劣之社会背景，亦足以影响在校学生之意志，例如近来有些公务人员，因衣食所迫，竞入工商企业之门，有些学生亦因社会有形无形之鼓励，群趋于功利主义之途，而读书学子忠直坚贞之正气，刚毅不苟之节操，亦因之而消磨净尽。第二，则应倡导一种新的学风，所谓新的学风者，即为维持正义、扶正人心，一面授以科学之知识，一面养成高尚之气节，在平时赖以领导社会，表率人群，于国家垂危，挽狂澜于既倒，扶大厦之将倾，撑持国家于垂危，表现民族之操节。吾人今日读六百年前文文山之正气歌，犹觉其慷慨悲壮之气概，艰苦奋斗之精神，大义磅礴，跃然纸上，此无他，正气使然也。

正气之培养，当于求学时期日常生活中努力，总裁倡导之新生活运动，要旨为“明礼义，知廉耻，负责任，守纪律”，此已为国民所共鸣。黄任之先生所谓“理必求真，事必求是，行必踏实”，允为针对现实之缺点而发。理想之新学风，应具备左列三条件：

（一）学校家庭化　师生如父子，同学如兄弟，应共同生活，共同操作，相互切磋砥砺，在真诚笃爱之友谊上，培养整个生活于真美善之境地。

（二）建立中心思想　所谓中心思想，应以国家民族之生存与利益为前提，《中国之命运》革命建国之根本问题一章内载有“在国家治乱之会，民族兴亡之际，只要这少数人有‘天下兴亡，匹夫有责’的信心，‘先天下之忧而忧，后天下之乐而乐’的胸襟和‘天下为公’的抱负，以救国家救人民自任，即可以为转移社会风气的枢纽”。又云：“要使我中华民国渡过阽危，趋于巩固，则必须全国的教育家以国家观念为中心，以民族思想为第一。我全国的教师应当首先以此自勉，方可勉励一般的国民，相率以转移政治风气，来为建国工作，树立可大可久的初基。”诚能如此，则建国大业始可完成。

三、提倡笃实践履之精神　爱己爱人，不自私，不苟且，绝对真诚、清洁、认真服务、牺牲，以转移社会之风气。《中国之命运》指示：“国家的治乱，民族的兴亡，常以社会风气为转移……今日的社会风气如不改造，没有笃实践履的精神，则建国工作仍难期其完成。”而笃实践履之精神，当首由在校学生中养成，始能领导社会，转移风气。新学风之中心任务，亦即在此。

新学风之培养，尤在今日之教师能以身作则，率先倡导；不当只以传授学生之学业技术为能事，而尤应注意学生做人做事之理想与态度。因优良之教师，不特为学生言行之标准，抑且为社会道德之楷模，一举一动，均为学生与社会之表章，发生潜移默化之作用。须处处引起钦仰与尊敬，以身作则，以德化人；不但使学生成为社会上健全份子，且造成国家之良好公民，然后方能达到教师之最高理论。韩愈谓：“古之学者必有师，师也者，所以传道授业解惑也。”所谓道者，亦即做人做事之理想与态度。《中国之命运》谓：“自清末维新……讲学的人士，轻于发言，不负责任，随和流俗，姑息取容。以个人的私欲为前提，而自以为‘自由’；以个人的私利为中心，而自以为‘民主’。以守法为耻辱，以抗令为清高。利用青年的弱点而自以为‘青年导师’，妄肆浅薄的宣传而自以为‘先进学者’。极其所至，使国家为之纷乱，民族因而衰亡。……为学讲学的风气既然如此，而欲求社会风气与政治风气之改造，岂不是缘木求鱼？然则今后学者与大学师生应如何以自处，使在此国民革命时代中尽其革命一份子之义务。”其对当前之教师，期之切而责之严，我教界同人，当知所以努力矣。

五、何谓新学风运动

新学风运动，乃本诸个人之自觉，确定理想，切实履行，并进而以有组织、有计划、有步骤之行动，推己及人，以达到“己欲立而立人，己欲达而达人”之目标，俾能普遍全国，蔚为风气，以适应抗战建国之需要。

伟大之运动，恒产生于伟大之时代，第一次世界大战结束，产生五四运动，影响所及，国人之思想为之丕变，此可称为救国运动，其结果为民族解放。第二次世界大战胜利将临，风行一时之新学风运动，可称之为建国运动，其结果将为民权树立、民生康乐。

伟大运动之推动，固为艰巨之工作，但吾人只要能准备牺牲奉献之决心，努力奋斗，贯彻始终，其成功也可立而待。所望全国之教师与同学，明了个人在此伟大运动中地位之重要，以身作则，转移风气，并各尽所能，全力推动，由新学风而推及新社会，一扫过去萎靡虚伪、浮燥夸诞之积弊，而发挥我民族固有之德性与智能，则国基始可巩固，国运始可昌隆。

六、结语

此次春令会举行，系以新学风运动为主题，曾经各顾问及学生各献所见，热忱商讨，并决定于会期结束，继续推动。金大青年会且定本年度中心工作为“推动新学风运动”。行见风行草偃，举国景从，于最短期间，深入于社会各级层而形成一划时代之伟大运动。

（原载于《燕京新闻》1944年3月25日第10卷第20、21期。又载《农林新报》1944年5月21日第21年第13—18期）

论我国目前大学教育

一、引言

大学教育为人才教育，大学教育办理之良窳，恒为一国文化水准高下之所系。吾国新教育运动之产生，迄今已达八十余年，大学教育之列入正式学制系统，亦已达四十余年。其对吾国政治之改造、经济之树立、社会之进步、科学之发展，业已尽其最大之努力。际兹抗战建国紧要关头，尤应增加教学设备，充实教授人才，给予恬静之环境，造就多量之人才，俾能为国致用，争取最后胜利。论者或谓全面抗战，军事第一，吾国大学教育，应仿战时欧美各国先例，多多抽调在校学生参加兵役，固毋庸侈谈改进，此诚仅知其一不知其二之说也。夫欧美各国教育普及，大部人民多受大学教育，吾国迄今曾受大学教育者，包括专科学校在内，不过十万人，在此长期抗战时期，政府自不愿将此少数人才亦驱其牺牲疆场之上，盖如此则今后专门事业，何从办理？建国工作，何从促成？法国于上次大战时，供给全法大学教授人才之 Ecole Normale Superieure 学校，动员在校学生二四〇人，在各大学担任教授之该校毕业生五〇六人，结果战死学生一二〇人、毕业生一一九人；又全法最著名之工程学校 Ecole Centrale des Arts et Manufactures，战死学生一七九人、毕业生三六二人，以致影响法国战后复员工作。此种惨痛之教训，迄今犹深印于欧美人士脑海之中，而引为前车之鉴。是故吾人对于青年之自动参加兵役，以及应征通译人员，自须积极奖励，加紧倡导，至于所有在校大学生一致参加抗战，则当局实无此项拟议。余为此说，乃在说明各国大学教育之改进，虽在作战时期，仍有其特殊之重要性。实际吾国热血青年，舍己报国之精神，决不后人，此在最近提倡学生参加远征军，登高一呼，踊跃响应，可以证之也。

二、现状

目前吾国专科以上学校数目，依教育部民国三十年统计，共计一三二所，大学八五所、专校四七所，共计教职员八六六六人、在校学生五七八五三人，分布于重庆、成都、昆明、桂林及后方各重要地区。际兹国家多难，军需浩繁，而能有此成绩，良非易易。惟国家设学教士，首在内容之充实，精神之灌注，而在抗战时期，一切教学实施，尤应与抗建大业相配合，始能显示教育在抗战时期之伟大力量。默察战时各地大学，在设备方面，多数因迁徙关系，复以物价高涨，增置困难，因陋就简，每不能免，教授之教学精神及学生之读书情绪，因战时生活难趋安定，一部分似较战前为差，而重要者则为抗战空气微嫌太不浓厚。换言之，即未能将教学及读书之最终目的，集中于为争取最后胜利之观念上，此实为吾国当前大学教育所当痛切改革者也。

三、希望

吾人于明悉大学教育之重要及吾国大学教育之现状后，则对于我国目前之大学教育，寄以如下之希望：

（一）课程重行编制　将大学四年课程集中于三年授毕，在此三年内，限于教授基本学程及主修学程，不必要之课程取消。至第四年，将全部学生分为二组，一组为身体强健者，一组为身体欠壮者。前者所授课程注重与抗战工作有关，如外国语文（英、俄、日等）、中外历史、中外地理、化学、物理及军事学科目，后者所授课程注重与建国工作有关者，如外国语文（英、俄、日等）、中外历史、中外地理、实业计划、复员重建工作及政治经济等学科。两组对于外国语文，尤应特别加强，以供战时战后国际合作之需要。且均为半日上课，半日军训，遇有需要，则组织战地服务团、乡村宣传团，或由政府征调担任通译人员。

（二）加强教授研究工作　由政府指定各大学著名教授，从事与抗建有关之国计与民生研究工作，充分资助研究用费，供给研究设备器材，并额外给予生活津贴，不使其将宝贵之光阴与有用之精力，分散于衣食妻子，洒扫炊爨，无需高深准备之日常杂役，而令其安心从事研究工作。查我国自抗战爆发以来，分派大批人员从事各区各省之调查及考察工作，年必数起，费时耗财而实际鲜有成效，倘能将此项经费转而资助各大学教授之研究工作，其收效当不可同日而语。

（三）成立各大学区战时教育委员会　查我政府年来领导各大学从事抗战教育，非不积极推行，徒以缺乏监督机构，同时各大学间亦各自为政，向少协调，以致收效殊微。似应于各大学集中区域如成都、重庆、昆明、桂林等地成立战时教育委员会，由各大学负责当局组织而由教育部派遣专家参加指导。其主要工作，厥为领导各大学教员与学生，使其教育、研究乃至一切日常活动，均集中于抗战建国最高原则之下，并调整其步骤，加强其力量，务使每个教员与学生随时反问自身与抗战建国有何贡献。诚能如此，则今日之大学教育，始可进而领导社会，共同担负时代之重任。

（原载于《农林新报》1944 年 7 月 21 日第 21 年第 19—24 期）

为选考赴美实习事向农林部进一言

本年秋，美国政府决定就租借法案下拨款美金四百八十万元，训练我国农工矿技术人员一千二百名，农林部分二百名，其中一百六十名由农林部分请各有关机关保荐合格人员，经详细审查后，准予初选及格，然后定期举行复试，其余四十名，则由考试院公开考试。此次考选特点有三：

1. 友邦政府于兹举世烽火漫天之际，特就租借法案下指拨巨款，大批训练我国农工矿技术人员，足证决心协助我国推进建国工作，各实习人员赴国外后，必须一致勤奋努力，毋负此行。

2. 我国公开考选学生赴国外深造者，如清华大学、中英庚款董事会、中华文化教育基金董事会，乃至各省政府等留学考试，名额均属有限，大批派遣出国，在前当推清末同光年间分批派遣学童九十名赴国外留学，然犹未若此次名额之众多与夫计划之周密也，故此次盛举，堪称空前。

3. 农林方面之二百名，百分之八十由各机关学校保送考选，百分之二十公开考试，多方搜罗人才，俾不致有遗珠之憾，亦足证我国政府对于此次派遣人员之重视以及大公无私之精神，殊堪钦佩。

现农林部负责考选之实习人员，业已于十二月初旬在重庆复试，并已正式揭晓，刻正积极办理检验体格及出国手续，约于三十四年一月中旬即可出国。查此次正取一百六十名，金陵大学农学院毕业同学计占六十名，合总数百分之三七点五，其能有此成绩，足见各同学于离校服务期间，尚能继续研习，并未抛弃学业，笔者承乏此院职责，私衷不无欣幸。用敢以一得之愚，贡献于贤明之农政当局，倘蒙不弃刍荛，谬采菲葑，则对于我国未来农林建设工作，或亦不无小补。

1. 此次各员出国，特别标示“实习”，自当重视实地工作。然一国农林事业之进步，恒有其社会历史及政治经济的背景，必须明了此等背景，则实习时有新的刺激。但此项明了工作，必须从读书入手。故各员抵美后，至少应有半年之读书期间，而且先读书后实习，俾充分了解对方国家后，再进行实习工作。在我国新书极端缺乏之今日，此举尤关重要。因之，当局规定一月中旬出国，计程于三月间到达，则各校均已上课，微嫌稍晚，最好立刻把握时间，将出国手续赶办就绪，于一月五日之前出国，希望二月半前到达，始可不致有误各员入学时间。

2. 对于实习工作应特别认真。过去全国公私费留学生只注重读书，于获得学位后即行返国。农林事业概属田间及工厂工作，课室教学只不过田间及工厂工作之准备，故各员于读毕应有之学程后，即须分赴各农场及工厂参观实习，俾充实农林之实际经验与技能，以便回国致用，亦即吾国谚语所谓“百闻不如一见”是也。

3. 每人事前均应拟定一详细之读书及实习计划，此项计划之内容及实施时应注意之事项如下：

① 选读何种学科，进入何校，由何教授出任指导，一切根据个人志趣与国家需要，以及预做将来实习之准备，而非为学位之取得，庶可自由选读，而不受学位条例之拘束。

② 参观何种机关，实习何种项目，时间长短，力求具体切实，避免含混笼统。

③ 在实习期间，应集体讨论一二次，以便交换实习心得，并讨论如何应用其所得。

④ 实习工作完竣，每人应缴送实习报告书，相当于一般学生在校读书之毕业论文。

⑤ 为加强各员在美读书及实习工作，应组织一强有力之指导委员会，由我国居留美国之农业专家及明了我国农情之美国人士如邹秉文、谢家声、蒋森、罗德民、斯蒂芬、洛夫、海斯、戴克斯脱等共同组织，以便切实指导。农林部并应另派大员赴美参加此项组织。

4. 各员于实习期满回国后，应举行硕士学位考试，考试科目即其所实习之项目，注重其实习心得，其实习报告书即为其硕士论文，如经审查认为合格，则由教育部给予硕士学位证书。查日本对于公私费留学生返国后，不问其在国外所得何项学位，须另由本国政府考试合格后，给予以程度相当之学位，以故日本学者均重视其本国学位，而与吾国学者之尊重其他国家学位者相殊。所望我国政府能因此次大批实习人员返回后之学位考试，而使今后留学风气为之一变。

（原载于《大公报》1945 年 1 月 3 日第 3 版）

农业推广

农业推广概论*

中国以农立国，已有数千年之历史；而农业衰颓，农村疲敝，乃竟随年月之积累，而愈趋愈烈！人民生活之所需——衣、食、住、行，几无一不仰给于外洋，且漏卮之钜，与年俱增！试阅下列三表，即可知其概梗。

（一）最近三年农产品进口净数及总值（根据海关统计）

农产品	十八年		十九年		二十年	
	数量（担）	总量（关两）	数量（担）	总量（关两）	数量（担）	总量（关两）
米	10,822,805	58,981,000	19,891,103	121,234,000	10,740,810	64,376,000
麦	5,663,846	21,431,000	2,762,240	12,831,000	22,773,424	87,639,000
面粉	11,935,296	64,008,000	5,188,174	31,296,000	4,889,275	30,920,000
棉花	2,514,786	91,124,000	3,456,494	132,266,000	4,652,726	179,082,000
棉纱	234,126	188,574,000	162,430	149,839,000	47,951	121,078,000
木材		27,819,000		23,178,000		34,685,000
合计	31,170,859	451,987,000	31,460,441	470,644,000	43,104,186	518,518,000
三年进口总值共计	1,441,149,000 关两		平均每年	480,383,000 两		

* 本文署名为章之汶、李醒愚。

（二）民国二十年(1931)进出口货种类价值及百分比(根据海关统计)

出口			进口		
种类	价值(两)	百分比(%)	种类	价值(两)	百分比(%)
1. 豆及产品	209,953,698	23.09	1.棉花	179,082,246	12.49
2. 丝类	95,755,601	10.53	2.棉货	121,078,001	8.45
3. 花生及产品	41,458,184	4.56	3.小麦	87,639,301	6.11
4. 蛋及产品	37,757,544	4.15	4.糖	85,889,498	5.99
5. 皮货	37,700,101	4.15	5.金属及矿物	85,125,368	5.94
6. 棉纱	34,224,410	3.76	6.煤油	64,549,371	4.50
7. 茶	33,253,158	3.66	7.米	64,375,851	4.49
8. 子仁	33,008,336	3.63	8.烟	48,618,800	3.39
9. 煤	31,053,576	3.42	9.纸	45,404,637	3.17
10. 棉花	26,960,949	2.96	10.机器	43,604,573	3.04
11. 金属	26,937,413	2.96	11.木材	34,684,680	2.42
12. 绸缎	24,412,445	2.68	12.化学产品	34,425,489	2.40
13. 粮食	22,023,567	2.42	13.毛制品	32,945,848	2.30
14. 桐油	20,416,102	2.25	14.烛等	31,915,757	2.23
15. 发毛	15,012,944	1.65	15.面粉	30,920,302	2.16
16. 棉货	14,029,141	1.54	16.麻货	27,110,966	1.80
17. 糠	10,932,934	1.20	17.粮食	24,055,111	1.68
18. 猪鬃	9,760,724	1.07	18.鱼介,海产品	23,561,346	1.64
19. 其他	184,819,698	20.32	19.染料,颜色	22,016,766	1.54
合计	909,475,525 (关两)	100.00	20.煤	21,478,899	1.50
			21.人造丝	18,644,286	1.30
			22.电气材料	18,411,249	1.28
			23.人造靛	17,424,568	1.22
			24.汽发油等	14,672,574	1.02
			25.肥料	14,287,893	1.00
			26.荤食品	13,891,138	0.97

续 表

出口			进口		
种类	价值(两)	百分比(%)	种类	价值(两)	百分比(%)
			27.纸烟	13,098,662	0.91
			28.其他	214,576,014	14.97
			合计	1,433,489,194(关两)	100.00

（三）历年入超(根据海关统计)

年别		进口总值(两)	出口总值(两)	入超(两)
民前十年	1902	315,363,905	214,181,584	101,182,321
民前五年	1907	416,401,369	264,380,697	152,020,672
民元	1912	473,097,031	370,520,403	102,576,628
民二	1913	570,162,557	403,305,546	166,857,011
民三	1914	569,241,382	356,226,629	213,014,753
民四	1915	454,475,719	418,861,164	35,614,555
民五	1916	516,406,995	481,797,366	34,609,629
民六	1917	549,518,774	462,931,640	86,587,144
民七	1918	554,893,082	485,883,031	69,010,051
民八	1919	646,997,681	630,809,411	16,188,270
民九	1920	762,250,230	541,631,330	220,618,900
民十	1921	906,122,439	601,255,537	304,866,902
民十一	1922	945,049,650	654,891,933	290,157,717
民十二	1923	923,402,887	752,917,416	170,485,471
民十三	1924	1,018,210,677	771,784,468	246,426,209
民十四	1925	947,864,944	776,352,937	171,512,007
民十五	1926	1,124,221,253	864,294,771	259,926,482

续 表

年别		进口总值(两)	出口总值(两)	入超(两)
民十六	1927	1,012,931,624	918,619,662	94,311,962
民十七	1928	1,195,969,271	991,354,988	204,614,283
民十八	1929	1,265,778,821	1,015,687,318	250,091,503
民十九	1930	1,309,755,742	894,843,594	414,912,148
民二十	1931	1,433,489,194	909,475,525	524,013,669
合计	22 年	17,911,605,227	13,782,006,940	4,129,598,287
平均每年入超		187,709,013		

根据以上三表,可知最近三年农产品进口总值,已由三万一千万两,而激增至五万二千万两;平均每年须外洋供给农产品竟值四万八千万两之巨。同时出口货中,几尽为农产品,因农业不振,不仅输出日减,反使外国农产品之输入,日见增加。所以民国二十年之入超,已达五万二千四百万两,为数之巨,殊足惊人!即以二十二年中入超总数,平均计算,每年漏卮,亦达二万万元。以老大之农业国家,而现状如此,能不痛心?似此巨额金钱,源源外溢,不独全国经济,破产堪虞!而维持民生,仰赖外人,是尤关系整个民族之存亡。前途危险,诚不堪设想!因此举国上下,皆感觉非改良农业、繁荣农村,不足以挽救现在、复兴将来。欲达改良繁荣之目的,又非励行农业推广不为功。所以近年来,农业推广之名词,常见于各杂志报章。由政府以至农业、教育、金融各界人士,皆以提倡农业推广与办理农业推广相策励。政府方面,十七年全国教育会议,即通过农业推广之提案。国民党第三次全国代表大会于确定教育宗旨及其实施方针案中,又确立农业推广之范围与方针。而农矿、教育、内政三部更于十八年六月会同颁布农业推广规程,正式确定农业推广纲要与办法;复会同组织中央农业推广委员会于首都,综掌全国推广之设计规划;与各省通力合作,积极进行。同时农业界、教育界、银行界,又纷纷实地从事于农业推广工作。自此推广事业,乃如风起云涌,似已公认为救农救国之根本要图矣。惟农业推广,在欧美各国,固属行之已久,成效早著;然在中国犹为新兴事业,尚在萌芽时期。不慎于始,鲜克有终,吾人于此,似不可不有相当之认识。而农业推广之意义维何?农业推广之目的何在?尤有首先

明了之必要。

意义：农业推广之意义，可分狭义与广义两者言之。所谓狭义之农业推广，即以农业学术机关研究改良之结果，推广于农民普遍种植或使用，以增进农业之生产而已。至广义云者，除推广改良成绩外，且教育农民，培养领袖，进而改善其整个的适当生活。据美国康乃尔大学副校长孟恩博士（A.R.Mann）谓："人生之适当生活，有六个成分：健康、财富、智识、美丽、社交、公平。"所以要改善农民之适当生活，必须推广改良成绩，以增加农民之财富。提倡卫生运动，以促进农民之健康。实施农民教育，以增长农民之智识。改造乡村环境，以养成农民之美感。倡导合作组织，提倡正当娱乐，辅助地方自治之推行，以及改善儿童、妇女、家政与乡村社会之种种不良习惯，使农民知有适当之社交，享受真正之公平。如此方可尽推广之能事。此广义推广，乃中国今后最宜采用者。

目的：农业推广之目的，在使农业、农民、农家及乡村社会，有整个的改良。分析言之，有下列几点：

（1）促进生产，改良销售，提倡副业及善用资本，以增益农民之收入。

（2）倡导各种合作事业，以团体力量，求一切事业之经济化、合理化，减除农民无谓之亏损。

（3）训练乡村领袖人才，促进地方自治。

（4）改进乡村人民之智识、道德、社交、文化、娱乐及团体生活。

（5）使农家青年男女，对于乡村生活发生兴味。

（6）使民众明了农业改良之重要。

可见农业推广，实为改良农业、改善乡村与提高农民生活之必要手段。农业学校的室内研究，农事试验场的实地试验，正所以为推广准备材料。若从事研究试验者，不实行推广，则改良成绩等于零；若徒事推广，而无适当材料，则推广为空洞，反失农民之信仰！所以推广材料，乃从事推广之第一先决问题。推广员固不必为专家，然不可无专门之训练；因推广事业之成功，全在下层工作者——推广员之努力。所有学识、经验、能力、思想、品行，皆须有相当之准备与修养，而能力思想品行，较学识经验（即资格）尤为重要；如果推广员学识虽充分，经验虽宏富，而其品行卑劣，能力薄弱，思想幼稚，则对于所负使命，决不能有忠实贡献。所以推广人才，乃从事推广之第二先决问题。既有材料，复有人才，更不可无适当之组织；事业如何分配，事权如何统一，高级指导人才之延聘，各种规程计划之拟定，以及因地、因时、因人，如何各制其宜，以免事业之重复，增加工作之效率。所以推广组织，又为从事推广之第三先决问题。此外推广经费，更须筹有的款，再就财力范围以内，确定事业方针，如是方可计日言功，不致贻画饼之饥。以我国今日之现状，能励行农业推广，固为挽救贫弱之良方，惟欲其有成效可睹，则于以上各问题，皆不可不特别注意也！

（原载于《农林新报》1933 年 4 月 21 日第 10 年第 12 期，又载《农业推广》1933 年第 4 期）

介绍乌江农业推广实验区

一、沿革

民国十二年金陵大学农林科棉作改良部，决定以长江流域为推广驯化美国品种爱字棉之地带。主其事者美籍教授郭仁风先生，因慕乌江卫花之名，特往乌江推广爱字棉籽，并派人常川驻乌，以全力推广美棉工作。同时并开办农民诊疗所及农村小学，期以经济、卫生及教育等事业，为谋求农村建设之工具。民国十九年，中央农业推广委员会，与金陵大学合作，始成立乌江农业推广实验区，其开办费四千元由中央农业推广委员会担负，每月经常费五百元，亦由该委员会支付。金陵大学农学院则供给服务人员及推广材料，事业推进遂日益扩大其范围，不幸九一八事变爆发，中央农业推广委员会之经费停拨，几经周折，金大虽勉力维持，唯事业进展，终未能如预期之迅速耳。

民国二十三年春，乌江农业推广实验区，复与和县县政府合作，由县政府划定和县第二区为实验区，实验区之范围因而扩大，并组织和县第二区乡村建设委员会，主持并计划该区乡村建设工作。

民国二十五年一月一日起，该区经济组之一切经常费可以完全自筹，无须实验区之供给。而教育组所指导之农民小学，与卫生组所设立之农民医院及分诊所，亦均于是年七月间完全经济自立。

二、地点

乌江被选为农业推广实验区之理由有三：

(1) 交通便利，距离首都不远，乌江虽系乡村小镇，小轮邮政均有设立，且水陆交通均便，盖乌江地滨江边，逐日有京芜小轮来往其间，陆路上与乌江衔接之汽车道有浦乌线，且该镇距首都仅八十里，趁轮前往仅须四小时，乘坐汽车则两小时可达。

（2）乌江为产棉区域，唯乌江卫花徒有虚名，其纤维粗短，种籽小，质量劣，产量少，但该地农民以棉为主要农产之一，故极宜改良棉作之推广。

（3）金陵大学在乌江工作，自民国十二年始至十九年成立农业推广实验区时止，已有七八年之历史，对于当地农村领袖，已入相互合作之阶级，且农民又极信仰，故事业之推行，地方人士均愿协助，其进展自属轻易。

三、目的

该实验区之设立，其主要目的，当在推行国民政府公布之农业推广规程第一条所载"普及农业科学知识，增高农民技能，改进农业生产方法，改善农村组织、农民生活及促进农民合作"等工作，唯以金陵大学农学院之立场言，尚有下列之动机，兹据该院所公布者摘录如下：

（1）本区（乌江实验区）为本大学农业推广工作实验场所。

（2）期将本大学各项研究之结果，推广于该区农民。

（3）供给本大学及其他机关研究乡村问题之实习地。

农业推广原属专门之工作，欲求工作收效宏大而经济，唯有利用各种适当之推广方法，然于我国目前农村社会情形之下，何种方法最为适宜，何种方法最为经济，非经相当之实验不可，该实验区之设立，盖为此也。

四、组织

乌江农业推广实验区，直属于中央农业推广委员会及金陵大学农学院两机关，唯该区之行政权则由金大农学院主持，区内有总干事一人，总理下设之总务、教育、生产、经济、社会、卫生及政治等组，每组有干事一人，助理员、办事员及练习生数人，各司理其专门工作。至全区重要事务，则待决于区务会议，兹将其组织系统，图示如下：

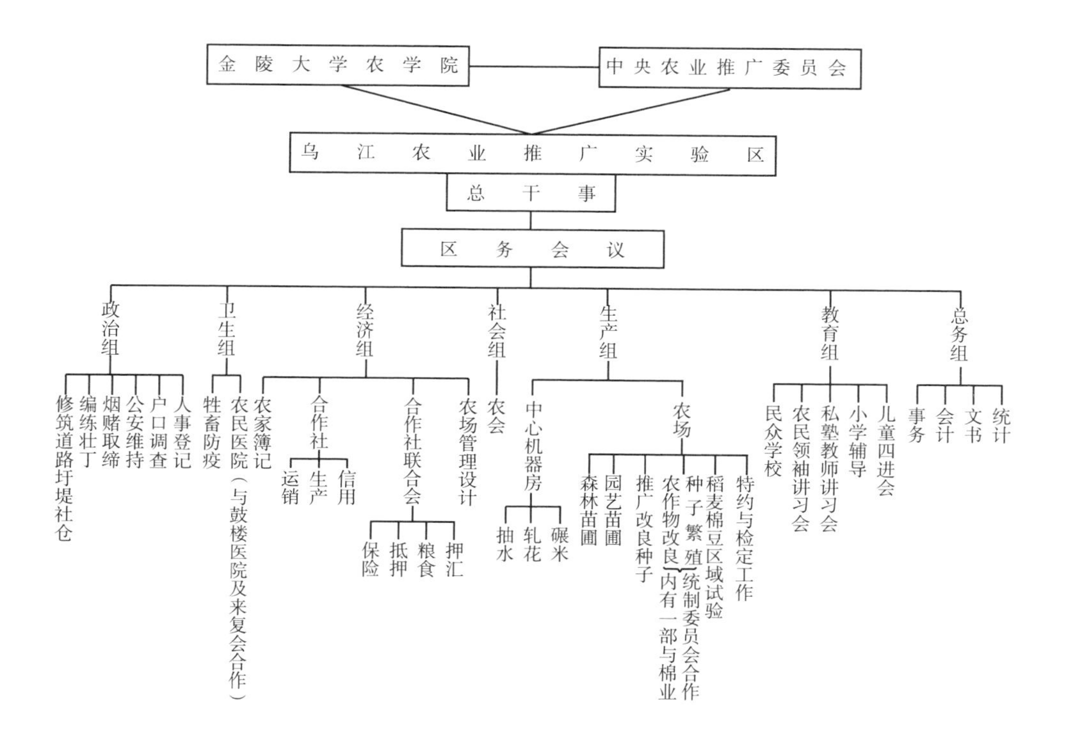

五、工作

乌江农业推广实验区内共分七组，各有其专门工作，兹分别叙述其最近工作情形如左：

（一）总务组主持全区之行政事项，如文书、事务、会计、统计及交际等。

（二）经济组之主要工作为流通农村金融及健全农民经济之组织，自民国二十一年起，即开始组织信用合作社，迄今历年增加，其概况如下表：

乌江信用合作社

年度	社数	社员数目	信用放款
1931—1932	11	193	13,400.00
1932—1933	20	387	20,875.00
1933—1934	20	420	23,625.00
1934—1935	20	465	28,320.00

续 表

年度	社数	社员数目	信用放款
1935—1936	22	480	27,874.00
1936—1937	23	485	31,277.00

合作社联合会复兼营其他业务，如代办汇兑、耕牛及他种保险、组织种田会及耕牛会、办理粮食抵押、鸡蛋储蓄及现金储蓄等。此外复指导农民采用新式簿记，以作农场经营改进之张本。

乌江为棉产区，每年优良棉产之数量可观，且极受纱厂之欢迎，唯向由棉商操纵市价，农民所受之损失颇大，自民国二十二年起，该区经济组，即办理棉花合作运销，逐年情形如下表：

乌江棉花运销合作社

年度	数量(担)	每担市价	
		当地	运销
1933—1934	272.00	最高价 34.00	最高价 38.00
1934—1935	403.82	最高价 38.00	最高价 45.00
1935—1936	801.01	最高价 38.00	最高价 50.00
1936—1937	3,067.23	最高价 43.00	最高价 45.50

此外并举办合作训练，召集各合作社理事暨社员，予以合作知识之训练，使其深切明了合作之意义及功能，期达合作组织健全之目的。

（三）生产组之主要目的，在选择并繁殖优良种子，以推广于农民，故设有农场三六〇亩，供各种作物之试验，至爱字棉繁殖区，则有三二九点二亩。乌江为棉花盛产地，爱字棉之推广，上年度共二万八千余斤，面积凡三千七百余亩，本年度尚未能确定其数量。历年棉籽推广状况如下表：

乌江棉种推广

年度	数量	面积(亩)	每亩平均产量(籽花，斤)	
			当地种	改良种
1931—1932	4,427.5	696	60	120
1932—1933	2,433.0	310	60	100
1933—1934	21,576.0	3,261.4	50	100

续　表

年度	数量	面积(亩)	每亩平均产量(籽花,斤)	
			当地种	改良种
1934—1935	24,100.0	3,498.0	80	140
1935—1936	28,053.5	3,774.4	75	150
1936—1937				

改良小麦种籽在乌江推广,亦年年增进,本年度计推广麦种三万一千余斤,农家种植改良麦种农田面积计三千七百余亩。麦种逐年推广数量及其所获利益,略如下表:

乌江麦种(金大二九〇五)推广

年度	数量(斤)	面积(亩)	每年平均产量(斤)	
			当地种	改良种
1931—1932	7,890	481.3	140	109
1932—1933	8,670	899.0	150	200
1933—1934	6,540	535.0	140	196
1934—1935	10,247	1,097.0	150	220
1935—1936	28,736	3,591.0	140	216
1936—1937	31,011	3,783.0	—	—

乌江改良农作物种籽推广方法,系采用地方纯种主义,以该区农场为中心,渐次向四方推广,以最优良之种籽分布于最近农场之地,较次者依次远散。农民领种换种,须遵守预定计划,俾便统治,以求保证种籽之确实纯洁。

生产组为求确实保持棉种纯洁起见,特开办一轧花厂,代棉农轧花打包。

(四)教育组工作着手较迟,惟该区经济发展已至自立状态,急应谋教育事业之扩充。该区教育素形落后,故对区内公私小学,首先予以辅导。由该区主持之禹塘农村小学,则采自给办法,一方面借庙产兴学,努力其三十亩田地生产,以作常年经费,又由学童自办派报所,以其所得报酬,充作学校每月办公费用。其概况略如下表:

乌江农村小学

年度	学生数目(人)
1931—1932	35
1932—1933	38
1933—1934	30
1934—1935	20
1935—1936	85
1936—1937	75

附注:小学经费筹措情形:

1. 农场　每年收入约三百—四百元

2. 卖报　每年收入约三十元

3. 其他　地租每年一百元

此外对于该区内之社会教育亦有相当工作,择要分述如下:

1. 儿童四进团　目的在给予当地儿童及青年以手脑身心之健全训练,曾招得团员七十六人,多为镇上入学儿童,其年龄分配如下:

年岁	9	10	11	12	13	14	15	16	总计
男	1	1	4	8	9	10	6	2	41
女	1		8	6	3	12	3	2	35
总计	2	1	12	14	12	22	9	4	76

2. 儿童读书会　该区购置《小学文库》、我的书各一套及各种儿童读物若干部,组织儿童读书会,以作补充教学,每日借书儿童,平均在四十人以上。

3. 挂角读书团　此为一种将书送到牛背上去之努力,该区曾组织中心团凡四,授以《老少通》,并随时启迪其常识,每日就读牧童约二十六七人。

4. 民众夜校　该区之能与农民接近,大半得力于夜校,故每于寒冬农闲之时,便开办夜校,一方面予农民以相当教育,且可多与农民接触,深知其问题之所在。

(五) 卫生组之主要工作,为农民疾病之预防与诊疗,同时推行社会与学校之卫生运动。民国二十三年该区与南京鼓楼医院合作,并就该区来复会堂地址,建设房屋两幢,创设乌江农民医院,除在区公所设一分诊所外,并于附近村庄分设医药服务处二十四所，历年服务情形，可略如下表：

乌江卫生诊疗所

年度	受诊人数(人)	诊疗所数(所)
1931—1932	1,083	1
1932—1933	1,476	1
1933—1934	9,508	1
1934—1935	10,716	3
1935—1936	65,047	4
1936—1937		5

此外该组之预定工作目标，可如下表所示：

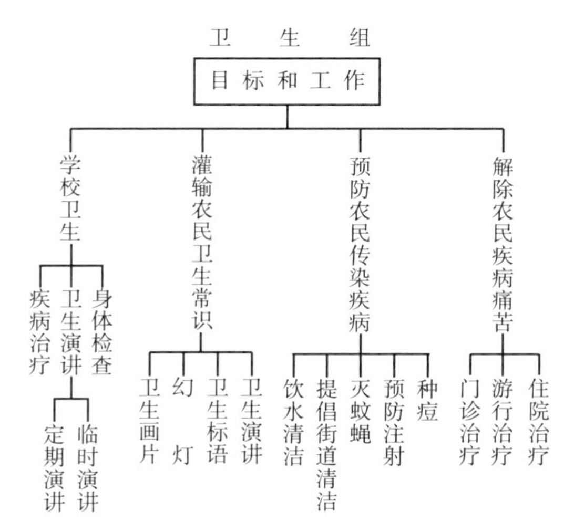

（六）社会组以辅导农会之组织为工作中心，乌江农会现有会员一千四百人(其他各处会员人数在外)，由本组干事兼任农会指导，监督一切会务之进行，截至本年度止，全区所属农会概况如下表：

全区所属农会会员数

年度	乌江	张家集	濮家集	香泉	绰庙集
1931—1932	103	—			
1932—1933	597	—			
1933—1934	967	—			

续 表

年度	乌江	张家集	濮家集	香泉	绰庙集
1934—1935	50	—			
1935—1936	1,247	250	236	300	273
1936—1937	1,400	296	315	621	132

农会之组织，以干事会为最高权力机关，下有正副干事长各一人及干事六人，主理会务。农会工作之方针，全在组织农民，使互相团结，以团体力量，谋农人本身利益之发展，并使区内农民在同一指导之下，协助实验区之建设工作。

此外关于地方自卫方面工作，亦由该组努力办理。民国二十三年秋，乌江匪氛日炽，乃联合乌江镇壮丁，组织自卫手枪队，每夜轮流放哨，因而地方治安得以安全。

（七）政治组工作系与和县县政府合作，曾以政治组干事担任和县第二区区长，冀事权划一，推行较易。民国二十三年十一月，因金大改变指导方针，乃行中止。现该组工作由社会组兼办，对于民众训练，从各方面努力，其概况如下表：

乌江民众训练

年度	参加人数(人)	训练种类
1931—1932	57	夜校
1932—1933	239	领袖与合作训练
1933—1934	228	领袖与合作训练
1934—1935	314	合作训练与夜校
1935—1936	1,311	夜校领袖与合作训练
1936—1937	236	业余补习班与合作训练

此外举凡人事登记，户口调查，烟赌取缔，壮丁编练，圩堤建筑及修筑区内公路等。

六、经费

（甲）收入门：本区经费来源分中央农业推广委员会、金大农学院及本区本身三方面。

（一）开办费

1. 中央农业推广委员会　　　　4,000.00 元

2. 金陵大学农学院　　　　　　2,301.68 元

共计 6,301.68 元

（二）历年经费收入情形（二十五年七月以后为预算，在此以前者为实收数目）[①]

项目	民 19 年 9 月至 23 年 6 月	23 年 7 月至 24 年 6 月	24 年 7 月至 25 年 6 月	25 年 7 月至 26 年 6 月	总计
中央农业推广委员会	5,080.00	50.00	80.00	150.00	5,360.00
金陵大学农学院	9,813.11	9,190.00	6,225.10	6,513.20	31,741.41
本区农场收入	2,015.90	1,482.40	2,753.81	5,000.00	11,252.11
医药收入		1,144.32	1,825.35	770.00	3,739.67
总计	16,909.01	11,866.72	10,884.26	12,433.20	52,093.19

（乙）支出门：仍分开办费及统常费两款述之。

（一）开办费，此项预算为四千元，由中央农业推广委员会一次付给，后因事实上之需要，临时由金大增加二千三百零一元六角八分，各项费用，有如下表：

项目	数目(元)	各项占总数之百分比(%)
建筑费	2,636.00	41.8
机器	3,015.19	47.9
诊疗所	197.32	3.1
设备	156.16	2.5
推广用种子	216.40	3.4
畜牧	80.00	1.3
总计	6,301.68	100.00

① 本表单位为元。

（二）历年经费支出情形总数为五二〇九二点一九元[1]

项目	年度					
	民19年9月至23年6月（实支）	23年7月至24年6月（实支）	24年7月至25年6月（实支）	25年7月至26年6月（预算）	总计	各项所占之百分比（%）
薪俸	9,570.65	5,866.19	4,696.47	4,058.00	24,191.31	46.4
办公费	1,004.81	972.35	532.40	650.00	2,159.56	6.6
农场	1,628.65	1,911.83	2,099.15	2,380.00	8,019.63	15.5
农村服务	552.49	542.52	327.60		1,422.61	2.8
机器	2,230.45	737.52	644.60		3,612.57	6.2
医药		834.75	1,343.38	270.00	2,448.13	4.8
房租		90.00	195.00	190.00	475.00	0.9
展览会		142.00	130.00	200.00	472.00	0.9
招待费		51.92	47.45	50.00	149.37	0.3
旅费	773.37	501.86	364.57	600.00	2,239.80	4.4
杂项	1,148.59	215.78	503.64	729.00	2,597.01	4.9
押农场田				3,306.20	3,306.20	6.3
总计	16,909.01	11,866.72	10,884.26	12,433.20	52,093.19	100.00

七、展望

乌江农业推广实验区在创办之时，即希望在相当时期之后，拟将该区全部事业交由当地领袖接办，以期达乡建之重要原则：即由代办经过合办，以达于自办。该区事业自来即遵循此种方向以迈进，故各部均尽量招收当地知识分子，充任练习生，以备付托该区将来之工作。农会系农民合法团体，为农民最好之组织，该区工作，将由农会继承。其组织自应力求完善，以期其于最近期内，能完全负担乡建工作之重责。自去岁起，该区之经济组、卫生组、社会组等，均已先后完全经济自立，预计今年底，该区全部工作，均可完全经济自

① 本表单位为元。

立,将由当地农会接办。今后农业推广实验区则立于辅导地位,协助推行。

八、结论

乡村建设,贵在促成当地人民起而自办其应兴应革之事业。故凡一乡建机关,于其倡办或合办之时期内,务使当地农民亲自参加工作,从而培养民力,使能自力更生;例如充裕经济,以求其生活之安适,提倡教育,以增进其知识及道德之程度,讲求组织,集中力量,以谋整个乡村社会生活之改进。此外于推行乡村建设工作之时,应与政治机关合作,盖苟无政治力量,则多方受牵制,有时虽有极好之方法,亦难如愿推进。但纯依政治力量,亦属不当,盖事事由上而下,逼之而行,常易引起农民之反感,失去其信仰,其结果不免有阳奉而阴违之弊。故从事乡建工作,一方面固宜有政治力量,同时必须获得农民之同情,以实地工作之表现,使其欢迎建设,则乡建之推进,庶有望焉。

(原载于《经世》1937 年第 9 期)

县单位农业推广实施办法纲要

一、意义

农业推广之意义，系将农业机关研究改进之结果，例如关于动植物生产方面之优良品种与科学方法，以及关于农产加工与运销方面之科学技术与知识等，利用农民组织，介绍于全体农民，推广应用，由是而增加农民经济收益，改善农民生活，培养地方自治经济基础，促进国民文化水准。我国农业历史悠久，农事经验极其丰富，甲地尚认为农事问题者而乙地或早已解决之矣。农业推广人员应随地留心观察，斟酌损益，凡遇有优良方法或技术，宜设法介绍推广应用，我国过去农业之进步，皆由此辗转传授而来。

二、重要

县为自治单位，而初期自治中心工作，为“民众组训”与“乡保造产”，旨在先使民众有组织、有训练、有生计，然后始能产生民有民治民享之新社会，否则基础未立，真正民主政治将无由实现也。是以今日言地方自治者，不曰如何建立地方自治经济基础，即曰如何运用管、教、养、卫以建立以产业为中心之自治体制，至于所谓“民众”与“造产”，在今日言之，值农民群众与农林生产耳。农业生产建设之重要，于此可见一斑。

三、实施办法

(一) 推广机构

在未述明县单位农业推广机构之前，应首先了解我国今后整个农业机构之组织系统，否则支节言之，头绪不清也。兹将整个农业改进组织系统，图示如下：

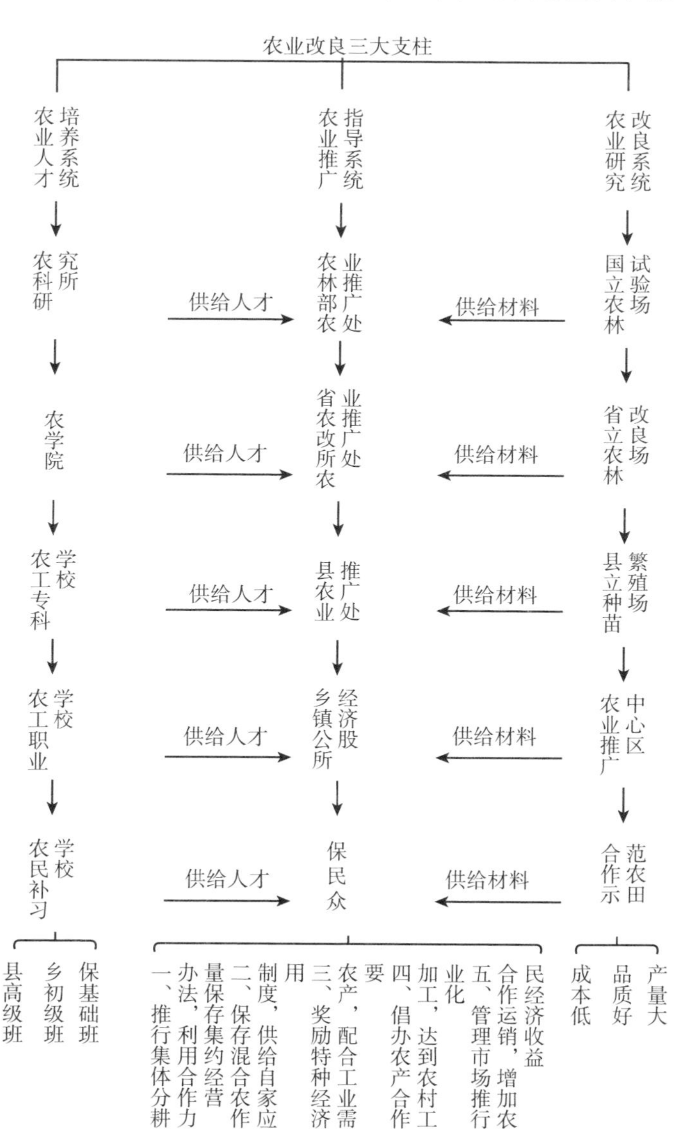

观上列图表，则知一切农业研究改进以及农业人才培养，皆以农业推广指导为中心，而以民众能够实行改进农业为一切努力之最后标的。农业研究、农业推广与农业教育三者鼎足而立，而其基础则皆稳建于农民之上。今日言农业改良者，多言至中央与省方面为止，至于县乡二阶段则甚少提及，是以基层机构未能健全树立，推而不广也。

1. 县农业推广所　应直属于县政府，办理全县农业推广实施事宜。推广所设主任一人，由县长推荐，省府加委，初委任期三年，续委任期五年，如无重大过失，不得中途更换，因农业改良有持续性，负责人员不宜时常更动。主任人选应为农工专科以上学校毕业生曾在农业界服务二年以上而具有实地农事经验者，此外设指导员三人至五人，视全县人口多寡而定，以每人指导八乡至十乡为标准，其人选亦以农工专科学校毕业生为宜。

2. 乡镇公所经济股　经济股设经济干事一人至三人，负全乡农业推广实施指导之责。由县农业推广所推荐，县政府加委，初委任期三年，续委任期五年，如无重大过失，不得中途更换，其人选以农工职业学校毕业生为宜。

县乡二级农业推广机构为实施推广便利计，得设立左列事业单位：

1. 县立种苗繁殖场　本场不作繁复育种工作，仅根据地方之需要在省农业改进所辅导之下，从事于几种重要种苗之繁殖，例如果苗、油桐、行道树或其他经济树木之繁殖，以供推广之用，过去县立农场未能注重实际应用，只求点缀，农场等于公园，而失去种苗繁殖之意义也。

2. 农业推广中心区　每乡约二十保，人口近万人，土地面积，多者百数十方里，少者亦数十方里，实施普遍改良，每感不易。于入手时宜于乡内选择一保或数保为农业推广中心区，在此区内集中推广力量举办一种或数种推广工作，例如以改良小麦推广而论，此区即为某种改良小麦集中推广区，全区农民仅种此一种小麦，以保存其纯洁度而免混杂。再以牲畜防疫而论，在此区内所有牲畜皆须注射预防针，而使全区牲畜免疫。如此先从据点集中办理，最易收效。

3. 保合作示范农田　在每一保内宜选择一家或数家比较进步农友举办合作示范农田，由农友在其田上担任示范工作，较诸农业推广机关自办示范工作，既节省公家开支，又易取信于一般农友，诚一举而数得。示范农田所生产之优良子种，由推广机关给价收购，再推而广之，较之自办繁殖场，又经济多矣。

4. 中心学校校园　现在乡镇中心学校多有校园之设置，少者数亩，多则十余亩，固为学生劳作实习场所，若能办理得法，亦可作为种苗繁殖及方法示范之用。

（二）推广指导

1. 关于农业生产方面：

（1）指导目的在① 增加生产，例如开垦荒地，以扩充种植面积，讲求栽种方法，采用改良品种，施用充足肥料，兴修水利，防除灾害，以增加每亩之生产量。② 改进品质，以配合发展工业之需要，并讲求农产品之营养价值以增进人民身体之健康。③ 减低生产成本，如采取改良农具与改良畜力、提倡农田整理以及流通农村金融等。

（2）生产种类　我国原有混合农作制度，既合我国农情，又能适应农家自己需要，应予以维持。此外宜提倡每家多栽种园艺植物及多饲养家畜，以增加农家食物之营养及其经济之收益。

于每一农事自然区域内提倡特种经济农产，以应工业之需要，例如东三省之大豆、华北之棉花、西北之畜牧、东南之蚕丝与茶叶、西南之桐油、中部之油菜等，皆为我国重要之经济农产，应分区提倡，并增进其品质与产量，以配合我国工业之需要。

（3）生产方式　我国原为小农制，农田面积狭小，少者十数亩，多者亦不过数十亩，改进之道，在提倡推行集体分耕制度，即农人仍各保存其自有之土地，而于经营时则与其邻人合作，例如人力畜力与农具等之合作使用，合作购买，合作推广，由是培养农人合作兴趣能力与习惯，进而调整农民彼此间零星田亩，或实现集体合耕制度。但于最近期内，农民毫无训练之时，宜推行集体分耕制度，既能保存小农制度之集约经营，复可利用合作力量，诚属平稳而易推行之生产方式。

2. 关于农产加工方面：春耕夏耘秋收冬藏，为农民一年四季之工作，于农闲时期，宜指导农民从事农产加工制造，以增加其经济收益，并可免除不良之习惯。现在中国工业合作协会，即系提倡此种村工业，农业推广机关，宜设法与之取得连系，促进村工业之发展。

3. 关于农产运销方面：指导农民利用合作社组织，办理农产运销，并管理市场，以免居间商人之剥削。

4. 关于农民教育方面：宜利用农闲与教育机关合作，举办农民补习教育，例如与保国民学校合作办保基础班，与中心学校合作办乡初级班，与县立中学合作办县高级班，以培养现代农民，促进农业改良。

（三）推广方法

1. 利用团体组织　利用合作社或农会等合法组织，进行推广指导事项，如与农人个别进行推广工作，固易收效，但我国农民人数众多，非利用团体组织不易普及，且有多种改进事业，如防止灾害、农产运销等，非利用团体力量不为功。

2. 采取示范方法　农人最重现实，如与农人有利者，不胫而走。所谓合作示范农田者，即在利用农人农田进行示范工作，引起附近农人之注意与仿效也。

3. 访问农家农友　人为感情动物，指导员宜常至农家访问农友，增进彼此间之认识，便利推广工作之进行。

（四）推广材料与工具

1. 实物材料：介绍各种实物材料，例如种畜、种苗、种籽、农具、药剂等，以供农民采用。

（1）向省立农林改良场选购应用。

（2）由县立农场繁殖应用。

（3）向乡农业推广中心区采购良种，推而广之。

（4）由中心学校校园繁殖应用。

（5）向农业公司选购应用。

（6）向其他农业机关团体选购应用。

2. 文字材料：我国农民文字知识有限，阅读能力薄弱，以下仅介绍数种实用刊物，以供指导人员作为个人进修与宣传参考资料。其中间有一二种刊物为少数农友所能习读者，宜设法广为介绍。

（1）《实用农业活页教材》：章之汶、辛润棠主编，由四川省实施县各级组织纲要辅导会议编印，教育部中等教育司因鉴其内容实际，切合需要，特又拨款补助编辑，现第一集五十种已再版，第二集五十种，行将出版，用作指导员之参考或农民读物，最为相宜，尤其在参考资料缺乏之今日，此诚为一百科全书，欲购者请迳函成都金陵大学农学院农业教育系。

（2）《现代农友》：董时进主编，由中国农业协进社印行，内容丰富，材料实用，适合农民需要，每月一期，全年十二期，全年订费十二元，订购处：成都东门外净居寺中国农民协进社。

（3）《农报》：系由农林部中央农业实验所编印，内容丰富，适合农业指导员阅读，每月一期，全年十二期，订价全年八元。

（4）《农林新报》：金陵大学农学院出版，为国内农林刊物中之历史最久者，适合指导员阅读，每月一册，全年十二册，全年订价二十四元。

（5）《农业推广通讯》：系由农林部农产促进委员会编印，内容丰富，适合农业指导员阅读，每月一期，全年十二期，订费全年十二元。

(6)《农学大意》：章之汶、辛润棠、郭敏学合编，内容分农业概论计十章，农学分论计十八章，可用作指导员参考资料，欲购者请迳函金陵大学农学院农业教育系。

(7)《田家半月报》：张雪岩主编，由田家半月报社印行，每月二期，全年廿四期，全年订费十元，社址：成都四圣祠北街二十三号。

3. 实用标本模型：农业推广所应就地取材，制造各种动植物标本，或有关模型，标志名称，陈列所中，备地方人士认识与鉴别之用。

4. 实用幻灯影片：农业推广所于经济条件许可之下购备有关农事幻灯片或照片以供宣传提倡之用。

(五) 举办展览会

有组织有计划之展览会，确能引起农民之兴趣，促进农业改良。展览物品宜分二组陈列，一为一般陈列品，一为特种陈列品，前者系为通俗展览，陈列品可称应有尽有，后者系为当年提倡之事业，如为种植棉花，宜从种棉到穿衣所经之各种过程，设法一一陈列。而每一过程，复加以比较，以示优劣，使农民于参观展览后，即知如何进行改进工作，每年可轮流在全县各乡举行展览会一次，每次最好由所在各该乡农民领袖参加主持，征集全县农产品，以供陈列，优良者给予奖品，此于促进农业改良之力至大，不可忽视。

(六) 调查研究

农业指导人员应作下列之调查：

1. 农业调查，此为简单农业普查，或为农业专题调查，所以认识当地农业环境、土地利用情形、农佃情形，以及农事问题之所在。

2. 进度测验：每间二三年举行调查一次，所以测验农业推广之效果与进度。

3. 农情报告：为省农业改进所或农林部担任农情报告员。

(七) 编制报告

报告分工作日记、月报与年报三种，以作检讨过去及策励将来之依据，是以一切记载必须翔实而不虚伪也。

(八) 组织县农业推广协进会

由县政府邀请地方有关机关领袖以及地方热心士绅，组织县农业推广协进会，以资连系而收集思广益之效。

（九）经费预算

县农业推广所及乡镇公所经济股一切经费开支，应由推广所根据地方需要编制预算，一并转呈省府核准，在地方经费项下作正式开支。农业推广工作，旨在增加农业生产，即等于培养税源，用一文钱即有一文钱之收益也。

四、结论

农业推广之重要及实施办法，已如前述。惟在我国人力财力缺乏之今日，各省宜先从少数重要县份，或专员区之首县入手，将本办法全部彻底付诸实行，以资示范，而利推进。现四川省华阳县与金陵大学农学院合作举办农业推广指导人员训练班，即本此目标，从事培养乡镇公所经济干事，以为实行本办法之准备也。

（原载于《农林新报》1943年6月21日第20年第16—18期）

农业推广政策

一、前言

农业推广系将农业机关对农业上研究改进之结果，例如关于动植物生产方面之优良品种与科学方法，以及关于农产加工与运销方面之科学技术与智识等，利用农民组织，介绍给全体农民，推广应用，由是而增加农民经济收益，改善农民生活，培养地方自治经济基础，促进国民文化水准。吾国农业推广事业，在民国十八年以前，首由若干学术机关及私人社团，就极狭小之范围内，努力倡导，成绩虽未显著，然其开通风气之功则属不可磨灭之事实。民国十八年，中央政府由农业、教育及内政三部并延揽国内专家合组中央农业推广委员会，是为我国政府特设机构推行农业推广工作之始，但以力量过小，基础未定，而各级推广机构，亦未树立。抗战军兴后，中央以军粮民食之供应，极关重要，因于行政院内设置农产促进委员会，除与国内农业研究机关及农业金融机关多方联系外，并从事全国农业推广工作之督导与推进，而于各省农业改进所或农业管理局设置农业推广委员会或农业推广督导室，并力谋各县农业推广所之普遍设置。二十九年农林部成立，于部内设立粮食增产委员会，并于各省设立粮食增产督导团及农业推广繁殖站，农产促进委员会亦改为农林部，最近各方且有与粮食增产委员会合并成立中央农业推广局之建议，采尔，则酝酿二十余年之农业推广工作，实已进入正式推行之时期矣。

纵观吾国农业推广事业之发展程序，由学术机关及私人社团之倡导鼓吹，乃引起政府注意而直接推行，复因时代与环境之限制，仅着重于民食军粮之增产工作，而尚未能得到真正树立农业推广政策之地步。换言之，即未能将组织、材料、经费、人才适当配合，密切联系，以促成事业之推进，而达成增加农民经济收益，改善农民生活，培养地方自治经济基础，促进国民文化水准是也。今后农业建设，职责重大，而工业化尤为当前迫切需要，故欲谋农业推广政策之树立，首当以配合国家工业经济建设为最高鹄的。惟于事业推行之际，需注意下列重点：(一) 置重心于农民群众，由组训农乡保造产入手，俾达即组即训即建设之目的；(二) 研究与推广不能分离，应先有研究材料而后始可以言推广，籍免流于空洞；(三) 建立辅导制度，盖事业推行之初，低级指导人员能力每感不及，宜利用巡回辅导方式，以增加其解决当地农事问题之能力；(四) 促进农业公司组织，大量繁殖与制造推广材料，俾事业易趋普遍。

二、推广事项

吾国以往农业推广工作，概由推广改良种籽着手，而且零星散漫，难免头痛医头之讥，今后实施推广之际，应注意综合性之指导，例如增进某种农作物生产，自生产改进起，经过加工制造，直至运输推销为止，在整个过程中，予以有系统有计划之指导，以期达到农业科学化、农产商品化、农村工业化，而配合工业建设之发展。且土地为厚生富国之本，一切农业生产，无一不发源于土地，土地利用之适当与否，直接影响农业生产，间接有关国计民生。是故土地利用之研究与改进，当为实施农业推广之首要工作。今后吾国农业推广工作所推行之事业，可分为土地利用改良、增加生产、农产加工及农产运销四项，兹分别言之。

(一) 土地利用改良

1. 实行土地调整　我国农事概为小农经营之家庭农场，此种经营制度，田地分割、块丘面积狭小，则为普遍现象，对于农业之改进，障碍甚多。盖田地块丘零星，不特浪费人力、畜力，农事作业及作物保护，均感不变，同时无法引用较大机器，以增加工作效率。倡行土地调整，即将地主或自经耕农之零乱田块让出，而后再接受交换等积同质之整块土地，以利农事经营。

2. 厉行水土保持　吾人对于土地之利用，应以维持永续性之最高生产力为目的。耕作者不免短视，每以目前利益为先，罔顾地力之培补与地形地貌之保全，于是肥沃之土地常为水为风所侵蚀，以至水利日少，水害日多，地力日减，农产低落，因而民生亦日益贫困。应根据地势土宜，指导全国各地农事生产，宜林之地植树，宜耕之地种植，宜牧之地放畜，讲求土地本位利用，绝对防止土地冲刷，以免影响人民生活之安宁。

3. 改善农佃制度　吾国现行农佃制度，概以地主利益为根据，亟需重新改革，使耕者能安于其业，不至存有五日京兆之心，只图目前地力之利用，而忽略地力之维持。应根据各地实际情形，制定较有伸缩性之公允租佃契约，规定业佃双方之义务与权利，并创设业佃纠纷仲裁机构，处理业佃间一切纠纷。

（二）增进生产　我国农业生产，向由农民本其自身经验，独自经营，不免孤陋寡闻，固步自封，致少进步。今后应依据增加生产、改进品质及减低生产成本三项目标，指导农民努力改进。举凡食粮、衣被原料、畜产、水产、木材、园艺、特产及其他等类，均应分别倡导，力求增进。一面安定人民生活，提高文化水准，一面促进工业建设，奠定国防基础。其经营方式：

1. 保持并改进固有家庭农场　吾国固有家庭农场之利益，为集约经营，适合国情。但因每家农田面积有限，全年收入不多，或者农田碎裂分散，管理不易。今后宜积极设法整理，化零为整，化狭为宽，以利耕作。同时逐渐设法扩大每家种植面积，俾达到经济单位，增加农场收益。

2. 推行农场合作经营　吾国农民经济能力类多薄弱，独力讲求农事改进，颇非易事，应与其附近农家联合组织从事合作经营。例如合作购买、合作利用、合作加工、合作运销，即可保存原有之家庭农场，从事集约耕作，复能获得合作之利益。

3. 择地举办国营农场　边区地广人稀，可由政府指定适当区域，利用复员士兵举办国营农场，以期化兵为农，巩固国防。

（三）农产加工　以往人士论及农业推广工作，每注意生产而忽视加工，实未知农工二者乃互相为用，相得益彰，不可偏废。我国乡村农民，每以加工制造视为家庭副业，或为家庭收入之重要部门，例如酿造、蜜饯、腌渍、编织、刺绣、木工、竹工等，几无处无之。工业化中之农产加工，旨在使此种家庭手工业标准化与商品化。因之农工二者之配合，尤感重要。例如，战前沿海各大商埠之纺纱厂，因本国棉花品质不合需要，而大量购用外棉；战后四川省农业改进所在川省推广良种美棉，因无工厂销纳，而价格反较本地粗绒之土棉为低，凡此皆陷于农工未能密切配合所致。故今后农业推广政策，为使农工熔为一炉，俾于农产收获之后，随即加工制造，藉以延长市场供应时限，便利运销，扩展市场，并解决生产过剩，减免损失。其经营方式：

1. 家庭副业　利用农闲，在家制作，为乡村工业之基本单位。

2. 乡村工业合作社　采用合作方式，将需要相同、志趣相合之农民，组成某种乡村工业合作社，购买机器，设厂制造，共同作业，共享利益，为最理想之乡村工业组织，而为今后吾人所积极推行者也。

3. 民营公司工厂　为人民合股经营之工厂，规模较大，宜设置于原料出产区域，农民可利用其合作组织，将原料品供给厂方，而反得公允之价格。

4. 公营工厂　为省营或国营之工厂，规模更大，旨在大量制造，供应国内外市场之需要，惟管理不善，则效率恒差，是当注意改进。

（四）农产运销　吾国以往农产品运销事宜，概假手于商人，彼等凭其雄厚之资本，垄断剥削，辗转获利，农民终岁勤劳，难求一饱，更无余力讲求农业改进。而且资本集中于少数人之手，造成社会上贫富不均现象，一切罪恶与乱源，均由是而起。今后农业推广政策，属于农产运销方面。对发展国内市场，应尽力奖励合作运销组织及民营运销机构之树立。至于扩展国际市场，则应由国营机构统筹办理，实施对外贸易统制，并建立国内外运输网及国内外仓库网。创建农产分级标准，普及产品检验制度，设置海外推销机构，以资促进。

三、推广机构

吾国农业推广各级机构之调整，应注意组织单纯、运用灵活、权责分明。兹分述如左：

（一）中央农业推广局　直属于农林部，为全国农业推广之最高行政机构。局内分设下列各处：(1) 农村合作社处　关于农村合作，其业务概属农业生产、农产加工、农产运销及家畜保险等，皆需配合农事，尤须专门技术之指导与协助，应由本处负责推行，以利事功。(2) 土地利用改良处　主持全国农业机械之改进、制造与推广，农田水利之兴修以及土地利用之改良事宜。(3) 农业宣传处　主持全国农业展览之举办、推广刊物之发行、农业电影之放映，以及推广书报、图表、标本、模型等之编辑、制造与推行事宜。(4) 农业推广督导处　综揽全国推广计划，督导各省推广事业，分全国为若干区，成立推广督导区，负全区农业推广事业推进之责。每区组织农业推广巡回督导团，每团六七人，由各种技术专家组织之，经常巡回于区内各省之间，实施督导工作。

（二）省农业推广所　直属于省农林处，内设农业合作室、土地利用改良室、农业宣传室及农业推广辅导室。分全省为若干推广辅导区，每区组织农业推广巡回辅导团，经常巡回于区内各乡之间，实施辅导工作。

（三）县农业推广指导室　在各县农业推广所内，设置农业推广指导室，执掌全县农村合作、土地利用改良、农业宣传及实施推广之责。为求推广事业推行便利起见，每乡设置农业推广中心区。由经济干事监管其事，就近指导农民接受推广。每保选择思想进步之农民若干，成立保合作农场，以为良种繁殖中心据点，俾逐年扩展，渐趋普遍。

接受农业推广之基层机构，各方意见，均集中于合作社及农会。合作社为人民经济组织，不能全部容纳整个推广事业，比较合理者，似为农会。然吾国推行农会组织以来，各地农会，几无一非精神涣散，形同虚设，推原厥故，盖以我国农民向乏团体生活训练，且少自动推进事业之能力。故今后农业推广基层组织，似应先利用保国民大会积极推动农民训练工作，启发农民团结利益并提高其知识水准，使之自动感觉有共同组织以谋解决自身痛苦之需要，始可进行组织农会，并须有中心工作，以免组织流于空洞。至于合作社，乃农业推广事业中之一环，应由各级农会视当地之需要，指导农民组织并协助其业务之推进。

四、推广材料

材料为促进推广事业之主要凭籍，亦为农业推广先决问题之一。材料缺乏或不适当，足以影响整个事业，使之完全归于失败。现今各地农业推广事业日益扩大，几于一致感觉推广材料之缺乏，以致工作不易推进。质的方面，缺乏优良；量的方面，不敷分配；用的方面，又无适当之处理与配备，此乃目前现象亟待改进者也。

推广材料之范围，可分为下列三类：(1) 实物，如各场厂研究所得之良种良物与夫使用工具，以及民间固有之优良材料等；(2) 方法，如种植方法、饲养方法、加工方法、贮藏方法等；(3) 文字，如标语、传单、小册、画报、木刻、壁报等，其适应范围广大而具有全国性者，应由中央分设各种场厂，举行研究改良等工作，统筹供应，其仅适用一省之特殊需要者，则在中央协助与督导之下，分别由各省分设改良场，自行负责供应，必要时并辅设农业公司，以利工作之推进。因此，农业推广材料之供应，可分为三个来源，如下：

（一）各级农事试验改良场　农林部中央农业研究所，依全国各地自然环境，划全国为十一个农事区，每区设一国立农业试验场，从事各该区内数种重要农产之研究实验，并派员至国外收集农林畜牧优良品种，分由各场试验其适应性，俾便推广。各省农林处设立省农业改良场，一面举行区域试验，一面改良本省特殊农事问题，视事实之需要，得于省内各区设置省立专业改良场，进行特殊农产改进之事宜，以供该区推广之用。各县农业推广所附设县立种苗繁殖场，凡经省农业改良场或其专业改良场改良所得之种子、种苗、种畜，由本场加以繁殖，推广于各县农民。

（二）农业公司　一切优良种子、种苗、种畜及各种器材之繁殖与制造，应奖励组织农业公司，负责推行，而由政府加以管理与检验。

（三）民间　为充实推广材料以便事业迅速推行起见，每乡设置农业推广中心区，就近指导农民接受推广。每保选择思想进步之农民若干，成立保合作农场，以为良种繁殖中心据点。俾优良种子、种苗、种畜，迅速普及推广于全县农民。此外吾国各地农民自有之优良品种，最适于当地环境，在过渡时期，并应就地取材，逐渐推广，收效当更宏大。

五、经费与金融

农业推广，业务广阔，机构普遍，材料之配备，人才之任用，均随事业之发展而随时间扩大其需要，所需经费，自不能遽作肯定之预计，但为事业推进顺利起见，经费之规划及动支，必须根据左列原则：

（一）无论中央、省、县、乡镇，对于推广经费，在整个预算中，应占一适当之百分比，尤应注意确立预算并切实开支，决不能任意移用，且应有百分之十准备金，俾遇有超出预算或发生临时必需时，随时予以接济。

（二）预算确定后，可视事业之需要，应准分期支领并随时拨付，不能拘于公库法按月平均分配拨支，并力避拖延，免违农时。

（三）于富庶地方，以往农业推广范围较小，而发展希望颇大，倘因政府经费有限，未克周顾，应斟酌地方情形，发动民力，广集民财，由农业技术或改进机关指导举办之。

推广事业之兴办，动辄需要大量之资金，每非本身财力所能担负，而须由正常经费以外之农业金融予以资助，亦既有赖于通常所谓之“农贷”是也。我国农业金融制度方具楷模，农贷亦在推进之中，目前农业推广机构，业已列为农业贷款对象之一，故农业推广基层机构如农会、农业经营改良会或其他农民团体，皆应积极发展，从而办理贷款。举凡繁殖推广优良品种，推行农产加工，办理农产运销，改良或购置土地，乃至改良制造肥料、农具，辅导或经营农场，发展特产，兴修水利，改进农民生活及其组织等，各方面必须分别予以资金辅助，毋使偏废，庶几农业推广之实施，可与农业金融相辅而行，以补经常费用之所不及。

六、推广人才

吾国以往农业推广工作，概属由上而下之推动，今后当唤起农民，自动觉悟，改为由下而上之发展。盖农业推广乃协助农民，鼓励农民自动接受改良之成果而实际应用于农事。因此低级人才之增加与训练，实为刻不容缓之事。兹以全国一千九百余县计，平均每县任用推广人员四十人，共需八万人，如此大量人才之培养与任用，颇值重视。兹将各级机构人才分配及工作要项略述如下：

（一）中央应由具有丰富学识及经验之专家主持各部工作，其主要工作：（1）确定全国农业推广实施计划；（2）审核各省农业推广计划及预算；（3）督导并考核各省农业推广实施情形。

（二）省应由大学毕业生而具有与其所担任工作有关之专才生主持各部工作，其主要工作：除在行政上领导各县推广机构推进工作外，并利用巡回辅导方式，轮流分赴各县实施辅导工作。

（三）县应任用农业专科学校毕业生而具有行政能力者主持之，其主要工作：计划推进全县农业推广事宜，接受上级指导，传达民众问题。

（四）乡镇应任用高农毕业生充任乡镇公所经济干事，其主要工作：需组织民众，教育民众，传达民众问题，担任农情报告，接受上级指导，付诸实行。

（五）保应训练现代农民，接受指导，付诸实行，并成立合作农场。

各级农业推广人才最感缺乏者，当推中央及县两级，前者为事业推动之灵魂，必须有学验俱丰者始可充任，后者为事业实施之中心据点，任重事繁，而所需数量复多。中央人才问题之解决,可暂时聘用外籍专家来华协助,以利进行,各县所需人才,应由中央政府通盘筹划全国各县所需数量,训令国内各大学农学院办理二年制之农业推广专修科,或各省农工专科学校,严于训练。至乡(镇)治所需经济干事,则由省方按照各县需要数额,训令全省高级农校予以训练,或委托省内大学农学院办理短期训练班,负责培养之。

(原载于《中农月刊》1943 年第 10 期)

本院创办农业推广示范场计划书

本院自创设以来，对于研究、教学与推广三部事业，向主兼筹世顾，毋稍偏废。战前全院经费支出，每年约计六十万元，用于研究者百分之五十，用于教学者百分之三十，用于推广者百分之二十，本院对于推广事业之重视，于此可见一斑。综合本院过去推广事业之发展程序，可分为下列三时期：（一）自创办日起迄民国十八年止，与各社团及教会合作，利用各种机会与场所，宣传改进农业，并派员常驻江苏、安徽、山东、河北等省，进行推广工作，此可称为宣传提倡时期。（二）自民国十九年起迄二十九年止，先后与中央农业推广委员会及农产促进委员会合办安徽省乌江农业推广实验区及就四川省温江、新都、仁寿，陕西省南郑四县研究县单位农业推广制度与推广方法，均具成绩，此可称为示范推广时期。（三）民国三十年后，政府普设农推机构，本院乃致力于农业推广辅导及训练工作，除受四川省政府委托辅导彭县及华阳两县新县制示范工作外，并开办各种农业推广人员训练班，此可称为辅导训练时期。以上乃本院三十年来推广事业之发展梗概。

神圣抗战胜利结束，战后农业建设亟应积极推进，以配合国家其他部门建设事业。本院为全国农学最高学府之一，自应加强人才培养，适应国家善后需要。除对农业技术及农业理论精益求精外，对于农民组织、农业政策，乃至农田经营制度，亦将加以实地研究与试验，期所培养之人才，更能趋乎实际。故决定于战后在南京附城地区，创设农业推广示范场一所。兹将计划要点，分述如下：

一、农场面积　在南京附城交通便利区域，选择山坡平原俱备，而且水利畅通之地，出资征购一万五千亩，作为本示范场场址。

二、利用原则　在此广大面积之内，根据水土保持原则，实行土地本位利用，务使因地制宜，造成锦绣河山。此为土地利用之研究与示范也。

三、设置林场　利用山地一万亩，分区种植混合林、纯林、茶园及油桐林等。此为荒山利用之研究与示范也。

四、创办大农制农场　利用平原二千亩，创办大规模农场，采用新式农业机械，从事大量生产。举凡耕地、施肥、播种、中耕、收获乃至灾害防除，均利用机械耕作，作为大农制农场之研究与示范也。

五、创设小农制农场　辟地一百二十亩，分租与佃农三户，每户四十亩，凡佃农之住宅构造、农田经营、租佃契约等，皆依合理、公允与科学原则，此为小农制与佃农制之研究与示范也。

六、创设合作农场　辟地一千亩，分租与佃农二十五户，每户四十亩，组织合作农场，依合作方式，指导经营。凡合作农场之住宅构造，农田经营，租佃契约，牲畜保险，乃至一切社务业务之推进，均根据合作原则，研究实验。此为我国今后推行合作农场之研究与示范也。

七、创设经济农场　辟地六百亩，创办经济农场，内计蔬果园二百亩，桑园四百亩，一切经营，概采企业方式，计算成本与利润，此为经济栽培之研究与示范也。

八、创设加工厂　本厂采用最新科学方法，从事林产、农产及园艺产品之加工制造，此为乡村工业与农家副业之研究与示范也。

九、研究仓储运销制度　凡本示范场一切农产品及加工成品，其储藏与运销事宜，均采科学方法，改善包装，分等分级，由生产者至消费者间整个过程，力求迅速合理，并增进双方之利益，此为仓储与运销制度之研究与示范也。

十、设置植物园　辟地三百亩，种植各种植物，以为教员研究及学生实习场所，藉以提高教学水准，增进学习兴趣。

十一、培养推广人才　将本院农业专修科（内部扩展为农艺、园艺、蚕桑、农业经济及农业工程五组）迁至本示范场内办理，并增办高级农业职业学校一所，藉以培养农业推广干部人才。同时作为本院农业师资学生教学实习场所。农专及高农教员，即为上述各部门技术人员，其学生亦即各部门之练习生。对于教学方法，加以彻底之研究与改进，打破目前课室教学制度，采取从做上去教、从做上去学之教学方法。例如每一课程，均依其实际需要时间，规定为若干钟点，按照天时、气候及农事作业，自由分配工作。此为农业推广人才培养方法之研究与示范也。

十二、创设同仁住宅区　辟地若干亩，建筑同仁住宅区，每住宅区各有园地四亩,作为私人蔬果园圃及饲养禽畜之用。凡本院专任教员,均由院供给住宅。此外并设置幼稚园、托儿所及小学,一切办法,均力求适合乡村需要,此为乡村幼童教育之研究与示范也。

十三、创设发电厂　如场址距城较远,则利用水力,创设发电厂,除供给场内各住宅区之用电外,并可供加工制造厂所需之电力。此为乡村电气事业之研究与示范也。

十四、创设农民俱乐部　在场内设置大规模之农民俱乐部、图书馆、运动场、医药卫生室、电影院、娱乐室、集会室等,以供全场及附近农民农闲利用。此为乡村娱乐与农民训练之研究与示范也。

上举各种事业,均指定专人负责主持,并设总管理一人,总揽其成。一切设施,均采用科学管理方法,并求适应乡村环境与农民需要,一方面提供政府今后推行乡村建设之张本,一方面作为本院教学实习之优良场所,俾培养人才,更趋实际,以协助政府加强乡村建设工作之推进。惟是本计划规模较大,且系初创,殊鲜成规可循,所希国内外专家学者、热心人士,不吝指教,力加赞助,以期早观厥成,国家农民,两蒙其利。

(原载于《农林新报》1946 年 1 月 21 日第 23 年第 1—9 期)

亚洲农业推广的发展*

前　言

农业改进的最后目的为生产较多、较好和较廉价的食物以供应市场的需要。因此，农民在任何农业发展工作均处于重要地位。一个农业生产计划的成功与否，全靠如何能使农民积极参加该项计划。联合国粮农组织干事长曾经访问某一亚洲国家政府办公室，他被邀请参观政府增加食量生产计划及其主要生产目标。那位干事长率直地告诉接待他的总理："粮食并非生产于政府办公室内。"

计划设计与计划执行是农业生产问题的两面，应该相辅相成，缺其一即难望成功。许多长期农业生产计划之所以未能达到它的目标，每因其缺乏基层的执行。

有关农业人员训练班的筹办问题，西门氏（Simens）曾称其主要目的系"在最高效率下促进长期和最高食粮的生产，并供给消费者以质优而价廉的食粮"。农业人员训练得是否有效，每因其能否使生产者生产较多较好的粮食和能否供给消费者以质优价廉的产品以为衡。由于农业改进对生产者和消费者两有裨益，故应加速并有效地全面实施，以增进全体社会的利益。

至于如何达成此种目标，必须由政府成立一适当的农业推广服务机构以协助农村人民改进食粮和农业生产。这种推广服务机构之所以成立，是因为知识和应用之间常有一段距离。如果现有知识已被农村人民所应用，农业生

* 文章为章之汶著、吕学仪译《迈进中的亚洲农村》（台湾商务印书馆 1976 年版）一书的第四章，略有删改。

产即将大有改进。因此,政府的责任是如何拉近两者的鸿沟而使人民普遍受益。

在更一步讨论本问题之前,特简述亚洲国家一般基层农业情况。

一般农业情况

狭小而零细的农场 在本书第三章业已提到,亚洲国家和地区的农场大部份均甚狭小,从日本、中国台湾省和印尼的二或三英亩到菲律宾的七或八英亩,以至于泰国的十或十二英亩。而且大部分亚洲国家,农场一般均不完整而丘块零细,每块土地分散于广大的区域,这是由于传统的将土地分配于多数子孙的习惯,并且期望好的和坏的土地平均配给继承人。这种零碎的土地不仅引起耕作者的困难,而且必须多走远路才能到达他们的田地,同时增加兴建水利设施和采用农业机械的困难。结果,此种分散的农场经常成为农村纠纷的主要来源。因之目前日本和中国台湾省正在悉力推行土地重组计划。本书第十五章对此问题将有更详细的讨论。

因为农场的过分狭小,土地只能用以直接生产作物供给人类的需要,而无法用以饲养牲畜。在农场现有牲畜,多系借劳役之用。泰国所讲的巴法鲁(Buffalos)、菲律宾所讲的加拉普(Carabaos)、印度所讲的波罗克(Bullocks),大部分均以农场副产物如稻草、油饼和杂草在正常耕作的农场内饲养。在台湾,每一农场均养有毛猪数头,其主要目的是生产肥料。

低度农业生产力 根据粮农组织的统计,在过去十年间亚洲数种粮食作物的单位面积平均产量一直在降低。兹举一例来说,亚洲每公顷稻谷的平均产量由一九五五年的一八二〇公斤降低至一九六四年的一七八〇公斤,在此同时欧洲每公顷的稻谷由一九五五年的四三二〇公斤跳到一九六四年的四五五〇公斤。其他作物如玉米、蜀黍、高粱、甘薯、山芋等情形大致均相同。其所以不同于欧洲者,系因欧洲国家用较多的投入和较好的集约经营方法,而亚洲国家则只用边际土地以从事粮食生产。

表4-1[①] 显示一九六四年亚洲区域普通作物的每公顷平均产量和欧洲与世界产量的比较。

---

① 本篇中的图号、表号均为原文图号、表号,未作修改。

表 4-1　一九六四年亚洲区域十四种普通作物每公顷平均产量和欧洲及世界产量的比较

作物名称	每公顷产量(百千克)		
	亚洲	欧洲	世界
水稻	17.8	45.5	20.5
小麦	9.0	19.8	12.0
大麦	9.8	26.0	14.4
裸麦	12.6	17.8	13.1
燕麦	12.3	20.0	14.6
玉米	10.5	23.9	21.6
小米与高粱	4.8	16.9	7.4
甘薯与芋头	101.0	120.0	74.0
大豆	7.1	7.5	11.4
落花生	8.0	20.0	9.0
油菜	3.5	14.2	4.5
棉花	1.9	3.8	3.4

土地租佃问题　对于农业国家，土地经营是有形的唯一财产和生活最基本的工具。在平均农场面积狭小的情况下，土地对于耕作者及其家庭意义甚为重大。假如对于土地利用能达到最高效率，其劳力和投资均能获得最大的报酬。

中国每一朝代的兴衰，均可能由于对土地租佃制度是否能作适当的处理。两千年前孟子说过这样的话："有恒产者有恒心。"所讲恒产亦即指私人对土地的所有权。盖耕作者必须要自有所耕种的田地，这样，他才愿意对农场作长期的投资，并可自由决定栽培何种作物，而不受地主的干涉。更进一步，这一耕作者也将愿意在其农场上努力工作，因为他知道他可确保其劳力的果实。

印度般固(Bengal)实行过一种非正常而荒谬的土地租佃制度，可作为近代历史上一种特殊的例证。这种制度是在一九四七年印度独立之前的事实。根据一七九三年的永久徙置法(Permanent Settlement Act)，在理论上，政府成为最高土地所有者，但政府只限于分得土地所生产的一部分。地主(zamindars)为政府和耕作者的中间人而征收政府的税捐或田赋。自一七九三年政府的赋税均已固定,但是地主仍可自由增加税收。一九四〇年土地赋税委员会报告(The Report of the Land Revenue Commission)第一卷声称:“在若干情况下,上面地主对下面耕作者之间的中间利益之取得竟达五十或五十以上。此种中间利益的结果,一方面使国家利益消失,无法尽其改善土地利用的责任,他方面使佃农竭尽其劳力以支持生活,而无任何激励或者力量以使其对土地使用有所控制。如此以来,当土地改变的利益归于私人之手,政府亦无法将金钱用于农业发展。”

这种不公平的土地租佃制度也可于亚洲其他地区发现,仅是程度大小不同而已。不过有许多政府近年来业已采取行动而加以改进。

中国大陆现正实施集体农作(Collective Farming),缅甸正在进行农地国有化。缅甸的耕作者向政府租来土地耕作,然后付租税给政府。所有其他国家,大多仍维持农地私有化,仅作土地租佃的改进而已。惟在若干国家和地区,例如日本和中国台湾地区,每一耕作者能自有限定的农场面积。日本对这种土地面积的限制是开始于军事占领之下,而台湾地区也受到这种情况的影响。

土地改革仅是一种工具,用以协助小农增加生产并减少耕作成本,进而达成大农场工作的利益而不至失其工作兴趣。此一问题亟待解决。本书第二十二章对此问题有更详细的讨论。

天然灾害 亚洲农民一般受着气候所左右。在热带地区有台风或季节风,它带来雨量,使农作物能以栽培。但这种雨量有时候不适时或不足量,因而影响作物的产量。有时因过多雨量而造成水灾,以至于流失了大片的作物,例如菲律宾、日本都在暴风进行的途径,因而经常遭遇水灾之患。同时东巴基斯坦[①]四季不断受着季节风的灾害。

中国经常为一饥馑的国家,因为不断发生水灾和旱灾。在中国的某些地区,由于可耕地的缺乏,农民在河床上覆盖土壤而种植小麦和瓜类,期望在明年水灾来临之前收获。

印度政府为了挽救粮荒,正在提倡于有水供给区域增加粮食生产。关于此点在本书第二十章将有更详细的说明。

联合国所援助的湄公河谷开发计划,是一种兼具防洪、灌溉、航行和发电

---

① 存在于1955—1971年的国家,后独立为孟加拉国。

的综合性计划。

日本政府现正实施全国性的土地重划和发展计划，在土地重划完成区域，田丘较大而且形状规则，并根据等高线规划，农业机械的操作亦比较方便，灌溉和排水设施亦经设置，藉以促进作物在水旱灾害时的安全。由于排水设施的改良，日本许多田地在水稻收获之后立即可以耕耙以种植小麦。此在灌溉和排水未设施之前，是绝对不可能的事。本书第十五章将详细讨论日本的土地重组工作。

安全感 大部分亚洲农民即使不终身负债，亦生活于糊口状态中。因此他们不敢采用新式耕作方法以与其未来生活作赌注。他们知道用传统方法虽所得较少，但当改换一种新的方法，他们就由安全的情况变为不安全了。因此除非他们确实获得保护，否则即不愿采用新的措施。

一九二〇年初期，中国北部曾有一次大饥荒，某一慈善团体由美国进口数千吨玉米种子，免费分送农民种植，玉米在生长时期甚为良好，只是因为中国北部作物生长季节较短，在出穗之前就被霜害冻死。不幸的，农民再度遭受饥馑，因而从此不再去尝试新的事物了。

农民可能不识字，但他们是聪明的。他们不一定保守，但却十分谨慎。一个农民不愿采用新的措施，除非他被说服采用之后能够获得利益。甚至于在采取行动之前，他还去寻求农村领袖如教士和学校老师的指导。这些人是他们认识而且相信的人。

在亚洲任何地方，要成为一个成功的农业推广人员，必须居住于乡村社区并且要把自己当作村里的一份子，如此才能获得农民的信心。推广员必须研究农民问题，他才能给农民一种明智的指导。值得一提的就是当农民一旦获得信心，所有的农民都会来请教推广员，以及请求一切的指导，甚至包括私人的事情。

有了这些一般性的农业背景，亚洲国家现正致力于发展他们的推广服务。要使这种服务成功，就必须考虑当地的环境。

设立有效推广服务的重要原则

亚洲国家最近数年始正式将农业推广工作列为一种正常的政府功能。日本和马来亚的农业推广工作始于一九四八年，印尼始于一九四九年，泰国始于一九五〇年，尼泊尔始于一九五一年，印度、巴基斯坦和菲律宾始于一九五二年，缅甸始于一九五四年，高棉[①]和越南始于一九五五年，锡兰[②]、韩国始于一九五七年，寮国[③]始于一九五八年。农业推广工作开始于最近数年并非指这些国家或者殖民地在农业推广服务尚未正式被制订以前就没有推广活动。事实上，这些国家和殖民地在二次大战之前已有许多有效的从事农业改进工作，经由若干政府、技术部门、宗教团体、训练机构或农民组织所提供。在二次大战之后，这些国家和殖民地由于粮食的缺乏，于是开始推广服务藉以获得粮食生产的自给和农民生活的改善。

第一届东亚推广研讨会于一九五五年二月在马尼拉举行，系由美国援助机构即在前所称“国际合作总署”(the International Cooperation Administration)所赞助。嗣后，在粮农组织赞助下于一九五五年十二月在印度的包波尔(Bhopal)成立亚洲和远东农业推广发展中心，自此以后，有多次推广会议和研讨会在亚洲若干地区举行。最近一次农业推广区域性会议系于一九六六年十一月，由联合国粮农组织发起，在东京举行。或许最有兴趣的一次考察研究系于一九五七年由粮农组织所安排的六个礼拜的考察研究旅行。研究地区包括日本、菲律宾和印度，因为这三个国家的推广工作彼此之间都有若干不同之点。日本农民组织从事推广工作早在政府于一九四八年接办之前，同时有许多职员已在村里工作。菲律宾和其他亚洲国家相同，政府在中央级开始组织，逐渐推及村里。在印度，农业推广工作包括整个社区发展计划，而由综合性的村里工作人员去推行。由这些国家推广服务组织的差异，供给各考察人员一个难得的机会，使之作有效推广工作对于农业改进的比较。这批考察人员后来都成为各自国家农业推广工作的负责人。

虽然没有统一的农业推广制度足以应用于亚洲每个国家，可是尚有适当的原则。如果加以采用，不难获致成功。兹简述这些原则如下。

推广组织与行政方面

1. 推广必须与研究密切关联而不可彼此分离。就其定义言，推广的目的在使知识和实行之间的鸿沟加以连接。研究而无推广，即失其研究意义，推

---

① 高棉是柬埔寨历史上的一个政权。

② 斯里兰卡曾用名。

③ 老挝曾用中译名。

广而无研究，其推广亦易落空。二者相互联系始能相映生辉，如图 1。

推广和研究如置于同一行政体制之下，例如农业部或其相当机构，将更能增进二者之间的效能。日本专业指导员（subject-matter specialists）的主要任务为协助田间推广工作人员的专门技能，藉使其能够赶上研究的成果，专业指导员经常工作于试验场，从事某些研究工作。此项专业指导员之所以工作于试验场，即在使推广与研究工作打成一片。

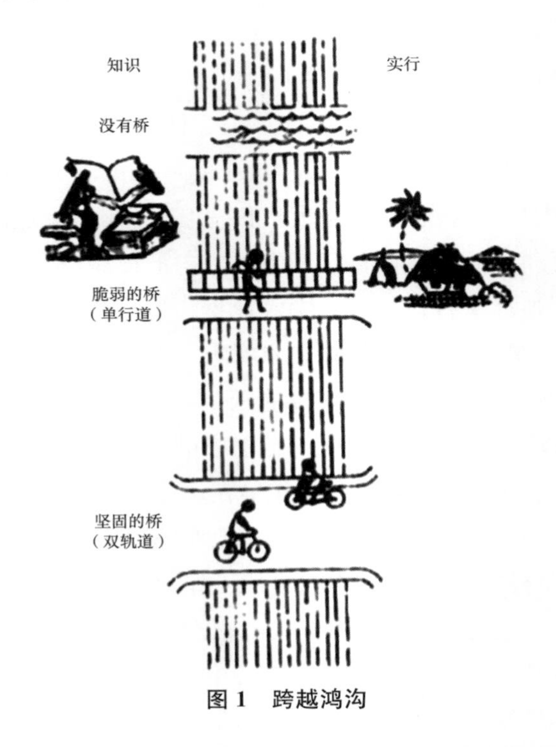

图 1　跨越鸿沟

2. 一国之内必须有统一的农业推广制度始可避免重复和混乱。一九六六年泰国政府于农业部之下成立农业推广厅。当其农业部长沙哈珂（Phra Prakas Sahakorn）于一九六六年十月至洛斯般诺斯访问菲律宾大学农学院时，曾傲然向作者讲，彼费时十六年始能说服其他部内技术部门放弃其各自的推广活动而达到政府核准新厅的目的（图 2）。

3. 推广服务区有似水管扩散体制，以促进知识和消息由下向上及由上而下的运转功能。此一体制应使行政层次减至最少为度。日本的农业推广行政仅有三个层次，即中央、省和村里社区。专业指导员于省级试验场内直接与村里推广员接触。关于此项资料，本书第廿一章将有更详细的报道。

东巴基斯坦的农业推广行政有六个层次，才能接触到基层的农民。因为政府的手续繁杂，行政层次愈多，则政府和农民之间消息或知识的流通亦愈慢。

推广功能方面

4. 农业推广必须是教育性的。所谓教育性的意义系指使个人行为有所期望的改变。这种改变包括知识、技能和态度。除非个人有教育性的改变，否则没有任何改进可以持久。这也正是农业推广被解释为一种农村人民校外教育制度的理由。本篇第十二章对于此点有更详细的说明。

当前许多亚洲国家的推广员仍然负有其他事务，诸如处理和分配农场生产物资、统计资料的搜集、耕种面积的管制，以及负责政府贷款和救济金乃至强制执行标准度量衡制度等。这些诸多的活动均浪费了推广员的时间。在许多情况下，所剩余的时间很少而无法训练农民从事于农业改进工作。

村里推广员与其训练

5. 推广员必须居住于他们所服务的农村区域，必须知道农民并了解他们的问题，盖必如此才能获得农民的信心，并真正帮助农民。

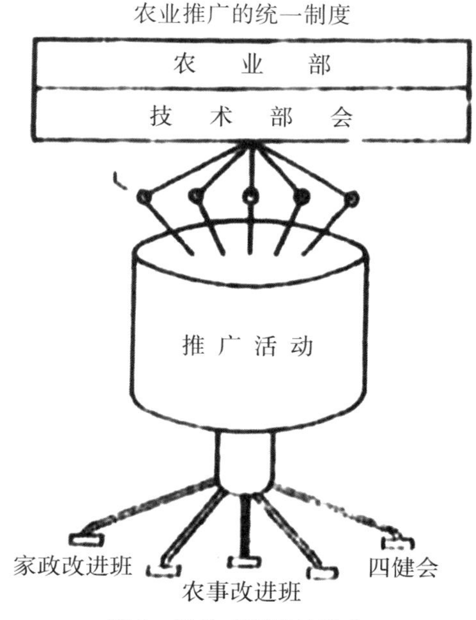

图 2　漏斗式制度的建立

6. 推广员必须有合理的待遇。他们必须有足够的薪俸、交通费、出差补贴和升迁机会，如此才能真正把推广工作当作终身职业。他们是推广工作的最前锋，因而可以说推广工作的成功全靠他们。

7. 推广员必须要有对他所从事工作的充分训练，包括技术的和社会的两方面。这种训练包含职前和在职训练。在一般原则下，受教育愈低的推广员，愈应该有更多次的在职训练，并且对于每一训练班要有更长的时间。

8. 推广员的训练必须有丰富而有用的教材。这些教材必须根据研究结果并以最简单的形式和语句写成，而能被一般农民所了解和利用。这些教材须由专业指导员所编写，并且在正式付印分发之前要预测其适用性。本书第十章对此有更详尽的说明。

进而言之，应承认推广员在农业发展的重要地位，最近数年，日本政府举办了一系列的在职调查班，专门训练省级和中央级的推广员，同时并以特别津贴酬劳农村区域工作者以表示其辛劳。这种津贴据说可能有他们薪水的百分之十二。本书第十二章和第廿一章对此有更详细的说明。

推广计划的设计和计划的执行

9. 当地人民必须参加推广计划的设计，藉使其计划能趋于实际，因为当地人民毕竟是最后基层计划的执行人。

10. 推广人员必须协助农民，使推广计划的实施获得完满的结果，同时并解决所发生的问题。这也是推广人员必须居住在他所工作的乡村之中的另一个理由。本书第廿三章对此问题将有更详细的报道。

培养有效的伙伴

任何有效的农业推广工作，永远有其在应用上的缺陷，除非农民有良好的组织和训练，使之能协调推广工作而负起他们自己的责任。有许多事项是地方人民能够而且应当透过其自有的组织而举办。在亚洲任何国家和地区，都有数百万计的农村人民，他们亦有许多各种不同的农场问题。推广人员个人如何能应付这些问题而作大规模的推广呢?

台湾农会组织就是一种农民组织的良好例证。这在本书第二章亦已提过。至于台湾农会的组织和业务，将在本书第廿四章有更详细的讨论与说明。

在粮农组织所出版的《台湾农会对农业及乡村发展贡献》一书中，作者郭敏学这样写着："……台湾的农会有如一个骨架（framework）或者一种漏斗式体制（funnel system），经由这一体制，所有政府的努力和国际的协助，全省农民都能受到有效的利益。姑以种子改良为例来说明。当有某种改良种子要作广大应用时，农会即协助其繁殖、贮藏和分配……"

在农会的规章中，作者进一步说明："……这些目标可分成廿六种功能和活动，任何农会都可自由选取作为其活动的表现。假如这些活动都能加以实施，农会即可成为一种地方自治团体，亦即为政府有效的伙伴……"

除非农民组织作合理的发展，否则推广人员将一再地遇到很急迫的问题，诸如市场、贷款、运输、贮藏和农场物资的供给和分配。这些问题在台湾都由农会来承担，必如此才能使推广人员付出他们的时间从事于推广教学的工作。

兹胪述台湾农会主要成功之处如下：

1. 农会是真正农民的组织，由农民自己为他们自己的利益而设置。

2. 每一农会有一名经验丰富的总干事负责。总干事是由理事会聘请，理事是由会员每四年改选一次。总干事处理理事会的决议案并由监事会予以监督。

3. 每一乡镇农会平均有将近三千名会员，都住在大约四十方英里的地区。这一面积在行政管理方面并不困难，在业务经营方面亦甚适当。农会的总办事处经常位于中央地区而为所有会员均易于到达的地方。

4. 农会几乎经营了所有农场需要的事物，如生产资材、贷款、仓库和市场设施等的供给。必如此，农会始能依批发价格而提供小农们以农场物资的利益，同样的，在市场出售其产品时，亦有集体议价的力量。这一点对于亚洲国家和地区尤其重要，因为这些国家的农场特别狭小，个别农民决没有议价的力量。

5. 体认农会对于农业改良的重要，故政府付出一切的可能以协助农会作正常发展。这种协助包括立法、监督和资金的支援。

6. 最后一点是农复会的资金技术和资金援助。在本书第卅一章将有详细的讨论。

除了农会之外，当前台湾尚有二十六个农田水利会，也是一种有系统的组织。这些农田水利会负责水量分配、水费收集和灌溉沟渠的保养。在本书第十六章的个案研究将予详细讨论。

这些农民组织的协助,促使政府对于消息的散布和获取农民对政策的反应,均属简而易行。

在台湾,香蕉是输日农产品中最重要的一种,而由青果运销合作社负责对外贸易。这种水果易于腐烂,在接受送货通知起,必须于三十六小时内,将数量巨大的香蕉从个别小农场收集下来,集中于集货场加以检验、涂腊、包装、运输和装船。这正反映了农民组织的用途及其所以为有效的政府伙伴的原因。

推广的方式

在推广工作上,一名推广员可能用下列一种或数种方式,配合当地的适当情况而从事推广工作。

单一目的方式(Single-purpose Approach) 这种方式系在一定时间内改进一种因素,举例言之,种植某一特定改良种子,或选用某一特定肥料。单一目的方式也被看为单一目的示范,其结果经常在于使人信服,因其能告诉某一特定改良措施的价值。农民如其满意于这些措施,即能鼓起勇气再试行另外一种。这种单一目的的推广方式一般是用于农民尚少或者没有接受过推广教学的地方。

产品方式(Commodity Approach) 这种方式系利用所有的生产因素施行于某一特定重要作物的生产。这些生产因素如采用改良种子、肥料,病虫害防治,不同的耕作方法、较好的农具和其他各方面等。这种产品方式的推广有时被称作多目标或综合方式(Multi-purpose or Integrated Approach),这种方式是用于农民已有足够时间接触过推广教学活动并且已有反应的地方。

印度有八个产品委员会,每一委员会对于单一作物的生产、加工和市场等问题给予妥善的管理。这八个产品委员会包括印度中央棉花委员会、印度中央黄麻委员会、印度中央烟草委员会等。

菲律宾在农业生产力委员会(Agricultural Productivity Commission)之下的稻米和玉米生产计划(The Rice and Corn Production Program),其主要目的是提倡和增进该两种主要粮食作物的生产。

产品方式的推广工作,由于亚洲国家目前正努力于粮食生产的自给自足,而成为重要的活动。在这一计划之下,政府经常提供生产所需的资材,有的并降低其价格。这在本书第二十章将有更详细的说明和讨论。

农场与农家方式(Farm and Home Approach) 这是推广工作最高级的方式。这种方式是把农家与农场当作一个单位,然后在一特定的环境下使之如何获得可能最高的家庭收入。获得农场与农家较高的收入,其意既在改变现有的耕作制度,包括一或二种经济作物、多施肥料、多生产牲畜、使用较有效率的农具和(或)较好的运销措施。在执行这些决策上,农民夫妇必须共同工作并共同负起责任。他们必须有完整的投入和产出记录,同时计算出年终劳力收入情形,用以改变或调整他们下年度的生产计划。

位于洛斯般诺斯的国立菲律宾大学农学院于一九五八年在其附近两省实施农场与农家发展计划,从而累积有许多有用的经验与资料。这种实际资料对于研究教学极为有用。关于这个计划的个案研究将于本书第廿七章加以讨论。

区域性方式(Area Approach) 从字意上看,区域性方式推广的主要目的是在改善整个区域。在作物改良工作上,一般恒致力于使多个社区都种植最适合该区域的同一品种的水稻或小麦。盖种植同一品种可以保持种子纯洁,同时并可能产生较大量的产品,以获取市场上较高的价格。

日本的土地重划与发展计划,其主要目的在于按照比例发展土地以及发展该区域的水力资源,这是区域性方式推广的另一例证。本书第十五章对于日本土地重组和发展计划将有更详细的说明。

在加拿大有些省份,例如马尼托巴(Manitoba),所有的省级农业代表都被指定为区域发展指导员(Area Development Agents),为区域资源的发展而努力。

上述四种推广方式的工作,需要有不同阶层的训练和不同推广人员的经验。当然,单一目的的推广方式是最简单的,而农场和农家发展方式是最复杂的。在倡导时,似可开始于单一目的或产品方式的推广,而逐渐从农场与农家方式,并经由一连串的在职训练以提高推广人员的素质。目前日本正在这方面努力去做。

从事推广示范计划

示范计划的理由 推广并不像它表面那么简单,乃是一件很繁杂的事。

推广是关心农民的发展，在许多情况下，是改进社会的结构，因而使人民能够生产较多、较好和较便宜的粮食，并能够在市场上出售。所有亚洲国家的推广对于粮食生产急需的条件业已有所作为，同时并提高一般平民的期望。

推广示范计划是“展示窗”(Show Windows)，推广人员集约推行工作于小区域，因之亦可作为示范和训练目的。在粮农组织的一本书上写着：“一个人对于一种改良品种的种子确已了解能适合于某一区域，但是如何才能把种子推广、繁殖并在某一村落保存其纯度，必须加以决定。同时，并发生许多有关问题，包括物价诱因、运输、地方领导训练和地方组织。所有这些问题，推广人员必须于第一次到达乡村即着手进行，而这些工作必须要有科学的和系统的处理。何种记录应当保存？何种教材应该准备？地方组织和地方领导者的反应如何？如何才能使地方组织更加有效？这些和另外一些问题都必须仔细加以研究，因而推广的期望和目的才能完全达到。假如某一推广训练中心业已有此类示范计划，则受训者即可前往参观并实习，结果使训练更加有效、更有意义而且更趋实际。在此一示范计划所学到的知识即可用于国内其他地方。进而言之，因为示范区域面积较小，在短时间内即易看出其影响。假如有外国顾问，在此种情况下更可利用到最大的效果……”

如何设计和发展一个示范计划

选择区域(Selecting an Area)　这个区域可作任何大小，但必须足够一个农民组织的经济经营或管理，因为配合示范区的改良工作即须组成此种农民组织。此一农民组织可能为多目标的合作社或者农会，在台湾，每一乡镇农会平均有将近三千名会员。故所选择的区域必须是标准的、代表性的，则在那区域所试验的结果，始可简单的而被其他地区所接受。

绘制社区地图(Mapping out the Community)　在示范地区被选定后，一个详细的地图必须加以绘制。此项地图应包括区域的界线、市场中心位置、学校、教室、警察派出所、卫生所、河流及其他等。

调查研究(Making a Survey)　这种初步调查可作一般性的或者详细的。如为计划的设计，用一般性的调查即可。这种一般性的调查应包括农场耕作者本人、人力和物质资源及其对发展有利或无利的环境条件。

计划设计(Program Planning)　由调查的结果可把较前进的农民自行组

成一或二以上非正式讨论小组。从他们的讨论所得，可编成实施计划，以作操作的基础。

本书后一部若干个案研究中有关农业改进方面的材料均可能作为小组讨论的参考。

计划执行(Program Implementation)　推广计划一经开始，必须要做到成功的结果。其成功结果的获得，必须由推广员站在农民旁边协助其解决所发生的问题。有些问题可能是生产资材、贷款和运输设备。在协助农民时，推广员必须取得其他有关机构的协助。在这方面推广员很可能担任一名触媒员(Catalytic Agent)。

示范农场(Demonstration Farms)　示范大可称之为最有效的推广方法，特别是在识字率低而且从未曾接受过新观念的地区为然。可是，示范必须由农民在他们自己的农场举行才能使他人信服。

示范并非一种缓慢的方法。在台湾，曾有一次做过茶叶生产改良示范。于一九五九年开始示范时只有二百名示范农民，但到了一九六一年底，已有五千名其他的茶农接受到示范的影响而采用改良的措施。换言之，一名示范者在三年之内可能影响另外廿五名农民从事改良工作(如图 3 和图 4)。

在本章曾讨论到四种推广方式，可以根据对新观念的接受能力而应用于示范地区的不同农民。

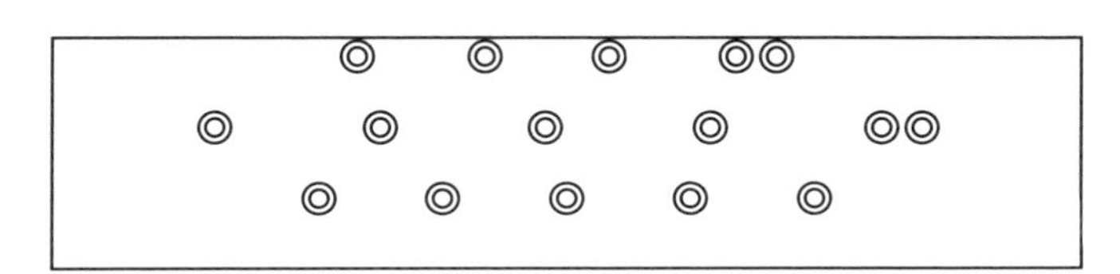

图 3　初期示范农场

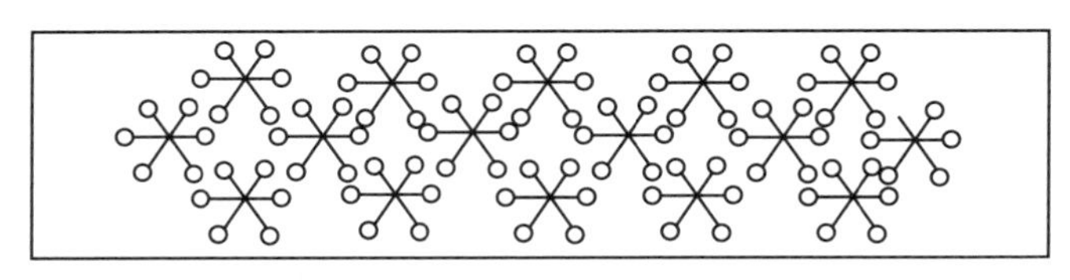

图 4　后期示范农场

行政体系(Administrative Set-up)　主管机关指定一有经验人员负责和发展示范计划。同时并邀请有关机关派出代表组成咨询委员会。此外并指派有经验人员担任委员会的执行秘书。

地方组织(Local Organization)　当地方的人民业已有足够的训练并彻底了解示范计划的内容时,即可组织农民成为一正式组织,诸如农会或合作社,而由这些团体掌握示范区计划的活动。

持续性进程(A Continuous Process)　农业推广是持续性的,同时,社会和经济的发展亦永无止境。主管机构应继续协助示范计划区的训练或技术,时间愈长愈佳,甚至示范计划业已由地方组织管理之后也要积极协助。

考评(Evaluation)　考评是计划的一部分。有关示范计划的工作人员,应经常牢记下列名称问题。

计划设计部分:

1. 对现有乡村情况曾否作彻底了解和分析?

2. 对于问题的鉴定是否清楚?

3. 对其问题的解决是否实际而可行?

4. 对计划目的的拟定是否确实?

计划执行部分:

1. 在需要推广材料时是否能充分供应?

2. 最有效的教学方法是什么?

3. 人民可观察到的改变是什么?

4. 解决了什么农场问题?

5. 计划成功的程度如何?

6. 有哪些新的问题发生?

上述这些问题,可在咨询委员会、职员会议、团体讨论会上加以讨论。如遇因环境的改变而发展计划需要调整时,即应毫不迟疑地予以调整。

在推广发展的初期,应在国内设立一个或一个以上的示范计划,使之作为示范和训练的目的。这些计划必须附属于一个训练机关如农学院,藉使其负责提供人员的职前和在职训练。经过数年之后,根据累积的资料,即可编撰一套适当的教材。盖办理此项计划,除对政府和大家说明推广意义外,其整个示范过程即已构成编撰教材的实际资料,以供训练推广人员的需要。本书第七章和第廿三章对此问题有更详细的讨论。

国际合作

在世界上不同角落里，有许多由累积而来的有用资料，它是经过高深的研究或者经过对农民训练试验和错误的经验而获得。假如这些宝贵的资料能够加以保存，则对促进世界农业的改进将有极大的帮助。

在一切国际机构的协助事项中，下列各点应特别加予强调：

组织区域性农业推广研究观摩旅行（Organizing Regional Agricultural Extension Study Tour） 本书第四章曾经提到一九五七年由粮农组织所主持的农业推广研究观摩旅行受到参加者极大的赞扬，同时旅行观摩者也对于他们自己国家提供了许多的改进。这种研究观摩旅行必须要有计划，同时必须审慎实施始能完成完满的目标。人们旅行观摩到某些事项经常会使他们信服和鼓舞，特别对不同国家在不同推广发展阶段情况的比较更会感到信服和鼓舞。此即所谓眼见才能相信（Seeing is believing）的道理。因此建议这种旅行观摩应于每隔六年或者八年举行一次。

协助人员训练（Assisting in Personnel Training） 由助人而达自助（To help people help themselves）应该是国际机构执行协助计划的主要指导原则。这在本书第二章亦已强调过。一个农学院的农业推广学系应该负责推广人员职前和在职训练工作。那么，国际援助机构应该能够加强推广人员的训练计划，并协助设立推广示范计划使训练做得更有意义和更趋实际。

编撰适当的教材（Preparing Suitable Teaching Materials） 对于亚洲国家或许在推广哲学和推广理论的文献，尚不缺乏，但是对于从事推广工作者实际可用的教材却非常稀少。有些问题如“本计划如何在此一区域内广泛应用?”和“用什么方法以评定其成功或失败?”经常会被人提出。现在，时间似乎已成熟，而须由若干教育机构有如位于洛斯般若斯的菲大农学院者，从事于推广方面的出版计划而编撰一系列精选题目的丛书，以供亚洲国家的应用。1964 年由郭敏学所著《台湾农会及其对农业及乡村发展贡献》一书即为此类丛书的最好例证。这本书系由在曼谷的粮农组织办事处所出版。这种推广出版物可商请某一基金会资助，而使其售价不至太贵。

使推广亚洲刊期增加（Publishing *Extension in Asia* More Frequently）《推广亚洲》这本杂志实亚洲唯一的英语推广刊物，由粮农组织亚洲暨远东区办事处在曼谷出版，免费提供所有亚洲区域的有关机构作参考，为亚洲国家能操英语的推广人员最普遍的媒介物。这是一本极有用的推广刊物。因此建议该刊物应增加出版次数。

设立区域性农业推广委员会（Establishing a Regional Commission on Agricultural Extension） 应许多亚洲会员国政府的要求，并由联合国粮农组织一九六六年的核准，特成立一区域性委员会，定名为亚洲暨远东区农业推广委员会（The Asia and the Far East Regional Commission on Agricultural Extension），其目的为研究并建议粮农组织有关亚洲国家农业推广发展等问题。其所提出的建议，无疑地，将会促进亚洲推广工作的发展。

摘　要

农业推广意在向农村人民介绍“技术知识”（Technical Know-how），因之即增加农业生产并提高生活水准。而其有效的推行程度则有助于地方的环境。兹简单演示此种环境如下：

环境甲：这种环境是比较进步的地区，其生产必要因素如种子、肥料、贷款、市场和水利设施一般均已存在，而且社会和文化背景亦有助于乡村的进步。本环境中的地方人民业已接受过现代化的应用技术。而此种技术是经由技术人员的介绍。

可惜的是这种优良的农业生产环境在开发中国家是极少存在的。在所有亚洲国家和地区中，或许只有日本和中国台湾地区可归纳入这一环境。

环境乙：这种环境与环境甲相反。在环境乙的情况，必须于现代化农业技术和农业经营实现之后，始能产生比较优良的生产环境。创造一种优良的生产环境也正是联合国国际稻米协会成立的宗旨。因此，该委员会于 1964 年曾告诫她的会员国政府“尽量促使农民应用研究成果”（to make it possible for farmers to employ the findings of research）。

环境丙：假如考虑到提高农民生活水准，工业必须配合农业的发展，特别是那些以农产品作为工业原料的国家为然。盖工业化可供给乡村人民从事于非农业生产的工作机会。工业化在农场特别狭小的亚洲许多国家是最重要的。假如工业未加扩展，无论农场操作有多大的改进，人民的生活水准亦不会提高。

在这一方面,日本就有不少的成就,在不到二十年的期间,日本已由劳力过剩改变为农村劳力缺乏的国家。目前约有百分之七十五的农民并非以全部时间从事农业,而可从非农业机会获得额外的收入。因之日本的农民是亚洲国家生活水准最高者。

农业教育、农业研究和农业推广是开发中国家对于农业发展的最基本服务。假如这些服务操在适当人员之手,再加上政府的充分支援,农业即可迈上正确发展的途径。

参考文献

1.《粮农组织生产年报》,1964 年,第 18 卷。

2.《亚洲暨远东土地问题文献》,1954 年,曼谷粮农组织圆桌讨论会有关“如何发动社区精神和协助农村发展计划”记录,第 247—258 页。

3. 章之汶:《农业推广的理论与实际》(粮农组织教育手册)。

4. 章之汶:《农业教育、研究和推广的联系体制》,1962 年,罗马粮农组织免于饥饿基本研究,第 9 种。

5. 郭敏学:《台湾农会及其对农业及乡村发展贡献》(教学手册),1964 年 10 月曼谷粮农组织出版。

6. 瑞契蒙(Richmond, S.A.):《五英亩的美好生活》(*A Good Living from Five Acres*),伦敦,1965 年。

7.《第九次国际稻米协会会报》,举行于 1964 年菲律宾马尼拉,粮农组织 1965 年在曼谷出版。

8. 西门氏(Simens, L.B.): Practicing Agrology in Extension and Industry: Some Implications for Curriculum Building, Agricultural Institute Review, The University of Manitoba, Canada, July-August, 1965.

中国乌江农业推广实验区*

金陵大学创办乌江农业推广实验区作为训练推广人员的“田间实验室”，在这方面它已达到目的。该实验区推广员李洁斋先生，在此工作十四年之久，负责推行此项工作，已为其母校金陵大学农学院农业专修科其他毕业生建立楷模。

在二次大战期间，农学院疏散至四川省会成都，选定成都附近温江县作为农业推广示范县，以其在乌江所获得的经验，使温江的工作异常顺利，事半功倍。

此在开发中国家假如任用二年制有如农业专修科的毕业生，以从事农业推广，可能更趋实际。在亚洲区目前情况下，他们较之大学毕业生或者高农毕业生更为适合。因为大学毕业生多不喜久居农村，而高农毕业生则稍太年轻，不适从事此项工作。为了实施农村工作人员的训练，成立“田间实验室”——像乌江推广区那样的组织，特在本章郑重建议（章之汶注）。

前　言

在第一次世界大战期间，许多纱厂于上海成立，使中国有机会建立棉纺工业。惟中国本身所产棉花，数量与质量均不足应付新成立工厂的需要。因此上海棉纱同业工会请求美国农部予以技术协助，农部应邀派遣一名植棉专家可克先生（Mr. O. F. Cook）前来中国考察情况。可克先生推荐八种美国陆地优良棉种在中国各地举行测验，并建议另一专家郭仁风（Mr. J. B.

* 文章为章之汶著、吕学仪译《迈进中的亚洲农村》（台湾商务印书馆 1976 年版）一书的第二十三章。

Griffing)来华执行此项试验工作。

郭仁风先生即在金陵大学农学院工作,彼发现八种棉花品种的其中两种试验结果成果极佳:一为“脱字美棉”(Trice),植株矮小而且生长季节较短,适合于中国北部。另一品种称为“爱字美棉”(Acala),植株比较高大,生长季节较长,适合于中国中部地区种植。同时,他开始用选种法改进中国棉花品种的工作。若干年后,成功地育成一新种,即所称“百万华棉”(Million Dollar Cotton)。这一品种的纤维可和美国陆地品种相媲美,同时,亦适合于上海附近气温较高地区种植。

下一步骤即为繁殖和推广。南京附近的乌江遂被选为执行此项任务的地区。在进一步讨论此一题目之前,特简述乌江地区的概况。

乌江区域

乌江为一市镇之名,距南京约二十英里,位于长江之北。为中国历史上有名的楚霸王项羽兵败自刎之处。中国平剧“霸王别姬”一出纪念此事。

乌江镇颇小,约有二三百户人家,大部分经营小商店,出售本镇社区所需的日常生活品。当集市日期,乡民拥集于此进行买卖,大部分为农民。他们多半时间均在茶馆喝茶或吃饭,并与朋友谈论生意或休息。

镇内住有几位有声望的领导者,大部分为“不在地主”,一部分为商主。自然,他们可以影响社区,同时他们经常被当地人民所尊敬。在他们的支持下,任何为社区改进的运动都可很容易的开始推行。

本地区的主食为稻米,并大量生产棉花。由于棉花质量尚佳,市场名称为“乌江卫棉”。在金大农学院于1921年来此以前,尚无有系统的棉花改进工作。

以推广棉种开始

一九二一年春,该院派遣学生两名至乌江推广爱字美棉新品种。那天正是集市日期,他们首先至茶馆订了茶。在茶馆老板的许可下,开始播放他们所带来的唱片。结果吸引了很多的听众,大部分都是农民。于是学生之一站上了木凳,用两双棉球已经开放棉株加以比较,一株为亚洲型,植株小,棉球少,而且纤维粗短,另一为美国大陆品种,植株大,棉球多,而且纤维细长。在当地情况下,后者的产量很容易的会超过前者的一倍以上。实为一强烈的对比。

当群众对他的讲话感觉兴趣后,学生开始发言:"这儿有两袋棉花种子。欢迎你门拿去在农场播种。"他们并要求农民留下姓名和住址,以便在棉花生长期间前往拜访。一时无人敢来领取种子。不久并听到群众有人低语:"这家伙那儿来的?真的免费给人棉花种子?那他们如何生活呢?"正当那两名学生走进了扰攘的人群中时,少数胆大的农民乘机抓了些种子飞奔而去。却无人愿意留下姓名和住址。因为天气已晚,两位学生深幸已把棉子处理完毕,可以结束任务返回南京,仅警告农民务必将种子播种,不要用于饲牛,而且播种时期他们还要再来。

当播种以后他们发现了什么?原来棉花和大豆生长于同一块田地。当然田间非常拥挤。农民为什么要这样作?因为他们不相信那些棉子真会发芽。为了安全计,故把棉子和大豆同种,有些农民正在田间作疏苗的工作。当问及他们家住那里,有的不吭声,有的简单说"很远"。

收获时期,两生再返乌江。途中遇到一位农民背着两蓝棉花赶往市场。两人发现正是他们所推广的棉花。一生发问:"今年的棉花收成如何?"农民回答:"很好。"学生再问:"你下年还愿意种吗?"农民低声说:"不了。""为什么?"学生惊讶的问。农民说:"呵,价钱不好呀。你知道,棉绒太长而不适于本地的卷筒榨花机,而且当弹花时,又搅缠着本地弹花机的绳索。因此这种棉花必须运到外地市场出售,而在本地的市价就远不如当地品种的价格为高。"

两生将此情形报告与学校当局,因而引起上海棉纱同业工会的注意。他们来函愿意出优厚的价格,要求该院代为收购改良种棉花。两生急返乌江,一人牵着驴子,一人手持天秤。跑遍各村,村民均不愿出售棉花给他们。最后他们到一教堂,把此行任务告诉牧师。牧师带他们去附近一农家,亦即该教堂的教友。那农民把他们棉花指示给他们。过秤之后,付的高于当地市价的现金。消息一经传布,农民成群而来,急于出售棉花。两生乃说明他们所购买者仅限于他们所推广种植的改良棉花。因之第二年,很多农民跑来南京,以每斤(十六两)三分钱的价格购买改良种子,而且供不应求。

经此以后,农民开始了解该院确系在棉花改良方面协助彼等,因而变为友善与合作。两生事后才发现农民在开始时犹豫的原因。原来在若干年前，当地政府向农民推广桑苗，用以饲蚕。此种推广本应免费，但后来他们却被迫付出很高的代价。经过此次不愉快的经验之后，使得农民不得不谨慎从事。

工作计划的扩展

一九二三年，该院附设的农业专修科第一届毕业生李洁斋被派赴乌江，担任该院在该区推行推广工作的第一位专任推广员。这时该区的棉花生产已达相当数量，该院所面临的问题为继续购买棉花运出销售。李君乃组成中国第一个棉花运销合作社，租来业已关闭的一家当铺店房作为推广工作的办公处所。此乃一所位于该镇中央而且附有贮藏设备的大建筑物。并说服一家私立银行名为上海商业储蓄银行者，在同建筑物内成立办事处，办理贷款，接受存款，并兼营储押业务。因为多数农民均系文盲，写不出姓名，亦不会记账，于是乃开办夜间训练班。李君和银行职员均自愿无偿担任教师。农民们的学习情绪异常热烈。

在田间访问时期，推广员经常遭遇村民们的医药问题，因为其家属每患染疟疾、眼病或者皮肤病。李君乃赴金陵大学附属鼓楼医院学习救急技术，结业之后，收到一份乡村所用的简单药箱。利用此项小型设备，获得村民们的进一步友善与合作。稍后，鼓楼医院特在该镇设立卫生所，由村民捐赠土地建造房屋。鼓楼医院医生于市集日期前来诊病，并招收当地少女数名加以训练，担任护理及助产工作。

成立农业推广实验区

一九二九年，与中央政府合作成立第一个国立农业推广实验区于乌江。由政府资助购买面积三十英亩的农场一所，用作棉种繁殖，并在当地推广。又兴建轧花厂等及购买日本造的卷筒轧花机和美国造的锯齿轧花机及其他加工设备。农民送棉花至轧花厂轧制后，即留下纤维以供打包后合作运销。开始时，轧花厂保留农民大多数的棉子，以免其与当地低劣质量者混杂，而于次年播种时与繁殖场所产的种子交换。盖因棉花为异花授粉作物，接邻繁殖场的农民，每年需交换新的种子，才不至因杂交而混杂。

农民如需现金时，可以其棉花向银行办事处办理储押。棉花运销合作社经上海棉纱同业公会的协助，经常将棉花运送至上海销售而获得善价。

一九三〇年，在当地民众的协助下，在毗连卫生所兴建综合大厦。此大厦上午为学生教室，下午为纺织训练场所，夜晚为成人教育班。为此该农学院特聘请专任妇女一名，而辅之以当地若干义务人员。

因乌江推广工作的迅速扩展而每年吸引了众多游客，实验区乃感觉需有一种永久性的组织。遂于一九三二年组成农会一处，农民会员达一千人，推行各种推广活动。李君兼理农会总干事。其下为左列部门工作：

1. 信用——由上海商业储蓄银行办事处负责。
2. 运销——由棉花运销合作社负责。
3. 推广——负责种子农场的管理。
4. 卫生——由鼓楼医院附设卫生所负责。
5. 家庭工业——推行棉花纺织工作。
6. 教育——包括初级小学和成人教育班。

一九三五年，为了推广乌江工作至全县，乌江镇所在地和县被政府指定为模范县。乌江推广实验区为了作更精密的工作，仍继续维持其原有特质。至一九三七年，即对日抗战的一年，每年推广区全部经费约合美金二五〇〇元，悉数依靠本身收入来源，例如种子农场、轧花厂及合作运销业务费等。

考　评

由乌江经验的简述，显示了农业推广和乡村发展的若干重要原则，假使对一切努力均期其真正成功，则这些原则必须予以考虑。兹简述如下：

1. 主办机关必须有一种坚强的决心去推行计划一直到成功为止。乌江的计划继续了十七年之久直到对日抗战爆发始止。证明在当地人民相信了种植改良棉种的价值后，则其信心大增，主办机关即可站在旁立地位，协助其解决可能发生的问题。该项计划开始于棉种推广。后由事实的需要而逐步扩张，包括了甚多其他的活动例如运销、信用、成人教育、家庭工业、卫生，乃至农会。易言之，计划可能开始于一种简单的活动，但最后可能终于包括了乡村发展的全部领域。当努力永久持续的话，这种事实经常是会发生的。

2. 主办机关的任何活动必须适应当地人民的自觉需要(Self-felt-need)，

人民始能对之有所反应。举例言之,农民于加入运销合作社并与银行办事处发生业务关系之后,则自觉急需阅读和写作因而衷心学习。倘若某一识字班孤立地举办于乡村而仅只为了扫除文盲,则鲜能成功。通常经验是这种识字班开始加入三十人,数天之后减为二十人,结业之时可能不会超过十人,即完成学习者亦苦无机会用其所学而迅速忘却。此种例证正好告诉吾人,任何开发中国家,在其推行以农业生产为中心的乡村发展时,利用联系计划的利益。

3. 一种作物生产的计划,必须依社区为基础而推行。如此可以确定,在社区内所有的农民,仅种植一种最好的品种,保持纯洁,并生产足够的数量而创建一种产品市场。

4. 推广员必须居住于彼所工作的社区,如此始可了解并发掘乡村问题并协助农民解决。乌江推广员李洁斋君热诚工作十四年之久而从未间断,并将他的职务视作终生事业。他系该院农业专修科的毕业生。这种程度的训练,在多数亚洲国家的当前现况,极适于置身乡村地区工作。

5. 推广员必须具备能力作为一名触媒者(Catalytic Agent),因而能与农业发展各方面所需要的其他机关,包括公立的或者私营的合作无间。在此种情况下他必须为一成熟的人士而有着良好的公共关系。

6. 在适当时机,当地人民必须加以组织而成为正式团体,借以赓续推行其所开始的工作。

参考文献

1. 章之汶:《中国棉花种子分配》(农业及农村发展之推广教育),粮农组织曼谷办事处出版,1963 年。

农业·农村·农民

改良农作物之方法

我国自神农明树艺，西陵氏教民育蚕，迄今迨及四千余年，其间国家之供给，人民之衣食，皆取给于土壤，而土壤之生产效力，虽经此长期之耕种，未尝耗减，是以外人之游观吾国者，莫不赞颂吾农民之善于保存膏腴也。试观吾国农民之耘田，全本乎经验，参与先人之遗训，按天时，顺地利，以行春耕夏耘秋收冬藏之程序。独惜彼等，不学无术，只知墨守旧章，而不知采取新法，故彼等毫无进步，终不过为经验界之一老农耳。设有人焉，晓之以如何去旧法之所短，取新法之所长，则种植法，必臻完美，产量定可丰登，农民富强，全国富强矣。

改良农作物之道甚多，非本篇所能尽述，兹仅就浅近易行者，略举概要如下。

甲、选种　种瓜得瓜，种豆得豆，殆谓种子之不可不慎选也。

（一）选种之利益

1. 改良品种　普通农民，所用之种子，非特混杂不纯，且其生产力亦太薄弱，常于一田间，见有不同之种类，混杂其中，或一田禾苗之成熟时期，有先后之分者，皆品种不良之凭证也。

2. 增加产量　种瓜得瓜，种豆得豆，此定理也，然则种大瓜得大瓜，种小豆得小豆，岂非定理乎。

3. 缩短生产时期　选种，非特能使植物之成熟时期划一，且可缩短之。例如美国南部之植棉区，有棉铃虫，于秋收时，为害最盛，故该处农民，选择成熟时期较早之棉株为种，以避虫害。

4. 求适当地情形　在虫害病害或风灾剧烈之区，选择种子，当以能抵抗上述之灾害者为标准，如此则植物之抵抗力，可渐养成，受灾害之损失，亦可随之而减少矣。

（二）选种之方法

1. 单株选择法　于田禾将收之时，寻出良好之单株，附以记号，及其成熟，分而割之，分而藏之，以为种子。此法少嫌费工，试验场行之则可，普通农民行之，则不便也。

2. 群株选择法　于田禾将熟之时，寻出良好田禾一方，其间若有坏者，宜另割而别置之，其余好者，宜分割而保存之，此法极称简便，普通农民，可仿行也。

乙、农具　吾国农民所用之农具，极形粗笨，非求改良，不足增加工作之效力，而使彼等与欧美农民相角逐。今观欧美之新农具，非特价值高昂，吾国农民购置无力，且多有不适合吾国农情者，若购置之，不免有削足适履之苦。故简便之改良方法，即以现有之农具，用欧美之科学原理改良之，务使价值低廉，以便普通农民购置之。

丙、病虫害　病害与虫害，为植物歉收之最大原因，查考每年所受之损失，为数甚钜，譬如以美国棉花而论，每年受墨西哥棉铃虫之损失，达千万元，甚至生长时期较长之种类，如海岛棉者，几因虫害，而无人种植之矣。吾国对于病虫害之损失，向无记录，想其数目，当可惊人。前年江苏省实业厅，有鉴于此，特设江苏省昆虫局，聘请美人专家吴伟夫博士为该局主任，以从事调查情形，收集标本与研究驱除害虫之方法，数年以后，当有效焉。今将驱除病虫害之方法，概述如下：

（一）人工之遏制

1. 防止方法　绸缪未雨，防患未然，此乃制止之妙法也。

（1）选择良种　易受或已受病虫害之种子，宜弃置之，而选择富于抵抗力之种类，以为种子。

（2）采用轮作制　轮作制者，即以数种农作物，于数年内，顺序轮流种植之之谓也，譬如：

第一年　春植稻　秋植豆或绿肥

第二年　春植棉　秋植麦

第三年　春植稻　秋植豆或绿肥

此称三年轮作制，此种种法，有利甚多，兹略举数端，以示概要：① 深根植物与浅根植物，能得轮流种植，以利用土壤中之上下肥料。② 植物之病虫害，可以减少，盖损害此种植物之病与虫，未必损害别种植物。故植物若轮流种植至少可以减少病虫害。③ 若一种植物，常种于一处，则其产量必减少，殆一则由于土中之肥料耗竭，因无深根植物与浅根植物之互相更替，一则由于此种植物所排泄之毒质，有害此种植物。

(3) 预防害虫之输入　害虫往往随植物种子之传播，而蔓延于别地者，例如墨西哥棉铃虫，因种子之销售而传入美国，现在吾国之棉种，泰半系购自美国，设若不幸，将此害虫输入中国，其害可惧也。是以先见之士，曾要求政府，在上海设立输入种子检查所，凡输入之种子，必须用药水之毒气，薰杀一切之附带病与虫，如此则吾国棉业前途之进步，其庶几乎。

2. 驱除方法

(1) 轮作制　前已言之，兹不赘述。

(2) 毒药剂　此种药品，当于害虫初发现之时，施用之，以免其蕃殖。

(3) 拔去害苗　凡遇禾苗染有害病者，即当拔去焚烧之，以防传播。

(二) 天然之淘汰

1. 气候　气候之冷热，有关于病与虫之发生与蕃殖也。

2. 雨量　雨量之多寡，对于病与虫之发生，颇有关系。

3. 雀鸟　雀鸟喜食虫类。

4. 昆虫　有数种昆虫，专以害虫，为其营养之资料。

综观上述植物改良之道凡三，选择良种，采用现有之改良农具，除去病虫害是也。吾国农民，若能仿此而行，则产量丰登，产质改良矣。

(原载于《金陵光》1923 年 6 月第 12 卷第 4 期)

道　路

交通若便利，则人民之思想新，社会之进步速，此不易之理也。在交通险阻之区，人民不易往来，则愚昧、懵懂、固执、短见、迷信，种种恶态，不一而足。试观吾国今日之社会情形，诚如是也。然则道路之建筑，自为当务之急，其所以迟迟未能举办者，殆有由焉。

一、由于在上者，未能尽提倡之责任，在下者，无办理之才能。上下因循，蹉跎岁月，虽至百年，路之不修，终如是也。

二、由于人民知识浅陋，不能洞悉改良道路之利益。

三、由于人民缺少办理共同事业之精神。

四、由于资本不足，筹措非易。

合此四因，吾国道路之所以迟迟未修也。然考之泰西各国，亦曾受此种困难，不过彼国科学盛行，人民知识比较渊博，注重实行，不尚空言，故政府能尽提倡之责任，而人民复能奉行得力，同心合作，众擎易举，已修之道路固多，在计划之中者，亦复不少。遂见彼国商业日形发达，社会日渐进步，然则完美道路之影响，不可以道里计矣。

在泰西各国道路之建筑与修理，大都由县或省主持，任用专门人才，将全县或省道路，通盘筹划，分别办理，故道路平坦，可行汽车，可通邮政，以致穷乡僻野，一变而为交通便利之区，乡下人民，坐享其利。至于改良道路之影响，可分为二，略述如下：

一、经济

（甲）减少运输费。

（乙）特别农作物，可以栽培，例如蔬菜、水果等，若运输便利，不致有腐烂之虞。

（丙）增高田地价值。

（丁）农民可于无论何时，出售物产，因为道路于无论何时皆称便利，但在道路未曾建筑之境，农民必售其物产，于一定之时，以免河水低落或陆路泥泞，而受搬运不变之苦，所以农产皆于一时销售则市价难免低落，农工且因搬运而不易支配，农民遂受无穷之影响矣。

（戊）交通便利，农产物可得销售于极远之城市，以求高价，而免本地商人之垄断。

二、社交

（甲）改良农民之组织　农民因交通便利，可常相往来，则人与人之关系，愈进密切，农民之团体，愈见巩固。

（乙）改良城市与农村人民对于彼此之态度　城市人民谓农人为蛮夷无智之徒，衣服蓝缕，身体污浊，不愿与之相往来，而农民谓城市之人，为无用者，只知服饰而已。及至交通便利，则彼等接触之时多，则此态度顿然消释，而相亲相爱之心，勃然生矣。

（丙）改良学校之制度　农村学校可得取法于城市，以改良学校之制度。

（丁）增加人民消遣之机会　设道路修理平坦，人民于闲暇之时，可散步于宽闲之野，遨游于寂寞之乡，以享宇宙间天然之情趣，而舒胸襟之怀抱。

完美道路之经济影响、之社交影响，前已言之矣。今将建筑道路之计划，与及保护道路之方法，详细述明，以兹参考：

一、经费　经费为办事之母，故必先解决之。此刻政府与官厅，已到山穷水尽之一日，若何之筹措经费建筑道路，是犹缘木而求鱼也。是以今日之人民，当有觉悟，凡关于人民自身之事业，宜自办理之。

（一）向本地人民，招集股分，建筑大路。

（二）雇当地之贫民为苦力。

（三）农人可于田禾收获之后，建筑小路。

（四）利用解散之军人，去造大路。

二、建筑法

（一）一国之大路，与军事行动有密切之关系，必先由政府通盘筹划，规定路线，以便分别举办。

（二）县分间之大路，可由人民自行筹划办理之。

（三）完美道路，必具下列之要点：

（子）道路之上面宜成脊形，以便排水。

（丑）道路之两旁，宜有土车小路。

（寅）道路之两旁，宜有暗渠。

（卯）道路之两旁，宜有荫树。

（辰）道路宜直。

（巳）道路宜平。

（四）聘请专门人才建筑之。

三、管理法

（一）由人民拟定草案，交与县署鉴核，然后由县署公布之，以资保护。

（二）对于土车与车轮之宽狭，当有制定规条。

（三）道路既系民办，则人民当有常久之组织，管理一切。

四、修补法

（一）道路可分成数段，每段有房屋一所，雇工人一，备有修补道路之器具，以便随时修补。

（二）于每次雨后，当用拖耙压之，以泄积水，而保道路原有之脊形。

（原载于《金陵光》1923年6月第12卷第4期）

建设乡村应取统一途径之刍议

一、绪言

“农村崩溃，民生凋敝”为我国近几年来，无可讳言之现象。于是“到乡村去”“复兴农村”“增加生产”一类的呼声，亦因之而高唱入云。尤其自“九一八”事变以后，全国上下，感于国难之严重及长期抵抗之必要，益觉培养民力、复兴农村，为今日切要之图。最近行政院且有农村复兴委员会之设立，罗致专家，积极谋复兴之道。……于军书旁午之余，尤注重农村建设，特设四省农村救济处，招抚流亡，借种贷款，使丘墟之农村与劫后之灾黎，得渐复苏。至于社会人士，以及各机关团体，亦皆群起注意研究乡村问题，或实地到乡村去，从事建设工作。似此全国朝野，一致勠力，其成就之伟大，不难预卜！实为中国复兴前途之良好现象，亦是国难期中，最令人兴奋之事业。

可是复兴农村，虽切中时病，而为举国一致之要求；然而乡村问题之复杂，又岂是不亲历其境者，所能想象？乡村急待于建设之事业，更是千头万绪。试问何种人方适宜到乡村去？到乡村去干什么？此皆建设乡村的先决问题，必须审慎周详，妥为规划。最近中委邵力子先生在金大农学院演讲西北问题时，曾说过：“到乡间去，不要做蝗虫去剥噬人民，要做蜜蜂去生产！”语意的含蓄，的确非常深切！

现在从事乡村工作之机关，为数不少，有以改进区为中心机关者，有以推广实验区为中心机关者，更有以农民教育馆为中心机关者，虽为殊途同归，究乏统一步骤，对于全国整个乡村建设事业，于发展上，不免有偏畸迟缓之虞。

以我国人才缺乏，经济艰窘，以言农村建设，必须顾及于斯二者，方可以从事矣。谨将个人管见所及，略陈要点，以就正于当世之贤豪！

二、乡村何以需要建设

国以民为本，而大多数人民寄托之所，便是乡村，所以乡村为国家所由建立的基础。都市的繁荣，必须要乡村来维系，国家政费之所出，要以田赋为最大部分，民生一日不可缺少的食粮、棉、毛、木材等，更是全赖乡村的供给；甚至工业的发展，商业的繁盛，皆随着农产丰歉、农民贫富为转移，而成正比例的消长，其影响建设，远而且大！我国既以农立国，而农民又占全国人口百分之八十以上，乡村的地位，乃愈见其重要，自与外洋通商数十年来，每年赖以稍抵漏卮的输出品，几尽为农产物；可见我国乡村对于国计民生，贡献之大！无如年年发生战乱以及水旱虫灾，加以赋税繁重，土匪肆扰，贪官污吏的敲骨吸髓，土豪劣绅的助纣为虐，同时再受帝国资本主义者间接的榨取，农民在此重重压迫之下，怎能不苟延残喘、唍哰沟壑！何怪由自耕农而半自耕农，而佃农，而失业，以至铤而走险……岂得已耶？所以中国今日农村之崩溃，已至极严重之时期，如再不积极建设，将来必同沦于万劫不复之地位，固不必尽待暴日的摧残……

然而上面所举农村崩溃的原因，仅仅是外感的，而非内发的，语云"物腐而后虫生"，乡村所以到此百病从生、奄奄一息之地步，自然有它的渊源，有它的病根，我们既欲从事医治，起死回生，则除驱邪治标外，更当培其元气，强其体质，将病源铲除净尽，如此才有复兴之希望。乡村的病源，从它的病态来推断，有四个字可以包括，即是"贫""愚""弱""散"。

（一）贫　孙中山先生说过，中国原只有"小贫"与"大贫"之分，可是现在各地农民之贫，乃是一贫如洗，粗菜饭，破布衣，还未必能按时吃在肚里，穿在身上；一年等不到一年收，便要借钱赊粮，救急度命，及至粮食收到手，又须立时变钱偿债；丰收之年，尚可维持生活，而债务总不易清偿；一遇荒年，则生机断绝。似此农村现状，焉有不影响于社会国家乎？中国原是以农产为经济中心，近几年来，因生产锐减，以致输出减少，而输入激增，当民国十六年，入超不足一万万两，其后频年递增，阅五年至二十年，竟为五万万二千四百余万两。兹列简单表于下，可见一斑：

表一　最近五年入超(根据海关统计)

年别	进口总值(两)	出口总值(两)	入超(两)
民十六	1,012,931,624	918,619,662	94,311,962
民十七	1,195,969,271	991,354,988	204,514,283
民十八	1,265,778,821	1,015,687,318	250,091,503
民十九	1,309,755,742	894,843,594	414,912,148
民二十	1,433,489,194	909,475,525	524,013,669

如此惊人之入超，表面上虽为国家经济之漏卮，实际上即是农村金钱之流失，因输出农品既减少，农村即失去若干之收入，同时输入品之消费者，大多数固仍为农民，入少出多，焉得不穷！至于输入农产品之与年俱增(见表二)，更足征农业生产力之日益减退，而农民贫穷之日益加甚也。

表二　最近三年农产品进口净数及总值(根据海关统计)

农产品		十八年	十九年	二十年
米	数量(担)	10,822,805	19,891,103	10,740,810
	总值(关两)	58,981,000	121,234,000	64,376,000
麦	数量(担)	5,663,846	2,762,240	22,773,424
	总值(关两)	21,431,000	12,831,000	87,639,000
面粉	数量(担)	11,935,296	5,188,174	4,889,275
	总值(关两)	64,008,000	31,296,000	30,920,000
棉花	数量(担)	2,514,786	3,456,494	4,652,726
	总值(关两)	91,124,000	132,266,000	179,082,000
棉纱	数量(担)	234,126	162,430	47,951
	总值(关两)	188,574,000	149,839,000	121,078,000
木材	数量(担)			
	总值(关两)	27,819,000	23,178,000	34,685,000
合计	数量(担)	31,170,859	31,460,441	43,104,186
	总值(关两)	451,987,000	470,644,000	518,518,000
三年进口总值共计		1,441,149,000(关两)	平均每年	480,383,000(两)

近年关中农民，饥寒无告，卖及儿女，暂图苟安(见津沪各报)，渭河北岸，

经阳、三源、淳化等县的旱田，每亩仅售五角至八角，西安附近鄠县盩厔的水田，每亩亦仅售十余元（见《申报月刊》第一卷第六号陈翰笙之《崩溃中的关中小农》）。皖北饥民，竟食人肉，乡村的贫穷，真无以复加。

（二）愚　中国人民不识字者，占最大多数，而农民又占不识字者之最大多数，不识不知，浑浑噩噩，对于国家社会观念，非常淡漠，几等于无，例如东北失土四省，而一般人民，熙攘如故也。他如贪官污吏之苛削，土豪劣绅之鱼肉，则无不俯首帖耳，绝对服从。至于迎神拜佛，则视为无上依赖之所在，身体有疾病，不知求医，畜牧作物有病害，不知防御，一味听天由命，以度其浑噩之天年。此在闭关自守之时代，固不失为纯民，值此弱肉强食之时，如此之民众，自难立足矣。

（三）弱　东方病夫之称，腾笑世界，人民身体之弱，无可讳言，最大原因：① 不讲卫生，居处污秽，饮食不洁，以至常生疾病。② 营养不足，身体发育不全。③ 工作无度，农忙时日夜不息，毫无相当娱乐以调济其间。④ 不识运动，例如无体操游戏等以锻炼其身体。⑤ 缺乏良医，以诊治其病症，如遇流行病则蔓延甚速，患者只有束手以听天命，有此五因，民族之弱，有由来矣。

（四）散　日本人每谓我国为无组织之国家，其实国家何尝无组织，其无组织者民众耳。人民知识浅陋，复缺团体生活之训练，以致个性特强，勇于自私，毫无黏合力，而形成一盘散沙。值此空前国难，民气犹显示极度之消沉，于此可知我国民众之无合群能力，以言抵御外侮，不亦难乎？

总观以上四点，为我农村显著之病状，亦即我国致弱之原因，吾辈从事于乡村建设者，应于此等处加以注意，而为着手之方。

三、如何建设乡村

乡村的病源和病态，既有充分之认识，欲求其恢复健全，自当赶速医治，对症下药。近几年到乡村去实行医治者（乡村建设机关），颇似雨后春笋，如平民教育促进会之于定县，华洋义赈会之于华北，山东省乡村建设研究院之于邹平，中华职业教育社之于徐公桥，江苏省政府之于黄墟，苏州基督教青年会之于唯亭，江苏省教育学院之于惠北，金陵大学之于乌江，各有其乡村病状的诊断与工作的目标：或以教育为事业中心，或以组织为事业中心，或以经济为事业中心，或以心理建设为事业中心，各有其旨趣，各有其步骤，亦各有其相当之成效。惟以我国乡村病原，在于贫愚弱散四种状态之下，势非兼筹并顾，不能谋整个之解决，从事乡村建设，至少须依下列六种原则，才能有普遍而迅速的进展，以至于完成。

（一）乡村建设应经济化　乡村范围庞大，建设事业，在在须钱，经费之支配，若不力求其合乎经济原则，则不堕于偏枯，即将使事业失其均衡之发展。所谓经济化者，即应以较有限金钱，作最有效事业，利及于较多数民众。故乡村建设事业，最忌以多量金钱，用于极小范围之内，虽此小天地，能因此种工作得到一线之光明，然终透不破四周邻区的黑暗，究于事无补。桃花源派的乡村建设工作，实非所宜于今日之中国。

（二）乡村建设应平民化　从事乡村建设，必须与人民接近，与社会打成一片，才能感化民众；才能洞悉民隐；才能确知需要，何者宜急，何者宜缓，而为从事建设之依据；庶能得全体民众的拥护与帮助，而无往不利。所以乡村建设工作，不能官办，工作人员，更不能官僚化。

（三）乡村建设应普遍化　全国乡村建设，必须有整个的计划，有共同的目标，所有事业的种类，经费的筹措，人员的规定，人才的训练，适宜的机关，等等，皆须依照全国现时的状况，普遍的筹划，极力避免重复偏枯之弊。

（四）乡村建设非慈善的　乡村建设工作，虽为农民谋利益，然决不可抱施舍态度，以致慈善事业化；使施者与受者两方仅为利益之转递，施者既不问及施后之利益是否常存，而受者亦因其得之匪难，无所用其珍惜，结果此施与之效用一过，施者虽已有所耗，而受者仍等于徒然。故乡村建设事业，应由专门人才办理之，绝非下野的军阀，退职的官僚，以及闻人绅士，所能承其之也。

（五）乡村建设非代办的　乡村建设之目的，在提高乡村全民之生活，必使乡民明了此种工作之意义及对其自身之关系，然后可望乡民之赞助。故工作之第一步，宜设法使乡民合作，进而设法培养乡村领袖之人才，养成乡人有自负此种工作之能力，至相当时期，即可让其自办，然后建设工作，才能永远赓续，不致于人亡政废。

（六）乡村建设非急进的　凡一种制度之更张，操之过激，无不偾事：远之如王安石之施行青苗法，近之如浙江之取缔土蚕种，皆欲一蹴而几，遂均不免于颠覆。人皆安于旧习，一旦环境骤异，生活易感不适，念旧之情，可酝激而成反动。故乡村建设工作，宜具适当之步骤，循序以渐进。

上述六原则，实为乡村建设工作应遵行之轨道，然欲推动此建设的轮盘，必藉一具有动力之机体，乡村建设工作，大抵不外训练乡人，学习改进生产技能以医贫，发展普通知识以医愚，讲求身体健康以医弱及实行乡村应有之组织以医散，此皆富有教育性，施行之责任实可归纳之于教育机关。然欲不另树组织，不另筹巨费，建设可期于普遍，工作易得乡人之信仰，必此机体自身有负此重寄之责任与能力。环顾国中，惟乡村中心小学者近似，此余所以主张以乡村小学为乡村建设的中心。

四、建设乡村应以中心小学为枢纽

（一）乡村中心小学之设置

乡村中心小学之设置地点，应为所在地乡村社会之中心，乡村社会之划分，乃由各县于其境内，作一详细之调查，然后根据地势之限制、交通之便利、人口之疏密、商业之范围等，划分若干区域。此每一单位，即为一乡村社会区域；在此范围内，择一全乡居民常聚集之一中心处，或为乡镇，或属村庄，设一完全小学，即为乡村中心小学。更于其四境，视人口与地势，分设若干初级小学，务使子弟在家住宿，而能到学校上课。学生在初小毕业后，即升入中心小学，受高级训练。如此乡村教育极易普及，且收联络指臂之效。其分布状态，如下图。

每乡之中心小学及初级小学分布图

金陵大学农学院曾于数年前，在南京尧化门作一乡村社会调查，划分尧化门乡村社会区域（见《金大丛刊》三一号）。其直径约五里，观图则知尧化门不仅为该区域商业中心，且是社交中心、文化中心，进而为一切建设中心，而其自然集中的范围，并不因人为的行政区域，而有所限制，所以余主张不建设乡村则已，如欲积极建设而且普遍的建设，则乡村社会区域，必须重行划分，并于每一区域中心，设立完全小学一所，如此可谋建设普及，而免重复偏枯之弊。

（二）乡村中心小学为乡村建设枢纽之理由

1. 乡村建设事业，多属于教育性质，今运用教育方式，以促进社会进步，殊为合理之举动。乡村中心小学，以深入乡村，且为乡村唯一教育机关，实应负改造所在环境之责。

2. 教育之对象为全民，学校又为全民所兴立，故除教育儿童外，实兼负教育成人责任，以充分利用学校设备，普及全民教育。

3. 乡村小学为一般乡区所必备，使兼负建设乡村责任，则乡村建设工作，极易普遍推行。

4. 乡校教员素为乡民所信仰，而又熟习乡村情形，进行建设工作，易收事半功倍之效。

5. 乡村小学为永久机关，不受任何影响，建设工作，得以按序进行，可无中断之虞。

6. 以乡村中心小学为乡村建设机关，只须就原有之设备人才与经费，略予增补，即能胜任，较另设机关，另聘人员，另筹经费，实经济多多。

7. 在校学生，皆是本乡农家子弟，平时足能帮助学校，劝导其父兄，以促进推广事业，至毕业后，即散布为优秀农民，因与学校关系密切，更能切实合作，使任何改进，得立时普遍推行。

8. 小学五、六年级学生，应受农业课程，并于家中做设计实习工作，由农业教员巡回指导之，此正是建设工作之一部，亦为乘便指导农民之良好机会。

（三）乡村中心小学应如何设置及组织方称为乡村建设之枢纽

1. 设备　乡村中心小学，既为乡村建设中心机关，则其原有之设备，自不敷应用，必须添设者，约有下列数种：

（1）农场　乡村中心小学，应有相当面积之农场，以作学生实习之地，并为繁殖本地所需要之改良种苗，以备推广之用。

（2）集会室　除学校集会外，兼做全区农民各种集会场所。

（3）运动场　即以学校运动场扩大范围，增添运动器械，除供学生运动外，兼为全区乡民运动之用。

（4）诊疗所　内置简单药品，由看护一人，为校内学生及全区农民诊治疾病。如有较重之疾病，则介绍于县立医院。

（5）展览室　陈列改良之农产品、农具以及各种标本、教材、学生成绩、簿记等。

（6）书报室　为学生及全乡人民阅读书报之所，受县立图书馆之指导，县立图书馆之巡回文库，应按期轮流置放于此。

(7) 娱乐室　此室内可购置丝竹乐器、各种棋子、乒乓球等，以供人民正当娱乐之用。

以上七种设备，应根据下列原则：一要经济，二要坚固，三要学校教育与社会教育可同时进行，而两不相妨(即兼为或专为社会教育之设备，应与教室隔离)。建筑时最好由工程师会同教育家详为设计。

2. 组织　乡村中心小学的组织，除校长外至少有农事指导员、家政指导员、卫生教员(看护)各一人。

(1) 校长　校长为一校之灵魂，应有推动乡村建设事业之学识与能力，以及勇敢果毅之精神。以农业专科学校毕业生，或中等农校或乡村师范毕业后服务乡小教员二年以上者为合格。

(2) 农事教员　除教自然、农学、农事实习等课程外，辅佐校长分赴各附属村庄，实地指导农事之改进。其人选必须农业专科或中等农业学校毕业而有教学经验者(如因经费关系可由校长兼任之)。

(3) 家事指导员　除在校任课外，兼指导全区农家妇女处理家政、教养子女与妇女补习教育。

(4) 卫生教员(看护)　除教卫生常识外，兼任诊疗所看护职务。

(四) 中心小学应为全县各项建设之承转机关

乡村中心小学之设备及组织，既如上述，则乡村四大病原之“贫”“愚”“弱”“散”，皆能加以治疗，使逐渐得到相当之解决，凡从事于乡村建设者，亟应以乡村中心小学为承转机关，其组织系统，略如下图。

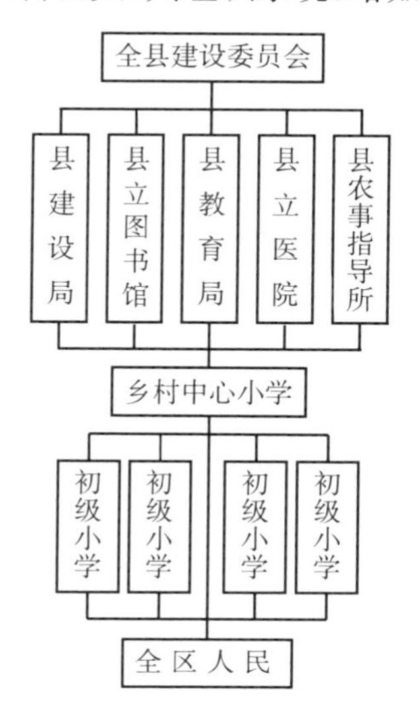

县建设局、县教育局、县立图书馆、县立医院及县农事指导所，须为新县治下应有之组织，可联合组成一全县建设委员会；乡村中心小学，即秉承此委员会工作计划，辅而达之于人民。如县建设局对全县拟具之建设计划，乡村中心小学可代转达于乡人，并领导乡人实行计划所指示。每乡村中心小学之看护，可由县立医院派遣医治简单疾病，介绍重症于县立医院。县立图书馆可组织一巡回文库，运送书籍至各乡村中心小学，公开给乡人阅览。县农事指导所，对全县人民之指导，可由中心小学农事教员代行指导之责。至于县教育局，为各乡校之直属行政机关，关系更益密切。故乡村中心小学可代各机关施行其建设工作，直达于各个之乡人。

（五）中心小学在全国农业推广计划中应占之地位

中央政府曾有全国农业推广计划之拟订，由内实教三部组成中央农业推广委员会，由省农事机关组成省农业推广委员会，各县由省推广委员会指派一二人，设立一县农事指导所，俾对农民作各种农事之指导，以一县范围之广，农事问题之繁，欲求一指导员之精力，普及于全县农民，殊属最难之愿望，若欲加添指导员人数，足敷全县支配，则一县势有数十指导员，以中国之大，人才经费，必两感困难，故欲弥补此种缺陷，最好利用乡村中心小学之农事教员，与县农事指导所联络，一方代农民解答农事上之困难，一方代县指导所传达一切农事方面之指导方法，一乡范围较小，耳目能周，既免多添指导员之困难，更易收农人信托之效，谨将乡村中心小学在农业推广计划中，应占之位置，图示如下。

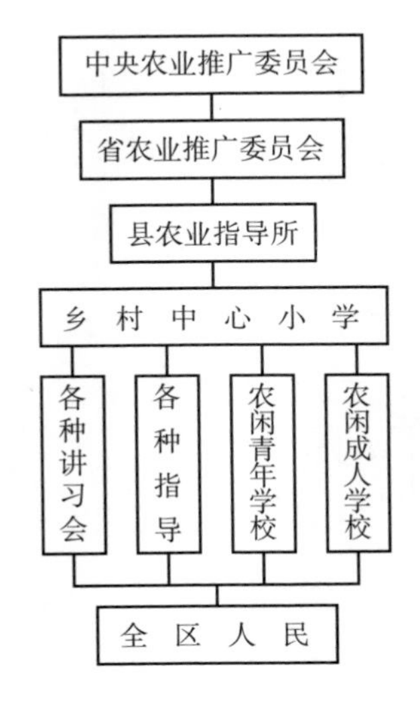

五、结论

以中国幅员的广大，乡村问题的复杂与经济的困难，人才的缺乏，欲求全国农村同时入于复兴之途径，三万二千万农民，皆能出水火而登衽席，除由乡村中心小学就近负此艰巨责任外，比较上实无有适宜于此者。现在已有之各改进区，实验区，多为私人力量向前奋斗，现时显著成绩，固有可观，然究竟是畸形的，而非普遍的，一时的，而非永久的。最近中央政府注意于农村复兴事业，谅应统筹全局，详细规划，对于各省县农村事业，已着手者，如何推进，未着手者，如何进行。最大问题，厥为经济与人才，两感缺乏，处此情形之下，正宜利用乡村中心小学，为建设事业之承转机关，固不必另起炉灶，而感受经济人才缺乏之痛苦。本年四月上海《时事新报》载《江宁自治实验县报告》，曾谓民众教育馆有职员三，白天闲着无事，而房租月需念元，每月经费共需三百余元，至小学则有一教员，仅教十数儿童者，而晚上之教室，固仍空如也，梅县长有鉴于此，乃将二者合并，白天小学生上课，晚上成年人上课，教费稍加，而学生乃增至三分之一以上，竟与敝见不谋而合。现在各乡区之完全小学，略加扩充组织及设备，以现筹之社教及农事改良经费，规入各乡区中心小学，进行效率，当有可观，刍荛之言，愿备采择。

（原载于《农林新报》1933年6月21日第10年第18期）

对我国政府农业建设设施进一言

一、引言

我国至今犹为一农业国家，农业经济实为国家经济之命脉。据财政部国际贸易委员会调查报告之所载，抗战期间，输出国外二十四种货品中，非农产品仅二类，故换取外汇以增强抗战力量，农业生产实为其主要之支柱，且在此全面英勇奋斗中，前方战士百分之九十以上均来自农村，而后方努力生产，维持战时一切物力人力之供给者，又莫非我劳苦之农民，大家不流血则流汗，皆以其生命精力贡献于国家……农业生产之发展，人民生活之改进，实为抗战胜利之重要因素，政府当局，现已多方努力于农业建设，革旧布新，多所树立，然一切设施，是否臻于合理之境地，吾人于工作之余，实有予以检讨之必要，期使一切农业建设之设施，皆能具有圆满之效率，以增强抗战建国之力量。抛砖之意，在于引玉，尚希阅者指正是幸。

二、我国农业建设现有之设施

我国政府年来对农事建设，颇形积极，主持农业建设之机构，乃年有增设，如在农业生产方面有中央农业实验所、各省农业改进所、县农业推广所及农业试验场等。农业经济方面有农本局、合作事业管理局、农村合作委员会、合作金库及农业仓库等。农业教育方面有大学农学院、农业专科学校、高初级农业职业学校等。兹就见闻所及，将我国农业各方面机构，试绘图解如次。

根据下页图而言，我国农业建设机关，几应有尽有，甚形完备，惟其中最大之缺点，即在中央方面缺少一统筹之机构，对于全国农业建设事业，未能作全盘考虑，厘定整个计划，以作逐年推进之依据，结果各方不免各自为政，工作失去连系而趋于重复，殊非集中人力财力积极推进建设之道。

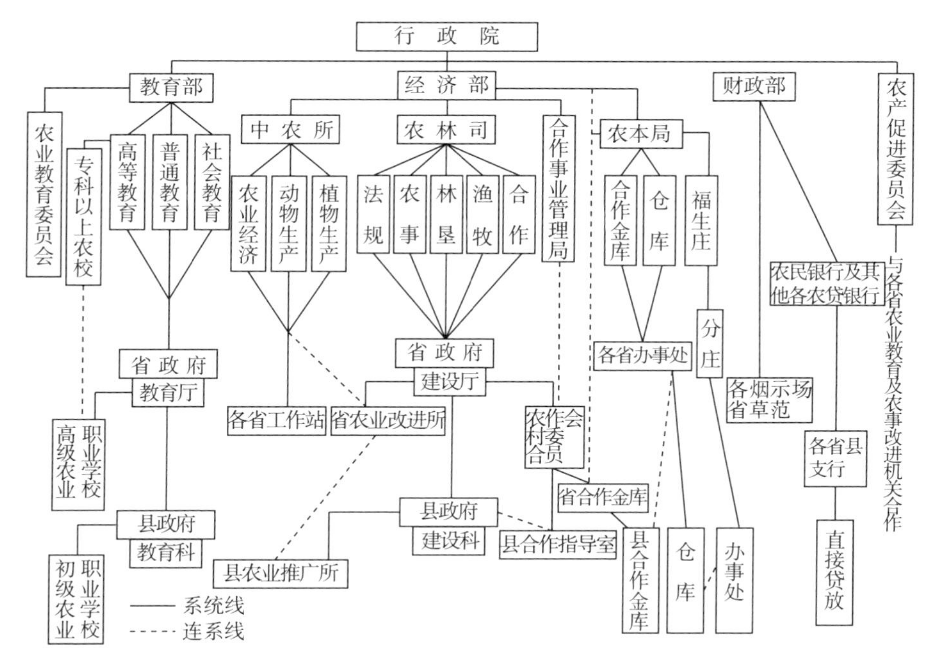

教育与建设，理应连系，教育计划应根据建设计划而拟订。例如于建设方面，计划推进某种设施分年逐步完成，将每年所需要人才之种类与数量，通知教育当局，则教育当局宜积极设法训练以应之，教育与建设如此配合，教育机关不致无目的而施教，建设机关不致感受人才缺乏之苦痛。返观我国目前情形，因建设方面无整个计划与逐年实现之步骤，教育当局自难作有计划之响应，结果到处感觉人才缺乏之弊，每逢一新机关成立时，则恒以优厚之待遇，向其他机关争聘人员，其影响所及，新机关人才尚未罗致齐全，而原有机关颇感人才空虚，事业趋于停顿，是以教育与建设，宜相配合，否则一切建设计划，将成泡影。

三、对我国政府农业建设实施贡献几点意见

吾人于检讨我国农业建设工作机构之余，已明了其缺限之所在，为求农业建设事业之圆满实现，自宜对症下药，现在之缺点，既在于缺乏一统筹之机构，则今后补救之方，即在树立一机构，使能负起统筹全国农业建设之责任。至于现有机构，不必加以改组，免使工作趋于停顿，故吾人主张仅须于中央及

各省原有农业机关之上，增设一农业建设设计委员会，付以统筹全局之责，其主要使命在督导各方工作之趋于实际，避免彼此间工作之重复，同时从事研究中外农业大势，密切注意我国农业建设之需要，拟具将来战事结束后彻底改组计划，兹分述其应有工作与组织如下：

甲、中央农业建设设计委员会：在中央方面应设一农业建设设计委员会，直属于国防最高委员会或行政院。

（一）工作计划：中央农业建设设计委员会之主要工作如下：

1. 草拟战后我国农业整个建设方案：抗战期内农业建设，日趋发展，战后更当突飞猛进，若不于事先研究战后国家社会之需要，厘定其先后缓急与人才储备，则战事一停，百废待举，势将张皇凌乱，不知从何下手。故于战事接近最后胜利之期，宜先拟订一完密战后农业整个建设方案以备作将来实施大规模建设时之依据，中央农业建设设计委员会即宜负此责任，宽给经费，期于两年内完成此项使命。在此两年中，先以半年时间，研究我国已有之农业资料及参阅国外有关书报，寻求我国农业问题之所在，草拟一初步草案。凡国内现有之各农事机关，能将草案内所载之办法，作一试行之实验者，均应付诸实施，同时准备赴国外考察时应行研究之问题，然后以一年时间，赴国外考察，在指定数国内作精密之调查研究，并与各国专家详细探讨，回国后再以半年时间，用客观态度根据国内实验结果及参考各国调查所得，草拟一适合国情之农业建设方案。

在此方案中，须注意使农业教育与农业建设相配合，各级农业学校之教育方针，须切合农业生产发展之需要，使教育与建设联合为一。

2. 调整各农业建教机关工作，其应努力之方针如下：

（1）审核各中央机关有关农业教育与农业建设之计划，凡各中央农业机关之事业活动，未经中央农业建设设计委员会审核者，中央政府不得拨给经费，拟新成立之机构，未经该委员会审核认可者，不得增设。

（2）组织视察团，视察各机关工作，其应有兴革专项，得指导其实施。

（3）核定各机关事业补助费用，于实地视察后，觉某一机关某种事业有予以经费补助之必要时，得自动呈请中央补助之。

（4）编制报告，如编制农业教育与建设年鉴及其他各种工作报告等。

（二）组织系统：中央农业建设设计委员会可分设下列七组及二室：

1. 农业经济组：研究农业金融制度、农产贸易及农业经营等之实施计划。

2. 土地经济组：研究土地制度、土地调整及土地利用等之实施计划。

3. 农业生产组：研究动植物生产及其加工制造等之实施计划。

4. 林垦组：研究森林及垦殖之实施计划。

5. 农业工程组：研究农业机械及农田水利等之实施计划。

6. 农业教育组：研究各级农业教育及农业推广之实施计划。

7. 农业行政组：研究中央与各省农业行政之机构与联系。

每组应设委员二人至三人，由最高国防委员会主席或行政院院长指定一人为该委员会主席，委员会主席得列席国防委员会或行政院院务会议，以备咨询，此外对各种专门问题之研究，可随时酌设各种专门委员会。

在上列七组外，设立视察室及统计室，主持各农业机关工作之视察及统计各种调查结果，编印调查报告。

（三）人选标准：本委员会系主持计划全国农业教建大计，委员人选至关重要，或谓无适当人选，本委员会可不必设立，确非虚语，因人选失当，非仅不能促进建设或将阻碍建设事业之推进，兹将人选标准，列举如次：

1. 曾在国内外大学农学院毕业，并精通一外国语言文字者。

2. 曾在国内担任农业专门工作继续五年以上而有成绩表现者。

3. 对于所从事工作曾有专门著述者。

4. 具有远大眼光而富有行政能力者。

5. 胸襟开扩而具有坚韧毅力者。

6. 思想开展而能认识真正民众福利者。

凡能符合上列标准之人选，皆有服务机会，虽一时不易罗致齐全，但因本委员会使命之重要，可向各机关商请调用。

乙、省农业建设委员会：各省亦宜依照中央办法，组织一省农业建设设计委员会，直属于省政府，以统筹全省农业建设计划，各县亦可视事业之需要，酌量设置县农业建设设计委员会（请参阅拙著《对于四川省农业建设贡献几点意见》）。

我国农业之重要，已无待烦言，而农业之建设，及今已渐具雏型，惟以缺乏统筹全局之机构，未能作通盘之筹划与合理之调配，工作之实施，难免趋于支离与重复及畸重畸轻之弊，中央及各省农业建设设计委员会之组织，实能适应此种切实需要，并能拟具战后整个农业建设计划及确定我国今后应有之农业政策，吾人深愿此种机构，能早日树立，农业前途，实利赖之。

（原载于《农林新报》1940 年 1 月 21 日第 17 年第 1—3 期）

农业建设与人才培养

抗战跃进四年，胜利即行在握，复兴建国必抵于成。崭新中华民国之树立，为全国一致坚决不可摇撼之信念。本此信念，奋发迈进，增加生产，拓殖资源，以建设现代化之农业国家，而奠定战后百年之隆基，此种热望，舆情佥同。是以农业各部门之事业均齐头竞进，蓬勃焕发，向所未有。最近中央政府为加强农业行政，促进农业生产，故于行政院增设农林部，主持全国农林建设事宜，组织愈趋健全，计划尤极缜密。战后吾国农业生产建设之复兴，当更积极。吾国新农建设将开灿烂之花，结硕大之果也！笔者除预贺吾国农业之早观厥成外，尚愿就我国西南各省农业建设现况，加以综括检讨，对于今后应行着重事项，提供数点，以资国内实业界热心造产人士之参考，倘能进而使实业团体与农业教育机关相互携手，以专门技术人员，推动造产建国之伟大计划，则吾国农业之振兴，将远超于吾人意料之外，尤为笔者所馨香祷祝者也。

三年来后方各省农业机关相继成立，其隆盛气象，犹如雨后春笋，略事统计，其足述者有下列数端：

一、属于农业实验与改进者：在中央方面有中央农业实验所及农产促进委员会；在省有各省农业改进所。其已成立者有：四川省农业改进所、西康省农业改进所、贵州省农业改进所、广西省农业管理处、云南省蚕桑改进所、棉业处、稻麦改进所及开蒙垦务局。各省农业经费概算多寡不同，多者六七百万元，少者亦数十万元，而聘用之技术专门人员，多者数百人，少者亦数十人；在县有县农业推广所，其已成立与现正筹设者计四川省于去岁成立 65 县，今年成立 7 县，共计 72 县，贵州省今年拟设置 10 县，广西省各县皆设有农业管理处，今年拟归并于各县府农政科，西康云南两省县农业推广机构现尚阙如。有关农业其他研究机关尚有中英庚款董事会在贵州遵义附设之蚕桑研究所、云南昆明清华大学农科研究所及西南经济建设研究所。综此，农业实验改进之机构，上自中央，下迄县府，系统严正，运用灵活，语云“组织即力量”，以此健全之组织推动农业建设，实施以来，无往不利。此种现象，为全国热心农业人士日夕企求而不可得者，今竟藉战时之需要，迅速达成。于兹抗战建国伟大艰巨事业之中，新农业确在孳长繁昌，而尽其应负之任务。举凡军糈民食之供给，农村之救济，特种作物之培植以换取外汇，在在均有显著之成效。值戎马仓徨之日，能有此建树则抗战胜利之后，吾国农业之进展，当凌驾其他农业国家而上之。

二、属于农业经济者：抗战已进经济斗争之白热化时期，为夺取最后胜利，堆加战时生产，便利运销，节约消费，调整分配，流通金融，救济义民，辅助组训，开拓国民经济资源，尤应严切予以注意。缘吾国以农立国，农民人口占十之八，对外贸易农产品占十之九，农业在吾国国民经济上向占重要比量，抗战胜利以后，农业尤为不可忽视之经济企业之一。故政府对于促进农业生产、加强经济建设、改善农民生活之一切辅导机构，一一成立：在中央有经济部合作管理局、农本局、农林部农业经济司、财政部四行总办事处。在各省有合作管理处，其已成立者：四川省合作事业管理处，西康省合作事业管理处，贵州省合作委员会，广西省合作事业管理处，云南省合作事业管理处。在各县有县合作指导室，其已成立者：四川省县合作指导室，成立一百二十七团，西康省县合作指导员办事处，成立十处，贵州省县合作指导室成立七十一县，广西省合作指导室成立九十九县，云南省县合作指导室成立十二县。以上数字系二十八年十月前之统计，本年各县指导室尤行活跃，增加后之总数，当更不止此也。现在农贷机关中央有：四行及农本局；在各省有省合作金库，如四川省合作金库；在县有县合作金库，四川省已成立四十二处，西康省九处，贵州省三十七处，广西省三十八处，云南省在筹设中有十一处。此种农业辅导贷款机关，襄助农民从事农业改进，则农村金融之昭苏，农民生活之改善，将日近于理想之境地。

三、属于高等农业教育者：高等农业教育机关为培养农村建设技术干部人员之最高学府，无技术人员不克推动事业，非高等农业教育机关，更无由养成高深智识与实用技术之人才。故欲振兴农业必须注意高等农业教育，谅不为过虑之意见。三年来我国农教当局为避免荒废青年学业，相率迁至西南安全地带。合之各省原有高等农业教育机关计国立中央大学农学院（重庆）、国立四川大学农学院（成都）、国立广西大学农学院（柳州）、国立云南大学农学院(昆明)、私立金陵大学农学院(成都)、国立中央技艺专科学校(乐山)、国立西康技艺专科学校(西昌)、私立铭贤农工专科学校(金堂)、江苏省立蚕丝专科学校(乐山)、私立乡村建设育才院(巴县)、私立川康农工学院(成都)、江苏省立教育学院农业教育学系(桂林)、四川省立教育学院农业教育学系(巴县)。在筹设中者有:国立贵州农工学院及私立复旦大学农学院。高等农业教育能于烽火漫天之际,非特弦歌不辍,且增加校数,此种精神与毅力弥足钦佩。

四、属于农业企业者:增加生产、复兴农村非实践励行不可,吾国实业界人士明鉴及此,乃热心提倡农业,努力增加生产,以进国家于殷富之域。现在农业企业之已创设者,为数至多,其中规模较大者,计有:华西建设公司创设之云南建水县实验垦区、新华垦殖公司、乐群垦殖社、中国抗战垦殖社、中华农产公司、中国茶业公司、黔企业公司、大华实业公司、川康兴业公司、川康伐木公司、财政部贸易委员会等,关于农业生产之促进、农产运销之管理、荒地垦殖之开发,均逐步推进。值此抗战愈趋难困之际,经济战远重于军事之最后关头,吾国实业界人士能把握此严重问题而毅然求其解决之道,宏谋尽筹,良足多矣。惟影响事业成功与否之要因,至为庞杂,不可不予以注意。兹就吾国农业现状之成为严重问题者,稍加论列,以与热心人士商榷之。战前吾国举办各种事业所最感困难者,为经费支绌致事业一筹莫展,此为极普遍之现象,无庸讳言。惟抗战以后,国人为求自力更生,复兴建国,非发展后方资源不足以支持抗战达成建国,是以凡百事业均着手创办,计划周详,经费宽裕,倘能推进,自可与预测之目的相符合。惜三年来事业虽极度振兴。但推动事业人员之训练,未能与之齐头并进,比量增加。致主管人员时兴才难之感!机关林立,而其内部则多空虚。结果所至,新成立之机关向原有之机关以优渥之薪给竞聘人员,致新兴与原有之机关均感人才空虚,而人心浮动,见猎心喜,形成五日京兆之势,对于事业毫无继续服务之精神,影响事业进展与工作效率至巨。长此以往,实非国家之福,笔者兴念及此,不胜悚悸,特建议数则,以资参考:

一、农业改进机关之设立,因应战时之需要,自宜力求其普遍,上自中央,下达各省各县各乡,应有一贯之组织,以利推行,而改进工作则须集中,应择其切合实际环境需要,着重于少数中心事业,努力以赴,以底于成,切勿面面顾到,应有尽有。

二、高等农业机关为培育专门技术人才之场所,其内容应力求充实,教学务趋实际，查最近二年来我国新增之高等农业教育机关为数近十，此固为热心所驱使，无可厚非，但因我国农业专门人才为数究属有限，不敷分配，结果新成立与原有学校均感人才不足，教学空虚，此为今日最普遍之现象，应请我教育行政当局予以注意者也。笔者意见，凡未成立或在筹备中者之高等农业教育机关，应设法停止，其已成立而内容空虚一时又无法使其充实者，应设法归并，凡规模已具而内容比较充实之学校，应设法增加班次，开设专修科以及短期训练班，并应成立研究所，培养较高深之专门人才，如此不仅教学实际，办法经济，且可培养大量实用人才。

三、农业改进机关与农业教育机关应切实合作。凡关于研究实验或推广工作应与附近之农业教育机关密切联系，通力合作，利用农业教育机关之人才与设备，作科学智识之探讨与技术人员之训练；而教育机关亦可利用改进机关之场地，作学生实习之园圃，以求教学材料切合实际，若此则改进机关有钱无人，与教育研究机关有人无钱之弊自可幸免。

四、人才培养应由农业教育机关负责，高级农业教育机关人才集中，设备充实，对于青年智识之灌输，技术之训练，服务作人精神之陶冶，负有专责，欲其完成此种目的，绝非短期草率，一蹴可就。而其节省经费，减少骈枝机关，人力物力财力之集中，尤其余事也。

五、农林部与教育部应密切合作。为求教建合一，农林教育两部应密切合作，会同派员视察各省农业改进机关与农业学校，作积极之指导与实际之辅助，以求充实，进而组织农业教建合作委员会以谋：（一）农业教育与农业建设密切配合，而农业教育更作有计划之推进。（二）使各机关工作取得联系，不致发生重复之弊。（三）充实教育内容。（四）调济农教与农建之人才等。务使农业教育与农业建设密切配合，以促成建教之伟大计划。

综之，欲求建设事业之日起有功，非有健全之机构不可，推动此机关，端赖精强之干部，故人才之训练为当务之急，绝不容缓。矧干人员服务之精神，治事之魄力，应早培成。吾国社会人士对于增产兴业向具热忱，惟对此潜在而紧要推进事业原动力之人才作育，不免稍嫌忽视，致事业未克加速进展，殊属可惜，笔者深盼今后实业与教育打成一片，树人建业，农业复兴与国家前途，庶乎有豸。（此篇原为西南实业通讯而作，转载本报）

（原载于《农林新报》1940 年第 17 年第 31—33 期）

总理逝世纪念植树节吾人应有之认识

引　言

抗战行将四年，后方生产建设，突飞猛晋。举凡农工商矿均在计划经济、统制经济之范围内，由主管机关，依预定计划循序推进，逐步完成。于抗战中奠定建国之隆基，我当局及社会人士之高瞻远瞩，宏谋盖筹，弥足钦佩。惟对于森林事业未免忽视，殊属可惜！或者以森林之效潜利远，不克配备军事之需要，或者以其成材期长，非私人经济所能蒇事，是以未尽量提倡，儆觉国人之注意。致森林事业弗能与战事发展齐头并进，谈及战后森林事业之勃兴渺不可期。瞻念森林事业前途，不寒而栗，心所谓危，难安缄默，兹值总理逝世纪念植树令节，敢申管见，以与我行政当局及社会人士商榷之。倘能采及刍荛，使我国森林事业日趋复兴，则为笔者所祷祝也。

一、森林之重要性

土地、人民、组织、主权，为国家独立及民族生存四要素，缺一不可。石骨嶙峋，土地硗确，山无储积，家鲜盖藏，人民日处于颠沛流离之境，社会安宁，国家秩序，无由获得，纵无外患，其国亦难臻富强，故西谚云："国无森林恒亡。"

夫蓊郁之森林，不独增益观感，点缀风景，其关系于国计民生至巨，如居室之建筑，水源之涵养，气候之调和，风砂之捍止，渔猎之保护，土肥之维持，在在惟森林是赖。晚近科学倡明，森林利用之途日辟，化学工业、军需工业之木浆、单宁、染料、涂料、海陆空军需品，亦取给于森林，战事时期，军事要地之隐蔽，军队之驻防，军实之贮藏，防空壕洞之修筑，均以森林地带为适宜，盖树木枝干交柯，能减低敌方轰炸威力，避免损失。抗倭数年来，森林对于吾人及军事之供献，厥功甚伟。

二、植树节简史

我国盛唐之际，舜命益为虞人，掌山林川泽，故草木畅茂，原野菁葱，取之不尽，用之不竭。降及后世，林政失修，斧斤不时，木材缺乏，已兆端倪。近代人口日繁，农田垦拓，森林面积缩小，原有森林多被摧毁，木材之荒，迫于眉睫。有识之士深为隐忧，群起提倡植树，普及造林，一以备社会木材之需，一以为国土保安之计。民国三年，金陵大学美籍教授裴义理先生，建议北京政府设植树节以资示范。民国四年北京政府明令宣布清明为植树节。至国民政府奠都南京，于民国十七年四月令改为总理逝世纪念植树节，并定为七项运动之一。

三、倡行以来之成效

倡行以来，全国景从，各地盛大举行仪式，至形热烈。十有余年，新林理应育成。惟夷考其实，难免"年年植树，无日成林"之识，常此以往，树愈植而山益秃，林愈造而材益少，贻害之大，岂仅薪桂而已哉。其失败之结症虽多，要在无计划、无组织、无力量，有以致之。缘各处植树节举行仪式，多系临时觅地，随意栽植。地权之纠纷与否，树苗之选宜与否不问，无计划也。栽植后不加保护，无人管理，无组织也。所植树木任人樵采、攀折，地方不能形成舆论之监视，行政机关无严法之督饬，无力量也。先哲云："植杨春泥，横树之生，倒树之亦生，一人树之，十人拔之，则不生。"植树易，保护则难期其周到也。十年树木之大业，以无计划、无组织、无力量，依例奉行，点缀升平之态度出之，无怪其不收成效也。

四、合理经营森林应有之认识

查森林有保安林经济林之分。保安林以森林之间接效用为本，经济上之直接收益为末，故施业多所限则，应由国家经营。至于经济林，因林主之不同,互见差异,然皆以收获林产物为目的,且欲以极少之劳费,收莫大之利益。抗战军听,森林利用日繁,保安林未加统制,私人经营之经济林,则投机滥伐,视私人经济利益高于国家利益。在个人立场论之,固无可谴责,在国家立场论之,应立予改善,不然战时森林砍伐净尽,不加节制,伐采迹地不予更新,连续作业不能维持,幼材不克成长,战后木材之荒,定甚于今日,吾人务须把握时机,树立战后森林之基础。

五、今后森林建设之步骤

(一)认识全国森林现况

我国森林面积狭小,除少数原森林外,人工造林面积至属有限,若与欧美注意森林事业国家,如英美德相较,则瞠乎其后。而东三省之原生林,沦于敌手,已非我有,现在只川滇黔之原生林,可资利用。惟材积之多寡,利用之是否经济,斫诣运输合理与否,采伐迹地幼林更新是否切实施行,均须有深切之认识,彻底明了,然后始克以合理方法经营之。调查我国森林现况,为整理我国林事着手之第一步,中央或地方森林主管机关,应将已有之调查材料加以搜集,其未经调查之区域,应行补查,或抽查,或与已着手调查之机关密切合作,从事调查,然后将调查材料加以分析、统计、整理、编纂,公诸国人。使森林事主明了其经营之森林,在个人经济与国家经济上所占之重要性,俾便其订正施业计划,保持森林于连续作业之法正林状态。并使一般国民明了森林之繁荣与衰替,有关民族生存,事属切肤,不容坐视,任少数之摧残破坏,应造成强有力之舆论,作有效之监督。

(二)确定森林政策

森林之经理,森林之营造,森林之保护,森林之利用,均应有确定政策,依此政策,拟具施业计划,依计划作业,以达成森林与国民最大之福利。在中央主管机关应厘定订森林国策,划定国有林、保安林区域,认真管理,发挥国有林、保安林等应有之效能,国营伐木企业,以及所伐林木边材利用之附属工业,均应作有计划之实施,以节省物力。在地方应由行政建设机关合作,规定县镇乡公有林营造、保管及樵采办法及施业计划。交县镇乡农会或行政机构执行。每当植树纪念节,即于公有林区内营造新林,切实保护,其成活之多少,作为镇乡行政人民之考绩。未成林前之刈草及间伐收入,作为乡镇地方公益金。成林后之收益，一部作为地方公益资金，兴办教育建设事业，一部收入作为职员薪给，充裕民生。如是地方人民对于森林之观念改变，逐渐培成爱好自然、爱好森林之情感，保护较易，成林可期，植树节亦不致于空耗国帑，徒劳而无功也。

（三）解决目前迫切问题

抗战中森林问题之亟待解决者多端，而最要者莫如：（1）滥伐问题——现在私人经营以伐木公司乘机兴起，因其目的专注于利润纯益，故采伐粗放，凡不合标准者多废置之，而伐后迹地之整理与更新，无暇顾及，林森主管机关应加以统制，规定伐采林木直径之大小，限期于伐采地，义务代造新林，否则禁止斫伐。（2）滥用问题——军需用材之选择较苛，树木全部可资利用者，仅占百分之十五，其余木材应谋合理之利。倘能于伐木区域内，增设木材利用工业，如木材干馏厂及木材小工业，以便废木利用，则森林资源，不致浪费，国民经济有昭苏之日也。（3）水土保持问题——森林能涵养水源，维持土肥，避免冲刷，其效力之大，为举世科学家所共认。我国年来，水旱频仍，由于山岳地带之森林遭受滥伐。山无被覆，一旦霪雨，则成山洪，挟带混沙，填塞河床，河身淤积，河水汛滥，人民之生命财产损失不赀。此种灾象仍时时发现，吾人当于利用森林之时，注意其保持水土效能，同时将有关水土保持之森林，限制斫伐。如森林为私有者，应由国家出资收买，作为保安林。（4）荒坡垦植问题——抗战以来，增加后方生产，为普遍之呼声，其增加之道，不外垦拓栽植面积与引种优良籽种。在增加面积中，将烟区中之烟田，尽先垦殖外，或提倡冬季作物，或开垦荒坡。山坡一旦垦殖，暂时固可获利，但经遇雨水冲刷，土壤流失，逐渐瘠薄，终至石骨暴露，形成不毛。所谓“父富子贫”，荒坡垦殖后之恶果不乏往例。吾人为维持地利，应提倡荒坡植树，以保水土，而供给木材。（5）薪炭问题——薪炭为日常必需品，亦取给于森林，但人民只知樵采，不事培植，致薪炭价格日益昂贵。欧西各国，对于薪材之最小直径，均加以规定，倘有违犯即受科罚，盖树木之成长，由小而大，逐年增生，小树不存，大树安在。故材径之限制，为保护方法之首要。我国薪材樵采，漫无统制，影响民生安宁至大，关心民瘼者不当忽视也。

六、森林建设人才之培养

森林一切问题之研究与管理人才之训练，固有待于高等教育，而设有林科之高等教育机关应速谋发展，充实其内容，以养成实际管理森林之人才。

七、加强森林事业机构

森林为众人之事，应设机关主持其政务。加强森林行政机关，为刻不容缓。现中央虽有农林部之林业司主管森林事业，但各省之林业主管机关则属于建设厅，各县属于建设科，今后为增进工作效率计，建设厅或县政府应设林产促进会，或协进会，为地方林业建设之监督、辅导机关，与研究建设机关密切合作以达成造林之使命。倘各地一致推行，中国森林繁荣，材木当不可胜用也。望吾同胞秉总理实业救国遗教奋发迈进，吾国森林前途，其庶几乎。

（原载于四川省《植树节专刊》1941年）

农业上太平水缸

凡通都大邑，以及城镇村庄，除有少数设备自来水者之外，余多具太平水缸之设置，盖所以防不测之火险也，天有不测之风云，人有不测之祸福，未雨绸缪，有备无患。庶不致临渴而掘井，灾来而束手。此防患未然，凡事均宜如此，而农业亦莫能例外。

年来川黔等省，均感雨量不足，报旱县份，占各全省半数以上，以致米价特涨，民心惶惶。至上月下旬，各地遍下甘霖，苗萎者复苏，未下种者补种。然丘陵地之稻田，仍感雨量不足，即复苏与补种之作物，仍有严重问题存在。此有关军民粮食，吾人不能不加注意。

川黔区域，除成都平原有都江堰溉灌而无旱象之外，余均赖雨量分布均匀，方有丰收之望。今雨量仍感不足，前已复苏之水稻，又将凋萎矣。气候变化莫测，不知何时得雨如其需要？但水稻此时既尚未繁盛分蘖，纵以后雨量适宜，亦似失其时效。与其望收少量之谷物，不如及时改种红苕及晚熟玉米、高粱或其他耐旱晚熟作物，以期补救大春收获。旱灾既已形成，吾人科学又未能达到兴云作雨之程度，此种补救，似较妥善。但不能再行拖延，坐失时宜。

救旱方法，已如上述，惟种子种苗又成问题，如栽红苕，事先须预备种苗（苗藤）。今改稻而种红苕，则种苗数量，必百十倍于平年。而大批晚熟玉米与高粱，以及其他耐旱晚熟作物之种子，亦必早为之备。此种苗种子问题，有赖政府力量为之解决。谚云“夜夜须防盗，年年须防旱”，旱灾既不时而至，则万不能“临时抱佛脚”。此事先防旱准备之种子种苗工作，余无以名之，乃名之曰“农业上太平水缸”。

农业上太平水缸之设置方法，余意由省农业改进所指定若干容易遭遇旱灾之县份，责令各该县农业推广所，于各乡镇约定若干农家，专门培植种子种苗，预计年逢旱灾，足够本地之用。或由政府限定各乡镇，每农家必作此种工作以为遇旱灾时作本家补救之用。至于约定之农家，每年由政府予以较优之津贴。于政府虽年有所费，但民心赖之以安，物价不致因而高涨，社会秩序得以安宁。夫大街小巷太平水缸之设置，在无火灾时，不觉需要，但一遇火灾，则其用途显著，生命财产，每赖保全。若农业上之太平水缸，为用尤巨，甚至国家生计，社会生存，群众生命，均利赖焉。则救火水缸与救旱水缸，又岂能同日而语哉？

我国抗战已至第五年阶段，最后胜利之条件，以经济为第一重要，而食粮问题，又占经济部门中第一位置。第一次欧战德国之败，败于缺粮，可为殷鉴。现农林部拨增加食粮经费九百余万，后方各省府亦拨同等之数，合计几费国币两千万元，以作增产食粮工作。足见政府重视食粮问题之根本解决。至垦荒以增作物面积，限制种植非食粮作物等，其规划已详尽，惟与余所提之"农业上太平水缸"同意义之工作，尚付阙如。特为提出，以征大众之意见。

（原载于《农林新报》1941 年 7 月 21 日第 18 年第 19—21 期）

农艺与农业生产建设

一、农艺学之界说

农艺学之界说，可分广义与狭义两方面。就广义言，所有耕种土地，栽培植物之一切技术均属之；就狭义言，则为农作物之研究与改良：（一）属于品种方面，如优良种子之育成，以增加每单位面积之产量，所谓好种出好苗者是也；（二）属于栽培方面，如适当栽培环境之选择，肥料农具之改良，以及双季稻再生稻之倡用等是也。

农艺学之在本院，提倡最早。自有本院，即有农艺研究工作，迄今将达三十年之历史。现时该系包括四组：（一）作物改良组，（二）土壤肥料组，（三）农业工程组，（四）农场管理组。其中以作物改良组规模最大，除在南京校本部设有农事试验场二千余亩外，在他省又设有分场四个，合作场十数个。华北华中，几于每省均有本院之农事改良工作。此种试验，大多有十余年之历史，改进种子计有三十七种，包括七种农作物。主要品种如小麦之金大二九〇五号及二十六号，棉花之脱字棉、爱字棉、斯字棉、德字棉，大豆之金大三三二号，均已大量推广，蜚声国内。至其他各组工作，因成立较暂，尚在努力开展中。

二、农艺学在农业生产建设上之重要

农业生产建设工作之主要途径，计分农艺、畜养、森林、园艺四大部门。吾国以农立国，一切衣食原料，普遍取之于农。是以欲求生产建设工作之实际惠及农民，应首先着重农事改良工作，良以吾国人口众多，土地窄狭，必须尽量依赖土地生产作物，以供人民之食用，至畜养事业，除少数边区可视为主业外，只可列为农家副业之一种，而不能如美国之大量发展也。盖每单位土地面积所收获之农作物，远较以所获作物供牲畜食用后所得之食物，量大而经济。美国人口少，土地广，故可种植牧草，以大量饲养牲畜，而人食牲畜或其产品如牛乳鸡蛋等。吾国食粮缺乏问题，已极端严重，如再以大量土地种植牧草饲养牲畜，势将有大多数人民无法获得食粮，而社会秩序，立即紊乱而不堪收拾矣。森林虽为建筑、交通及大部分燃料取给之来源，但除边区与山地之外，只可以为隙地利用，或城市风景之点缀。如以肥沃良田栽植森林，其所获收益，亦远不若农作物之效速而经济，园艺植物□亦为人类生活所必需，但以之与民食相较，似尚以农作物较为重要。故欲求农业生产建设之推行尽利，并迅速获得优良成果，当以提倡农艺为首要之图。年来政府提倡增产运动，亦侧重食粮生产及衣服原料之增加，良有以也。如再能与畜养、森林、园艺各部门，相互配合，依其实际需要，而作有计划之增产工作，则所得效果，当更完美。

抑有进者，吾国积数千年之农事经验，至可宝贵，于栽培技术，尤多独到之处。是以在此方面欲求改良精进，所耗之时间金钱，较之任何部门，最为经济。而且农作物品种繁多，优劣杂处，稍加选育改进，即易收效，每一品种，在改良时期，虽觉费时耗财，但一经改进，藉得优良品种后，即可长期受益。例如金大爱字棉之育成，远在十余年以前，而金大二九〇五号小麦，亦将达十年之历史，迄今普遍栽培于各省，产量超过农家品种，均在百分之三十以上，其于农业生产建设之重要，为何如乎？

三、农艺学今后之趋向

农艺学在农业生产建设上之重要，既如上述。际此抗战建国时期，增加农业生产之呼声，其嚣尘上。在此迫切需要之下，对于今后之趋向，似应着重下列两点：

（一）在品种改良方面，注重丰产与抗病品种。盖吾国现时之最大问题，厥为人口众多，食粮不足，故获得优良品种之需要程度，远不若增加产量为最急切。而吾国农作物品种复杂，产量低下，病害蔓延，防治无方，每年所受损失，难以数计，故增加产量之途径，首在育成丰产与抗病品种。此应由育种学家与植物病理学家之合作努力，始能获得美满效果。

（二）在栽培技术方面，慎勿忽视老农固有之经验。吾国农业有数千年之历史，历经若干聪明才智之改良精进，累代相传，父子相继，实地经验，至多至善，应尽量搜集研究，尽量提倡利用，再加之以采用改良农具，讲求农田水利，施用充足肥料，农业生产之增加，始能确获实效。

四、结语

农业生产建设，固以改进农艺为首要工作，但每一优良品种之育成，或栽培方法之改良，均需要相当时间与金钱。急求速效与贪图近利，均为事业失败之主要原因。从事此项工作者，必须忍耐，实干，积时既久，始可望有所成就，现时欲求速成者，比比皆是，忽尔认为某种作物，急待改良，立即筹措经费，争聘人员，曾几何时，见其成效未著，乃兴趣转变，弃之惟恐不速。如此而言改进农业，如此而言生产建设，戛戛乎难矣。

（原载于《农林新报》1942年10月21日第19年第28—30期）

农业经济与乡村建设

近今一般人士对于农业经济，每多误解。青年攻读农业经济，大多数之目的，在于将来离校后，协助金融机关举办农村投资；而在金融机关，亦乐于延揽农业经济人才，为其担负农贷工作。质言之，误认农业经济为农业金融——甚而只于农业贷款。此种错误观念如不及早澄清，则农业经济前途，永无光明之一日；而农业经济之真正任务，亦将不能充分发挥。

吾人并非否认农业金融在农业经济学中之地位，亦决不抹煞农业金融在乡村建设工作之重要。盖以吾国农村破产，农民窘困之情形下，急待农业金融为之调济，固已毋待赘述。惟是乡村建设事业，千端万绪，农业经济范围，备极广阔。分而观之，亦似各有端倪；合而言之，实际目标相同。研究农业经济而有志于乡村建设之青年，除应致力于农业金融之外，尚须就如下三方面努力：

一、解剖家　乡村建设第一步工作，在于明了乡村实际环境，研究乡村固有事实，从而发现与乡村建设有关之一切问题，以为从事改进之张本。研究农业经济学者，应为一优良之解剖家，运用其锐利之眼光与缜密之分析，将乡村问题详加解剖，而指示其优劣得失之所在。

二、设计家　乡村建设第二步工作，即依据解剖之所得，以为订定改进之途径，俾一切计划，一切政策，可以合乎乡村实际需要。研究农业经济学者，应为一优良之设计家，运用其丰富之学理与周密之思想，订定详确之改进计划，俾有助于乡村一切问题之解决。

三、实行家　研究农业经济学者，每被人目为坐而言不能起而行，此种批评，殊与事实不符。农业经济学为应用科学，其详细之解剖与精密之设计，贵能实地应用于乡村建设工作，始能显现其真正价值。故研究农业经济学者，又应为一刻苦之实行家，不断研究，不断应用，乡村建设，广有赖焉。

农业经济学会拟出专刊，索稿于余，略述所见，藉明梗概。举一反三，是有待于明达者之探讨耳。

（原载于《农林新报》1942年12月21日第19年第34—36期）

农业与国防

一、何谓国防

所谓国防，吾国在二千余年以前，已有圆满之解释，即孔子所谓“足食足兵，民信之矣”。盖政府取得民众信仰，对于人民生活所需之食粮，必须予以满足，同时对抗御外侮所需之工具，尤应准备充足。二者俱备，始可为一独立之富强国家。

“兵”之一字，在古时即指步兵骑兵以及作战所持之戈矛弓矢等是。移至今日，如飞机，如重炮，如坦克，如军舰，乃至海陆空军，名称虽有不同，而其为兵则一也。由此可知，居今日而言“足兵”，非发展工业——尤其是重工业不为功，所谓“工厂战争”“机械战争”及“物力战争”等是。一言“足食”，则不外民众食粮、军士食粮，而食粮之所自来，农业也。吾人夙已熟知德国在第一次欧战之失败，非由于兵之不精，实由于食之不足。今次战争，英伦三岛，如无美国之源源接济，食粮早感恐慌，而无法继续支持矣。吾国抗战，时逾五载，幸得天独厚，风雨及时，虽因物价不断高涨，平民生活痛感困难，然此非有无问题，实乃分配问题。最近河南湖北边境一部大旱，收成减至十分之二三，民食立感威胁。吾人试思，设各地旱灾普遍发生，演变而成为有无问题，其危机之严重为何如乎？是故足兵（发展工业）、足食（发展农业），为国防之二大支柱，无分轩轾。二千年前如此，今后亦复如此，兹请一谈足食。

此次战争显明之特征，即在作战之初，双方所采之战略各不相同。一方为速战速决，所谓闪击战，攻其不备一鼓而下之，轴心国家所采之战略即是；一方为消耗战，所谓争取最后胜利，即现在同盟国家所采之战略。德日两国之速战速决，虽似获得初步之成功，然世界之大，速战速决，每不易达到理想之目的。如德国击破法荷国等以后，有苏联之长期支持，日本攻占南洋群岛以后，有美国之猛烈抵抗，遂使此次世界大战，不得不演变而成为长期战争。最后胜利之谁属，须视其人力、物力、财力之大小而决定。

自美国参加同盟国作战以后，其人力、物力、财力之大，诚足惊人。由一九四二至一九四三年间，预计陆军由常备军八万人将增至八百万人，生产飞机十八万五千架，坦克车十一万五千架，高射炮五万一千尊，造船一千八百艘，动员工人一千余万名，每年军费预算达千数百万万美金，此外食粮之供应，更无法计算矣。自同盟国家立场言之，最后胜利之信念，决无动摇之可能。

二、农业与国防

请在国防立场，以观吾国农业。农业实包括下列各项：

（一）人力　吾国人口四万万五千万人，参加国防工作者如以十分之一计，可达四千五百万人，据军政部何部长三十一年十月廿三日在国民参政会报告。现时从事作战兵员，总共动员一千一百万人，是距十分之一之数尚远。英国本部人口计有四千六百万人，现已动员二千三百万人参加有关国防工作，计动员二分之一。吾国人民如尽量动员，则兵役工役，实属取之不尽，威力之大，诚不可侮。

在此抗战期间，前方将士百分之九十以上为由农村抽调之农民，农民不特在前方流血，即后方之修筑道路、建筑机场以及其他生产建设等工作，均惟农民是赖。中国农民对此次抗战贡献之伟大，诚有如去年陪都一家报纸社评述“我们晓得，我们全国人最多的是农民，在地理上，国内占地最多的是农村，不容讳言的，我们政府的施政对象，主要的是广大农村社会，而民族生命之所系也在这广大的农村社会。千多万的抗战健儿来自农村，关系国本民命的食粮出自农村，占战时税收最多的田赋取自农民。农村与农民实在是我们抗战的支柱”。

（二）物力　吾国农民对物力上生产甚富。食粮、衣服、原料，以及皮革、军马、丝麻，无不俱备。此与英国之必需仰赖外援者不同。作战以来，虽遭受敌人封锁，仍能长久支持，无虑缺乏。物价高涨，非由农民生产力之降低，乃分配工作之尚未合理。据财政部贸易委员会负责人声称，吾国廿四种输出品中，属于农产品者达廿二种之多。

（三）财力　我国财政基础在农村，抗战时间，更属明显。在前发行纸币，以白银作准备金，举借外债，以关税盐税为抵押品。战时白银外运，关盐税收锐减，所举外债，名为信用，而将来之偿还，自须赖农产品。现虽根据租借法案可向美国赊购军需用品，但战后之偿还，仍需利用农产品如桐油、羊毛、猪鬃、生丝、茶叶、药材等。（于此有一至堪庆幸之事，即外人惯用中国丝、茶、药材之后，今后吾国农产品之销路，可望逐年增加。）战时财政大宗收入，为增加税收，而税收尤需仰赖农业。即以田赋征实征购而论，川省本年计共征购食粮一千七百万市石，倘以法币折算，为数实属可观，不特民食军糈赖以供应，即公教人员之米贴亦均仰赖于此，贡献之大，可以想见。

站在国防立场，农业可分为左列各部门：

（一）生产部门（物力）　如食粮作物类、衣服原料类、工业原料类、园艺产品类、外销特产类、畜产类、水产类及林产类等。属于农林部主管。

（二）加工部门（物力）　分为纤维类、食品类及器材类。纤维类如纱厂、丝厂、毛织厂、麻织厂；食品类如面粉厂、罐头厂、酿造厂、油料厂、制茶厂；器材类如木工厂、制革厂。属于经济部主管。

已往农业只着重生产而忽视加工，实为一大错误，亦如工业只开采矿苗而不设厂精炼然。盖农业与工业二者不可分离，国外各农科大学均有加工部门，吾国今后农业教育，亟应注意及此。

（三）分配部门（财力）　调整国内分配及发展国际贸易，从事于分级检验、仓库网、运输网及调查管理等工作。属于交通部、粮食部及贸易委员会主管。

战时分配问题，甚感重要，战后恐且过之。盖此次战事结束后，各国均穷困不堪，将来国际贸易，须有相当时期，实行以货易货，殆无疑义。吾国亟应早作准备以应事实之需要。

（四）农民部门（人力）　如农民教育之普及、农民组织之加强、农民生活之改善。属于教育部及社会部主管。

在抗战期内，农业既如此之重要，即战后建设工作，亦非农不办：

（一）战后复员非从农业方面入手不可：此次全面战争，堪称空前未有，战区如此之广，人民如此之众，战后正规军游击队之安置，籽种耕具房屋之供应，非从农业入手，不能安定如此多数人之生活。

（二）整理财政非从农业方面入手不可：战后财政之整理，一方面减少输入谋求自给，同时应增加税款，平衡收支。惟国际贸易锐减，关税来源不畅。唯一税收，当推田赋。此外遗产税、契税、牙税等，亦均惟农业是赖。

（三）偿付外债非从农业方面入手不可：中国经此次战争后，负债累累，战后终须偿还，大部必须用农业特产，作价偿付，如桐油、生丝、羊毛、茶叶等，此时即应早谋发展。

（四）发展工业非从农业方面入手不可：

A. 重工业　战后善后建设，首在发展重工业，故必须广植经济作物，高价输出，易取重工业机器进口，盖彼时各国皆已穷困，而均力谋建设。以物易物，以有易无，在国际贸易上将占重要之地位。

B. 轻工业　战后人民生活所系之轻工业，如纱厂、丝厂、毛织厂、面粉厂、皮革厂等，必须迅速发展，藉谋自给。在前以本国原料品质窳劣，多输用外国农产品，现时即应力求改进，使品质优良齐一，合于轻工业之需要。

（五）建立民主政治非从农业方面入手不可：吾国人口百分之八十以上为农民。若大多数目不识丁，生活无法解决，何能谈及民主政治？新县制之特点，在于组训民众，增加生产，必须全国农民有组织，有训练，有生计，民主政治始能建立。

是故在平时，农业帮助工业建设，在战时，农业安定、军民生活，稳定抗战基础。陶行知先生谓吾国应“在农业上安根，在工业上出头”，诚属至理名言。

三、结语

农民对于抗战，贡献既如此之伟大，农业对于国防，关系又如此其重要，而且站在国防立场之农业，实包括生产、加工、分配、农民各部门，直接有关各部长官对于农业应有充分之了解与认识，以作施政之指针及谋各部会间工作之配合。

（原载于《农林新报》1943 年 1 月 21 日第 20 年第 1—3 合期）

农业与工业

一、何谓工业

今日之工业，可分为国防工业与民生工业二种。国防工业者，系指大规模钢铁厂，用以制造巩固国防所需之飞机、坦克、大炮、军舰，以及发展民生工业所需之机器工业，亦即吾人通常所谓之重工业。民生工业者，系指制造人民日常生活所需之物品如面粉厂、棉织厂、丝织厂、毛线厂、麻织厂、制茶厂、制糖厂、木材厂、造纸厂、皮革厂、油料厂、罐头厂等均属之，亦即吾人通常所谓之轻工业。

二、农业与工业

论者或谓世界农业国家，概属贫弱，工业国家，始可富强，因之主张吾国今后必须努力发展工业，否则终难免于次殖民地之地位。实则吾国轻重工业，固有待于积极发展，但轻工业所需之原料，几全部属于农产品。试一检讨吾国近年来农业生产情形，可知中国所产原料，不但不足供应工业发展之所需，甚至为一衣食不周而需仰赖外国接济之国家。战前所有纺纱厂及面粉厂，固大部依国外输入原料以维持；抗战初期，农村受敌人之摧残，衣食原料之输入，尤在迅速增加。此等农产品，均为吾国所当自给，惟因农业未臻发达，故不得不仰赖于国外输入。战时后方各省历年农业增产数字，虽不断公布，但一考实际情形，依据四川省遍布各县之农情报告员所报告，加以统计，有如下表（数字以千担计）。

	1938年	1939年	1940年	1941年	1942年
稻	132,291	143,331	68,603	84,394	90,251
麦	57,357	39,465	32,179	31,999	43,709
玉米	14,430	26,080	17,717	21,149	22,767
甘薯	78,102	51,208	46,343	58,957	47,319
棉花	531	410	319	210	215
油菜籽	8,791	7,883	10,928	6,566	5,697
甘蔗	41,258	17,106	23,432	14,115	9,288

由此可知，吾国工业生产固极端落后，有赖于吾人之努力提倡；但发展工业所需之农产原料，几于逐年均在减少之中。如战后从事大规模工业建设，而所需原料，甚至人民日常衣食之所需，尚须仰赖外人供给，则不但工业难于发展，且将不能立国于世界。

抗战胜利，日益接近，建国事业，百端待举，重工业在战时战后之重要性，固不容吾人稍加忽视；但欲增加本国生产，减少贸易漏卮，提高人民生活水准，则舍发展轻工业不为功。吾国号称以农立国，特种产品如油桐、猪鬃、生丝、茶叶、鸡蛋、生革等，虽亦有相当出产，甚且有少量输出国外，但此因国人消费力薄弱，享受不起，复因工业落后，无法利用，遂尽量运销国外，经过一度加工之后，复以成品输入销售，一出一入，利益尽落外人之手。吾人固曾竭力主张迅速发展吾国特种产品，俾战后以之换取机械以发展吾国工业，但此不过建国初期之过渡办法。重在吾人能利用科学方法，设厂自造，俾以自制之成品换取他人之成品，以及兴办工业所需之机器。如此则国际贸易，始可渐趋平衡，不致永为他人之原料取给地及成品之倾销市场。

吾国新兴工业，在第一次欧战时期开始萌芽，除少数冶矿及兵工厂外，几全部属于轻工业，如沿海各口岸之面粉厂、棉织厂、毛织厂、丝织厂、木厂，广东之糖厂，江浙各省之制茶厂、制丝厂，以及分散各地之造纸厂、制革厂等，均在外人经济压迫之下努力支持，树立雏型。七七抗战后，此等脆弱之基础，几被敌人摧毁殆尽，仅有少数转移后方，继续开工。战后发展吾国轻工业，必须具有下列两大目标：其一为供给全国四万万五千万人民日常生活之必需品；其二则为加工制造特种农产以换取各种机器。故其发展之道，必须遵循下列之途径。

（一）注重农业改进

1. 大量生产　美国棉纺工业每年消耗棉花七百万包，中国需衣之人数较诸美国多至数倍，而年产不过二百万包；英、美、法各国毛织厂每年各约消耗羊毛六七万万磅，而中国年产不过五千万磅。故欲发展我国棉毛纺织工业，则植棉及畜牧事业，必须努力改进，大量增产，始能应付工业需要。此外，如制糖、造纸、制革、制丝、制茶等，以吾国人口如此之众，需要量如此之大，欲满足各个人之需要，势非现时少量与零散之生产所可应付。欲达大量生产之目的，首须引用改良种籽，施用适当肥料，扩大种植面积以及农田水利之倡办，病虫灾害之防除，均有待于我农界同仁之努力者也。

2. 品质优良齐一　吾国数千年来之特种农产，只为应付家庭手工业之需要，品质既欠纯良，又复优劣互见，殊不足以应付工厂大规模制造之需。例如吾国所产棉花，仅能纺十支至二十支之粗纱，欲纺较细之纱需仰赖外棉，以是战前吾国棉花之输入，最高年达三百万担以上。各面粉厂所需之小麦，亦大部自外国购入。以号称农业立国之国家，甫经倡办工业，即感农业原料之数量不足与品质低劣，更足证明脱离农业而言工业之发展者，实未加深思也。今后如何改进吾国农业特产品质，使之优良齐一，以配合工业之发展，又为我农界同仁努力目标之一。

3. 生产成本减低　吾国农产品不能配合工业需要，固由于产量不足与品质低劣，而成本过高，亦为主要原因之一。例如战前上海面粉厂需要之小麦，由中国产麦区域运至上海，其成本远较由美国输入者为昂，因之各厂争购外麦，而自产之小麦反被摒弃。棉花亦然。减低成本之方法：其一为减低生产成本，主要为引用改良种子，采用改良栽培方法，利用改良农具等，以期产量增加，而生产费用降低；其二为减低运销成本，主要为发展新式交通工具，并设法减少中间商人。

（二）采取合作制度

战前吾国工业，多建立于通商口岸，其缺点业有事实之证明，毋庸再事赘述，今后工厂应分建于各特产区域，如北方棉花，西北羊毛，东南茶丝，四川桐油，均应就地设厂，加工制造，最理想之办法，为采取合作制度，利用北方之村落，南方之乡镇，将农民组织成为合作团体，建立乡村手工业。如此则可利用农闲，使男女老幼，共同制作，以增加农家收入。且工业集中乡村后，生产者亦即制造者，不特可以免除都市繁荣与乡村破产之弊，至于所谓资本主义劳资纠纷等,均可消灭于无形。瑞士之钟表,名闻全球,但其零件制作地点,并非大工厂,而系散处各地之农家。按照厂方规定标准作成各式零件,送至工厂,搭配成表。吾国乡村工业之建设,似亦可采取此项办法,惟应注意下列二点,今请言之:

(1) 健全合作组织　吾国已往之合作社,多不健全,有名无实,不能配合工业发展之需要;战后中国工业合作协会虽在各省倡办工业合作社,然其主要目标系在救济战区失业技工,且多设立于较大城市,并不能配合农业发展之需要。今后吾国合作事业应将农工合而为一,自行生产,自行加工,自行运销,则一切利益概归生产者所有,农民自易乐于组织。政府应将合作行政机构,加以调整,并加强指导工作,使合作社组织健全,业务发展。

(2) 厉行分级标准及检验制度　欲求农工产品达到商品化之目的,首须建立良好之分级标准与检验制度,有优良之农产原料品供给工厂需要,始可有优良之制成品向外推销,获得较高之市价,而农产原料品之售价亦可相对提高。故政府亟应厘定各种农工产品之品级标准,并于产地及起运地点普设检验机构,以利推行。

三、结论

欲底国家于文明富强之域,第一要巩固国防,第二须提高人民生活水准,在初期提倡国防工业时,须以农产品换取外国枪炮及机器,至于提高人民生活水准,则须发展民生工业,而工业原料则大部须仰赖于农产品。故农业改进,工业始有原料,农民有原料供给工业需要,则其购买力增加,工业产品,始可消纳,而人民生活水准亦随之而提高。

农业国家而不发展工业,则永处于次殖民地之地位;工业国家而无农业原料,则工业基础亦不稳固,德日等国工业高度发展之后,因缺乏农产原料而发动侵略战争;美俄二国既有农业,而复有工业,乃能跻国家于一等富强之域。吾国气候温暖,幅员辽阔,农业发展,希望无穷,如能就增加生产、改良品质及减低成本三方面致力,以配合我国工业发展之需要,则民富国强,指日可待也。

(原载于《四川经济季刊》1943 年第 1 卷第 1 期)

农业与商业

一、前言

依经济发展之自然顺序，由农而工而商，恰如植物之成长，由根而茎而叶。植物必须具备根、茎、叶三部，始能发育滋长，国家经济亦必具有农、工、商三者，始能繁荣健全。论者每多重其一而轻其二；或重其二而忽其一，固属偏颇之见；即视三者如鼎足之势，而未能明了其相互间之连锁性，亦非适当之论。吾国自古以农立国，并非只有农业而无工商业，乃系以农业生产为基础，而以工商业之活动，使农业产品之实用价值增高，同时工商业之活动，亦将因农业之改良，而日趋于繁荣之途。

人类之兵连祸结，互相残杀，多基因于农、工、商三者失去连系，未能平衡发展，以致有为工业原料品之获得而发生战争者，有为谋求推销制造品之市场而发生战争者。回观吾国，乃一以农业为基础之国家，凡与生活日用品有关轻工业原料之农产品，几于应有尽有，至于市场则有四万五千万人口之众，供应彼等需求，提高彼等生活程度，已足够吾人长期之努力。故我国为一永久爱好和平之国家，毋庸侵略他人，惟近百年来遭受不平等条约之束缚，政治之侵略，经济之压榨，农村已呈破产，工商业日就萎落。今者不平等条约业已废除，全国上下一致努力于抗建工作。但吾人欲振兴农业，自应兼顾国内民生工业之发展及国际商业之促进，同时提倡工商业者，亦必须注意农业之改良，三者互相联系，顺自然之程序而发展，始能望达国富民强之目的。农业与工业之关系，已于另篇叙述，兹请一谈农业与商业。

二、发展我国商业

（一）目的　我国商业之前途，不外发展国际贸易及扩大国内市场，兹分述之：

1. 发展国际贸易　任何国家国际贸易政策，不外奖励出口与限制进口，以求满足国家各种物资之需要，并维持每年进出口贸易之平衡。返观吾国，一言出口，在国际市场上较有地位之输出品，以丝、茶、桐油为大宗，但自印度、日本厉行种茶，美、俄等国厉行植桐以来，我国茶与桐油已渐失其重要性，蚕丝因受日本突飞猛进之结果，亦呈一落千丈之势，自一九二九至一九三二五年[①]间，中国蚕丝生产仅占全世界总产额百分之一三点六而日本则占百分之七四点三。故急应发展吾国特种农产，使原料质量改进，数量增加，若能进一步加工制造，而以成品运销国外，尤为今后努力之标的。此项国际贸易，宜由国营机关办理之，若由人民自由经营，以零星分散之个人经济活动，与其他各国之整个或集团贸易机构争取市场，固难操胜算也。一言进口，吾国自一八六四年起至一九四〇年止，除早期六年间曾有少数出超外，七十余年来每年均属入超，历年积累入超净值几达一百三十亿元。而且在抗战之前数年，粮食入口恒占输入品第一位，棉花输入亦为数颇巨，以号称“以农立国”之国家，而有此种现象，宁非怪事？今后国际地位平等，除建立自主贸易俾经济发展趋于合理外，根本办法，尚在改进吾国农业，使产量增加，质量改进，以供应国内外之需要，使入超日趋平衡。

2. 扩大国内市场　历年来我国内销主要市场，多系操诸外人之手，自马关条约成立以来，国内重要生产部门，多由外资经营。全国铁之生产，日本资本竟占百分之九十五；全国纺织之经营，外资约占百分之六十八，煤之生产，外资亦占百分之五十六。外商复藉其租界、租借地及沿江沿海贸易特权，操纵把持我国市场，以致我工商业基础薄弱，无法与之相竞争，而迅速趋于崩溃。今后政府对于国内商业应运用主权，辅以国家资力，使□摆脱此种羁绊，同时建立自主之贸易制度，以适应扩大国内市场之需要。再就农民立场言，我国内销农产贸易，似应采用合作方式，一则减少中间商人之剥削，一则便利

---

① 原文即“五年”。

小农之运销。盖小农出产有限而自运费用过大，殊不经济。故今后政府对于提倡农村合作组织，应列为促进国民经济建设之首要设施。

（二）方法　发展我国国内外商业，应采取下列诸方法：

1. 建立交通网　欲求我国商业之发展，首赖全国水、陆、空交通网之建立。在昔美国西部之开发，即得力于铁路之敷设，以火车为宣传工具，散发小册，张贴传单，鼓吹铁路两旁生产之丰饶，举行沿线物产展览会，并免费开行游览专车，办理学校，开设农场，以引起人民前往开发之兴趣。故(1) 交通可以帮助农业之发展而农业发达后复可增加物资之运输；(2) 交通发达可以改良土地利用，在交通不发达区域，虽不适于种植某种农作物，但因外地物资输入不易，不得不勉强种植以应当地需用；交通发达后，则各地农产运输便利，易于互通有无，自可种植最适宜当地风土气候之农作物，以谋农产收入之增加；(3) 交通发达，并有平稳物价之效，德国在战时全国各地，一物一价，即因得力于交通发达运输便利之故，以故全国各地公教人员之待遇相等。而生活费用亦复相同。

2. 建立仓库网　交通网建立完成以后，随即配以全国仓库网，以便利农产之运销存储与押放诸业务，仓库之建筑，必须科学化，配以适当之设备，以减少仓储期间之各种损失，同时注意全国农村简易仓库之兴建，以备农民随时储押贷款，不致于农产品甫经收获即谋脱售，而遭受农产物价低落之损失也。

3. 建立分级检验制度　农业生产，必须达到产品商品化之目的，惟欲达到此目的，首须建立良好之分级制度，既可刺激农产改进，以适应工厂之需要，复可便利市场交易以扩展远地之销路，而使产品获得合理之售价。政府应厘定各种农产之品级标准，俾农民、工厂及商贩三方面共同遵守。

吾国农产贩卖，因缺乏检验制度，搀水搀伪，泥沙混杂，每致不合工厂需要，而须重新整理，费时耗资，莫此为甚，同时农产价格亦无形低落。政府过去虽有商品检验局之设立，以检查外销商品，然多设于通商口岸，此后应于产地及起运地点，普遍设立检验机构，无论内销外销物品，概须经过详细检验手续，发给合格证件后，始准起运。

4. 改善捐税制度　为国输捐，乃人民应尽之义务，无论农工商贾，均当慷慨输将。但吾国捐税，向称庞杂，关卡林立，名目繁多，货物运输，随时随地，必须完纳各种捐税，而经收人员之藉端敲诈，渔民肥私，均予商业发展以莫大阻碍。但外商运货入口，只须完纳子口半税，即可在内地通行无阻，因之本国货物负担特重，不能与外货竞争，改善之道，除收回关税主权及提高外货税率外，于本国货物，规定农产品于起运地点，商品于出厂之时，纳税一次，即可运销各地。

5. 研究市场管理　吾国外产销品，如桐油、丝、茶、蛋产等，由购买、分级、包装、运输，乃至广告、出售，向多操于外商之手，而从中获取厚利。故吾国亟应树立外销机构，以自运自销，挽回利权，除由政府组织国营公司并在国外各大商埠分设分公司或推销处以便利推销本国产品外，并指导农民组织大规模合作社，先由内销逐渐推进国外贸易。例如美国加州果品产销合作社所经营之果实，销路遍及全球，而农民所获之利润，每较任何销售方法为优厚。此外凡商业发达之国家，概于驻外大使馆内设有商务参赞，以调查驻在国之市场情形以及人民需要与习惯，并管理该国在驻在国之一切商业活动，吾国似应仿行之。

6. 统制输入成品　吾国新兴工业之成品，无论在生产技术及生产成本方面，均难与高度工业化国家之成品相颉颃，因之在输入成品方面，应采取：(1) 经发给许可证后方准输入，如与本国新兴工业之发展有抵触者，则不发给许可证；(2) 应规定较高之关税，以限制国外成品输入，并使其成本增加，售价提高，藉以保护本国之工商业。

7. 培养商业人才　既有合理之制度与精密之计划，若欲确保成效，必须有精练干部人才，始能推动，是故战后农产贸易之实施，实有赖于当前农产贸易人才之培成焉。

三、结论

由农业改良，而得价廉物美与产量丰富之农产品，以为工业之原料；工业有原料后，始可制造成品以发展国内及国际贸易；同时工商业发达，则农产价格提高，农民收入增加，而加强其购买力，农业亦随之更加改良。结果农业、工业、商业相携并进，国民经济建设完成，人民生活水平提高，以抵国家于富强之域。

（原载于《经济论衡》1944 年第 2 卷第 4 期）

我国农业建设前途之展望

一、引言

纵观世界大战态势，轴心国家已成强弩之末。德国原为巨凶，势极猖獗，今已深入苏联泥沼而不能自拔。同时英美联军挟北非战胜之声威，进攻欧洲大陆之门，意国原属外强中干，民族精神，又非上乘，在英美大军压迫之下，势将首先灭亡，或脱离轴心而转入盟国怀抱，以期战后之复兴。论者或谓欧洲大战于本年内可以结束，固属希望太高，来年今日结束欧战，已成为必然之趋势，届时同盟国家移师东向，配合我国军民力量，驱除倭寇，直捣东京，将为二年内之事也。长期抗战胜利之后，凡我国民于痛定思痛之余，自必深自检讨，努力于今后之建国工作。

本年度已过去半，来年度我国农林施政计划，自宜及早拟定，一面配合抗战之需要，一面从事战后复员与长期建设之准备。作者不敏，本诸国民责任，愿将一得之愚，撮要贡献，以供采择焉。

二、健全农林机构

任何行政机构，必求其合理而健全，机构健全，则用力小，而成效大。否则机关重复，权责不清，影响所及，其小者浪费金钱时间与人力，其甚者，互相牵制，人事摩擦，建设事业，无由推进。试观通都大邑，自来水管之架设也，电线之装置也，必须先有工程师，详为设计，按图布置，有条不紊，一举手则水流矣，电通矣。倘若主宰市政者，不遵循工程师之设计，随便架设水管，随便装置电线，则其结果，不仅耗费材料，一旦发生障碍，且不易明白其症结之所在，是以行政机构，必须合理而健全，其理至为明显。

我国农林事业，原系随时势之演进而逐步进展，以有今日之局势，初非有一定图样，以为其发达之依据。今本诸百尺竿头更进一步之意，关于机构方面，愿作如左之建议。

（一）将农林部粮食增产委员会及农产促进委员会合并改组，成立农林部农业推广处，代表农林部主持全国各省农林增产事宜，以免机关重复而利统筹。

（二）将农林部在各省所设置之粮食增产督导团及推广繁殖站，并建设厅之农林科取消，归并各省农业改进所或农林处以事划一而专责成。农业改进所或农林处，应兼管行政事宜。

（三）将县建设科之农林行政事宜，划归县农业推广所办理之。

上述三级农林机构加以调整后，各级农林机关之职责，亦应予以调整与加强，以免重复而利建设事业之推进。例如：

（一）农林部负研究试验与督导推广之责，其办法在加强各中央实验所之研究工作，侧重技术方面之研究，科学理论之检讨，以领导并鞭策全国农林科学之前进。至于应用试验工作，则应根据我国农事自然区域，分区设立农事试验场，举办各该区内几种重要农事研究试验工作，以备所在区域各省改良应用。至于推广繁殖，系属各省之事，中央不必举办，从而督导之可也。

（二）省农业改进所负改良繁殖与辅导推广之责，其办法在设立省农事改良场，将国立农事试验场研究改进之成绩，举行区域试验，并加以繁殖推广应用，凡省内特殊问题，亦应加以研究改良，以供推广。至于实施推广自为各县农业推广所之任务，惟囿各县农业推广之组织与人力，皆形薄弱，省农业改进所应组织若干巡回推广辅导团，每团六七人，由各种技术专家组织之，常期巡回于各县之间，担任农业推广辅导事宜。

（三）县农业推进所负实施推广与实地指导之责，县农业推广所现虽已普遍设立，然率皆内容空虚，形同虚设，不仅无补实际，且将贻人以口实，谓农业建设毫无成绩，遭受外界人士之轻视，影响今后农业之建设。其实县阶段之农业推广最为重要，一切中央与省方研究改进之结果，皆全赖县方阶段推广及于全体农民群众，可惜现今之言农业改进者，均言至省方为止，而于县方则忽而不详，是以推广基层机构未能健全树立，又何怪推而不广也。在抗战期间，人力财力有限之时，不必于后方各省各县普设农业推广所，只希望于各省首要县份如专员区之首县，为数有限，宜集中力量于此少数首要县份，切实成立县农业推广所，使其组织制度化，事业科学化，切切实实表现农业改进之成绩，使此少数县份，成为各省农业改进之据点，树立规模，一新人民之耳目，以作战后普遍设立县农业推广所之张本。

上述三级之农林机构，各有专责，犹如自来水之有水源、水塔与水管是也。农林部为自来水之水源，省农业改进所为自来水之水塔，县农业推广所为自来水之水管，此三者必须具备，缺一不可。今者水源未濬，水管不通，而曰为水塔建筑之是务，未见其可也。

三、配合抗战需要

（一）加强衣食原料生产：人民生活程度，降至最低限度，即衣食而已，现在衣食原料之生产，宜视为一切农林建设之首要，其他生产事业可以从缓，或予以紧缩，三十三年度衣食原料生产经费，宜占全部农林建设经费百分之八十。

（二）组织战区巡回推广督导团：由农林部组织战区巡回推广督导团三团，分驻于我国南中北三战区，协助战区各省农林生产督导事宜，每团设团员六七人，由稻作麦作棉作杂粮畜牧兽医防治虫害及合作等专家组织之，一面督导战区各省农林生产，一面随军事之进展，协助义民返乡，从事耕种，此乃配合反攻最切要之举，不可忽视也。

（三）准备同盟国远征军所需食品：同盟国远征军所需之军火，自应由英美设法直接供应，但其所需之食品，则应由我国就地设法供给，以免占据运输吨位而加速军火之供应，此为同盟国家联合反攻前，我方应作之准备也。同盟军所需之食品，如面包、马铃薯、玉米、糖、牛油、牛肉、鸡蛋、番茄、水果、豆类、花菜、菠菜、胡萝卜，富有营养成份之食物，宜及早调查后方生产数量，并研究如何增产，如何储藏，如何加工，如何运输，以应需要。

四、树立战后农林建设基础

（一）创设国立农事试验场：国立农事试验场，自宜分区设立，前已言之，同时须请注意者，在此人力财力缺乏之今日，不宜多所设立，更不宜随便设立，多设则内容空虚，不能做事，直等于虚设。随便设立则事后或发现地点不宜，发展不易，改弦更张，自不经济。是以事前必须考虑周详，定下百年大计，按步实施可也。此次西北建设考察团农林组拟建议中央建设国立西北旱作农事试验场、国立西北畜牧事业试验场、国立西北血清制造厂、国立西北农业机械制造厂，以及国立西北水土保持实验区，皆为切要之举，自应慎重考虑，付诸实施也。

（二）准备战后农业复员工具：抗战胜利在即，农业复员工作，瞬将开始，沦陷区之耕牛籽种树木等，皆被敌人摧残殆尽。农林部对于是项准备，宜如何积极统筹办理，或亦为当今之急务。作者认为凡在后方之公私农场，皆可设法利用，加以经济补助，使能齐赴事功也。

（三）补助各农学院研究经费：各大学农学院为农业人才培养场所。我国高级农业研究人才，尚多集中于各大学农学院之内，彼等一面培育人才，一面从事研究，惟因经费困难，研究工作难期开展。今年农林部有鉴于此，特予拨款补助，是为开明之举，裨益教学与研究，实非浅鲜。三十三年度应增加补助经费额数，以期尽量利用大学教授人才与设备，此不仅有关动员人力物力，抑亦充实教学培养实际人才与加强农业研究改进工作，诚一举而数得也。

五、改进外籍专家利用

此次来华外籍农业专家，如罗德民、蒋森、戴克□及费普斯，皆为现代农业俊杰，学验俱丰，我国有此专家前来协助，幸何如之。惟因此项国际间之合作，系属初创，其中自不免有未尽妥善之处，例如某专家在未来华之前，因不悉我国情形，而我国仅聘请畜牧育种专家，某专家不知自身作何之准备，乃私地自加思索，来华后担任牛之育种乎？马之育种乎？猪羊之育种乎？关于上述育种工作，中国已进步至若何程度？到中国后在农事试验场工作乎？抑在农学院工作乎？究有何人可与其工作？本人应作何项准备？此类问题萦绕脑际，百思而不得其解也。今后国际间之合作，尤其外籍技术专家之利用，将与日俱进，深望中央政府对于外籍专家之聘请，树立统筹机构而加强其利用也。

六、结论

值兹抗战胜利在望之时，凡我农业界同仁，无不加倍奋发，努力职责。对于现在之设施，自宜加以详细之检讨，对于未来之建设，尤应计议周详，以期促进抗战胜利之来临，减少人民生活之痛苦，而跻国家于富强之域，以与列强并驾齐驱，是为全国人民一致之要求。作者秉性耿直，愿贡所见，尚希阅者指教是幸。

（原载于《农林新报》1943 年 7 月 21 日第 20 年第 19—21 期）

我国过去农业改进工作之检讨

一、农业之特性

农业生产，关系国计民生，其重要不言而喻。惟农业有其特性，顺之则进步可期，逆之则鲜有不失败者。兹请申言之。

（一）区域性　农业富于区域性，温度、雨量、土质、地势、栽培习惯、生长期长短，均能影响农作物之生长。甲地改良之品种，每不宜于乙地，必须就地研究改进。于引种外来品种之前，应举行区域试验，以定其适应性，始可推广种植。工业则不然，国外机器可随时输入本国应用；出产成品，亦可随时随地销售，不受环境因子之限制。

（二）持续性　农业改良之对象为有机体，不仅需时较长，即改良品种推广后，尤须不断改进，否则易起劣变而混杂不纯，非若工业之对象为无机体，所制成品，设非破损，形式概属固定，惟农业改进收效虽缓，而可保证必至。年来各国改良之乳牛、绵羊、鸡、猪以及小麦、棉花、玉米等，多费十余年乃至数十年之时间，终能达到改良之目标而加惠农民。

（三）季节性　农事作物具有季节性，何时播种，何时收获，均随各地气候而受其限制。故改良经费必须配合季节需要，按时动用，不违农时，此与工业活动之随时可以扩大或收缩者迥然不同，吾国各农业改进机关之经费，概属按月平均分配，且多有积欠情事，影响事业，殊非浅鲜。

（四）服务性　就农业改进工作本身言，因举行各种农事试验、研究、推广等工作，绝非一经济事业，不似工业成品之可以计算成本，获取厚利。但其改良结果，推广农家应用，则可达到富国利民之目的。例如金陵大学农学院西北农事试验场成立于民国二十二年，迄今十年，农场经费支出共计三二七九八〇点六八元，农场本身收入为一〇七〇九四点八四元，而十年来农民之收益，则为一〇九三四六六八元。农民收益与农场实际付出相较，为其纯利之五十倍。故农业改进工作，实具有服务社会之特性，受其实惠者乃农民也。

二、过去之检讨

吾国倡导农业改进工作，原始于有清末叶，如各地实业学堂之开办，上海农学会之成立，均证明此时国人渐感于农业之不能株守成规，听任没落，而有从事改进之必要。但一切设施，只限于浅近技术之传授及文字学理之鼓吹，正式设立场所从事研究试验，乃民国十年以后之事，兹分期检讨如次：

（一）点缀时期　民国十六年国府定都南京以前，吾国农业改进工作，系震于欧美农业之长足进步，起而仿效。惟因政治未上轨道，技术人才缺乏，除少数大学农学院埋头从事研究外，所有农业机关及农事试验场，仅为陈列式之点缀。搜集国内外较优之作物及牲畜，分别播种陈列，俨然成为植物园或动物园或生物展览场所。主持人员多为失意政客，落伍官僚，藉此以为退隐之所，对于农业茫无所知，殊不足以言改进也。作者于民国十一年偕美国植棉专家郭仁风先生参观南通国立植棉试验场，场长为一官僚，身着官服，头戴红顶帽，指甲蓄留寸许，陪同赴场参观。场内将搜集所得之中棉数十种分行种植于一区，美棉数十种分行种植于另一区，二区相距甚远，问其故，盖恐中美棉互相杂交也。稍具植棉常识者，当知中美棉不能互相杂交，中棉与中棉，美棉与美棉，始易杂交，而场长则不之知也。又如十一年日本被迫将青岛退还中国，内有德人经营之畜牧场，日人在移交之前，以普通牛易去若干最优之改良种牛，而我国政府所派接收人员，为一官僚，只照册点收数目，品种之优劣，则莫之能辨。某次教育部派员视察北平农学院，见庭园内道傍之小麦而惊叹韭菜生长之繁茂。于此可见此时各农业改进机关，徒具形式，任用人员，多不明了农业，未能担负其应有之职责，可名之曰点缀时期。

（二）猛进时期　国民政府建都南京后，一切建设事业，突飞猛进，农业亦非例外。尤其至民国二十年长江大水为灾，加速我国农村之崩溃，继以“九一八”日人发动空前之侵略战争，东北四省相继沦陷。政府一面准备长期抗战，一面加强农业生产，增加抗战资源。除在行政院之下设立农村复兴委员会外，二十二年成立中央农业实验所，实开吾国政府设置农业机关、真正利用科学从事改进农业之先河。次年全国经济委员会棉业统制委员会中央棉产改进所成立,又次年全国稻麦改进所成立,利用各大学农学院研究试验所得之方法与材料,作全国性之区域试验,并开始举办作物育种繁殖推广工作,吾国农业改进事业,至此始渐上轨道,成绩亦颇卓越。抗战前全国棉产几可自给自足,设非战争影响,恐现已达出超之地步。此一时期,虽属短促,而工作推进,至为积极,可称之为猛进时期。

(三)增产时期　自全面抗战后,政府西迁,增加农业生产,列为长期抗战重要政策之一。中央于二十九年成立农林部,除归并原有之中央农业实验所外,复增设中央林业实验所、中央畜牧实验所及垦务总局,分别管理全国农林、畜牧及垦殖事业推进事宜。原有隶属行政院之农产促进委员会亦归并农林部,主持全国农业推广事宜,以期增加农业生产。各省方面,采取省农业组织一元化,将省立各种农业机关,悉并入省农业改进所,中央在各省设有农业推广繁殖站,各县设有农业推广所,期将各高级农林研究机关所得之成果,选择其能适应当地需要者,介绍于农民,以增加农业生产。此外农林部成立粮食增产委员会,复在各省成立粮食增产督导团;财政部贸易委员会亦设立外销物资增产委员会,并附设茶叶、桐油、生丝三研究所。以推行战时粮食及特种增产工作,而充裕军糈民食,并换取外汇,裨益抗建。故此时期系将已改良者加强利用,增加生产。研究试验工作,几陷停顿,可名之为增产时期。

三、检讨以后

检讨过去,发生左列之感想:

(一)教育机关实开我国农业改进之先河　吾国农业改进工作能有今日之成就,不能不归功于各大学农学院之首先倡导。例如中央大学农学院对于水稻棉花小麦良种之育成,颇著成绩。作者对于金陵大学农学院知之较稔,特加叙述以为例,查该院创立于民国三年,除在南京设有总场外,复在全国各地设立分场四处,合作场八处,区域试验合作场四处,种子中心区六处,抗战后迁川,设有成都临时总场一处。育成优良作物八项三十六种,此外尚有改良甜橙、红桔、甘蓝、榨菜、蕃茄等,均已大量推广,对于吾国农业改进工作,具有下列之贡献:

(甲)优良种子之推广　因分场合作场普遍全国各重要省分,是以育成之优良品种，亦分布于全国各地。兹以小麦一项为例，如南京及四川之金大二九〇五号，北平之金大燕京白芒白及金大燕京九九号，陕西之金大蓝芒麦及金大西北六〇号、一二九号、三〇三号，河南之金大开封一二四号，山东之金大济南一一九五号，安徽之金大宿县六一号及一四一九号，山西之铭贤一六九号，河北之定县七二号及七三九一四号，江苏之徐州一四三八号及一四〇五号。举凡吾国适宜小麦栽培区域，几皆有金大改良小麦之存在，战前战后政府在各地举行小麦推广工作，即利用此等已有之良种。战后金大二九〇五号小麦在四川开始推广，至二十九年，已达三十一万七千五百亩之多，协助政府推行食粮增产工作。厥功甚伟。

（乙）育种技术之确定　民国十四年由美国洛氏教育基金会之资助，与康乃尔大学合作，派遣育种专家魏根斯、马雅斯及洛夫先后来院讲学，为期六年，指导改良技术，训练人才，同时并利用寒暑假期，邀请全国各农事试验场工作人员，来院研习有关之理论及技术，使育种之技术达成标准化，以奠定我国农作物改良之基础，为吾国利用外籍专家之最有成绩者。

二十二年中央农业实验所成立后，金大农学院除将一部事业移交其继续举办外，复尽量供给研究材料，洛夫博士被请担任该所总技师，规划各项研究改进事宜。是以该所前任副所长、现任农林部次长钱安涛先生曾谓该所研究改进工作，因有金大农学院之协助，至少减短该所研究改进过程达四年之久，盖非虚语。

金大农学院之所以有此些微成绩者，即因能顺应农业之特性：一、分区设场以适应其区域性；二、人事稳定以适应其持续性；三、经费固定以适应其季节性，故能充分发挥其服务性。

（二）工业原料农产品首先获得改良　我国农产物中之首先获得改良者，计有生丝、棉花、小麦及烟叶等。缘此项农产物与丝厂、纱厂、面粉厂及烟厂有关，各厂商因需要大量优良品质农产，国人渐不惜重资自设农场，从事生产，或资助其他机关从事研究改进以及技术人才之培养。工业与农业相携并进，其成效至为显著。

（三）政府对于农业改进尚待积极进行　吾国农业改进工作，虽早经社会人士所注意，但真正依照科学方法实地从事研究试验，不过最近十余年之事。同时研究经费，实太有限，战前中央农业实验所全年经费不过六十万元，全国稻麦改进所不过四十八万元，与其他经费相较，所占成数至为微小，泉源未濬，水流不远，根本未立，枝叶难茂，研究试验工作，因时间及经费之限制，尚无大量优良成果，乃侈谈推广，空言增产，其无成绩表现，实属意中之事。

（四）农业改进工作未能切合实际需要　在昔吾国农业行政之领导者，对于农业多欠了解，不明农业上区域、持续与季节之特性，以致求治心切，不务实际，每有设施，辄限令于短时期内，获得成果。在上者图速效，在下者应功令，虚报数字，只求报告上之动人听闻，而无裨益于农事改进。同时机构随时变迁改组，人事经常流离动荡，一切试验工作。常须从头开始另作，而终鲜实际结果，耗财费时，莫此为甚。

农业研究乃农业改进之基本工作，今后农林部应注意研究试验事业，以为推进各省农林改良之依据。而在改良工作推进之时，应顾及农业之特质，妥筹经费、宽限时间，并按照需要，设置场所，脚踏实地，实事求是，庶乎可望有优良成绩之表现。且也人才为推进改良事业之灵魂，政府对于培养人才之大学农学院，尤应增加其经费，充实其设备，俾能大量培养实际人才以应需要。

（原载于《农林新报》1943 年 8 月 21 日第 20 年第 22—24 期）

我国农业善后

一、农业之重要

我国向以农业著称，抗战期间，农业固为安定后方之主要因素，战后农业仍将视为我国之重要经济基础，兹特举其重要之点如下：

（一）为多数人之职业　吾国农业向占总人口百分之八十以上，抗战以还，一般公教人员，亦多于公余兼事耕种，补助家用，故以农为业者几达百分之百。战后我国农业建设，旨在增加每个农人之生产能力，使农民人数可以减少，从事其他职业人数逐渐增多，今后五十年之努力，农民人数恐亦难减少至百分之五十以下，是农业为我国多数人之职业，殆无疑义。

（二）为人民生活资源　人类生活所需，几于全部取给于农，食用之米、麦、蔬、果，衣着之棉、麻、毛、丝，建筑房屋及交通器材，无一不仰赖于农业，故欲解决民生问题，应首从农业着手。

（三）为国家税收来源　我国财政收入，大宗为税收，而一切税收直接间接均取之于农。即以田赋征实征借而论，川省三十年度计征稻谷一千一百万市石，三十一年及三十二年各一千六百万市石，三十三年计二千万市石，倘以时值每石八千元计，则三十三年度征实约值一千六百万万元，本年川省普通经临费总额计五万八千六百九十一万元（公粮在外），仅及征实额百分之三点六，但征实数量，只占农民大春收获百分之十五。倘我国战后能仿效苏联先例，将百分之二十农产品，操诸政府之手，使成为国家资本，则一切国家建设事业，均可顺利推行矣。

（四）供给工业原料　战后促进工业建设，而工业所需原料，实有赖于农业之大量供应，例如纺织工业之棉、麻、毛、丝等，化学工业之木类酒精、橙酸、橡胶、颜料、纸、药品、火柴、皮革、樟脑、松脂、桕腊、五倍子、八角、鞣酸等,饮食品工业之米、面、油、酒、糖、茶、酱、烟等,均应大量增产,以适应新兴工业之需要。

(五)促进商业发展　发展商业,首赖有广大市场,我国农民人口,达三万六千万以上,倘农业生产增加,农民生活改善,则购买力增强之结果,将促进吾国商业普遍繁荣,而与工业建设配合发展。

(六)平衡国际收支　在抗战时期,一切军需物品,可根据租借法案,向美借用,战后租借之偿还,以及国防民生所需向外购入物品之抵补,势须增加对外货物输出数量,以求平衡外汇。但在吾国工业尚未发达之前,所能输出货物,仍以农产品为大宗,故我国输出之经济特产,实有积极发展之必要。

根据国父三民主义之昭示及国家现行建设政策,我国战后国家建设,不外三大途径:(1)为国防建设,所以保障民族独立自由而不受任何外力之干预,是有待于发展军需工业,以建立强大之海陆空军。(2)为宪政建设,所以实行民主政治,是有待于普及国民教育,而培养人民行使四权之能力。(3)为国民经济建设,所以解决民生问题,是有待于农工商三者之配合发展,而尤以农业生产为基础。国父昭示"建设之首要在民生"。农业改良,工商业自可日趋繁荣,进一步国防建设与宪政建设,均将赖以迅速完成。

农业在我国之重要,既如上述,则我国一切有关之政治、经济、教育、交通、工业、水利等建设事业,均应觅求配合,以图发展,否则若失去建设对象,则一切建设,均不能深入民间,与人民群众发生密切之关系。试举我国银行为例,我国所有公私银行制度,均系抄袭资本主义国家办法而来,全以工商业为对象,而与我国广大之农村与农民群众无关。再以目前提倡工业建设而论,时至今日,无人不欢迎工业建设,惟工业建设,是一种建设方法,其建设之对象,不可不特加注意,否则空言工业建设,而与我国前途,无甚裨益。曾忆有一位往外国习农业机械者,因缺乏我国农业常识,不知我国农业所需要之农业机械为何,及返国后,一筹莫展,实非无因。战后二三十年内,除若干重工业建设外,其他一切建设,均应以广大之农村为对象,务使一切建设事业,互相配合,互相为用,则我国建设事业,方能脚踏实地,繁荣滋长。

二、农业复员

吾国此次长期抗战,灾区之广,死亡之众,古今中外,罕与伦比,战后士兵之复员与安插，流亡之安抚与复业，事繁责重，不容忽视。然吾国除农业之外，其他任何职业，均无法安插如此众多之人口。兹举战后复员之主要事项如左，深望主持我国善后救济机关，予以积极之注意。

（一）返回原籍，重理旧业

1. 运输问题　一旦战事结束，政府即应以西安、重庆及桂林为三大集中地点，力谋交通工具之改善与畅通。西安扩展陇海铁路之运输，而与平浦平汉两路相衔接，重庆加强长江轮运之速率，而桂林方面，则应谋疏通湘桂、浙赣、京赣等路之运输工作。凡此均应及早准备，俾不至临时因交通运输问题尚未解决，而延迟国家复员工作。

2. 返回原籍　战时敌人于沦陷区内尽量搜刮物资，战事结束期间，敌人溃败之余，尤难免发挥兽性，恣意破坏。故于战后遣送军民返回原籍，对于衣着、食粮、住宅、卫生、医药等设备，均应有周密之计划，妥为准备。而我农界尤应协助政府，大量增产所需资源，俾军民于返籍之后，即可安居，进行生产工作。

3. 重理旧业　战时兵源之补充，百分之百来自农村，战后工商业一时难望迅速发展，复员工作，自应以重理旧业为原则。然农村经破坏之余，不特庐舍荡然，即耕牛、种籽、种苗、种畜乃至极简单而普遍之农具如犁、锄、镰刀等，均将大部散失，而有赖于政府之协助与供给，且所需数量，至为庞大，尤非短期间内所可凑集。故于现时起即应大量繁殖制造，以供战后普遍推广应用。

（二）清理农田，恢复主权　吾国经此次抗战，人民迁徙流亡，沦陷区内原有农田，不特主权更易，且多无人耕种……战后流亡人民及复员士兵，返回原籍后，如何清理农田，整理地籍，使迅速恢复主权，并严密防止狡黠之徒，利用时机，施行土地兼并，均有望于政府之积极推行也。

（三）修治河流，培填沟渠　战时黄河历经泛滥与改道，摧毁农田，难以数计，而各地战沟纵横交错，对于耕种工作，至多障碍。战后迅速利用以工代赈办法，将各地河流沟渠，加以修理培填，既可增加耕地面积，复可安插一部分无田可耕之人民，使其生活不致陷于绝境，诚一举而二善备之事也。

三、农业建设

（一）实行农工商三位一体　我国农民人口众多，每家所耕种之土地，平均不及二十华亩，而美国农民每家所耕种之土地，则平均有一百五十英亩，合九百华亩。无论我国农民耕种如何勤快，利用如何经济，每年终岁辛苦，实难维持一家五口之温饱，遑论提高文化水准。是以战后应普遍提倡农工商三位一体制度，使所有农人皆能一面于农忙时期从事于农事耕作，一面于农闲时期从事于农产加工制造，以及农产运销，以增加经济收益。如此则我国乡村人口，无论男女老幼，一年四季，皆可有工可作，均为生产份子，一家数口皆可居住一起，一切因家庭制度破产而引起之社会问题，皆可不致发生。返观欧美资本主义国家侧重都市发展，其流弊所及，则乡村文化低落，人民竞趋都市，造成劳资纠纷，失业恐慌，以及其他诸多社会问题。我国战后经济建设，旨在发展国民经济，使全国各地普遍繁荣，则本篇主张实行农工商三位一体，以繁荣全国广大之乡村，不仅提高多数人民之生活水准，且亦适合国民经济建设之道也。

我国乡村民众，向以加工制造为家庭副业，其产品中且多负有盛名者。例如湖南刺绣、浏阳夏布、西湖藕粉、四川竹器、山西汾酒、云南火腿等，均为著名之农家加工成品。惟以农家星散，指导改进不易，且每家资本有限，经营范围不易扩大。战后宜由政府派遣专门人员，指导农民组织加工合作社，贷以充分资金，并指导改进其加工技术，务使加工成品合乎科学标准与市场需要，以利推销。查我国北方农民集居村落，多者数百家，少者亦数十家，从事农产合作加工，最为相宜。我国南方每一村落，农家数目虽较少，但乡村集镇则甚多，以四川省而论，每间五里至十里即有一乡场，用以为合作加工之中心场所，亦无不宜。

于民国十九年，金陵大学农学院曾与中央农业推广委员会合作创办安徽省和县乌江农业推广实验区。其目的在提高人民生活水准，而其主要业务则从棉花改良入手。先将全区农民组织若干合作社，推广良种棉花种植面积，旋即组织区联合社，而由联合社创设公用轧花与打包场厂，并办理合作运销业务。迨至民国二十六年，该区专任技术人员四名，练习生若干人，举凡民众教育、公共卫生、农事指导、家政指导，皆已一一举办，所有开支，皆由区联合社全部负担。若非七七事变，该区事业自将蒸蒸日上、繁荣滋长矣。

甚望战后我国每乡成立合作农场，每镇设立合作市场，俾合作生产、合作加工、合作运销，形成三位一体制，生产者即加工制造者，且自运自销，自行分配利润，免除一切居间商人囤积居奇之弊。而合作加工要视为三种合作之枢纽,尤应积极推行,盖加工者必须注意原料之改进与成品之推销也。

（二）积极加强推动力量

1. 加强农业行政改进机构　为便利农工商三位一体政策之推进,对于农业行政及农业改进机构,应予以加强,俾事权专一而不可割裂。在行政方面,应配合技术,分层负责,分层管理,由中央而省而县而乡镇,每一阶段,均有二臂延伸,一为计划机构,一为农业金融机构,计划所以定农业建设之动向,农业金融所以定农业建设之范畴,两者如影之随形,不可脱节,则农业行政,始可发挥最大之推动力量。因是主张除将农林部现设之设计考核委员会予以加强外,并于该部内创设农业银行,专负农业金融之责。

2. 加强农业人才培养机构　战后复员范围至广,工作至繁,非有大量优秀农业人才,不足以推动此项巨大工作。大学农学院为高级农业人才培养场所,其工作应予以加强,除培养专才之外,并应从事研究实验及推广示范,使教学、研究、推广三者打成一片,则教学趋乎实际,研究配合应用,推广工作始不至有人才材料两缺之憾。至农学院区域内各级农校,皆应划归农学院附设或加以辅导,俾能尽量利用农学院专家之学识经验,改进当地农业教育。

关于上述加强力量,其详细实施办法,可参阅邹秉文与本人合编之《我国战后农业建设计划纲要》。

四、目前农业方面应行准备工作

复员工作牵涉至广,为免临渴掘井,急应早事准备,其有立即进行可能与必要者固亦毋庸待诸战后。兹将目前应行准备工作,列举如次：

（一）调查研究设计　对沦陷区农村破坏情形,以及后方各省现时农业生产状况,现有可供推广材料及有关各项专门人才,乃至其他有关复员工作可资利用之材料,均应加以调查研究,以为复员及建设之依据。

（二）培养干部人才　复员期中所需要之干部人才甚多,其中要以农业土木、水利工程、农事指导及农产加工指导诸项人才,最感缺乏,此时即应指定有关大学农学院与工学院增办各种专修科,由政府补助经费,积极培养上列各项人才。

（三）择区试验　复员工作为使工作人员驾轻就熟,不致临时感觉经验缺乏,此时我国善后救济分署,即应选择若干收复区域试办复员工作,并以此试办区域作为培养干部人员实地研习场所。待战事结束后，大规模复员工作开始时，方不致有缺乏人才之感。前由政府选派赴美见习善后救济工作人员，不久即将返国，应由政府分派一部到人才培养机关担任训练工作。

（四）择区设立国立农事试验场　复员工作进行时，所需耕牛、种籽、种苗、种畜、农具等材料，数量至为庞大，农林部此时即应开始准备。可先就成都、武功、昆明三地，各成立国立农事试验场一所，每所场地至少五千亩，使各场能成为各地农事改进工作之中心。所需开办费用，应请政府拨付。同时该部亦可将其不必要之附属机关，加以裁并或缩小，而以节省之经费与人才，用以充实三个试验场所。则我国农业建设，方有前途，农业人才亦可有用武之地，我贤明当局幸垂察焉。

（原载于《农林新报》1945 年 7 月 21 日第 22 年第 19—27 合期，又载《流星月刊》1945 年 5 月第 1 卷第 5 期）

由参观英国一个垦殖农场谈到我国农村建设问题

一、引言

作者于民国三十四年冬，应英国文化委员会之邀，前往该国考察及讲学，并顺道赴欧陆及北美各国考察农业，所获至丰。其中最令人兴奋者，莫若英人在战事艰苦阶段中，朝野一致，刻苦自励，奋发有为，故能于战争终止之后，短短期内，社会秩序及经济建设迅速趋入正轨。环显国内目前情况，实不能不对彼邦人士寄予无限敬佩之意，关于此点，各方报道已多，不再赘述。在此次考察期间，予作者印象最深者，厥为该国各地垦殖农场之办理成绩。返国以后，曾在各种演讲场合中屡有报导，惟因限于听讲人数，知者尚鲜。迩来建设农村之声浪，渐见风起，因之垦殖农场办法，业已有多人发生兴趣，故特略为介绍，以供国内关心人士之参考。

二、英国走上“社会主义”之路

英国在第一次大战之后，对于土地改革更趋彻底，国内大地主尤其是贵族地主所有大面积地产，均利用累进税政策，加以严格取缔，迫其出售。其出售之土地，或由私人收买，从事农村建设工作；或由政府收买，用以安置战后退伍军人。属于前者，例如英国农业经济学家现任世界农业经济学会主席艾谟赫斯特博士(Dr. L. K. Elmhirst)所创办之 Dartignton Hall，系于一九二五年所购买，共计二千二百余英亩，位置在英国西南部。现已举办之事业，计有林场、乳牛场、鸡场、小型纺织厂、酿造厂、营造厂、木工厂、实验中学、艺术学校等，投资达五百余万镑，工作人员(包括技工在内)约八百余人，成为英国西南部重要乡村改进机构之一。彼本人曾充印度诗人泰戈尔来华之翻译，自称对乡村工作兴趣，系受中国乡村建设之影响。关于后者，由政府收购之土地，多系办理垦殖农场，用以安置第一次战后退伍军人。其分配土地之多寡，则依土质之优劣而定，在威尔斯土质贫瘠之地，每一农户可分得六十余英亩，在英国本部土质肥美之区，每家所得土地，由三至五英亩不等，实行集约栽培，农民生活亦甚舒适。在第二次大战期间，彼等生活更形安定。

在第二次大战末期工党主政之后，将国内多数大企业改为国营，例如水陆交通、英伦银行及煤矿等，均已先后实行，最近并推行全民社会安全保险制，使失业、疾病与养老，均有安全保障。作者在英时，正值保守党首相邱吉尔竞选失败、工党初掌政权时期，曾询若干英人何以放弃邱吉尔而改选阿特里，彼等之解释认为战事不久即将结束，战后将有激烈之主义战争，即资本主义与共产主义之冲突。英国在此潮流之中，为未雨绸缪计，应迅速推行社会主义以实现不流血革命之目的，而工党之主张，正与此吻合也。由此亦足证明英国一般人民眼光之深远与计划之周详。因此欧洲若干有识之士，认为抵制“共党主义”发展之最好方法，只有仿效英国工党政策，始可避免欧洲大陆之流血惨剧。

三、参观一个垦殖农场

英国共有垦殖农场二十二所，均由农部拨款办理。现将所参观之一处农场，介绍于后：

（一）所在地　距剑桥十英里，名称为 Fendrayton Estate。

（二）土地面积　共计三百英亩，交通便利，地势平坦，为英国膏腴之地。

（三）农场布置　中心农场一百英亩，内包括办公室、机耕站、农家用品供应处及仓库(附加工厂)等。其余二百英亩，则分作五十四块，每块面积三至五英亩，分配予五十四个农家，每家之住宅、农舍及温室等建筑设备俱全。

（四）招垦办法　按投资价值出售或出租。每一住宅及农田租金为每周一镑，或全年五十二镑，现有百分之七十农家，均为第一次大战退伍军人。

（五）一个农家访问　此农友名莫斯莱先生(Mr.S.Mosley)，曾参加第一次大战，断其一腿，改装假腿，在庄已六年，先在城市为人帮工，现则成为富有技术之农友。夫妇二，有男孩一，尚在校求学。全场五英亩，内有大温室一座，种植生菜、葡萝、西红柿等，酿热肥料为马粪，栽培方法异常集约。此外饲猪五、鸡六十，其粪均作为农场肥料，并以四英亩种植牲畜饲料。每年总收入约计二千镑，纯益收入五百镑。除田间耘草工作、牲畜饲养及蔬菜栽培由农民自行操作外，一切农场耕耙及收获，均由中心农场机耕站派人代办。每年付出代价约计十至十五镑。所用改良籽种及改良畜种，亦由中心农场代为准备。农产品之出售，亦系中心农场代为办理，而由农家付以售价百分之七，作为经手佣金。农家日常所需用具、肥料、饲料等，可向供应处购买，即家用现款，亦随时可至中心农场支取，每月终结算一次，以视其超支或余额之多寡。此农友与作者谈话时，精神至为愉快，盖因一切工作问题，中心农场均一一代为解决，以致日常生活，至为舒适而轻松。

（六）全场经济情形　垦殖农场全年收入除一切开支外，民国三十四年度共计盈余五千镑。收入来源包括：1. 中心农场收入，2. 五十四个农家土地租金，3. 代耕取值，4. 推销经手费百分之七之收入，5. 代附近农家服务收入，盖附近农家每因羡慕中心农场服务之热忱与效能，亦多来要求推广工作也。

（七）管理员精明强干　农场管理员裴柏先生（Mr. A.F.Piper）实为全场之灵魂，查此场于一九四五年十月间成立，三年后即可自给，此后逐年均有盈余，实得力于管理员之精明强干。裴柏先生原在 Wye College 主持农场工作达十二年之久，学识经验，均甚丰富，并极富服务精神，故能有现在之优异成绩。

四、我国农村建设展望

（一）当前农村主要问题　我国经过长期抗战……农村十室九空，已达彻底破产之境地。但农业为立国之大本，农村为国家之基础，复兴重建须由此入手。惟需先明了农村症结之所在，始可对症下药，顺利推行，兹就当前我国农村主要问题，列举如后：

1. 治安不良，无法安居乐业　无论在战区或后方，盗匪出没无常，人民生活朝不保夕，农产收获毫无保障，即收获之后，亦无法运输交换，调剂有无，减少农民生产兴趣。

2. 征兵征粮负荷繁重　在战事进行期间，征兵征粮，至为频繁，乡村壮丁及中产以上农家，大多脱离农村，转入都市，因而造成农村资金贫乏与劳力不足。加以贪官污吏,劣绅土豪,加重摊派,中饱肥私,往往政府得一而人民则出十,愈益加重农民生活之艰困。

3. 水利未兴,旱涝频仍　农田水利为增加农业生产之基本工作,远如都江堰之兴修,成都平原顿成天府之国。近如泾惠、洛惠等渠之开凿,使关中千里膏垠,农产倍增,而美国田纳西河工程之完成,不特便利农田灌溉,并使沿河流域二十二万五千农场,完全电气化与机械化。所惜我国大多水利均未兴修,以致旱涝频仍,年年成灾,农民终年勤劳,而收获则完全付诸天命。

4. 耕地面积狭小细碎　我国农家耕地面积,不特狭小,抑且细碎,盖因工商业尚未发达,大多数人民皆固定于农业生产,借以维持生计,以致农业土地负荷太重,同时复因多子继承之风尚,致使原有耕地,愈分愈细,耕作至感不便。是故湖田滩地,皆应从速设法利用,扩大耕种面积,并应着手整理地籍地权以及土地调整,限制分割,以利农事之经营。

5. 租佃制度亟待改进　我国自耕农仅占百分之四十,而佃农及半自耕农则达百分之六十。因是人与地之关系亟应予以合理之调整。盖欲使农民乐于保持水土,改善利用方法,增加土地生产,必须使其与土地发生密切关系,诸如使用权之保障,租额之减低,并使土地逐渐转移为农民所自有,均应积极推行。

6. 农民经济枯竭,金融政策未能配合　吾国今日之大患在穷,穷为乱之源,穷为病之根。十年战争之结果,造成农村中产阶层之消灭,大多数生产农民,终日呻吟于饥饿线上,求生不能,求死不得。而我国金融政策,向来重视工商业之发展,忽视农村之实际需要。因是目前我国之农贷,数目有限,固无济于事,而且真正从事生产之农民,尚无法获得也。

7. 良种善法尚未普遍推行　推广良种善法,为增加农业生产最有效方法。惜乎吾国推广工作,未能深入农村,以致各机关学校试验研究所得之成果,对于实际农业生产尚未发生显著作用。故今后应树立推广制度,加强推广效能,务须以实际从事生产之农民为工作对象,以求切实达成增产之目的。

8. 乡土工艺破产,无法利用农闲　农与工,吾国自古即兼筹并顾,所谓“自耕而食,自织而衣”者是也。乡村民众,每于农闲时期,从事加工制造,成为家庭收入之重要部门。惟自资本主义势力侵入农村以后,因其成品价廉物美,乡土工艺无法与之竞争,而相继破产。农民于农闲时期无所事事,不特减少收益,且影响乡村道德之堕落。

9. 卫生常识不足,乡村疫疾流行　吾国文化落后,农民在卫生方面,除享受天然利益外,几无人为利益可言,因之疾病繁多,死亡率增高,遇有疫疾流行,尤迅速蔓延,死亡相继,实为农民工作效率低落之主要原因。

10. 农民缺乏组织与训练　农民缺乏组织与训练,亦为我国农村重要问题之一。盖农民须有组织与训练,始能发挥团体力量,办理自治事业,并抵御一切恶势力之危害。

(二) 创办新农村,促进旧农村之改造　中国为一古老之农业国家,农事经验,因日积月累,极其丰富,是其优点;但亦因历史悠久之故,许多不良习惯,业已根深蒂固,欲求改变,则费力大而成效缓。因此一部分人士主张开垦,依据理想,创一新天地,借以促进旧农村之改进。此在我国今日推行之机会亦甚多也,惟此新农村之一切制度,事前均应严密考虑,以资示范,伍廷飏先生于战前在广西柳州沙塘所创办之新农村,即具此意。二十四年夏作者曾往参观一周,其无忧垦区,已有优异之成绩,惜不久战事发生,暂告停顿,战后闻伍先生仍返沙塘,重订计划,继续进行,希望其能获美满之成功。

本年九月十九日,作者应丹阳县东云章先生之邀,陪同专家若干人,赴该县参观,深感地方人士之建设情绪,异常热烈,尤其对练湖之开发利用,业已着手进行,并获得初步成效。练湖面积共计一万六千余亩,已垦者计六百亩,筑堤放水以后可增加垦地四千四百亩,共计五千亩。该湖临运河之侧,现正兴修水闸及架设汲引机若干部,水大时排出余水,水少时引用河水,以故农作收成,不受天时影响。倘在此地举办垦殖农场,用以实现吾人新农村之理想,可有如下之先天优越条件:1. 湖地肥沃,最宜垦殖;2. 堤工完成,水旱无忧;3. 整块土地,便利划分;4. 县有公地,无产权纠纷;5. 交通便利,治安无虑;6. 地方士绅,最为热心。

作者承推主持该县农村建设计划,谨将个人对于练湖垦殖计划要点胪列如后,藉以就教于社会贤达:

Ⅰ. 设置中心农场　面积五百亩,主要用途为纯种繁殖及机耕示范,其收入用以维持本场经常开支。

甲、技术人员　中心农场应慎选技术人才,充任下列职务:主任兼农作物指导员一人,畜养指导员一人,农业经济指导员一人,农业教育指导员一人,机耕技术员若干人。

乙、设备　中心农场应有左列之设备:(1) 办公房屋,(2) 农民合作仓库

(附加工厂),(3) 农民消费供给合作社(2、3 两项与中国农民银行合作),(4) 机耕站与善后事业委员会机械农垦组合作,(5) 学校、儿童教育及成年教育(与无锡苏省立教育学院合作),(6) 诊疗所,与省卫生院合作。

Ⅱ. 举办合作农场面积四千五百亩,分配计划及设置要点如下:

甲、垦地采出租制,每一垦户分配农田十五亩,可得垦户三百家,划分为三个新农村,每村垦户一百家,垦地一千亩。

乙、垦区之道路、沟渠,住宅区之农舍建筑,应详为设计,妥善布置,并注重公共卫生之设置。

丙、举凡垦地之耕、耙、播种及收获等粗笨工作,由中心农场机耕站派员代为办理,灌溉排水亦由中心农场统筹管理。

丁、锄草施肥、灾害之防除、牲畜之饲养等集约工作,则由农民自理。

戊、每村应具有之设置,皆由农民依合作方式办理之:(1) 公共饮水井一个或数个。(2) 公共开水供应处,用以节省燃料及时间。(3) 民众集合场所一处,用作民众阅读书报、集会、娱乐及收听播音,因在县城之傍可装置电灯设备。(4) 工艺场一处。

垦区内一切自治事业,以及农事生产、农产加工、农产运销等业务,尽量指导农民采取合作方式自行办理。

Ⅲ. 开办费:筑堤、建筑桥梁、疏濬沟渠、架设水闸及吸引机、修筑道路、房屋及购置农业机械等费用,以左列方法筹措之:(1) 由地方自筹,(2) 向外募捐,(3) 向农村复兴委员会申请补助,(4) 向中国农民银行借款。

Ⅳ. 收入:本垦殖农场之收入,分中心农场与合作农场二项,中心农场之收入可分为:(1) 中心农场收入,(2) 养鱼收入,(3) 代耕收入,(4) 其他收入。

以上各项收入,用以维持中心农场之经常开支。至于合作农场垦民地租之收入,除偿还开办费中之借款外,其盈余部分每年提出百分之四十,留交中心农场,用以充实该场设备及举办垦民福利事业,其余百分之六十,移交县府,作为补充全县农业推广及其他乡村建设事业之用。

(原载于《大学评论》1948 年第 2 卷第 2 期)

金陵大学农学院

致专修科毕业及在校同学书

自章之汶先生放洋后，我们差不多每天都在盼望他的海外消息；这封信，是上月二十三日收到的，特为刊载本期报中，以告慰农专科在外在校的各同学，以及与章先生知交者。记者并已函请章先生在研究之余，常将海外珍闻或个人感触，写寄本报，我想他只要有余暇，必能允如所请，在最近的将来，或能有其他新颖文字，再和各同学及各读者在本报相见，请等着吧！

醒愚

醒愚、渊濬二位仁兄转专修科毕业及在校同学诸君均鉴：

承蒙厚爱送行，至为心感！于上月三十一日，由沪登轮东行，次日下午六时抵长崎，三日抵神户，四日抵清水市，五日抵横滨，沿岸皆停数小时不等，均乘机登岸参观，深觉日本市面之整洁，人民之健康，商业之发达，以及学校农场之设备，均非我国所能及；此又何怪我国受制于人！于清水市曾参观一女子学校，适逢运动时间，全校教员及学生皆在场上运动或打网球，或玩排球，皆是体格健全，精神充足，毫无女子柔弱气味；回想同船几位中国女子，都是骨瘦如柴，弱不经风，真是太不像样了！十三日抵英属维哥尔，十四日抵美国西雅图，适徐澄先生在该处调查农业经济，特往轮渡接待，异地逢故人，自然喜出望外，遂同住一宿，同玩一天。十四日晚即搭车东行，沿途曾参观几个农校，游玩几处名胜，真是美不胜收，将来有机会，再陆续写吧。二十四日抵康乃尔大学，该校乡村环境，风景不殊；校中我国学生有六十余人，金陵同学要占五分之一，数目不可谓不多。专修科今年有两班同学，人数增加一倍，同在一处，研究农业科学，锻炼农夫身手，那种生活是何等有趣；我此次到了外国以后，更觉教育要紧，国家之强弱，民性之好坏，几全视乎教育之优劣。你看外国人怎么守秩序，影戏院门口的看客，都是鱼贯而入，好像是军人整队而至，那像国人那样不守秩序，那样的拥挤呢？外国之所以强，我国之所以弱，于此可见矣！我们专修科的设备，虽不完全，但我们的精神和办法，确非其他国内农校所能及，我们要努力前进，要切切实实的为我国同胞尽一点责任，我很希望毕业同学和在校同学能够时常通信，我的通信处写在下面，耑此奉闻。即颂

时绥

章之汶谨启

九·二七

C.W.Chang
238 Linden Avenue
Ithaca, N.Y.
U.S.A.

（原载于《农林新报》1931年11月1日第8年第31期）

金陵大学农学院工作概况

一、引言

本院创办于民国三年，初仅设一农科，翌年复添办林科，民五农林两科合并，民十一创办农业专修科，民十二美国对华赈委会指定美金约七十万元为本院扩充数系之经费。民十三年春，本院新院室落成，因纪念创办人，题名为裴义理学院。民国十九年春，本校遵照教育部颁布规程，改称农林科为农学院，本院过去变迁之迹，大略如是。

二、组织

本院组织系以院长主持全院事务，下分设农业经济、农艺、植物、园艺、森林、乡村教育及蚕桑等七系，各系因事业之需要，复多有单纯之附属组织，如农业经济系之棉业合作训练班，乡村教育系之农业专修科，森林系之函授学校，蚕桑系之女子蚕桑职业班，全院重要事务分设各种委员会主持之，如教务委员会、研究委员会、学生生活指导委员会及推广委员会。推广委员会复附设出版、推广两部，乌江农业推广实验区则直辖于推广部。

各系部设备除房屋用具外，仪器机械之价值，共计约十二万元。此外各系尚均有其特殊研究，故各系多有直辖之农场，计其有农艺、园艺、森林、植物病害等实验场及桑园、苗圃一千九百七十余亩。

三、工作

本院事业分研究、教学、推广三部，以研究工作为最要，各系除教学外各有其专门研究工作，兹述于后：

农业经济系分农业经济、农场管理、乡村社会及农业历史四组。过去曾举行安徽、河北、江苏、山东等处之农村经济、农村社会及土壤分布度量衡制度等调查，编有报告二十六种。及受中央政府之委托，举行江淮两流域九十余县之水灾调查与淞沪战区调查。该系前曾与太平洋国际学会合作调查中国全部之土地利用问题。最近，复与豫鄂皖赣四省农民银行合作举办四省农村经济调查。本系农业历史组之主要工作除编注《中国农书目录》《中文地理书目》及《农业论文索引》外，即为现在正着手编撰之《先农集成》，该书将关于农业之全部文献审定除复，分类排比，汇为一编。关于推广工作，本系在中国中部组有合作社五十所，并办理农家簿记及发行浅说等。

农艺系分农艺、农具及土壤三组。农艺组之改良种子工作，在南京总场已有小麦双恩号、九号及二十六号三种。进复选得二九零五号一种，较标准产量增高百分之五十六点八。棉花试验已得有驯化美棉之脱字棉与爱字棉二种，在华棉中复育成百万华棉一种。玉蜀黍有南京黄(Nanking Yellow)一种。大豆育成之新品种三二二号，较标准产量增高百分之四十四点九。大麦育种之结果，以裸麦九九号产量为高而复富于抵抗黑穗病之能力，至各合作场育成之品种，计有安徽南宿州之小麦六十一号，开封之小麦一二四号及大麦、粟各一种。农艺组现在之主要研究工作为小麦选种试验、小麦杂交实验、小麦遗传研究、水稻选种试验、大麦选种试验、大麦遗传研究、大豆选种试验、玉蜀黍选种试验、田间试验研究、优良品种繁殖、玉蜀黍自交及杂交试验、小米选种试验、小米自交试验、水稻杂交试验、棉花选种及杂交试验，以及各种作物栽培方法等。土壤组曾举行三要素肥效试验、大豆饼与硫酸亚氮素等量比较试验、各种油饼比较试验、稻田土壤地力实验。农具组之主要目的在设计制造合于中国农作使用之农具。现已改良成功者，计有轧花机、玉米棉花小米播种机、脱粒机、中耕器、耙犁及大车等。该组农具制造所现正设计制造羊毛机、收获机、畜力用轮齿轧花机及改良旧式轧花机等。现有实验室四，即研究室、生铁铸造及木工室、冶铸室及农具实习室。

植物系分植物、植物病害及经济昆虫三组。植物组从事于大规模植物之采集。遍历闽浙粤皖苏赣豫鲁黔及海南岛，计得有标本三万四千余份。本系与国内外诸大植物研究院作标本之交换者，如国内之中央研究院、自然历史博物馆、国立北平研究院、广东岭南大学、福建厦门大学、协和大学、中国科学社、中国西部科学社、清华大学、中山大学、静生生物调查所，国外之菲列宾之科学院、南洋加当植物研究所、美国国立植物标本室、阿根廷农科大学、哈佛植物研究院、丹麦国立大学植物院等。该系近与美哈佛大学植物园及真菌标本室合作，订定五年标本采集计划。自一九三零年起该系赴山东东部、贵州、广西等处采集，计共得有高等植物两千余种，三万五千余份，真菌标本两千余份，种子一百余份。植物病害组工作可分为五大部：（一）调查国内东部之作物病害，（二）中国菌类之采集及定名，（三）研究新发现或未甚注意之病害，（四）研究适用于我国之病害防除方法，（五）推广试验所得之防除方法。本组历年所采集之标本，计有五千余号。研究工作，计有小麦病害防除、大麦病害防除、小米病害之研究、蚕豆病害之研究、中国真菌目录之编纂、水稻病害之研究、果实储藏病害之研究、石榴之干腐病、梨锈病之防除、瓜类之果腐与猝倒病、蔬菜软腐病之研究等，并已编有各种报告。

森林系研究工作，有全国森林概况调查、森林与水利关系之研究、中国树木及竹类之调查、中国森林性质之研究、造林试验、森林保护法之研究、木材工艺性质及木材市况之研究、测候报告等。关于推广工作，该系设有森林函授学校、推广苗圃及发行丛刊浅说等。

园艺系注重果树分类、繁殖、育种及栽培法之研究，曾先后举行江浙果树、浙江柑橘类、中国北部果树及莱阳茌梨等项之调查。至对果树繁殖之研究，特注意于果树接本调查、果树母本选择标准及果树修枝试验。蔬菜育种工作曾举行甘蓝纯种分离研究及胡瓜茄子一代杂种之试验等。经济农场注重园艺作物之育苗与采种及推广各种种子与采苗于各地，以谋园艺事业之发展。

乡村教育系除在大学部开设教育课程，造就中等农业学校、乡村师范师资及乡村建设领导人才外，特于民十一年开办一农业专修科，造就乡村建设干部人员，教材专取实用，教学注重实习。在校期间，工读并重。历届毕业生共达三百四十人。该科于民国二十二年秋，曾受陕西省政府之委托，代办一陕籍学生训练班，二十三年冬，复与南京市政府合作，开办毛制实验所。该系研究工作计有江宁自治实验县及和县第二区乡村教育初步调查、全国中等农业职业学校及我国乡村师范农业教学调查等数种，悉已编制报告。

蚕桑系于民国二十年前，每年曾推广无毒蚕种约四万余张。近年来该系专致力于蚕品种及桑品种之比较试验，现已收集中日欧纯粹蚕品种及土种百五十余种及日美等国之桑品种五十余种。女子蚕桑职业班开办迄今已四届，毕业生达三十九人。

推广部过去工作分散于各省者，计九省区一百余县。民国十九年，本院与中央农业推广委员会合作，创设乌江农业推广实验区。自民国十二年至二十三年止，该部计共推广棉种一六二六二二斤、小麦一四九九八八斤、玉蜀黍二一〇九二斤、蚕种一九四一〇七张及碳酸铜粉六〇〇〇磅。

本院因事业与社会之需要，常与国内外各公私团体办理各种合作事业。前曾与美康乃尔大学作物育种系合作，由美遣派专家，指导作物育种方法，并与美国国家博物院、哈佛大学及纽约市市立植物园作植物标本之交换。太平洋协会、米班纪念基金 Scripps 人口问题研究基金等团体，曾与本院合作研究中国土地利用及人口问题。加利福尼亚大学曾遣派土壤及农业经济教授来本院讲授。美丝业工会、上海合众桑蚕改良会、无锡民丰模范丝场与本院合作改良蚕丝。北平华洋义赈会曾委托本校办理信用合作社。上海林务委员会在本校设立森林贷款。上海华阳义赈会与本院合作研究淮河水利问题。江苏农矿厅、山东省建设厅、安徽建设厅与本院合作改良果树品种、推广改良小麦及碳酸铜粉。中央农业推广委员会与本院合作创办乌江农业推广试验区，江苏省银行与本院乌江推广区合作办理粮食蓄押借款。国民政府曾委托本院调查民二十年水灾及淞沪战区。卫生署与本院合作调查汤山卫生实验区。定县中华平民教育促进会曾与本院合作改良定县农业问题。中国文化基金委员会资助本院研究作物育种及病害防除工作。山东齐鲁大学、北通县潞河中学与本院合作办理农业推广。上海商业银行捐款在本校设立合作讲座及合作奖学金。国防设计委员会资助本院办理西北农业改进工作。陕西省政府委托本院农业专修科代办陕籍学生训练班。棉业统制委员会与本院合作办理棉业改进工作。中央农业实验所委托本院办理乌江农家簿记及货物进出口调查。安徽和县县政府与本院合作办理和县第二区乡村建设事业。豫鄂皖赣四省农民银行与本院合作办理四省农村经济调查。江苏建设厅与本院合作创办仑山合作林场。此外，与本院合作办理作物改良场者，有山东齐鲁大学、江苏省建设厅、南宿州长老会农事部、山西太谷铭贤学校、定县平民教育会、豫鄂皖赣四省农民银行；办理区域试验合作场者，有常州武进东仓桥农业推广所、武昌金口国营农场、黄墟农村改进区、黄渡省立乡村师范及苏州省立第二农村学校。此外，本院并与数处设立作物合作改良会及种子中心区。本院复于开封、陕西泾阳、安徽和县及北平燕京大学等处设立农事试验分场。

四、计划

本院目前计划在谋内部之充实，俾得圆满完成各项计划中及进行中之各种专门研究。鉴于土壤肥料之研究、农具之改良及植物病害之防除为当前中国农业上特殊需要，本院因计划扩充土壤、农具及植物病害三组成系。农业原为极繁复科学，非有高深之研究不为功。农科大学毕业生常苦于国内缺乏高深农业科学研究机关，为进求深造，多远涉重洋，每一学生逐年留学之所费动辄在数千元以上，若合三数留学生之费，即可聘一专家来华，获益者当十百倍。本院为适应此种需要，拟于最近期间开办一研究所，惟所需经费，尚待筹措；何日实现，仍有赖于各方之爱护与扶持。

［原载于章元善、许仕廉编《乡村建设实验（第一集）》，中华书局，1934 年］

金陵大学农学院工作报告

一、引言

本院创办于民国三年，由裴义理先生之艰难缔造，经几许之惨淡经营及社会人士之热心扶助，始略具今日之规模。本院工作，向以研究、教授、推广为三大目标，尤侧重于研究。全院共分农业经济、园艺、农艺、植物、蚕桑、森林、乡村教育等系及推广部。在本京附近设有各项试验场，计共一千七百余亩。历年毕业生达三百人，农业专科学生达二百八十九人，悉分布于国内各农林机关，从事实际工作。

二、研究工作

研究事业，为本院最重要目的，略举于后。

系别	研究事项
农艺系	(一) 小麦穗行、杆行，杂交、育种及遗传试验。 (二) 水稻穗行直播，杆行直播及移植试验，螟虫抵抗力与试验区规划研究。 (三) 大麦穗行、杆行，杂交、育种及遗传试验。 (四) 大豆株行、杆行试验及试验区规划研究 (五) 高粱穗行、杆行，自交实验及试验区规划研究。 (六) 粟穗行、杆行，自交试验及试验区规划研究。 (七) 玉蜀黍自交及杂交试验。 (八) 棉花杂行、杆行，株交及自交试验。

续　表

系别	研究事项
园艺系	(一) 中国果树分类研究,枇杷柑桔桃。 (二) 蔬菜育种研究,甘蓝黄瓜。 (三) 果树品种改良研究。 (四) 果树接本种类试验,桃梨。 (五) 观赏植物繁殖法研究,扦插时期方法与植物种类关系之实验。 (六) 儿童公园设计。
森林系	(一) 调查各省森林概况。 (二) 采集森林植物。 (三) 采集及研究木材。 (四) 考察中国庙宇森林。 (五) 荒草与森林收入之比较。 (六) 研究村有林之组织法。 (七) 森林与水旱灾之关系。 (八) 恢复已废之荒地。
蚕桑系	(一) 无毒春蚕种程之制造。 (二) 原品种之保存。 (三) 桑种之收集。
农业经济系	(一) 土地利用调查。 (二) 人口调查及食物消费。 (三) 农产物价变迁之研究。 (四) 农场簿记分析研究。 (五) 农业图书研究。 (六) 农情报告。 (七) 农业合作研究。 (八) 农村组织研究。 (九) 农业金融研究。 (十) 农产贸易研究。
乡村教育系	(一) 乡村小学自然学科之研究。 (二) 乡村小学农学教材之研究。 (三) 中等学校农学教材之研究。 (四) 乡村教育人才训练方法之研究。

续　表

系别	研究事项
植物学系	（一）厘定中国植物名称。 （二）调查国内东部作物病害及其防治法研究。 （三）中国菌类之采集及定名。 （四）小麦线虫病品种抵抗力试验。 （五）大麦坚黑穗病及大麦条纹病之种子抵抗力及硫酸去颖试验。 （六）小麦杆黑穗病种子消毒及品种抵抗力，穗行试验。 （七）燕麦黑穗病种子消毒试验。 （八）蚕豆根腐病品种抵抗力试验。 （九）搜集国产植物标本。 （十）调查湘黔鲁赣桂等省植物。 （十一）研究国产经济植物。

三、推广工作

连年优良种子之推广，计有棉麦玉蜀黍高粱等项，约计二十余万斤，遍及于冀、鲁、豫、赣、鄂、苏、皖、晋、陕等省。现对于推广计划，略加改变。除对各省农事试验场所仍供给优良品种外，即集中力量，作推广工作于数固定区域。因取乌江实验区为本院推广工作中心，兼办农村改进工作。各项种子，深得农人之信仰。合作机关，除国外之康乃尔大学、美国国家博物院、纽约市立植物园外，国内有华洋义赈会、上海合众蚕桑改良会等处及苏、皖等省建设厅。合作农场有南宿州、徐州、济南、峄县、开封、山西、燕京、陕西等十五处。近更谋事业之扩充，正筹划添办农具、畜牧、土壤、病虫害等四系及研究院。惟以经费短缺，尚待社会人士之爱护助匡者至多，本院当力求进展，弗敢自懈。

刻国内人士颇重视农村复兴工作，农村改进区，因日益增设。然以各改进区经费人才之有限，对高深农事之研究，似宜付托于各农科大学及国立或省立农事研究机关。各改进区可进行种子区域试验（Regional Test），取各机关育成之良种，在本地作比较试验，使之驯服风土，加以选择，然后用以推广。既省时间与金钱，复可使农人收得实际利益。本院本提携共进之精神，深愿与各方作密切之合作。

[原载于章元善、许仕廉编《乡村建设实验（第二集）》，中华书局，1935 年]

一个大学农学院兼办社会教育之实例

一

近年来社会教育之推行，不谓不力，惟因由极少数社教机关和学校单独的推行，所以尚未完全普遍于全民众，际此抗战最后关头，我们要增厚抗战力量，唤起民众民族意识，坚强民众抗战意志，增进民众生产力量，以树立抗战建国基础，打倒倭奴，重视社会教育之推行，实属急不应缓。最近教育部，对于这一点，特别注意，曾颁布各级学校兼办社会教育办法，通令各级学校一律遵行，并于二十八年一月十日召集社会教育会议，会程三日有半，对于原有社教机关及学校兼办社教之实施办法，讨论至为详尽，今后我国社教之推行，当更加顺利而普遍。鄙人于第二卷第二期本讯上发表《大学农学院应兼办社会教育》一文，为时不过二月，最近接浙江松阳县政府教育科王绍炎君来函讨论实施办法，足见各处注意于此，爰于答复王君之便，特不揣谫陋，草拟本文，以供有心者之参考。

二

教育的意义是生活，教育和生活，学校与社会，是应打成一片熔于一炉的。所以学校兼办社会教育，是毫无问题的，其目的是在使学校生活化，学校里的一切设施和活动，不但要与社会生活相适应，还要使学校教师、学生到社会里去生活，去改造社会，使社会生活教育化。不过要怎样适应社会的需要？我会记得数年前参观美国加州州立某预科大学，该校校本部共有学生七百多位，但该校推广班竟有学生四千多人，在学校区域内的居民，几全部为推广班学生，其所以能博得地方人士如是的信仰，完全因其能满足在学校区域内各种兴趣不同的居民的需要。原来这个学校对施教区域内的居民，曾作详细的调查，按着他们的兴趣和环境，分别班组，即以班组为单位，传授他们所需求的知能。譬如加州特产柑橘，境内从事柑橘经营的人，可以单独组成一班，敦请对柑橘栽培、管理、加工、运销各方面的专家，为他们讲演。又对国际问题，或是对远东问题有兴趣研究的，亦得分别集合小组讨论。是时正值“九一八”事变以后，日本所派的某宣传员曾去该地宣传；而该组的主持人为求明了中国人民的意见，亦同时邀本人讲演。这种力求切合地方需求的结果，最易使学校与社会溶成一片，以达互相策勉、互相晋益的目的。

三

一个大学农学院兼办社会教育之实例，我为便利计，且举出金陵大学农学院兼办社会教育事业为例，金陵大学农学院所造就的为农业人才，所研究的是农业问题，因其与社会教育，关系密切，远在二十年前就注意到兼办社会教育，并与内政、实业、教育三部合组之中央农业推广委员会合办乌江实验区于安徽省和县乌江镇，实施生产、社会、经济、卫生四种教育，使学校所研究之结果，可以付之于实施，而实施所得之反应与问题，又可付之于研究，用之于教学，藉谋学校教育与社会之适应，互相为用。

这次本院迁移四川，怵于国步之艰难，对此后方社会教育之推进，益感责无旁贷，承中央农产促进委员会及洛氏基金会之资助，与当地政府机关及地方人士之协助，乃在温江、仁寿、新都三县各设一县单位农业推广实验区，以期对于复兴民族根据地，得有所贡献，兹将各区情形分述如下：

甲、目的

1. 与中央农产促进委员会合作，实验县单位农业推广制度，促进农业生产。

2. 为教师谋一实际研究乡建场所，以作施教之依据，而图谋社会需要之适应，以免闭门造车，不切实用之弊。

3. 为学生备一实际实习乡建场所，使其深入乡村，了解社会需要，并培养其为民众服务之技能兴趣与习惯。

4. 使教师与学生站在本位上，就其知识技能，领导全民众，担任抗战建国工作，以尽其国民天职。

乙、组织

1. 金陵大学农学院为便利实施农业推广起见，特设立推广委员会与推广部，其组织如下：

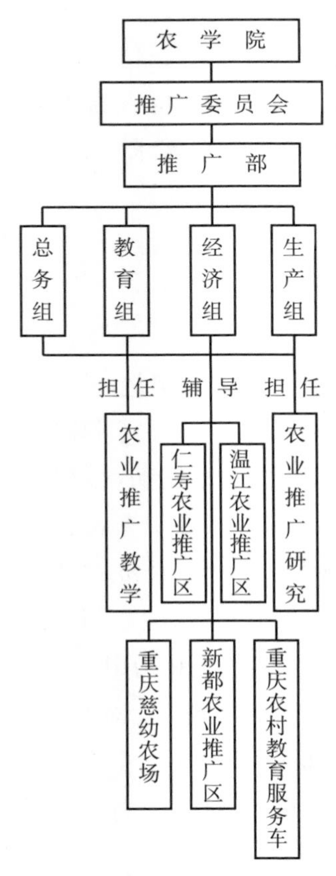

2. 为实验各种县单位农业推广之组织，特选择温江、仁寿、新都三县为农业推广实验区，试验县单位农业推广制度，关于各种制度之得失，容后当另文说明，兹先举各县之组织系统如下：

(1) 温江实验区——由本院与温江县政府，县党部及地方法团士绅合组乡村建设委员会，即以该会为中心机构，利用农会组织，推进全县乡建工作，其组织系统如下：

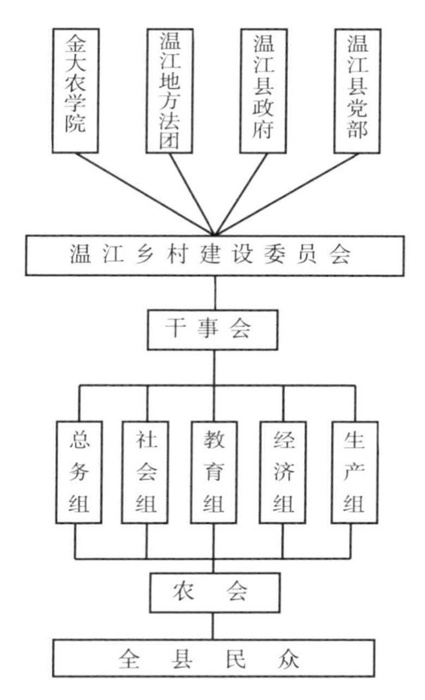

(2) 仁寿实验区——自本院农业专修科去夏移于仁寿之后，即以专科为推广中心机构，于科内设立推广处，并于县境内成立四个中心推广区，利用各区农学团特约农家以及农民补习学校等之组织，推动全县农业建设，最近拟与省农业改进所合作，设立县农业推广所，今将其原有之组织图示如下：

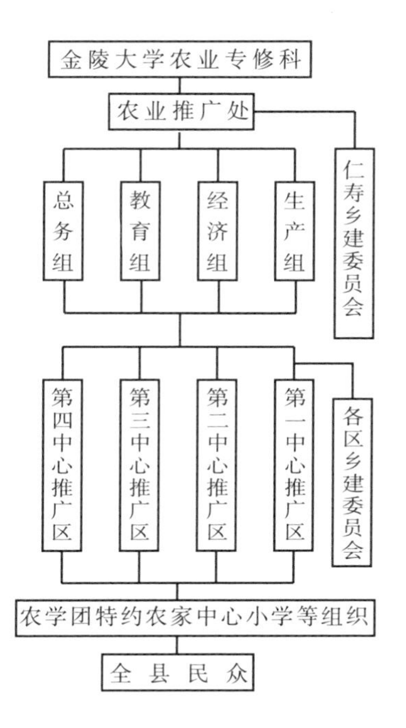

（3）新都实验区——本院与该县县立农业职业学校合作，即以该校为推广中心机构，利用农民补习学校、特约农家、农学团等组织推进全县农业推广事宜，其组织如下：

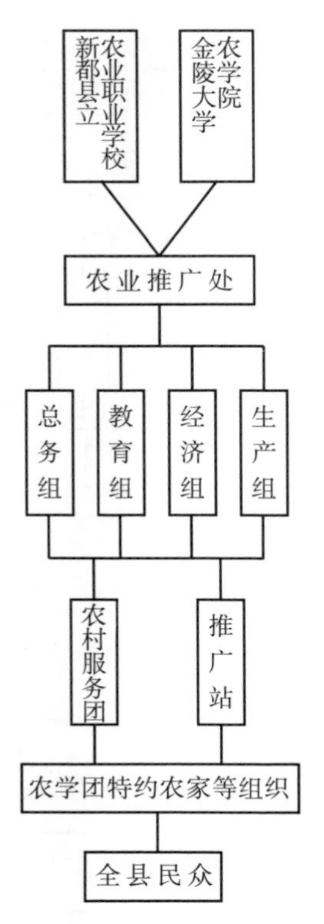

上述三县实验区，一以乡村建设协进会为全县推广中心，辅导农民，组织各级农会，以为农业推广之基层组织，其余二县，均以农业学校为全县推广中心机构，辅导乡村中心小学以及农民教育团体为农业推广之基层组织，以作因地制宜之实验。

丙、经费

温江新都二县，地势平坦，面积不大，交通便利，全县人口，各十数万人，每县推广经费，每年以五千元为标准。至于仁寿则地面辽阔，纵横二三百里，跨搭十三县，全县人口一百余万人，每年推广经费至少以七千元为标准。此三县推广经费，皆由金陵大学中央农产促进委员会及洛氏基金会拨款补助，而地方政府及社会人士因鉴于推广事业之重要，且与人民有直接之利益，乃自动筹款协助，例如温江已自筹三千二百元为一般乡建经费，三千元为卫生事业，新都已自筹一千一百元，仁寿则拟自筹一万一千元，足证凡百事业，只要有益于民众，同时提倡办理得宜，人民无不热烈赞助，乐观厥成。

丁、职员

各县重要推广人员，皆由金大农学院派该院毕业生担任，至于干部人员，则由各推广区招收地方青年充任之，此等青年皆为地方优秀分子，负继往开来之责，招入推广区，予以训练，使成为地方领袖人才，树立地方建设永久之基础。

戊、工作进展

三个实验区成立时间，温江六个月，仁寿四个月，新都仅一个月，兹将温江及仁寿二县之进展情形略举如下：

区别 项目	温江实验区六个月进展情形	仁寿实验区四个月进展情形
生产方面	一、推广金大2905号小麦13,000斤，种植面积1,500亩 二、特约农家10家 三、青年植麦团6团，团员240人 四、手工造纸厂资本1,000元，日出纸1,000张	一、推广金大2905号小麦1,607.5斤，种植面积1,917亩，领种农户234家 二、特约农家87家 三、推广桐苗300,000株 四、推广元李菌5,880两，领用农户421家
经济方面	一、辅导组织信用合作社150社，社员4,200人，贷款160,000元 二、组织互助社67社，社员707人，贷款120,902元 三、辅导组织4个合作社、联合社，收股金2,700元	一、辅导组织信用合作社15社
教育方面	一、举办农业补习学校3所，学生80人 二、特约农事讲习班6班，学生240人 三、教师巡回文库有图书300册，参加教师50人 四、特约改良私塾1处 五、儿童学校1处 六、农闲学校 七、初级教育研究会3处 八、训练练习生10名 九、调查全县私塾 十、县教育研究会3处，会员56人	一、固定农业补习学校5校，学生197人 二、流动农业补习学校学生126人 三、固定乡村小学生产训练6校，学生1,123人 四、流动乡村小学生产训练学生404人 五、民众学校3校学生120人 六、训练练习生20名

续 表

社会方面	一、组织农会 11 处,会员 3,800 人 二、组织农业青年团 3 团,团员 320 人 三、组织乡村剧社 3 处,社员 29 人 四、农民诊疗所 1 处,医生 1 人,护士 2 人,附巡回诊疗处 7 处	一、组织儿童农学团 5 处,团员 379 人 二、组织少女农学团 1 处,团员 85 人 三、青年农学团 1 处

四

学校是人文荟萃之区,不仅应为所在地文化的中心,且亦为推进地方建设之枢纽,凡地方应兴应革之事,学校皆可处于提倡协助推进之地位,而其入手方式,如能首先注意发展农民经济,增加农民生产,与农民发生密切关系,然后利用经济及生产之组织,进行教育与兵役宣传,则不难按步实施,推行顺利,我国后方各级学校不下千万,如能皆知其自身所负使命之重要,实施兼办社会教育,则其所造就之人才,亦自易适合社会之需要,对于抗战建国,将有莫大之助益。

[原载于《教育通讯(汉口)》1939 年第 2 卷第 19 期]

本院农学院近况

本院农学院成立于一九一四年，至今已有二十六年之历史，在国内除北平农专外，实为历史最久、成立最早者。现有教授三十六人，副教授十人，讲师八人，助教及职员等一百五十八人，同学二百四十七人，研究生十三人，本年与国内外各机关之合作经费共计国币二十八万及美金六千元。

本院过去之一切发展，实归功于下列三因素：首当推前包校长及陈校长指导有方，工作效能倍增，为国立大学所不及。再裴义理先生创立农院之初，即以学以致用为目标，因之养成吃苦耐劳的精神，至今尤为农学院的最高鹄的。最后亦应归功于农院一千余毕业同学，在社会上忠诚服务，劳苦负责，增高学校地位。至在校同仁同学之努力学习和研究，尤为不可多得，合多方面之努力，始有今日之成果。

关于农学院之组织工作单位：本科共分农业经济、农艺、农林生物、森林、园艺、农业教育六系，各系分组研究及教学，此外有农科研究所、农业专修科、园艺师资科及各种临时训练班、森林函授学校及农民学校等，各部门密切联系，一作研究、教学、推广三位一体之发展。研究工作计一百二十四种：教学方面，计本学期共设七十六学程，一百七十学分，选习者七百十七人，推广工作，现有推广区五处及农事试验场十九处。

本院将来发展计划：自农民学校至研究所各级人才，本院均有整个培育之计划，此后更求办法之实际及合理化，利用私立大学应用自如之特点以促进大学农学教育之进步，进而求在海内外树一模范地位，此非积较久之时间、较健之人力、财力不为功也。

（原载于《金陵大学校刊》1940 年 10 月 25 日第 1 版）

本院农业教育学系之使命

本院于民国十三年，鉴于乡村教育，亟待推行，成立乡村教育系。至民国二十八年秋，奉教育部令改为今名。内分二组：（一）职业师资训练组，（二）职业学校指导组。现有教授二人，副教授二人，主修学生二十六人。去年秋季共开课程四班，计九学分，本年春季共开课程二班，计六学分。查吾国农学院之正式设有农业教育系者，本院尚属独一无二，在此举国上下对于农业教育逐渐注意之今日，特就本专号之出版，谨将本系之使命，略述梗概如次：

一、农业师资之培养　农业教育尤其是农业职业教育之未办好，其重要原因，厥为缺乏良好之师资。今后农民生产教育，大部即为农业教育。盖建国工作之终极目的，为民主政治之实现，实现民主政治之两大途径，则为新县制之实施与生产组训之推动。惟此种巨大之工作，其所需之农民师资，数量甚大，而农民师资，须由职业学校培养，至职业学校之师资，则当由农学院农业教育系负责训练。本院于民国二十九年春季，奉部令创办园艺师资组，此为我国正式举办农业职业学校师资训练之先河，而实为吾国农业教育史上值得大书特书之盛举。盖吾国以往有农业而无教育，现时则有教育而无方法，实乃农业不能进步之最大阻碍。或以为农业师资亦可由大学教育学院或师范学院负责训练，固不必在农学院特设专系办理，不知农学院训练农业师资，一切农事设备均属现成，而教育学院训练农业师资，则设备殊不容易。是故职业学校师资之训练，为本系之中心任务，而吾以为农业师资训练机构，亦惟有由农学院农业教育系担任，始能推行尽利，而造就实用人才。

二、农业推广人才之训练　农业上一切研究与试验工作，均以推广之结果而决定其实用价值。而农业推广本身亦即农业教育，盖欲农民接受并应用改良方法或改良材料，殊非易事，须不断指导，不断解释始可。在此长期间之指导与解释，不但需有丰富之农业知识，抑且须有优良之指导方法与夫身体力行之良好德性。何况农业富于地域限制，坝地与山地不同，南方与北方不同，推广人员必须对于与农业有关之自然科学及农业上多数基本课程有深刻切实之了解，始可胜任愉快。以故优良之推广人员，一方须有农业知识，一方须有教育方法，教育与农业配合，始能担任推广工作，否则殊难望其成功。现时我国农业在研究与试验，每有良好之结果，而农民生活，依然如故，盖研究所得之良种善法，并未实际推行于民间，即因缺乏农业推广之故。至农业推广工作，亦决非人人可以从事，须有优良之推广人员始能推行尽利，而农业推广人员之训练，亦即本系主要使命之一。

三、农业职业学校之辅导　为求各级农业学校在教学上取得联系而利改进起见，初级农校应受高级农校之辅导，高级农校应供给初级农校一切教学上之材料，并指导其教学方法之改进。此种制度，以美国行之最为完善，而成效亦最显著。本院于迁川后，奉教育部令并与四川教育厅合作，担任四川省十六个中等农业职业学校之辅导任务，由本系随时派员轮流前往各校实施辅导工作，其所辅导之学校计为：

省立成都高级农业职业学校	省立荣昌高级农业职业学校
华阳县立农业职业学校	资中县立农业职业学校
省立眉山初级农业职业学校	新都县立初级农业职业学校
犍为县立初级农业职业学校	省立绵阳高级农业职业学校
省立宜宾高级农业职业学校	江油县立农业职业学校
高县县立初级农业职业学校	私立三台农业职业学校
兴文县立初级农业职业学校	省立遂宁高级农业职业学校
泸县县立初级农业职业学校	安岳县立农业职业学校

四、实用农业教材之编辑　现在全国实行新县制，推行管、教、养、卫四大政策，培养健全公民，树立民主政治基础，关系重大，不言而喻。查新县制第二期之中心工作，为组训民众与乡保造产，是二者盖为新县制之基本工作。然如何健全民众组织，充分实行民众训练，以及实行造产，端赖事前有实用教材以为传授之资，而此项实用教材，向属缺乏，尤以农业教材为然。缘各书局印行之农业书籍，非失之于高深，即失之于空洞，对于一般民众，无甚裨益。是以编印实用农业教材，要视为本学系中心工作之一。现拟计划编印者：

(一) 实用农业课本。文字力求浅显明了,内容力求简单实用,可作高级小学、简易乡师、初级中学以及各种短期训练班或讲习会之农业教材,现已编印稻及柑橘二种,颇切实用,并蒙教育部通令采用。(二) 实用农业活页教材。系以一个农事活动为一小单元,可于应用时期学习之,故学者可更感兴趣,用作农业推广宣传材料,或学校教材,皆甚适宜。现拟编辑五百种,已出二十一种,将来如能全部编辑完成,可集成一本农业推广袖珍,凡我乡村工作人员,实宜人手一册,所需农事参考资料,无不俱备矣。

(原载于《农林新报》1942 年 9 月 21 日第 19 年第 25—27 期)

三十年来之金陵大学农学院

一、沿革

本院成立始于裴义理先生之创办义农会。当民国初年，长江下游遽遭水灾，黎民流离失所，为状至惨。裴氏感环境之需要，复同国父暨黄克强、王宠惠、张季直、黎元洪、程德全、陈贻范、伍廷芳、熊希龄、宋教仁、蔡元培、陈振先、刘冠雄、施肇基、段祺瑞、冯元鼎、徐绍桢、唐元湛、吴介璋、柏文蔚、景贤、韩国钧、郁屏翰、应德闳、朱瑞等诸先进之赞助，首创义农会，以从事营造南京钟山、江宁青龙山之森林，并兴筑南京太平门外之干路。惟组织灾黎辅导工作，最困难者，厥为技术佐理人才之缺乏，与建设事业进展不易，继乃联合苏皖鲁各省当局，发起人才训练计划，培养实用人才，此为本院刱设之动机也。继复宽筹经费，充实设备，并于长江及黄河流域各省创立农事实验场，以宏事功。本院员生秉此昭示，努力不懈，继后光前，卅年之历史未曾中断，尤荷政府机关之奖掖并惠予合作，社会人士之爱护与热忱辅导，乃得略尽农业建设服役人群之义务。兹值而立之长，为检讨过去，策利将来，订于三十二年二月五六两日举行本院成立三十周年纪念，欣逢雪耻，图强时代，尤应砥励加倍奋发，谨将本院教学、研究与推广诸部事业，报道与社会热心人士，并祈教正焉。

二、农业教学

本院教学现分为农科研究所、大学本部、农业专修科及短期训练四种，教职员一百六十余人，其中教授三十五名，副教授十五名，讲师二十一名，助教二十八名，技术及助理六十余名。于民国二十五年成立农艺部，三十年成立园艺部，农艺部包括作物育种、植物病理及经济昆虫三组，业经教育部授予硕士学位毕业者十四名，现在院肄业者二十三名。大学本部分农业经济、农艺、园艺、森林、农业教育、病虫害及蚕桑七系，农业经济、农艺、园艺、森林、农业教育、植物病理、经济昆虫、应用植物八个主修学程。先后毕业者二十六班、六百六十四人，其中先后留学欧美者一百三十二人，占全国留学欧美专攻农学者百分之四十以上，现在肄业生三百六十七人。农业专修科为二年制，招收高中毕业生授以应用农业科学，培养实际应用人才，先后毕业者十八期、六百二十二人，现肄业生四十二人。短期训练班多系本院与政府机关或社会团体合作举办，先后结业者十五班、五百四十七人。除上述各种教学外，本院并举办森林函授学校及农民学校。故本院教学，上自农科研究所，下迄农民训练，各级农业教育无不具备，而研究推广与教学相辅并进，俾相得益彰也。教学方针除重视农业科学与技术外，尤着重人格之陶冶，以及吃苦耐劳服务社会精神之养成，以应我国农业建设之需要。

三、农业研究

农业研究之目的，在了解现实与改进现实。农业为应用科学，每受地域之限制，尤须就地研究，始克改进。本院为培养实用专才，对于所在地之农业力求彻底明了，并加以改进，俾教材愈趋乎实际。研究事业中有为政府将举办而尚未进行者，本院因应教学需要，业已着手举办，待政府注意及此，本院即将是项研究工作与研究人员移交政府办理之。缘教育机关应领导时代，作文化之前驱，凡一事业，先由教育机关研究试办，俟有成效，则政府机关采纳施行，推而广之，此乃文化演进之程序。矧农学院为农学界之最高学府，尤应注意研究工作，阐明学理，领导农界，以使农学日新而月异也。本院自创设以来，即侧重于此，年来全院经费用之于研究者约十分之五，所有专任教授皆参与工作，高年级学生以研究工作为其设计实习及编著论文之资料，达成教学相长之目的。本院研究工作计有：(一) 调查研究，如农业经济方面之调查研究，其目的多在了解现实并改进之；(二) 采集研究，如昆虫与植物标本之采集，其目的在确定农林生物之分布与品系之鉴定；(三) 试验研究，如作物品种之改造，其目的在应用育种方法，培成质量兼优之品种也。上述各项研究，有须数月或数年始能完成或仅告一段落者，盖物竞天择，进步无止境，研究工作无已时也。本院为推进研究事业，特设研究委员会，其任务在审核设计研究，并谋本院各单位研究事业之联系，举凡一切研究报告，均经该会审核后，始可发表，以求妥善。兹将已完成之重要研究工作报告如次：(一) 农业经济类，如农家经济调查、中国土地利用调查、乡村人口问题之研究、豫鄂皖赣四省农村经济调查、农业历史研究、四川省土地分类调查研究、成都市附近七县米谷生产成本及运销之研究及四川省农产物价与成都市生活费用研究。(二) 植物生产类，先后改良完成新品种计有：小麦十三种，棉花七种，水稻一种，大豆一种，粟六种，高粱三种，大麦四种，玉蜀黍一种。此外尚有改良江津甜橙、金堂大形甜橙、江津红橘、甘蓝、榨菜及番茄等，均已大量推广。上项研究事业多承国内外机关社会团体予以合作，并与经费之资助，至为感奋。今后应于专题研究之外，侧重综合研究，如稻、麦、棉、柑橘及薯草之育种栽培、防害、加工、贮藏、运销等，均详加研究，同时农科研究所培养高深人才，除注意实用外，兼作深刻理论之探讨。

四、农业推广

民国肇始，社会人士对于农事改进尚鲜注意，本院乃采宣传提倡方式，以唤起社会人士对于农业改进之观感，因与学校社团及教会合作，利用庙会茶馆等处，举行讲演，展览，以宣传改进农业之优良方法，并派员至江苏安徽山东河南等省进行推广工作。嗣中央政府于民国十九年成立中央农业推广委员会，该会与本院同作举办安徽乌江农业推广实验区，本院遂将推广工作集中于此实验区办理，以资示范。农业推广以改进农民生计为中心工作，首创棉花运销合作社，以开我国农产运销合作之先河，并注意培养地方人才，以达由倡办至于合办以底于农民自办之推广目的。抗战军兴，本院迁蓉后，与农产促进委员会合作，试办四川温江、新都、仁寿及陕西南郑四县县单位农业推广工作，以全县为对象，研究县单位推广制度及推广方法，以为完成新县制农业建设之准备。四川省农业改进所成立后，乃将温江、新都、仁寿三县推广区改组，归并于各县农业推广所，移交于省农业改进所继续办理。又值四川省推行新县制，指定彭县为新县制示范县，委托本院担任该县农事辅导工作，研究农业推广如何与其他各部门相配合。此外承教育部及四川省政府之委托，担任四川省农业职业学校辅导工作，以促进农业人才之作育。推广所用之材料，为实物及文字两种，实物包括森林园艺种苗、农艺子种、改良农具及防除病虫害药剂等；文字则有编印之《农业浅说》、《农林新报》，及《实用农业活页教材》等，以唤发农民之自觉，俾其自动改良农事，增加生产，改善生活，以树立农业改进之永久基础。

五、同仁著述

我国农业书籍向感缺乏，不得已多采用西方原本，于应用时不免有削足适履之感，本院同仁有鉴及此，特于教学之余，根据教学经验，参酌研究结果，或著作专书，或编辑研究丛刊，以应需要。现已出版专书二十七种，计：农业经济类八种，农艺类五种，园艺类二种，森林类六种，植物类一种，植病类一种，农教类四种，此中多种已列为大学丛书，采为教本。研究丛刊九十九种，计：农业经济类二十二种，农艺类二十八种，园艺类三种，森林类十四种，植物类四种，植病类十九种，昆虫类一种，农业教育类二种，蚕桑类六种，此外短篇论文刊载于中西杂志者为数甚多，兹不详述。

六、今后展望

于检讨本院事业之余，深感本院之所以能有些微成就者，其原因不外下例诸端：(一) 历任校长院长主持有方，不好高，不骛远，不图近功，不循捷径，依照计划，切实执行。(二) 实施分层管理，由校长而院长而主任，各有专责，盖惟有分工，始克合作，而行政制度亦方能健全树立。(三) 确定事业计划，凡百事务，必须事先考虑周详，及至实施时，辄努力执行，以底于成，不因人而设施，亦不因人事变动，而致事业中途更张。(四) 固定预算，本院各单位皆有固定预算，于预算之内，各单位可随时支用，弗使事业之进行有所妨碍。(五) 良好风气，本校历史悠久，一切制度，同仁皆相习成风，而各人均有固定岗位，昕夕劬勤，不以为苦。尝忆本校西迁时，经费困难，同仁薪金减至五成，而事业经费则未尝稍减，同仁对之，视为当然，此种精神殊属难得。(六) 毕业同学一千八百五十三人皆能用其所学，尤能将学校所陶冶之吃苦耐劳与负责精神，履行不懈。(七) 承蒙政府机关及中外人士不断予以合作，并惠给经费之资助，使本院事业与社会打成一片，更趋乎实际，而无闭门造车出不合辙之弊。

今后本院除对于上述诸端，继续加倍努力、发扬光大，以完成本院之使命外，特别注意发展农业研究所，以应时代之需要。其发展方法举要如次，以为迈进之鹄的：（一）加强研究工作，充实教学内容。本院对研究事业，向极重视，由专题研究而至综合研究，由实际应用而至理论探讨，第研究费用浩大，尚期农林部每年拨款补助，则研究事业可以充实，教材更能切合实际。（二）培养师资，提高教学水准。本院同仁中多饱学青年，应设法资送出国深造，同时教授中留学返国为时过久者，亦应设法再送出国考察，吸收新知，以取人之长，补己之短，至于来华外籍专家，尤应注意及时利用。（三）筹措奖学基金，鼓励青年进修。本院拟乘三十周年纪念时期，筹措农科研究所研究生奖学基金三十万元，并以此奖金分别纪念本校前任校长包文，副校长文怀恩，本院前任院长裴义理、芮思娄、过探先、谢家声诸先生，至希本院毕业同学及社会热心人士，慷慨输将，以彰贤劳，而嘉惠后学也。

（原载于《农林新报》1943 年 3 月 21 日第 20 年第 4—9 期）

金陵大学农学院研究事业纪要

金陵大学农学院研究事业，可分为长期与短期两种。农作物之改良，病虫害之防除，属于前者；农林事业之调查，农村访问，则属于后者。历年来应教学与推广之需要，从事研究工作，约一百五十余种，兹记其要端如下：

一、农艺类

（一）水稻育种之研究：由民国十三年开始先后育成金大一三八六号中稻，以从事推广。

（二）大麦育种之研究：由民国十四年起，在本院南宿州及开封分场，开始研究已育成金大一号大麦及金大九十九号裸麦，均于南京及四川安县推广，而南宿州农场所育成之大麦一九六三号、裸麦七一八号，开封农场育成大麦一三号一种，均经推广。

（三）小麦育种之研究：由民国五年开始，就本院西北燕京开封南宿州济南铭贤各分场从事育种，计产优良品种：金大九号、金大双恩号、金大二六号、金大二九〇五号等改良品种；燕京场育成：金大燕京白芒白及金大燕京九十九号两种；西北分场育成：金大泾阳双芒麦，金大泾阳六〇、一二九、三〇二等号；开封场育成：金大开封一二四号一种；南宿州场育成：金大南宿州场六一及一四九一两号；济南场育成：金大济南一一九五号；铭贤场育成：金大铭贤一六九号；现在于后方积极推广者，有金大二九〇五号及西北农场所育成之品种。现于川省举行选穗及杂交研究，并从事研究：(1) 各项性状遗传抵抗杆黑粉病及线虫病之遗传。(2) 细胞分类之研究。观察四川蓝麦之染色体数与其形态，以资确定其分类上之地位。(3) 中西各国小麦适应性之研究，以确定各种小麦之适应区域，俾供轮种之参考。(4)小麦品种之研究，从事改良品种之分析与栽培。

（四）棉花育种之研究：自民国四年起，于西北农场就输入美棉之爱字棉、脱字棉并加以驯化选种。育成金大爱字四八一号及金大爱字九四九号；又以选种法育成中棉一种，即金大百万华棉，均推广有年，西北农场之斯字棉，亦与其他改良美棉一并推广。

（五）大豆育种之研究：自民国十二年起，于开封南宿州农场从事育成金大三二二号大豆一种，业经推广，现于川省各地历经试验证明较温江安县本地品种优异，已在上述两县推广。此外并从事大豆田间技术之研究，以为育种之参考。至于栽培研究及油分蛋白质水分含量研究，均在进行中。

（六）粟之育种研究：自民国十八年起，于燕京、西北、开封、南宿州、济南等农场改良品种：有金大燕京八二号、金大泾宿谷、金大开封四八号、金大南宿州三七三号、济南金大植病组八号，均已推广。关于天然杂交、人工自交、开花习性、无杂交方法、田间技术、脱粒等问题，均获有结果，依此结果以确定粟之育种方法。关于穗形、株色、粒色、刺长、穗长等性状之遗传研究，业已取得结果。关于施肥、灌溉、播种等栽培研究，以供农民观摩。此外并选育抵抗黑粉病之品种。金大植病组八号，又于燕京农场从事培育，抗白发病及黑粉病之品种。

（七）高粱育种之研究：自民国十八年起，于燕京、南宿州、济南、铭贤等农场，改良品种，计有：金大燕京一二九号、金大开封二六一二号、金大南宿州二六二四号，关于高粱品种，对于钻心虫之抵抗性及田间技术与育种等，均有结果发表。

（八）玉蜀黍之育种研究：自民国五年起，于燕京铭贤农场选育改良品种，初用穗选方法育成金大南京黄玉蜀黍。燕京农场以双杂交法育成金大燕京二〇六号及二三六号两种，铭贤农场则由美国输入金皇后马齿玉蜀黍一种，亦推广有年。

（九）烟草改良：自民国二十九年起，从事改良原有烟叶，育成优良品种一种。关于打顶收获及轮栽与分级等，亦进行研究。

（一〇）抗病育种：于民国二十三年、二十五年，就燕京及西北农场，开始测定各试验品种之抗病性。如小麦之锈病黑粉病、粟之白发病黑粉病、高粱之黑粉病等，已获得丰产、抗病之品种。

（一一）田间试验之设计及分析研究：自民国十八年起，以生物统计方法介绍并阐明田间技术，以确定中国作物试验之设计分析方法。

（一二）作物分类及解剖研究：自民国三十一年起，以中国主要作物为对象，搜集品种，制作标本，拟制分类标准，然后进行品种之分类，于形态研究之外，并研究各种作物之内部组织及其与生理现象之关系。此外对于农田杂草，一并加以研究。

（一三）研究改良品种之推广方法：由民国二十三年起，举行种子检定，组织繁殖种子之农家集中推广，并做波浪式之扩大。

（一四）各项改良作物之区域试验：自民国二十年起，与各农场交换改良材料，测验作物之适应地域与环境之影响，以奠定各地育种取材及推广改良品种之基本工作，已获有具体结果。

（一五）肥料实验：自民国十九年起，于西北农场于稻麦棉及烟草等作物，测其土根所缺肥分及各种作物所需之养分，比较各种人造肥料与天然肥料之肥效及施肥方法，以供试验结果辅导农民采用。

（一六）土壤性状研究：自民国十九年起，研究土壤形态及分类、土壤性状与灌溉排水之关系，以及土壤水分肥分之物理及化学性状，其结果均经发表。

（一七）土壤微生物之研究：自民国二十五年起，研究土壤微生物与农作生产之关系、人粪屎之消毒及堆肥制造材料之适当配合。

（一八）土壤防冲实验：自民国二十八年起，分木框及田间两种试验地，防冲木框试验，可控制土壤冲蚀之各种因子，而专测定坡度与冲蚀之关系，另就山坡原有坡度，测定耕作方法对于土壤冲蚀之影响，以供改进坡地种植之参考，均有论文发表。

（一九）水土保持文献之收集：自民国二十九年起，编制文献索引，并选定重要之参考材料，以供有关此项工作人员之参考。

（二〇）农具制造：自民国二十一年起，制造新式中耕器、小型播种机、小麦除杂机、小麦烘干机、小麦脱粒机、小麦收割机、新式轧花机等，以供各方需要。

（二一）农具改良：自民国三十一年起，改良耕犁、旧式风车及抽水机，已有出品销售。

（二二）灌溉排水之研究：自民国二十五年起，于西北农场就陕西农田水利参考研究对象，举行灌溉试验研究，泾惠渠沿岸之灌溉时期次数、数量与各种作物生产之关系，已将试验结果辅导农民采用。

二、园艺类

（一）果树品种检定：自民国十八年起，检定左侧各果类：

1. 江苏之洞庭山，浙江之塘栖，所产之琵琶，以大红袍照种琵琶为优。

2. 中国柑桔之分类已调查者有：江苏、浙江、福建、广东、广西、安徽、江西、贵州、四川、陕西及湖南等省。

3. 中国中北两部栽培之桃，先后在江苏、山东、河北采集二十余品种，其中以玉露滋养佛桃深州撒花红仁闻蟠桃为最优。

4. 中国栽培梨之品种，调查区域有：浙江、福建、江苏、山东、河北、察哈尔、东三省、河南、四川，以鸭梨、葱梨、慈梨、砂山酥梨、苍溪梨、青岛之车梨、巴梨，为最著名之品种。

5. 苹果品种之检定：于山东、东三省、河北、察哈尔、山西、河南、四川采集分类多种。

6. 中国栽培葡萄之品种：采集区域有山东、河北、东三省等处。

7. 柿之品种检定：于安徽、江苏、浙江、河南及河北，采集品种材料，分别检定并从事育苗。

8. 枣之分类：于江苏、浙江、河南、山西、河北采集多数品种，分类记载之。

9. 粟之品种：于江苏、河北等地搜集材料。

10. 胡桃之品种：于山东、山西、河北等各产地，收集品种，得薄壳质优之品种。

（二）关于优良果品之繁殖：自民国十八年开始，从事下述果苗之繁殖：

1. 桃梨柑桔接本之选择，以南京实生苗及山东、青州桃为佳。梨之接本则以杜梨为佳。

2. 嫁接时期与接活成数关系之研究：在南京试验桃梨之芽接时期，自六月至九月，而以七八月中接活率较高，梨之切接时期，为二月至四月，而以三四月为最适，柑桔在成都芽接时期，自五月至十月，而以六月至九月接活成数为最高，切接时期以二三月为佳。

3. 扦插繁殖之研究：葡萄扦插以休眠采插枝扦活率高，且以土温摄氏二十五度、气温二十度时为佳，柑桔之扦插时期与种类，关系研究在进行中。

（三）果树之移植方法与时期试验：自民国二十一年至二十四年实验桃之

移植与肥料之关系，三年平均以堆肥为基肥者，存活率高，移植时期十月至翌年一月为佳，二月至五月存活数渐低，且发芽不良，树体重量亦减。

（四）果树之授粉研究：自民国二十年开始，研究左列各果树之授粉：

1. 梨：在南京实验之沙梨系统、西洋梨系统，多数自花不结实。在成都实验之金川，鸭梨、苍溪梨等，自花亦不结果，鸭梨、苍溪梨之相互交配，可以增加结果产量。

2. 桃：在南京从事二十余品种相互交配及授粉方法，与杂种育成，其研究结果正在分析。

3. 柿：大磨盘用柿十号品种之花粉行交配，结果他花授粉者结果率高，果实合种子数多，果实亦大。

4. 柑桔：研究自交他交除雄等，与结实及授粉与含种子数及结实之关系。每核之温州密柑，以含种子者留止率高，而果实大。

5. 苹果：在成都试验十余品种，均以他交授粉者结实率高。

（五）果树修剪试验：自民国二十一年开始，研究下列各种：

1. 桃：幼树修剪主枝须长二尺以上，主枝间角度以平均者为佳。成年树行间截疏修剪者最为有效。

2. 苹果：成年树行间截疏均能增加果芽之着生及果实之产量。

（六）柑桔类之根群分类研究：自民国二十八年起，鉴别枳榖、红桔、甜橙、酸橙、柚等根群，以供柑桔根砧选择之参考。

（七）成都甜橙果□生长之测定：自民国二十八年起，从事测定结果，以六七八月生长最速，九十十一月渐减，至十二月上旬已达成熟。甜橙生长期间之肥料及土壤之含水量与果实生长关系至大。

（八）果树之花芽分化时期：自民国十八年起，测定南京桃之花芽分化期为六月，梨为七月，在成都梨为六七月，桃为五六月，红桔甜橙为十二月，至翌年一月，较南京为稍早。

（九）果实之处理及贮藏研究：自民国二十二年起，研究下列处理及贮藏方法：

1. 包装运输贮藏方法之改良：试验黄岩产之本地早桔、朱桔及广东福建之蕉桔、雪桔，四川之黄果等之采收、选果、洗果、包果、装箱、运输、贮藏等方法，测其贮藏能力与贮藏处理设备及病虫等关系研究。其结果以宽皮桔类之贮藏力为低，蕉桔、雪桔均为优良之堪以贮藏品种。至于贮藏中之有关因子及贮藏库之种类，亦加以研究。

2. 果实贮藏中之病害研究：发现中国北方鸭梨，在贮藏中以苦腐病为最剧，黄岩、福建、广东产之柑桔，以青微病蒂腐病为主，四川甜橙以青微病褐色蒂腐病为主要。

3. 苹果贮藏中之生理研究：试验成都产之玉霞六月红等品种之熟度，采收处理贮藏中果实生理变化与贮藏能力之关系。

（一〇）蔬菜育种：自民国二十二年起，培育下列各种蔬菜：

1. 甘蓝：由美国引入之 Early Drumhead 品种中，以纯果选种获得数种优良品系。

2. 西瓜：在南京采集国内外西瓜之品种行自交及他交育种，得优良品种若干。

3. 甘薯：在国内外搜集品种行单薯繁殖交配育种等试验。

4. 马铃薯：收集国内外之品种以纯系与交配育种，得优良品种多种。

5. 豌豆：搜集国内外豌豆十余品种，作栽培比较试验，结果得肉豌豆 Earliest marrow 为成都栽培之优良品种。

（一一）蔬菜采种：自民国二十四年起，采下列蔬菜之籽种：

1. 葱头：于黄皮 Yellow Danvets、红皮 Australian Brown 品种中行自交保持纯系采种，栽培时注意播种期、栽植期与种子产量之关系。

2. 番茄：试验番茄品种之采种选得 Norton 对于花叶毒素病抵抗力较强。

（一二）遗传研究：自民国二十三年至二十五年起，采集国内各地之葡萄品种，研究其根形皮色肉色叶形等之遗传性状。

（一三）菜属蔬菜之分类：自民国二十三年起，向国内各处收集蔬菜多种，行自交及他交授粉，分别记载性状，得多数分类与育种之参考材料。

（一四）花卉品种之收集与繁殖：自民国二十年起，收集下列品种：

1. 蔷薇：在南京搜集约五十余种，研究其分类与繁殖。

2. 菊花：搜得八十余种品种，每年栽培繁殖。

3. 球根类花卉：搜集品种甚多。现在成都对于水仙作栽培试验。

4. 木本花卉：于国内外搜集木本花卉品种从事研究。

5. 峨眉青城观赏植物之采集，已采集数百种，尤以百合、兰草、杜鹃、海棠、年景花类为最丰富。

（一五）草花色泽分型育种：自民国二十二年起，依蝴蝶梅雏菊、翠菊、蛇母菊等花之色泽分型育种,得多种优良纯系品种。

(一六)草地草种之选择:自民国二十三年,至二十五年试种草种,谋选取培育绿草地之优良种类,结果在南京以 Burmuda Grass 为最易栽培。

(一七)造园设计材料之收集:自民国二十五年起对于儿童公园、中国造园史及设计材料加以搜集与研究,并与南京计划实施若干处之儿童公园及国父陵园之布置。

(一八)人工催熟试验:自民国二十二年至二十四年从事研究。

(一九)加工实验:计有:

1. 蕉柑:用不同浓度之等氧化钠液,溶化囊皮及糖液之浓度实验。

2. 蔬菜:石刁柏、花菜、豌豆、番茄及渍菜等均经罐藏。

3. 番茄:以各品种之番茄试验制果汁、果酱、罐藏等之品质及经济价值。

4. 草莓:用制果酱、果酒等试验。

5. 蔬菜:蔬菜之干制方法及成品之营养成分、经济价值之研究。

6. 萝蔔:腌渍试验,关于熟度、干燥度、米糖加盐分量及腌渍期间等。

7. 葡萄品种制汁比较:采用之者为 Muacat Hambug、m.alexardaria、Purple、Concord Aqwan 及□□等五品种。

(二〇)柑酒酵母之研究:自民国三十年起,自曲丸中分离酵母品系十三种,用制桔酒以 A-1-3 系为优良。

(二一)泡菜之酸度实验:自民国二十九年至三十年用若干种蔬菜,加不同浓度之盐汁,以待测定其酸度与泡菜品质之关系。

三、森林类

(一)调查全国森林概况:业经调查完竣者有山西、察哈尔、绥远、江苏、山东、河南、浙江、四川、陕西、湖北、安徽诸省。

(二)森林与水利关系之研究:自民国十三年,开始对于森林与水利及冲刷之诸种关系,均经研究已有结果。

(三)中国树木竹类及特产之调查:调查遍及十有五省,制有蜡叶标本二万三千余号,并从事茶及油桐之调查。

(四)中国林木性质之研究:关于土壤气候等因子,以作造林之参考。

(五)造林试验:注意林木之育苗及苗木于不同环境中之生长状态。

（六）森林保护法之研究：关于森林树木病虫害之采集试验鉴别及其防除。

（七）森林轮伐之研究：研究最合经济原则之轮伐期与轮伐方法。

（八）木材工艺性质之研究：研究木材之比重硬度等性状及供燃力等。

（九）资源之调查：调查川康区域内森林材积之蓄积、管理与法规之研讨。

（一〇）林学名词之编定：自十九年开始，业已完成。

（一一）植物标本之采集及鉴定：自民国十八年起，先后采集三十余万号，共约五千余种。入川后复采集川康标本五千余号。

（一二）长江下游各省植物之研究：自民国二十年开始采集，绘图说明均大致完成。

（一三）长江流域落叶树之冬态：自民国二十八年起，观察成都部分工作已完成，其余在继续观察中。

（一四）植物生长素之研究：自民国二十七年起研究后，发现生长素能促进桐油插枝之生根及小麦之萌芽等。

（一五）药用植物之研究：自民国二十七年，开始研究调查四川之五倍子黄连之种植分布产销及化学成分，并引种金鸡纳霜与其他治疟药用植物。

（一六）工艺植物之研究：自民国二十七年起，开始研究桐油、白蜡、蓝靛、橡胶等植物。

（一七）烟叶烘烤之研究：自民国二十八年起，研究烘烤之因素。

四、农林生物类

（一）禾谷病害之研究：以病害之分布，病症、病原菌之形态生理及病害之发生为研究对象，已从事研究者有玉米叶斑病、稻纹枯病、胡麻斑病、稻瘟病。

（二）禾谷种子处理防病实验：小米粒黑粉病，大麦坚黑粉病，小麦杆黑粉病，燕麦坚黑粉病，均可以碳酸铜等拌种以防除之。大麦条纹病则以溶液浸种为有效。

（三）抗病育种之研究：小米能抵抗粒黑粉病者，有四系。大麦能抵抗坚黑粉病者，有四系，能抵抗条纹病者，有三十五系。小麦能抵抗条锈病者，有四十四系，能抗杆黑粉病者，有五十五系。水稻能抵抗胡麻斑病者，有两系，抗稻瘟病者有四系。

（四）黑粉菌生理分化研究：小米坚黑粉菌得三种，大麦坚黑粉菌得九种，小麦杆黑粉菌得五种，赤微菌得三系。

（五）禾谷病菌生理研究：稻白杆菌，使寄生主生徒长现象，与稻粒黑粉菌孢子发芽原子之研究，均先后举行，后者尚在继续中。

（六）烟病研究：注重毒素病害，如环点病之病症及越夏研究及叶枯病之病原研究等，同时注重品种间抵抗力之强弱，枯萎病之防除及病原菌之越夏问题亦加试验。

（七）果木病害之研究：曾做广泛研究者，有苹果之轮纹褐腐病、梨之苦腐病、石榴干腐病、柑橘之黏滑蒂腐病、褐色蒂腐病等。

（八）市场及贮藏病害调查：于南京成都两地，先后调查水果之市场及贮藏病害，以柑桔核果及仁果三类，为调查对象，已得结果。

（九）贮藏试验：柑桔及苹果之贮藏防腐试验均先后开始，柑桔以制止微病蒂腐病及黑腐病为主，而苹果则以防除轮纹褐腐病为主。

（十）蔬菜病害之研究：曾作广泛研究者，有包菜梗腐病、黄瓜猝倒病、洋扁豆炭疽病、蚕豆枯萎病、花腐病、花叶病及炭疽病，与番茄之漆腐病等。

（一一）蔬菜病害调查：番茄之田间及市场病害及甘薯之贮藏病害，均加以调查。

（一二）杀菌剂之研究：硼砂及铅素化合物之杀菌作用杀菌效力及其应用等，均在研究中。

（一三）中国真菌之采集及鉴定：已采集之中国菌类有四千余号，其中种内有若干新种。

（一四）真菌细胞学之研究：从事研究者有 Gymnosporangiam Yamadai 及 Myriangium Haraearumo。

（一五）白粉菌之研究：发现我国白粉菌二十九种，内有五新种、二新变种。

（一六）食蕈栽培：先后试验者有金□蕈、西洋香蕈及草菇等。

（一七）小麦弹尾虫之研究：成都平原之弹尾虫两种。在初冬为害大小麦之幼苗，特研究其生活史及生活习性之结果，提供意见，以早播施硫酸铔、烟茎水，为有效防治。

（一八）瓦缸诱杀法之试验：以利用马粪为佳，毒饵以含砒者为有效，而经石滚压土亦能减少此虫之发生。此外蝼蛄之形态生活史及生活习性，亦均加以研究。

（一九）柑桔实蝇之研究：四川之柑桔实蝇为害甜橙、红橘、柠檬、枸橘、酸橙等蔓延甚速，除用法律手续限制其传播外，可以毒饵诱杀捕杀，翻土杀蛹及保护果实诸法，以减少其为害之程度。

（二〇）柑桔瘿蜘蛛及潜叶虫之研究：瘿蜘蛛为害隐芽及叶脉，俗称为胡椒子，四川柑桔潜叶虫有两种，一为潜叶蛾，一为潜叶甲虫，危害酸橙及柚。颇为严重，研究结果，以喷洒砒毒剂为有效。

（二一）烟草青虫之防治研究：研究结果以红椒皂液为有效。

五、农业经济类

（一）农业经济调查：自民国十七年至十九年，共调查七省二八六六农家，以编成《中国农家经济》一书。

（二）豫鄂皖赣农村经济调查：自民国二十二年至二十四年，举行农村金融、农村运销、土地分类、农佃制度、信用合作、农业特产及农村组织等调查。

（三）四川省农村经济调查：由民国三十年起，作主要食粮生产成本及运销费用、农产品之价格、农业金融、农场经营、农业概况等调查。

（四）农村社会之研究：江宁自治实验县、淳化镇农村社会机构之调查，已著为《江宁县淳化镇乡村社会之研究》一书。

（五）乡村人口问题：自民国十八年至二十年，调查十一省一一四五六农家，结果认为人口过密为我国农村贫困之主因。

（六）人事登记研究：于江苏省江阴县峭口镇及安徽省和县乌江镇试行出生、死亡、结婚与迁移四种人事登记。

（七）中国土地利用：自民国十八年至二十三年间，共调查二十二省、一百六十八地区，已编成《中国土地利用》一书。

（八）土地制度之研究：研究中国古代之土地制度。

（九）农佃制度之研究：自民国十三年起，调查江苏省之昆山南通及安徽之宿县农佃制度，并研究其改良方法。

（十）四川省土地分类之调查：自民国二十七年开始，分期调查各县土壤中有机质及土壤组织、颜色酸度，以及钙质之含量等。

（一一）农艺方式之研究：研究比较山东潍县临邑及安徽宿县之农艺

方式。

（一二）中国农具研究：自民国二十四年开始研究中国农具，以期改良，而谋增进工作效率。

（一三）成都合作农场之试办：于莱阳县观音桥附近试办。

（一四）农场簿记研究：自民国十四年起，于江苏盐城试用农场改良簿记，嗣后于四川温江亦行试用。

（一五）湖北棉花生产成本研究：自民国二十六年起，调查研究结果，发现农场狭小者生产成本高，而高利贷又使生产费用扩大。

（一六）中国重要出口货物生产运销调查：自民国二十七年起，调查区域遍及河北、河南、浙江、广东、广西、四川诸省。

（一七）农产品运销研究：自民国二十六年起，调查四川农产品之运销，已完成者有成都附近七县之米，三台、乐山、南充之蚕丝，遂宁、射洪之棉花，金堂之柑桔，郫县之大烟，并提供改良品种及加工方法、扩大经营面积、增加设备、减轻租税、便利交通、组织运销合作社等意见。

（一八）银价与中国物价水准关系之研究：自民国二十年至二十五年研究物价跌落之原因，系由银购买力之提高。

（一九）农产物价之研究：搜集山西武乡，河北盐山，江苏武进、南京之农产物价，计算其指数，以觇物价对于其他农村现象之影响，近年来，并调查四川农产物价。

（二〇）中国度量衡制度之研究：收集中国度量衡制度，合为部定制万国通制及英制之单位。

（二一）中国农民食物研究：自民国十八年至二十二年间，调查二十二省，二七二八农家。复调查江苏之江宁县淳化镇等处，三千农民之食物，发现其所缺者为钙质与铁质。

（二二）农民生活费用研究：调查河北、河南、山西、安徽、江苏、福建等省，探讨农民生活穷困之原因，为人口过多、农场太小、生产效率低及交通不便等。

（二三）乡村卫生调查：以江苏江宁县之汤山及浙江之杭县，为调查区域，调查农村家庭及公共卫生之情况。

（原载于《农业推广通讯》1943 年第 6 期）

一个家庭化的大学举例

年末社会人士鉴于抗战日近胜利，而各校学风日堕，学生学业日差，影响未来建国工作，殊非浅鲜，因之改革教育之呼声高唱入云。改革之道，千端万绪，仁者见仁，智者见智，其最切时弊者，当推重庆《大公报》十二月十五日所载《教育应该改革了》一文。该文揭示了教育行政民主与培养自由研究空气两点，尤为时贤讨论中心。盖教育行政民主，始可打破教育精神上之束缚，有自由研究之空气，始能发挥学术独立之精神。惟此种教育方针之确定，固有望于教育行政当局之深切考虑，而在各校自身方面，如何倡导浓厚之学术空气，如何培养教师之专业精神，如何建立长久而有系统之教育计划，如何联络师生间之深挚情感，乃至如何充实设备、加强教学，并如何与社会发生密切联系等，均有待于各校负责当局之积极努力而不容稍缓者也。

我国自清末提倡新式教育以来，八十余年，中经多次之改革，迄今学校教育，犹不免为国人所诟病。考其致此之由，不外下列两端：

一、轮回式的教育　教育不顾社会环境之需要，仅为轮回式的升学教育，引导青年由小学而中学而大学而留学，留学回国后教授大学，大学毕业生教授中学，中学毕业生教授小学，概属贩卖式的书本教育。其结果，闭门造车，全部与社会脱节，兼因留学之国籍不同，思想互异，主张纷歧。而主持学校行政当局，复不免因人设事，因人成事，一切事业，无继续性，时兴时废，终难有成绩之表现。

二、商店式的学校　少数学校行政当局，未明教育事业之神圣任务，每不免借办学以图厚利，甚至购置产业，以图一已之物质享受。其结果，设备不良，教学不严，难于获得优良教师，而教员多挟皮包上课，课毕离校，师生之间，缺乏情感，自难收以身作则潜移默化之效。

金陵大学创立迄今，五十六载，幸赖历届教育行政当局及社会关心人士之严加督责与热诚爱护，敬慎勤勉，未敢或懈。笔者自就学迄今，与该校有廿八年之历史，主持农学院务，亦达十年有奇，去秋复承乏代理校务，对于该校各部情形，曾作全盘之检讨。兹值各方人士咸集中注意力于教育改革时期，特将该校实际情况，略述如左，非敢自矜，盖所以就教于社会贤达。

（一）注意研究实验与推广应用　研究、教学与推广三者并重，乃该校自创立以来一贯之教育宗旨，非仅训练人才而已。例如该校农学院经费分配，用于研究者百分之五十，用于推广者百分之二十，教学方面，仅占百分之三十而已，每一教员，皆在此三方面努力事业。该校于战前与中央农业推广委员会合办安徽省乌江农业推广实验区，为吾国办理推广工作之嚆矢；又与燕京、协和、南开、清华四大学及中华平民教育促进会共同组织华北乡村建设协进会，在山东济宁成立乡村建设实验区。战后迁川，与农产促进委员会合作，先后在温江、新都、仁寿等县办理农业推广实验区，与教育部及交通部合作举办水电池与干电池之制造，均早为社会人士所称道。以研究之结果，推广应用，再以研究之方法，用于教学，故教学趋乎实际，并与社会发生联系，而有异于轮回式的教育。

（二）一个纯家庭化的学校　该校师生校友之间，息息相关，休戚与共。对于教职员之基本生活需要如衣、食、住，均予以适当之安排与充分之供应。设置医药补助金以补助教职员本人及其家属之医药费用，办理教职员子弟班，容纳教职员之子女求学，购买墓地以备教职员及其家属万一之不幸，筹集进修基金以供教职员出国进修或考察。对于在校学生，尽量减轻其学费负担，所缴之学杂等费，仅及学校全部经费五十分之一而已。但对其生活方面，逐年增加公费生及奖学金名额，疾病方面，设置重病学生医药费补助金，婚姻方面，则予以正当之指导，就业方面，则予以介绍并鼓励其工作兴趣，至课外活动方面，则于训导处之下特设课外活动组，指导学生自助成立各种学会，并举办各种学术讲演及学生中英语演讲竞赛等。对于毕业校友，经常保持密切联系，诸如工作之介绍、个别访问、校刊及校友通讯之编辑与分送等，均竭尽其最大之努力。至各专修科毕业校友，则于服务相当时期后，鼓励其返校转入大学部进修，藉以增进其学识与能力，而有异于商店式的学校。

此外该校尚具有下列特点：

（一）有组织　该校具有完美之行政组织，分层负责，分层管理，一切均尚民主化。由校长而院长而各系主任，各有专责。举凡经费之动支，教职员之进退，教学、研究与推广事业之筹划，均由各系主任负责，而以院长总各系之成，又以校长总各院之成。此种以系主任为重心之优点：(1) 分头负责，而无牵掣；(2) 不以校长或院长之进退而有所动摇；(3) 有责任，自有计划，自有热心，自有创造，自有成绩。

（二）有计划　该校对任何事业，于开始进行之先，即已拟具全盘计划。兹以该校南京校舍为例，早在建造第一幢房屋时，即测量周围地形，绘就全部校舍图样。此后在经济情形许可之下，逐渐依图建造，故能整齐划一，蔚为壮观。关于教学、研究、推广事业，各系均有其详细之计划，并依照计划实施。值抗战胜利将临之时，该校已于一年前拟就复校计划，并已在积极准备之中。

（三）有风气　崇法、务实，为该校之特殊风气。此外尚有若干良好风气，虽无条规之限制，而由每一教职员与同学于无形中自然养成，即新教职员与新同学到校不久，亦自然薰陶于此等良好风气之中而与之同化。该校于迁蓉后，在华西坝各校中有“土气”之称，然亦可见其朴素与踏实风气之一斑。此种风气表现于南京校舍者，则为庄严巍峨，而无华美瑰丽之色彩。

（四）有贡献　该校历年改良籽种、农事方法以及在科学上之新发明，层出不穷。例如改良籽种一项，计先后育成三十六个新品种，包括八大类农作物，抗战之前，即推广于南北各省，深受农民之欢迎。此次农林部举办赴美农业实习人员考试，录取人员一百六十名，该校占有六十一名，合总数百分之三十八；备取生四十二名，该校占有十九名，合总数百分之四十六；又考试院在成都录取人员八名，该校占有五名，合总数百分之六十三。该校之贡献，于此可见一斑。

笔者于简述金陵大学一般情形后，希望该校百尺竿头，更进一步，虚心求进，加倍努力。查该校由南京迁川时，因学生于事前疏散，随同来川者，仅有三百五十四名，而今则恢复战前名额达一千一百九十九名。在此物价高涨、经费维艰之际，为国育才之责任，固未敢稍加忽视。同时在质的方面，亦无时不在增进之中，去年美国著名学者 G.Cressy 来华考察，曾谓该校在全国公私立专科以上学校中，可列于前四名内。所望各界人士，本已往爱护之热忱，时加督导与维护，则不仅该校之幸，实亦国家之幸。

（原载于《农林新报》1945 年 10 月 31 日第 22 卷第 28—36 期）

复员后一年来之本校农学院

本校农学院自民三创立，迄今三十四年，幸来历届主持人之悉心擘画，惨淡经营，对于国家社会，尚能薄有贡献。以言教学：先后毕业同学达二千二百六十四名，计研究生三十九名，院本部九百零八名，专修科七百零一名，各种训练班达六百一十六名（十七班）。所有毕业校友，均能从事于其所学，而为农界服务，并深获社会好评。以言研究：抗战以前，本院农场分设于长江及黄河流域各省，共计二十三处，计南京总场一处，分场四处，合作场八处，区域试验场四处，种子中心区六处，战时复在成都增设总场一处。育成八大作物优良品种三十六种，经推广而确获实效者二十七种。以言推广：战前推广人员普遍分布于华中华北各省，分散优良种籽并指导改进耕作。举办县单位农业推广工作，计有安徽之乌江，四川之温江、新都、仁寿及陕西之南郑，均为本院推广事业活动中心区域。其推广方法，大部均经政府采用，对于战时增加农业生产，充裕军需民食，致多独力。其所以能有如此成就，原因有二：

一、安定与持续　本院三十四年以来，人事少有更动，亦不影响事业，凡有计划，必求其完成而后已，即在迁川期间，所有事业，仍能继续不断，以底于成。

二、办法合理　教学、研究、推广三部事业，联贯推行，经费之支配，用于教学者百分之三十，用于研究者百分之五十，用于推广者百分之二十，故能切合实际，并与农民打成一片，是故今日之成就，信非偶然。

胜利甫临，本院即派遣单寿父、周述才、周本三先生来京筹备农场种植事宜，以免有失农时。其余同仁，亦于去年四月十五日起，陆续迁返南京，积极整顿。所有在京主要建筑物及设备，大体言之，尚属完整，此皆留守京校诸君爱护维持之力。惟是农院范围较大，单位亦多，因分布面积辽阔，故损失亦较他院为烈，决非短时期所能恢复原状。兹将本院一年来复员工作，分述如此。

一、整理农场　本院农场，计城内二百余亩，城外一千七百余亩，此外并有林场两千余亩，惟在战时，所有果树、桑株、苗圃、森林，悉被斫伐，房屋、农具等设备，多遭焚毁，土地亦被占用。一年以来在经费极度拮据之下，逐渐收回，积极整理利用农场并修复花房一座，虽一时尚难恢复旧观，然工作业已次第展开，同时注意合理经营，城外农场并加集中管理，对于土地之利用，更趋理想。

二、充实图书　一年以来，除自行购置之外，复承洛氏基金会、中英文化学会、美国大使馆等机关陆续赠送图书杂志。并蒙美国康乃尔大学已故教授马雅斯博士夫人捐献马氏生前藏书全部及已故劳门教授捐赠藏书之一部，使本院图书，更加充实。

三、增加仪器　在战时仪器设备，有减无增，复员之后，亟待补充。农艺方面，除美国万国农具设备一套外，并由美订购药品两大箱；园艺方面，由重庆订购糖量分析、酸度分析及酵母培养设备等四大箱；植物病理方面，由美订购显微镜十一架、玻璃仪器三大箱、药品八大箱；植物系由美订购玻璃仪器及药品共四大箱；昆虫组由美订购显微镜四架、自动启复计一架、磨粉器一架，吹风器一架、切片机一架及其他玻璃仪器五大箱、化学药品及杀虫剂八大箱；其他各系，亦均有大批仪器增购，所有仪器，除少数尚在途中外，大部均已运到。

四、加强教学　教学之加强，首在培养教授人才。一年之内，本院由美返国同仁，有靳自重、李家文、高立民、裴保义、周映昌、李扬汉、李为谦、胡国华、王铨茂、孙祖荫等十位，新聘教师十三位，并介绍黄瑞采、屈天祥二君赴英进修。美国万国农具公司派遣来华之农具教授韩森，并长驻本院讲学，故本院教学事业，日趋增进。

五、恢复乌江试验区　本院于民国十二年，开始在安徽和县之乌江，举办推广工作，十九年起，与中央农业推广委员会合作，正式成立乌江推广试验区，抗战时期，工作停顿，一年以来，次第恢复，如组织农会、合作社、妇女会，推广良种、举办农贷、设置农仓及示范繁殖场，创设农民医院、农民菜园、农民托儿所、农民代笔咨询处、农民书报阅览室，创办暑期补习班、农产展览会，工作颇为积极。

本院复员迄今，虽仅一载，深蒙有关机关及社会人士，爱护备至，如美国援华会、美国哲学会、社会部、农林部、农业推广委员会、中国蚕丝公司、中国农民银行等,或拨款补助,或参加合作研究事业,使本院内容,更趋充实。惟因复员之后,南京房屋恐慌,而且租金高昂,由校本部商借本院蚕桑系及农专房屋,作为教职员临时住宅,此对本院事业之推进,不无限制,正常之发展,犹有待于全部迁让之后,始克实现也。

(原载于《金陵大学校刊》1947 年 5 月 31 日第 4 版)

《金陵大学农学院三十周年纪念奖学基金捐款芳名录》志谢

本大学农学院于今年二月五日举行三十周年纪念时，曾提议筹募本校农科研究所奖学基金三十万元（用作纪念本校前任校长包文，副校长文怀恩及本院前任院长裴义理、芮思娄、过探先、谢家声诸先生）、同仁在职进修基金二十万元及农业专修科奖学基金一万元，合计五十一万元。于纪念会开幕典礼时，分由本院校友叶友祺及戴龙孙二君代表本院全体校友向陈景唐校长捐献。会毕承荷本院国内外各地校友热心赞助，慷慨捐募，复蒙四川省政府张主席岳军、胡厅长子昂热心爱护，由省政府拨款十万元，专作川籍研究生奖学金之用。迄今已先后收到捐款八百六十一起，计国币五十五万一千二百十八元，美金七千零七十六元，除由临时保管委员会魏景超、汪菊渊及戴龙孙三君分别给予收据并专函致谢外，用将捐款芳名、捐款数额，以及指定用途，分别公布于后，以表谢忱而志勿忘。

章之汶谨志

三十二年十月十日

考察·调查

江宁自治实验县乡村教育初步调查*

绪　言

教育为国家根本所寄托，以中国城市之尚未工业化，乡村农民之数量，实占全国人口之最高度，发展乡村教育，因形成当前之急务。京郊之江宁县，自改自治实验县以还，即锐意谋乡村教育之改进，尤以假乡村中心小学兼办各种社教，作建设乡村之中心机关，为最有意义之试验。

凡求一事之改进，最好方法，莫若取过去经历作参考，善者从之而劣者去，故一切过去事实之研究，恒使人能决定新行为之途径，改良教育之道，亦犹是也。

金陵大学农学院乡村教育系，因欲明了现在乡村教育状况，备作将来改进乡教计划之根据，并期证实江宁自治实验县现有之试验是否可行。因规定江宁县乡教调查为本季乡教一六一班之设计实习，计参加工作者凡二十一人，共完成七学区，计中心小学七、初级小学十六、实验小学及完全小学四，合得表格二百五十六，惟限于时间与人力，仅能作抽样之调查。然对江宁县乡教之轮廓，已得一简括之图案，爰将调查所得，加以分析，作一忠实之纪述，整理表格之劳，仍由该班同学任之，名曰江宁自治实验县乡村教育初步调查，此项工作，将力谋赓续，并更求其精确与普遍，苟能藉此引起国人对乡教之研究，则同人之作，或不无相当意义欤。

---

* 文章署名为章之汶、辛润棠、蒋杰合编。

调查统计

一、调查区域

1. 学区划分及学校分配状况(附江宁县全县地图,略)

2. 调查区域概况(详下列表中)

表一 调查区域概况

区别			第一区	第二区	第三区	第四区	第五区	第九区	第十区	总数
区划方法	自然区									
	行政区		+	+	+	+	+	+	+	
面积	东西距(里)			10	15	14	40	10	15	
	南北距(里)			10	40	67	25	28	20	
全区人口	人口数			48,898		60,000	53,537	82,467		
	趋向增加或减少			增加,十九年为36,996	增加	增加	增加10%	增加	增加	
区内主要农作物			稻、麦、蚕、桑	南面稻麦,北面蔬菜百合	稻、麦、豆	稻、麦	稻、黄豆、山芋、元麦、小麦、豌豆、紫云英	稻、麦	稻、麦、蔬菜、菱、藕	
区内市镇名称	a		尧化门	孝陵卫	汤水	共六镇	桥头镇	板桥、江宁	头关镇	
	b		燕子矶	马群	东流		解溪	谷里、牧龙	西善桥	
	c		和平门	高桥	陈家庄		淳化	铜井、陆郎	上河	
	最大镇		尧化门	孝陵卫	汤水镇	南陵镇	解溪	江宁	上河	
中心小学	校址	村								
		镇	尧化门	马群镇	汤水镇	南陵镇	淳化镇	江宁镇	西善桥	
	校址与区界距离	东		5	8	7	25	5	8	
		西		5	7	7	15	5	7	
		南		5	20	22	8	14	8	
		北		5	20	45	17	14	12	
	校址在何项中心	商业		+	+	+		+		
		交通	+	+	+	+		+	+	
		行政	+	+		+	+	+		

续　表

区别		第一区	第二区	第三区	第四区	第五区	第九区	第十区	总数
区内小学数目(中小在外)	县立	18	12	15	8	10	9	10	82
	乡镇立	10	5	4		12	9	3	43
	私立	1	1	1	1		1		5
	私塾	63	22	22	25	50	10	42	224

二、教职员

1. 年龄

表二　教职员年龄

年龄＼校别	中心小学(人)	实验小学(人)	初级小学(人)	共计(人)
18—20	6	3	4	13
21—23	12	3	4	19
24—26	9	5	3	17
27—29	7	2	4	13
30—32	8	2	1	11
33—35	4	1	5	10
36—38	1			1
共计	47	16	21	84

上列表中,教职员年龄自十八岁至二十岁者,仅占百分之十五,其余则占百分之八十五,按二十岁以上之青年,学识经验,已甚丰富,故根据此表,可知该县之教职员,理应于建设乡村之责职,可以胜任。

2. 省籍

表三　教职员省籍

省籍＼校别	中心小学(人)	实验小学(人)	初级小学(人)	共计(人)
江苏	38	13	19	70
浙江	5			5
安徽	2	1	1	4
湖南	2		1	3

续　表

省籍 \ 校别	中心小学(人)	实验小学(人)	初级小学(人)	共计(人)
山东		2		2
共计	47	16	21	84

3. 婚姻状况

表四　结婚及子女人数

子女 \ 婚未 \ 校别		中心小学(人)	实验小学(人)	初级小学(人)	共计(人)
已婚		25	8	13	46
未婚		22	8	8	38
子女人数	无子女	7	3	3	13
	子女一人	6	1	2	9
	子女二人	6	1	1	8
	子女三人	5		4	9
	子女四人	1	3	2	6
	子女五人			1	1

4. 学历

表五　教职员学历

校别 \ 人数	中心小学(人)	实验小学(人)	初级小学(人)	共计(人)
高级师范	16	8	5	29
初级师范	5	3	8	16
旧制师范	12	1		13
乡村师范	3		2	5
代用师范	1			1
幼稚师范		2		2
大学毕业	2	1		3
大学肄业	1			1

续 表

校别 \ 人数	中心小学(人)	实验小学(人)	初级小学(人)	共计(人)
专门毕业	2	1	1	4
旧制中学	1		1	2
普通高中	2		1	3
中学肄业	1			1
讲习所	1		3	4
共计	47	16	21	84

上列表中,计师范学校毕业者六十六人,占总数百分之七十九,其他学校毕业者仅占百分之二十一,故此种学历甚可满意。

5. 任职年限

表六 在学校任职年限

年限 \ 校别	中心小学(人)	实验小学(人)	初级小学(人)	共计(人)
0—0.99	30		9	39
1—1.99	3	10	4	17
2—2.99			3	3
3—3.99	2		2	4
4—4.99	2		1	3
5—5.99	1		2	3
6—6.99	1			1
7—7.99				
8—8.99	1			1
9—9.99				
10—10.99				
11—11.99				
12—12.99				

续 表

年限＼校别	中心小学(人)	实验小学(人)	初级小学(人)	共计(人)
13—13.99				
14—14.99	1			1
15—15.99	1			1
未填	5	6		11
共计	47	16	21	84

在普通情形下，教职员在校年限愈久，办学易愈有成效，今该县教职员八十四人中，有五十六人仅在校一年至二年，实占全体百分之六十七，为数极堪注目，深望该县政教当局，早日设法有以解决之。

6. 进修

表七　教职员进修

项目＼人数	中心小学(人)	实验小学(人)	初级小学(人)	共计(人)
阅读书报	34	10	15	59
曾入函授学校	5			5
曾入暑期学校	7	2	9	18
曾参加参观团	19	7	6	32
研究乡村教育	25	12	3	40
研究教学法	32	14	6	52
研究心理学	30	14	6	50

教职员之进修事宜甚多，惟下列三项，则为不可缺少者：

(1) 阅读图书　利用每日余暇阅读图书，以增进身心上之修养。

(2) 暑期学校　加入暑期学校，从事团体生活，使本人之学识经验与日俱增。

(3) 讨论会　每学期在中心小学范围内，联合各校举行讨论会数次，相互解决各项困难问题，而使各校之校务，赖以蒸蒸日上。

今该县教职员八十四人中，阅读图书者占百分之七十，曾加入暑期学校者占百分之二十一，至于讨论会之组织，则尚觉阙如，均有待于改进焉。

7. 薪俸等级

表八　教职员薪俸等级规定

职别＼薪奉＼校别	中心小学	实验小学	完全小学	初级小学
校长	48	48—50	32	28
级任	32—34	32—34	24—28	20—24
科任	30	30		
分校主任	32	32		

欲冀教职员能安心任事，勤于责守，必使其位置有所保障，而薪俸足以维持其生活，目下国内乡村教师之薪俸，菲薄已极，其阖家之生活，诚难维持，今据该县所规定者，尚能差强人意。

三、学童

1. 入学年龄分配概况表如下

表九　儿童入学年龄分配概况

（包括初级小学十、完全小学三、中心小学五）

学龄组＼性别＼年级		一	二	三	四	五	六	总计	男女生合计
4—5	男	30						30	41
	女	11						11	
6—7	男	193	15					208	376①
	女	63	4	1				68	
8—9	男	58	180	24	2	10		374	471
	女	47	37	12	1			97	
10—11	男	7	161	109	34	7		382	499
	女	23	64	22	8			117	
12—13	男	48	63	114	112	25	7	396	488
	女	8	23	32	19	6	4	92	

① 原表之误，下“2181”属同误。

续 表

学龄组	性别（年级）	一	二	三	四	五	六	总计	男女生合计
14—15	男	2	22	39	67	49	52	231	269
	女	2	4	8	12	6	6	38	
16—17	男				3	17	12	32	37
	女				1		4	5	
合计		756	574	361	259	47	84	2,181	

根据此表可得下列二断语：

(1) 超过年龄之入学儿童，占总数百分之三十六，可知普遍农民对于儿童之入学问题，何等疏忽，而办理学校者，教导此种长幼不齐之儿童时，何等困难。

(2) 十二岁以上之儿童既占百分之三十六，即可教以相当实用之学科，如男生方面，授以农事之知识，女生方面，授以家政之技能，使毕业以后，不论升学与否，均能适合社会之需要。

2. 各级留读学生

学校是一个选择机关(图一)

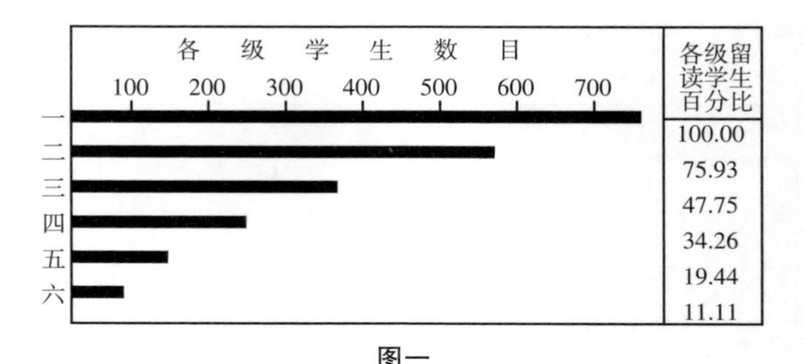

图一

根据上列图示，可知年级愈高，学生留读愈少，故在乡村办理学校，决不能完全以升学为目的，对于一般不升学之儿童，亟应授以实用之智能，以完成其入校肄业之初衷。

3. 性别

各校儿童性别比较(图二，包括初级小学十、完全小学三、中心小学五)

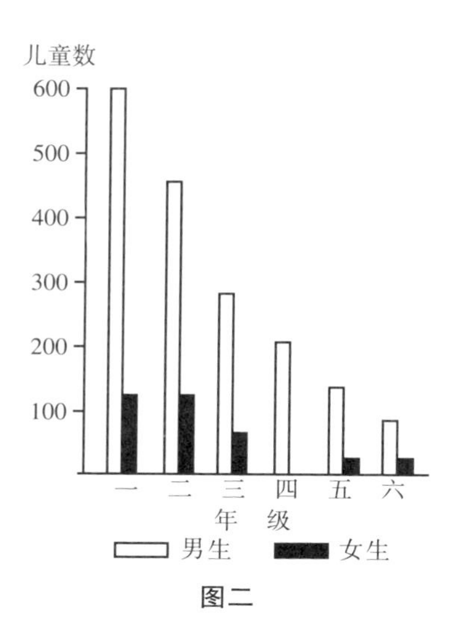

图二

若将男女生总数相较可得其百分比如下(图三)

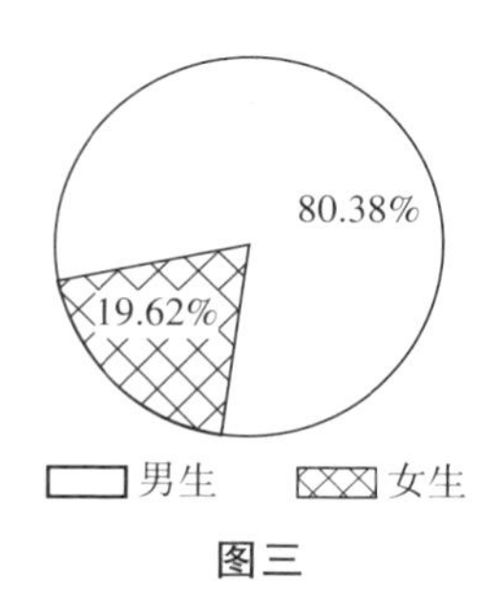

图三

在此图示上,男生适为女生之五倍,可知我国之乡村教育,固不发达,而尤以女子中之不受教育者为尤甚。

四、毕业生及其出路

表十　最近五年初级小学毕业生及其出路

	升学	务农	作工	经商	赋闲	其他	共计	备注
板桥	2			1	1	4	8	
作厂	5						5	
丁墅	9	9	1	2			21	
华兴			1		1		2	
孝陵卫	4			2		3	9	

续 表

	升学	务农	作工	经商	赋闲	其他	共计	备注
沧波门	4	4	10	3	1		22	
索墅	13			76	8		97	
孙家边	8						8	
宋墅	1	15	30	105			151	
高桥门	1			3			4	
牌头								本年始开办
迈皋桥								尚无毕业生
普陀庵								以前无统计
小行街	1	10	4	5			20	
共计	48	38	46	197	11	7	347	
百分率(%)	13.83	10.95	13.25	56.77	3.17	2.01		

表十一　最近五年中心小学毕业生及其出路

校别＼人数＼业别	升学	务农	作工	经商	赋闲	其他	共计	备注
汤山	10	9		9			28	
淳化镇								无统计，习商者最多，务农者次之，升学者较少
尧化门	4	3		1			8	
西善桥								
马群	4	7	2	2		3	18	
江宁镇								无统计
秣陵关								无统计
共计	18	19	2	12		3	54	
百分率(%)	33.33	35.18	3.70	22.22		5.55		

上列两表中，昭示毕业生之最大出路，系经商与务农，至于升学以求深造者，在中心小学有三分之一，初级小学则仅百分之十四，故在功课方面决不应偏重于少数升学者，而应顾及大部分经商及务农之学生焉。

五、课程

表十二　中美两国小学课程位次比较

课程＼国别	江苏江宁	美国
国语	1	2
算术	2	1
社会	3	4
自然	4	7
体育	5	14
工艺	6	9
音乐	7	11
美术	8	10
习字	9	12
卫生	10	6
阅读	11	3
公民	12	13
谈话	13	
作文	14	8
珠算	15	
农业	16	5

各校课程编制，系按照我国教育部所颁布之标准，其位次之排列，即以授课时间之多寡而定。

美国课程位次之排列，则系根据书本上页数之多寡而定。

按该县毕业生中之出路最多者，厥为经商及务农（见表十及十一），故除国语算术社会自然为基本功课及体育极为重要外，农业应列在第六位，而珠算应迁至第七位，如此排列，似较适合该县学生之环境。

六、设备　据调查各校所得，缕述如下：

1. 屋房　多数学校系租用，或将祠堂庙宇等改用者，在今日农村经济崩溃下之局面中，固亦不得已之办法，惟江宁县仅有中心小学凡十，若亦因陋就简，不加改革，恐以现有之建筑，决不敷进行社会事业之用，故该县政教当局应指定的款，聘请乡村教育专家及工程师等，妥为设计，建筑经济、坚固，以及学校教育与社会教育可同时进行之新屋，庶几中心小学之事业，得以充分发展。

2. 校具及教具

(1) 校具　各校校具，均甚简单，至于椅凳之类，由校中置备者，尚合学生之身材，但由学生携校者，则极欠妥善，非失之于过高，即失之于过低，对于彼等身体之康健及发育，均有莫大之影响。

(2) 教具　各校之教具，大多亦系因陋就简，如地图模型标本等，或不齐全，不敷所用，或不合式，虽多无用，均有望于该县政教当局注意及之。

3. 图书　据调查结果，下列二项，系各校共同之缺点。

(1) 数量极少，不敷师生之用。

(2) 学生未能充分利用图书，此系教员之所应负责者，若欲补救此项缺点，唯有实行下列办法：

① 设立巡回文库　由该县政教当局主办，依次运送书籍至各乡村中心小学，公开阅览，以增进农民教师学生等之知识。

② 训练教员　使教员受图书上之训练，然后始能选择应用书籍及指导他人阅读。

4. 农场　各校面积不等，有一亩二亩者，亦有五亩六亩者，但因各校教员缺乏农事训练，故种植布置，极不合式，其补救办法如下：

(1) 扩充面积　使校中之农场，不仅为学生实习之地，且为繁殖本地所需要之改良种苗，以备推广之用。

(2) 农事教员　聘请农事教员一人，使负指导农民及学生之责。

若能如此办理，学校之农事成绩必有进展，而农民及学生之获益，当非浅鲜。

5. 体育场　总观各校体育场，面积适合，设备齐全者实鲜，且有数校并无此项设备，按体育场之设立，原系增进师生及附近农民之健康，故亟应整顿场地，添购运动器械，以及其他改进事宜。

6. 集会室　各校学生集会，大部利用课堂，别无专室，若农民前来举行任何集会，即无插足之地，故将来建筑新校舍时，应增建集会室数间，以应师生及农民之需要，其他如工艺卫生家事娱乐等设备，俱为中心小学所不可或缺者，但调查结果，相差极大，故综上所述种种，均有望于该县政教当局之提创督促，以及中心小学诸教师之努力改进者也。

七、教育经费

表十三　二十二年度全县教育经费预算

项目	数目	百分率(%)
第一款　教育经费	189,694.80	100.00
第一项　学校经费	141,473.80	74.58
第一目　学校经常费	89,755.80	
第二目　社教经常费	31,548.00	
第三目　学校设备费	11,120.00	
第四目　社教设备费	9,050.00	
第二项　新增事业费	41,101.00	21.66
第一目　县立事业费	3,240.00	
第一节　县立民众公园	1,080.00	
第二节　县立民众图书	1,080.00	
第三节　县立民众运动场	1,080.00	
第二目　增设费	32,918.00	
第一节　恢复单级一校	8,880.00	
第二节　增设单级一校	888.00	
第三节　增设廿五单级	8,400.00	
第四节　增设级任十人	3,360.00	
第五节　增设科任二十人	4,800.00	
第六节　增设高校社教费	6,600.00	
第三目　临时费	4,933.00	
第一节　课桌椅	1,000.00	
第二节　办公桌椅	110.00	

续 表

项目	数目	百分率(%)
第三节　床铺板	150.00	
第四节　大小黑板	300.0	
第五节　算盘	90.00	
第六节　修缮费	3,283.00	
第三项　行政事业费	7,120.00	3.75
第一目　行政事业费	7,120.00	
第一节　民众教育指导费	1,080.00	
第二节　私塾指导员	1,800.00	
第三节　集会费	1,000.00	
第四节　刊物费	240.00	
第五节　印刷费	600.00	
第六节　行政设备费	500.00	
第七节　各种津贴费	500.00	
第八节　讲习会费	600.00	
第九节　小学教员扶助恤金	800.00	

表十四　二十二年度全县学校经常费预算

项目	数目	百分率(%)
第一款　学校经费	141,473.00	
第一项　学校经常费	89,755.80	63.44
第一目　薪金	75,480.00	
第二目　工食	1,344.00	
第三目　级费	8,760.00	
第四目　童子军	2,100.00	
第五目　校组	1,671.80	
第六目　视导费	400.00	

续 表

项目	数目	百分率(%)
第二项　社教经常费	31,546.00	22.30
第一目　民众学校	4,320.00	
第二目　民众运动场	8,646.00	
第三目　农场	7,680.00	
第四目　民众公园	2,088.00	
第五目　民众书报处	5,628.00	
第六目　保护费	3,118.00	
第三项　临时费	20,170.00	
第一目　学校设备	11,120.00	
第二目　社教设备	9,050.00	

全县教育经费二十二年度计一十八万九千余元，据云较诸往年增加甚多，学校教育经费占百分之七四点五八。新增事业费占百分之三一点六六。行政事业费占百分之三点七五。上项分配数量，甚属相宜。

观第十四表，则知社教经常费占学校经费百分之三一点五强。对于社教之重视，可见一斑矣。

江宁县教育行政述要

江宁县之教育途径，既取一种新方向，则其行政之组织，自具别种之形态，以求适合此新需要，根据江宁自治实验县县政府法规汇编之所载，教育科暂行办事规则，殊多良模，摘录其要，以资参法。

一、行政组织

在县政府之内设教育科，直受县长之管辖，科分学校教育、社会教育及视导三股，学校教育股职掌全县教育之计划及实施、学校之设立及学校经费标准之订定等项，社会教育股管理民众教育计划及实施，视导股负全县各级学校及其他教育机关辅导之责，规模较其他县份为宏，特列表示其系统如次：

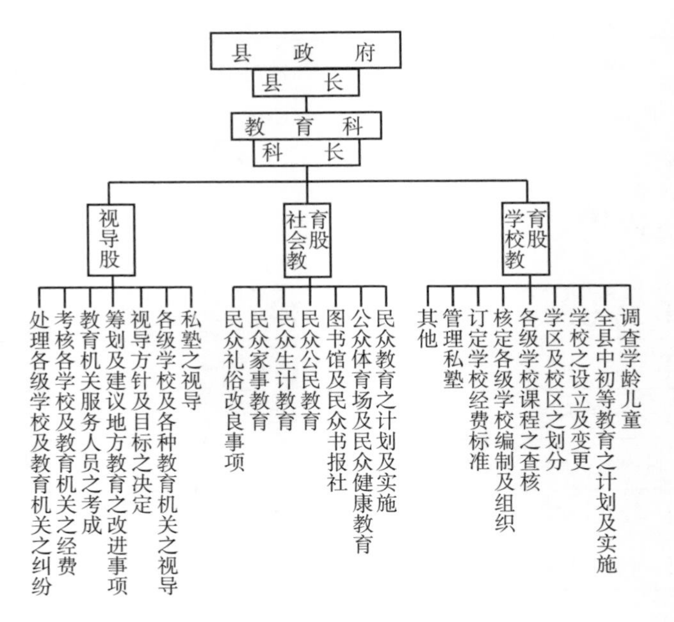

二、中心小学之设立及任务

该县为谋增进地方教育效能起见，特于每学区内，设置中心小学一所，其设立地点有三项之先决条件，即“户口较繁”“交通便利”及“地点适中”。中心小学之任务，除具普通小学职责外，应采用增进小学教育效能之实用方法，以供区内小学及私塾之仿效，视导区内小学及私塾，组织研究会及讲习会等，以便区内小学教员及塾师之进修，编辑乡土教材或临时教材，以供区内小学教员及私塾师之观摩，协助县政府规划及改进区内社会教育，联合区内各小学举办成绩展览会、运动会及其他各种比赛会等，并主持各该区辅导会议等。同时于必要时得将区内小学教师调至该校内轮流实习，并派该校内教师前往被调教师之小学代理一切，故中心小学自身实属具一种模范性，而对该区小学及私塾有完全指导之责。

三、私塾

因限于经费与人才，小学教育一时不易普及，故暂准私塾之设立，但以不妨碍学校教育为原则，私塾之设立，须受规程之限制。校址须与县立学校或已经呈准立案之私立学校相距二里以外，惟在山河险阻之区，或虽有学校，已无余额容纳附近之学龄儿童者，不在此限；塾舍须有相当之设备；塾师须经检定；私塾所授之科目应以初级小学科目为标准，最低限度须设国语、算术、常识三科；塾师对学童之收费，须视地方经济状况而定，但最多每学童不得超过十元。凡每一私塾之设立，须由主办人开具主办人姓名、籍贯、职业、设塾地址，塾师姓名及学历，与附近学校之距离及教学科目等项呈请县政府备案。各区并设立私塾管理委员会，承县政府之命管理该区内私塾一切事宜，此亦属小学教育未普及时间，一种较合理之办法也。

四、校区划分

一学校所在地，须确定其活动区域，俾能真正领导社会，成为社会活动之中心，学校活动区即定名为校区，每区仅中心小学一所，故全区即属中心小学校活动区，小学之为中心连结与学校各方面相距约五里之村镇，成为完全小学区，以学校为中心，连结与学校各方面相距约一二里之村镇，成为初级小学区，试图示如下：

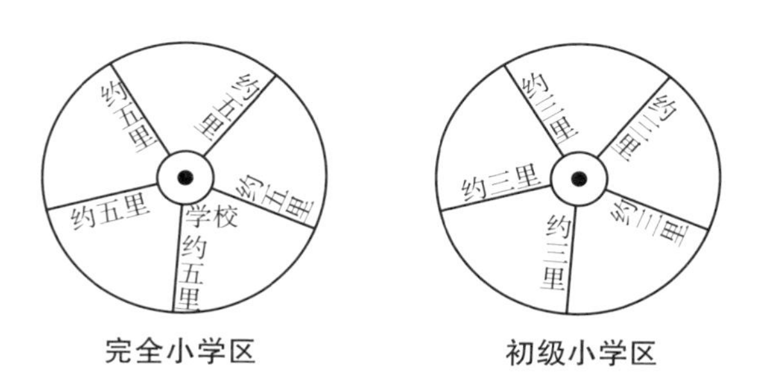

完全小学区　　初级小学区

学校划分校区，如为自然环境所限，得斟酌情形，将某一方面与学校相距之里数加以变更，划定之校区，均冠以校名，称为某某学校校区，各学校之校区划定后，即责其将全校区内之社会状况，填报调查表格，该校即负该校区一切教育活动指导之责。

五、视导办法

为求教育效率之推进及学校或各教育机关任事人员之不懈弛，教育科内特设教育视导员，以资督促，每一视导员分任若干基本视导区，其他各区亦应轮流交换视导，每月应轮视该管区内各学校及私塾一周。视学时，每校每次至少须停留一日，对每教师应视导其教学方法，对该区中心小学校长之视导是否勤奋，亦宜注意，遇必要时，得召集当地有关人士协商一切教育的改进。

中心小学校长对该学区负有视导之责，视导范围以所在学区内小学及私塾为限，中心小学校长每月应视导该学区各小学及私塾各一次，每学期至少视导五次，对民众夜校，尤应趁开学时当场视导，余与县视导员同。

江宁县教育行政之组织极其完密，各种条例亦极详尽，对于社教之规划，尤应有尽有，惟当更张之始，现有设备，尚不能达预期之标准，然继续进展之结果，终必能证实此种试验，为建设乡村有价值及最易推行之办法，特录述其要，足补调查范围之不及，或可藉供研究乡村教育者之参考。

结论

值此复兴农村高唱入云之际，江宁自治实验县首取乡村中心小学为乡村建设中心机关，实为乡村教育一种新动向，以中国之大，欲求普遍之改造，自非一二改进区所能奏效，江宁县采取之教育新途径，实为最有价值之试验。

以江宁自治实验县成立时间之短促，欲求新教育方针，遍获完善之运用，自属较奢之愿望，然就个人触感所及，觉到处都有蓬勃的朝气，一洗过去之因循与懈弛，足证江宁县政教当局，对此国本所寄之乡村教育工作，正贯注全神，以祈其进展。

就调查所得，各学区之划分及各学校之设立，颇能适合该县中心小学规程所列之标准。各校教职员，年龄在二十岁以上者占百分之八十五，师范毕业者在八十四人中占六十六人，计百分之七十九，故师资标准，实属适宜，以乡村生活之较简单，教职员薪额亦尚不低。然就学生方面之统计，苟以第一年级学生数为百分之百，到第六年级即减至百分之十一（图一），足见中途失学儿童之多，同时最近五年初级小学毕业生三百四十七人中，升学者仅四十八人，计百分之十三点八，中心小学毕业生五十四人中，升学者仅十八人，占全数百分之三十三，余多转入农工界（表十及十一），以谋个人生活之出路。故乡村小学，除知识教育外，应多设实用课程，教导儿童生活技能，故生计教育，实为乡校小学最要部分。据该县实验小学及中心小学社教工作标准之所载，农事方面，每校应有农场面积十亩以上。然实际各中心小学及完全小学之农场多在一二亩左右，畜牧方面仅有数校养鸡十余只，工厂设备，类付缺如，生计教育之设备，待补充与扩展者至多，以乡校之环境，农事殊属儿童应有之知识，中心小学之毕业生中，务农者占百分率之最高度。故乡村中心小学对农业课程之设备，殊属急不容缓之举，每一中小实应有一农事教员，该项教员出身，至少应系乡村师范毕业，方能名副其实。但现有七中小教员中乡师毕业者仅三人（表五），农事课程在美国小学课程中占第五位，然在该县小学实居各项课程中之最末位（表十二），足见农事一项，徒等于具文。乡村小学之女生，毕业后多准备作贤妻良母，家事一项，应给以相当之指导，就调查学校中，女生与男生数目为二十与八十之比，故各乡村小学，似宜添聘家事教员一人，至如工艺之设备、工艺教员之增聘，至少为各中心小学急宜履行之举，必如是，然后始足以言生计教育。

儿童健康为乡村最严重问题，据南京卫生署《卫生事业消息》第十六期所载，南京市儿童健康比赛结果，四百九十一人中，有疾病者占全体百分之七十九点六，以中国乡村之污浊，儿童疾病之多，当尤盛于此。对于乡村儿童疾病之防治，实为乡村教育最重要工作，近江苏各县多筹设县立医院，乡村之各中心小学应有一专任看护，常川驻校，由县立医院派遣，并设置诊疗室，现江宁县各中心小学所在地，多设保健所，意颇相类，惜未能趋于普遍。

各校图书设备，多因陋就简，尤以初小为最，故江宁县应有一县立图书馆，与各校书报室合作，巡回运送各种图书。

至各中心小学校舍汤山中小外，类多借用祠堂或庙宇，虽以限于经济，迫不得已。但以居全区教育领导地位之学校，校舍之建筑，实宜力求合于适用，以符中心事业之需要。故中心小学除普通校舍外，应有集会室、运动场、诊疗所、展览室、书报室及娱乐室等，是宜在建设之初，请乡村教育专家及建筑工程师合行设计，以免闭门造车之嫌。

关于教员之进修，全县亦应有一贯之计划，否则乡村僻陋，难获所知，三年执教，即类冬烘，故乡村小学除须多置图书外，应于每年暑假开办暑期学校或讨论会等，使小学教师有一种进修机会。

总上所述，胥根据调查之事实，聊贡一得，江宁自治实验县方以学校教育与社会教育打成一片，为一种新的试验，就观察所及，虽为时颇暂，尚无若何显著之成绩，然过去进行，亦尚未遇意外之困难。惟初级小学，类仅教员一人，全校课程之教学，悉集于一身，复须担任民众代笔问字诸项，全日劳碌，入晚复须备任夜校教读，以一人有限之精力，肩此不能胜任之重担，精神之不能贯注，自属意中，故各初级小学应至少有教员两人，轮负教读与社教之责。

以中国乡村范围之大，待办事业之繁，欲求其彻底之改造，非合多人才之智，作各个之努力，不足以言成功，故私人地方改进机关，只要其实系为乡村谋福利，不妨同途并进，收交相砥励之功，此于景仰江宁乡教突进之余，所不能已于言者。

（原载于《农林新报》1934 年 1 月 11 日第 11 年第 2 期）

安徽省立农业职业学校视察报告书

一、绪论

视察缘起

民国二十三年秋，安徽省教育厅杨思默厅长，为谋安徽全省农业职业教育之改进，特聘合肥基督教会乡村服务区总干事葛德思先生担任全省农业职业学校视察工作，备作改进农业职教之根据，葛君以兹事责任重大，乃商请金大农学院同仁参加协助，因组织一调查委员会，藉利进行。除由葛君充任本委员会主席外，金大农学院参加视察者，计有农学院副院长兼乡村教育系主任章之汶先生、前推广系主任现乡村教育教授周明懿先生、农业经济系教授邵德馨先生及森林系助授袁义田先生等四人，为求工作便利与迅确，复采分工合作方法，各主持一专项调查，共推章君任学校组织及课程部分，周葛两君联合调查学校与社会关系教学方法，邵君与袁君分任农场与林场调查工作，分期次第完成。

此次视察调查之学校，计有南宿州省立第四职业学校（现改为省立宿县初级农业职业学校）、芜湖省立第二职业学校（现改为省立芜湖高级农业职业学校）、东流省立第五职业学校（筹备中）及六安省立第三职业学校（已停办），对每校参考材料之搜集，均采用相关之数种方法，如（一）向校长教员作个别之谈话，（二）附近农家访问，（三）研究分析学校存留之各项记录，（四）编制表格请各学生填写，（五）调查一切设备，如校舍仪器图书工林场及农具等，以便作相关之比较。

视察日程

十月十九日至二十四日，葛君德思及章君之汶赴南宿州视察省立宿县初级农业职业学校，留校视察一日，余时即在该校附近农村中访问农友，藉明当地农村经济及社会情形。

十月二十六日至二十八日，葛君德思、邵君德馨、章君之汶及周君明懿等四人赴芜湖视察省立芜湖高级农业职业学校。

十月三十日至十一月十一日，葛君德思及袁君义田往东流视察第五职业学校，该校系新由东流迁往，校舍尚待新建，勘定校址，即在省立林场范围内，现林场全部，悉划归该校管理，因便得参观林场全部工作。

十一月三日，葛君德思及袁君义田赴六安视察省立第三职业学校……校舍倾圮，仅余陈迹，现正计划复兴中。

上述四校调查完毕，参加调查工作人员，曾集议一次，将各人所得之材料及印象，分别报告，交由章君之汶及葛君德思负责整理，并得金大乡村教育系助教辛润棠先生之协助，合草成此报告，定名为《安徽省立农业职业学校视察报告书》，或足供安徽农业职业教育改进之一助。

教育原则之应用

本报告中之结论与建议，系根据下述四项教育原则而拟定：

（一）教育即生活：人类生活进程中，常须设法适应环境，同时复须设法改变环境，使适于人类生存，此为适应作用的学习，即所谓教育，故教育之意义，即在充分发展适应作用，以达到完满生活，教育实为生活之学习，故教育厅从生活出发，一切教育的设施，应根据生活的需要。

（二）活动社会化：学校为社会的雏型，学校教育应为处社会的一种准备，学生在求学期内，不仅使其学习职业上的技能，并应领带参加各种社会活动，使学生成为社会一个活动份子，最好能以社会当学校，从社会活动中得到各种工作的学习。

（三）从做上学：学校功用不仅在能怎样教与怎样学，最要在能怎样做，只有做方能产生实效，陶知行先生主张“教的法子应根据学的法子，学的法子应根据做的法子”，因为从学上教，所教才不空虚，从做上学，所学才能期于真切，教与学都应以做为中心，而做尤应以实际情形为对象，此于农业教育为尤要,因农事技能之训练,非可于教室及书本中求之。

(四)设计教学:凡使学生对于自己的生活,用自动的方法,按一定目的与计划以求美满生活之实现,即属一种设计教学,故设计教学法能使学生根据一主要目的去组织和利用知识,使一切教学活动得与实际生活相印证,藉收知行合一之效。

本委员会认为设计教学实为职业学校最优良之教学法,农业职业学校之教学,悉应以设计实习为中心,而设计之工作,尤贵与学生实际生活有关,使所学所做,因感觉其富有意义而更能产生浓厚之兴趣,至于教学应如何设计,当提举于本报告"结论与建议"中。

职业学校之目的

据教育部规定,"职业学校应遵照中华民国教育宗旨及其实施方针,以培养青年生活之知识与生产之技能",故培养生产知识、训练生产技能,实为职业学校之公同方针,但于此方针之下,各校应依其所在地之特殊需要,编订适宜课程,训练当地所需要之生产人才。故各校应详细厘定其个别目的,以为施教之标准,此目的宜力求具体与单一,不宜笼统,不宜概括,诚能如是,则所造就之学生自为社会所需要。

此次视察学校中,除东流与六安两校无从查考外,宿县及芜湖两校标举之宗旨,系完全采用教育部之规定,而无个别具体详细之目的。然何种农作为甲校所必习,何种农作为乙校所可缺,何项事业宜急作,何项事业可缓施,以及教员人才之延聘,课程之编制,统宜有所根据,否则漫无目标,随便教学,其结果将如开设批发商店者然,不先调查市面有无需要而贸然设置,未有不倒闭者矣。

农业职业学校目的之拟定,可根据下列四原则:

(一)目的宜单纯:目的愈单纯,教学目标自愈具体,则教学均有范围可循,成功可期,故职业学校宜标举何种生产技能为实地施教之目标。

(二)根据生活活动:对学校邻近居民生活活动之分析,足显示社会之需要,农业职业学校,对邻居农民工作种类及农人活动倾向之调查与统计,可作决定本区农校应有目的之根据。

(三)根据自然与经济的因子:农业富于地域性,气候、土壤、工资、地价、市场、运输等常直接影响农业之种类及农作之方法,故自然环境与社会经济状态恒为决定农业职业学校目的之重要因子。

（四）根据田场经济情形：从农人各种农作物收入百分比之统计，可明了本地主要农作种类，以决定农业学校应取之训练目标。对于农场场务之研究，如事业范围之大小、田场之收获量及事业发展之平衡与否，可得一测量农场管理效能之标准，农业学校应谋当地主要农作之发展及研究经营农场之优良方法，故根据田场经济情形之研究，可决定农业职业学校应有之目的。

职业学校之任务

求完全达到职业教育之目的，须先明了职业学校应有之任务，其主要任务有四：

（一）选录任务：学校应根据其办学宗旨，选录合乎条件之学生，如体力、年龄、智能、兴趣及家庭环境等统宜予以注意。

（二）教导任务：学生既经选录，即宜施以适当之教导，期养成优良之态度、丰富之知识及熟练之技能，俾克胜所负荷。

（三）介绍任务：学生既完毕应有之训练，学校应介绍其就职，使得实用其所学，苟办学目的适于社会需要，学生就业，自不困难。

（四）考查任务：学生就职以后，学校当局，仍应常与通讯，考查其能否胜任，并应设法代解决各种困难，毕业生学识与能力之是否足用与适用，均足供学校各项改革之借镜。吾人既明了职业教育之原则及职业学校应具之目的与应有之任务，始可进而分析当前安徽农业职业教育之现状，并根据此观点，略贡献吾人改进之意见。

二、调查统计

学校概况

此次视察计四校，六安第三职业学校已停办，东流第五职业学校尚在创建中，故是数目字报告，足作分析之根据者仅芜湖高级与宿县初职两校，然对皖省农业职业教育之实际的设施，已足窥其崖略。

（一）教职员

（1）教职员学历

表一　教职员学历表

校别＼人数＼学历	农科大学毕业	其他大学毕业	专科学校毕业	大学肄业	中学毕业	其他	共计
宿县	4	7	5	2	0	3	21
芜湖	4	13	4	1	6	4	32
总数	8	20	9	3	6	7	53
百分率(%)	15.1	37.7	17.0	5.7	11.3	13.2	100

职业学校专门科学，至少应占全部课程百分之五十，专科教员之分量，当亦不能少于同样之百分比，据上表农科大学毕业生仅占百分之十五点一，为数殊嫌过少。

（2）在校任职时期

表二　在校任职时期表

校别＼人数＼时期		一年	二年	三年	四年	五年	六年以上	共计
宿县初职	人数	7	7	3	1	0	3	21
	百分率(%)	33.3	33.3	14.3	4.7	0	14.3	100
芜湖高职	人数	26	3	2	0	0	1	32
	百分率(%)	81.3	9.4	6.2	0	0	3.1	100

据上表，教职员在本校任职时期仅一年者，芜湖高职竟占百分之八十一点三，宿县初职亦占百分之三十三点三，足见教职员更动之频。在此种情况下，教职员自多存五日京兆之心，敷衍搪塞，将为其必然之结果，甚或纵横捭揺，藉固职位，以学校为争斗之场，党同伐异，学潮以起，过去教育缺乏成绩的表见，此为最重要原因。故学校行政当局对教员之聘任，宁严加选择于先，慎勿轻易更调于后。然此又不足为学校当局责，教员之进退，早随校长作转移，

一校长去，一校长来，交替之间，教员动辄作大批之更调，教育行政化，殊不容为瞌，芜湖高职教职员任职一年者竟占百分之八十一点三，即因该校方于今春改组，旧有人员遂亦多随旧校长以俱去。农业研究工作常需较长时间，方能获一结果，今动易生手，后来者或认前者之试验无价值，不愿继续进行，或竟昧于前人之试验，而另起炉灶，试验永不克继续，工作即永无结果，时间金钱，等于虚掷，殊堪惋惜。

(3) 教职员籍贯

表三 教职员籍贯表

校别 \ 人数 \ 籍贯	安徽	江苏	四川	河南	浙江	湖南	共计
宿县初级职业学校	17	2	1	1	0	0	21
芜湖高级职业学校	28	0	1	0	2	1	32
人数	45	2	2	1	2	1	53
百分率(%)	85.0	3.8	3.8	1.8	3.8	1.8	100

农业极富于地域性，故多以就地研究、就地推广为原则，担任任事工作人员，亦宜就地取材，较易明了当地农作情形及农人之需要，故美国各省农科大学对全省农事工作人员，常作统盘之筹划，不轻易向他省聘用，据上表，两校教职员籍隶安徽省占百分之八十五，尚适合于农业学校用人之原则。

(二) 学生：所有统计材料，系根据在校学生填写之表格。

(1) 学生籍贯

农业既富于地域性，农业教育机关亦以就地造材为上策，故农校之设立，应采分区制，即划农作性质相同之地域为一学区。学校招生应不出本学区范围以外，庶能就地取材，训练地方人士，以适应本地之需要，教学两方皆较实际而切于实用。今观上表，芜湖高农学生竟有远道来自淮域之涡阳、泗县等地者，且有来自他省者，芜校以地域关系，宜注重于稻、麦、菜籽、大豆、漆之研究，淮域学生来此就学，实难免有北人习操舟之感。皖省教育行政当局，宜就重要农事区域，增设高初级农业职业学校，俾有志于农业之青年，各得适当之就业机会。

表四①　学生籍贯表

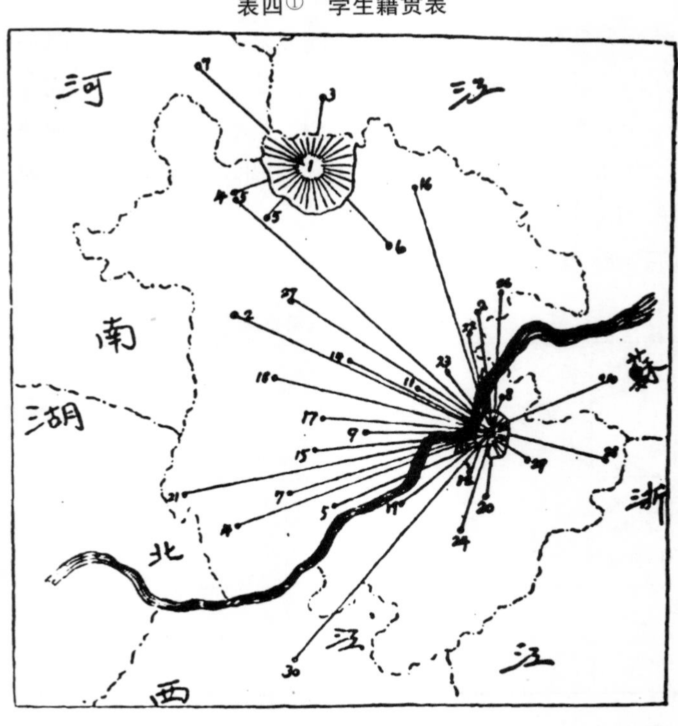

芜湖：

1. 和县 ………………………… 9.92
2. 滁州 ………………………… 8.91
3. 芜湖本地 …………………… 7.92
4. 太湖 ………………………… 6.92
5. 怀宁 ………………………… 5.94
6. 无为 ………………………… 5.94
7. 潜山 ………………………… 5.94
8. 当涂 ………………………… 4.94
9. 庐江 ………………………… 4.94
10. 江苏 ………………………… 4.94
11. 巢县 ………………………… 3.95
12. 南陵 ………………………… 2.96
13. 繁昌 ………………………… 2.96
14. 合肥 ………………………… 1.98
15. 桐城 ………………………… 1.98
16. 泗县 ………………………… 1.98
17. 舒城 ………………………… 1.98
18. 六安 ………………………… 1.98
19. 贵池 ………………………… 1.98
20. 泾县 ………………………… 0.99
21. 英山 ………………………… 0.99
22. 全椒 ………………………… 0.99
23. 含山 ………………………… 0.99
24. 太平 ………………………… 0.99
25. 涡阳 ………………………… 0.99
26. 来安 ………………………… 0.90
27. 寿县 ………………………… 0.99
28. 广德 ………………………… 0.99
29. 宣城 ………………………… 0.99
30. 江西 ………………………… 0.99

南宿州：

1. 本县 ………………………… 89.28
2. 霍邱 ………………………… 2.85
3. 江苏 ………………………… 2.85
4. 涡阳 ………………………… 1.43
5. 蒙城 ………………………… 1.43
6. 凤阳 ………………………… 0.72
7. 河南 ………………………… 0.72

---

① 原文称之为“表”。

（2）学生年龄与年级分配

表五　学生年龄与年级分配表

南宿州（初级）

年龄＼人数＼年级	一年级	二年级	三年级	共计
13	1			1
14	5			5
15	11	5	2	18
16	12	14	7	33
17	9	17	8	34
18	2	14	13	29
19	3	9	6	18
20			3	3
21		2		2
22		1	2	3
共计	43	62	41	146

芜湖（高级）

年龄＼人数＼年级	一年级	二年级	三年级	共计
15	1			1
16	2			2
17	6	2		8
18	15	2	1	18
19	7	6	3	16
20	6	8	5	19
21	3	9	2	14
22	1	4	4	9
23			2	2

续 表

年级 人数 年龄	一年级	二年级	三年级	共计
24			1	1
共计	41	31	18	90

（3）学生家属住址

表六　学生家属住址表

南宿州

家庭地址	人数	百分数(%)
城内	48	33
市镇	26	18
村庄	70	49
共计	144	100

芜湖

家庭地址	人数	百分数(%)
城内	40	39.22
市镇	11	10.78
村庄	51	50.00
共计	102	100

据上表，芜湖高职学生来自城市者占百分之三十九，宿县初职学生来自城内者亦占百分之三十三，两皆占三分之一，农校学生须吃苦耐劳，富于农事兴趣，以来自田间者最合乎理想，城市生活较优裕，子弟多浮奢，殊难望其始终勤于所学及忠于所学，结果学农者不复为农，农校招生时，对于此点，宜加以慎重之选择。

（4）学生家属职业

表七　学生家属职业表

南宿州

家属职业	人数	百分数(%)
农	109	74.66
商	27	18.50

续　表

家属职业	人数	百分数(%)
学	7	4.80
政	2	1.36
医	1	0.68
共计	146	100

芜湖

家属职业	人数	百分数(%)
农	41	41.80
商	18	18.33
学	21	21.40
政	13	13.22
军	2	2.12
医	2	2.12
传道	1	1.01
共计	98	100

据上表，芜湖高职学生之家属业农者占百分之七四点六六，宿县初职亦占百分之四一点八[①]，皆占家属各项职业中之最多数，农家子弟，较熟悉农事，对农业教育之训练，当易于学习，故农校学生自以农家子弟为最合条件。

(5) 学生家属田产面积

表八　学生家属田产面积表

南宿州

家属田产	人数	百分数(%)
1—50 亩	53 人	37.84
51—100 亩	60 人	42.84
101—150 亩	6 人	4.27
151—200 亩	11 人	7.84
201—250 亩	3 人	2.13
251—300 亩	3 人	2.13

① 此处和表格数据相反，当属作者笔误。

续　表

家属田产	人数	百分数(%)
301—350 亩	1 人	0.77
↓		
451—500 亩	2 人	1.14
501—600 亩	1 人	0.77

芜湖

家属田产	人数	百分数(%)
1—50 亩	58 人	65.90
51—100 亩	21 人	23.86
101—150 亩	2 人	2.28
151—200 亩	4 人	4.54
201—250 亩	1 人	1.14
251—300 亩	1 人	1.14
↓		
1,000 亩	1 人	1.14

宿县初职学生家属田产最低额为一亩至五十亩，最高额达六百亩，以五十亩至百亩者占多数，计百分之四二点八四，百亩以内者占百分之八十点六八，芜湖高职学生家属田产在五十亩以内者占百分之六五点九，在百亩以内者占百分之八九点七六，足见芜湖地方小农较多，或大农家子弟不愿再为农，而进入他种学校。

（6）学生自填入农业学校之目的

表九　学生入校目的统计表

入校目的	人数	百分数
为求农业知识，作改良农村之准备	193 人	77.50%
为求得蚕桑学识，作倡办蚕丝业者	39 人	15.66%
在求得普通知识	11 人	4.44%
为求得创办农校的经验	3 人	1.20%
谋升学之准备	2 人	0.80%
研究园艺技术	1 人	0.40%
填表学生总数	249 人	100%

据学生自填入校目的统计表,"为求农业知识,作改良农村之准备"者占百分之七七点五,以研究技术为目的者占百分之一六点一,在求得普通知识者占百分之四点四四,在求得创办农校经验者占百分之一点二,在谋升学之准备者占百分之零点八。以中国今日农村之破碎,农人生活之痛苦,来自农家之学生,因自身之经历,定深感农村建设需要之迫切,急求自身获得改进农村之知识与技能,俾得献身于农村建设工作,农业职业学校宜如何设法适应此种需要,俾完成多数学生之志愿,容于课程部论之。

(7)毕业生出路

表十　毕业生出路表

校别／年别／人数／业别	宿县初级农业职业学校			芜湖高级	共计	百分率(%)
	22年	21年	20年	23年		
小学教师	5	9	7	2	23	17.0
升学	10	5	11	4	30	22.0
经营农事	2	5	0	1	8	5.8
经商	3	4	5	0	12	8.8
赋闲	9	10	4	0	23	17.0
死亡	2	1	1	0	4	2.9
不详	11	8	12	5	36	26.5
共计	42	42	40	12	136	100

农业职业学校之目的,为训练农业经营人才,农校毕业生应服务农界,方能运所学于所用。据上表,两校一百三十门毕业生中经营农事者仅八人,占百分之五点八,余则任小学师资或升学及经营商业。在学生所学为无用,在学校所耗之费为浪费,学校当局应详自检察产生此种结果之原因,以求改进之道。

课程

职业学校所授之课程,宜依各地方之农作状况与农民需要而定,课程之编制应根据下列数原则:

1. 农业课程编制应根据当地农作状况:农作种类及方法,常因环境风土之差异而不同,农业学校应根据社会之需要,以为编制课程之标准。

2. 主要学程应提前教授：农业学校之动植物生产主要之学程，最好能提前教授，以增加学生工读之经验，而为将来理论学程之根据，设若学生中途辍学，生产学程业经修习，尚可帮助学生得一从业之机会。

3. 作物及畜牧课程应每年平均分授：此种课程，应使学生得一长时间之学习机会，并力求其所学与其逐年设计实习之工作相吻合。

4. 理论或综合学程应于末年教授之：理论及综合学程，较为繁复，稍迟讲授，使学生可就过去已得之经验，就理论加以印证，故如农场管理农业问题等学程，应于最后一年教授之。

据调查所得，芜湖高级农业学校因值改组之后，课程悉属新编，故仅有一学期课程表，对于全部课程配备适当与否，无从查考，至如宿县初级农校之农科课程标准所载，普通学科，大致与部定相符合，惟课程科目，与时间分量，有待改正之处，因根据原有课程标准，修正如下：

表十一　课程表　普通农科（实习办法列后）

学年 / 学期 / 时间 / 科目	第一学年		第二学年		第三学年		三年共计授课时间	备注
	秋	春	秋	春	秋	春		
	讲授	讲授	讲授	讲授	讲授	讲授		
公民	1	1	1	1	1	1	6	第一、二年公民，第三年党义
国文	3	3	3	3	3	3	18	
算术	3	3					6	
代数			3	3			6	小代数
几何					3	3	6	平面几何
生物	4	4					8	侧重于分类及应用植动物
化学	2	2					4	
有机化学			2	2			4	
物理			2	2			4	
体育	2	2	2	2	2	2	12	
英文	3	3	3	3	3		18	
土壤			2				2	侧重分类及理化学性质

续 表

科目＼时间＼学年/学期	第一学年		第二学年		第三学年		三年共计授课时间	备注
	秋	春	秋	春	秋	春		
	讲授	讲授	讲授	讲授	讲授	讲授		
肥料				2			2	侧重于农场及化学肥料之使用及性质
植物生理			2				2	
作物通论	2	2					4	
作物各论			2	2			4	侧重适于淮河沿岸之各种作物
园艺通论	2	2					4	
园艺各论			2	2			4	侧重适于淮河沿岸之各种果蔬
畜产各论	2	2					4	侧重适于淮河沿岸之各种家畜
林学大意	2						2	
蚕学大意		2					2	
虫害			2	2			4	侧重于作物重要病害之防除
兽医					2		2	侧重于寻常家畜之病的诊治
育种					2	2		侧重适于淮河沿岸主要作物之育种
农产制造					2	2		侧重于原料取自本地各种物品之制造
农场管理及农场簿记					2	2		
农具							2	侧重于旧式农具之改良
乡村社会							2	乡村社会之调查及乡村问题之讨论
乡村教育						2	2	侧重乡村建设之理论及实施
农业合作					2	2	4	各种合作之组织理论及实施
合计	26	26	27	25	25	21	150	

在原课程表内，列有英文一学程，实不合现行职业教育法令，但最近全国

职业教育会议，对此种性质课程，曾加讨论，最后议决“职业学校得斟酌情形，增设与该科有密切关系之普通学科三小时，并以不妨碍本科为限”，原课程表内之矿物学，觉在初级农业学校中，无另列专课之必要，可并入土壤学内讲述之。

病害与虫害可并为病虫害一课程，合计四学分。

初级农业职业学校为造就实际之农业经营者，对于农场管理应加倍注意，尤应明了农场簿记之使用，俾熟悉农场之经济情形，故农场管理课程中应加重农场簿记之分量。

蚕学大意一学程，须改至春季讲授，俾得与实习相联贯，据学生自填来校志愿表之所载（表九），百分之七七点五以改良农村为主要目的，对于社会之认识、农村建设之途径及农村改良工作之实施，似不能漫不顾及，致使学生所具之志愿，无法求其实现，故值政府全力推行复兴农村政策时期，各级农业职业学校，应增设一乡村社会及乡村教育学程。

经费

表十二　经费表

项目	学校名称			
	芜湖（高级）		南宿州（初级）	
		百分数		百分数
第一项　俸给	3,680,400	75.68%	2,202,000	71.06%
第一目　新俸	3,512,400		2,082,000	
第二目　工论	168,000		120,000	
第二项　办公费	352,000	7.25%	296,800	9.58%
第一目　文具	24,000		15,000	
第二目　邮电	14,400		12,000	
第三目　消耗	240,000		162,000	
第四目　租赋			52,800	
第五目　杂支	73,600		55,000	
第三项　设备费	829,200	7.07%	600,000	19.36%
第一目　图书	160,000		96,000	

续　表

项目	学校名称			
	芜湖(高级)		南宿州(初级)	
第二目　仪器	264,000		192,000	
第三目　体育设备	45,600		30,000	
第四目　校具及各项用品	45,600		36,000	
第五目　修建	140,000		120,000	
第六目　实习材料	156,000		126,000	
第七目　军训设备费	18,000			
全年共计	4,861,600	100%	3,098,800	100%

统观各项经费支配之比率,尚属适当,惟农业职业学校设有大面积之农场,每年定有相当之收入,应列入预算表中,储作扩充农场设备之费,对于农场每年收支,最好另列一项,藉得稽核每年生产之盈亏。

农场

(一)宿县:宿县初级农业职业学校现有租用桑园四十亩,原有园艺场十七亩,新置作物品种试验区十亩及作物实习区一百一十亩,共计一百九十三亩,作物实习区系新近购置,位于宿县南门城外之乡村环境中,地势平坦,极适于农作。该校最好将零星农场出售或退租,在作物实习区邻近添购农地,合成一整片大农场,较便于管理。

该校过去仅有园圃十七亩及桑园四十亩,农具设备,甚形简陋,实习难免敷衍,造就学生自少实地经营之经验,该校已于去秋增购大批农田,今后对实习上工作应力加改进。

(二)芜湖:芜湖农业学校现有农场一百八十亩,地点均毗邻学校,实习管理均极便利。

校内有小花圃,并温室设备,该校后门外,复有牲畜厩舍及农具室等,惟建筑太旧,范围狭小,不敷应用,宜速改建。

农具数量,颇形充足,间有新近添购,尚未装置者,并有洋犁、洋耙、中耕器、播种器、喷雾器等,类多锈烂,殊觉可惜,牲畜方面,计有水牛四头、猪两口、羊八只(内有美利奴种两只)、来航鸡十五只、普通鸡十五只、鹅鸭各二,惟缺少管理,多不洁净。

实习

农场之主要目的为供学生之实习,农业学校应规定学生实习办法,使农场能得充分之利用。在芜湖高级农校视察时,曾参观学生实习工作,该校自本学期起,规定每生分配土地一块,面积约五分,由学生自定经营办法,填成设计表,缴至教务处,由主任教员核准后,学生可至农场管理处领取农具种子等需要物件,同时教员亦将一定时期内经营方法,张贴于农场管理处,三日后即取去,示督促学生须按时工作。此种办法,颇为合理,视察之日,适值星期六,实习班次较少,但有一二学生,独自努力田间工作,颇表见其对农事富有深厚之兴趣。

下午四时,参观高一班实习,学生多系生手,分配地段,离校稍远,微表慌张状态,但均能埋头工作,精神颇振奋,惜教员仅在旁监督,未能参加实地工作,难免学生生苦乐不均之感,微嫌美中不足。

学生分配土地,自动经营所得之农产,除提出一份作为资本代价外,余悉由学生自由处理,辛碌之余,能得若干自身努力所得之酬报,较可促进学生对实习工作之兴趣,此种办法,殊觉合理。

校舍及校址

农业学校最好设于农村环境中,较可明了农人真实之需要,并可利用农村环境,陶镕学生之农村生活。

此次视察所及,宿县初级农业职业学校系设于城内,处商业环境中,极不适宜于农业人才之训练,且房屋多破败,满眼尘封,复乏庭园之布置,一入其中,令人顿生昏沉欲梦之感,刻该校已于宿县城外,购置大批农田,最近之将来,应设法在城外农场中建筑新校舍,全部移入,较为妥善。

芜湖高农系在东门城外,校舍颇整洁,复处乡村环境中,极适于农业学校之设立,该校因改组未久,各部尚在布置整顿中,假以时日,当更可观。

仪器标本及他种教材之设备

(一)宿县:宿县初级农业职业学校之实验室仪器,杂乱零碎,似久置未用,几成废物,亟宜加以整理与登记,并宜于每年预算项下,拨款补充。教厅最好对全省各校所用之实验仪器与各项标本图表等，作统盘之配支，即于每年各校造报预算表时，详陈各校应购仪器图表等之项目与数量，俟一一核准后，即由教厅一次向外购买，照数分配于各校，可得优良之物品与便宜之价值。

（二）芜湖：芜湖高级农业职业学校之实验仪器及各种标本之设备，较宿县为充实，共计有金属及玻璃等实验器二百二十三件，并有显微镜十架，该校特辟陈列室三间，布置各种标本，保管亦颇适宜。

实验仪器及标本图表等为教学上一种重要的工具，不可缺少，金属玻璃等仪器，因不易仿制，不得不向外购置。至动植物标本图表及模型等项，各农校应就地取材，由师生共同设计、自行制作，既省经费，复使学生得一实习之机会。学校墙壁，宜张挂各种图表标本等，既寓有教育意义，复使环境整洁美观。

图书

宿县初级农校之图书，种类极少，新近出版之农业书籍及杂志，尤鲜陈列，全图书室所藏，除万有文库全部二千零二十册外，余各种书籍，共仅一千一百二十册，复无专人管理，每日开放时间，仅下午课余之暇，殊嫌不足，学校当局，应设法整顿补充。

芜湖高级农业职业学校图书之设备，比较充实，参观时图书室正值迁移，新室颇宽整，可容读者五十人，复有专员，负责管理，内容自较整饬。

教学情形

视察所及，觉两校学生均能按时到班，井然有序，惟教员采用之教学法，均系注入式，教员讲，学生听，且班中少有笔记者，讲解所发生之效力，究有几何，殊属疑问。教材组织，亦完全依据教科书之次序，而不作因时因地之选择与配置，如视察某校时，田园中已无作物生长，而教室中教员所讲述者，则为田间选种及交配方法等题材，教员解释纵能详尽，但因缺乏实物之表证，终如隔靴搔痒，难着痒处，欲求学生毕业后，能应用于田间，宁非奢望。农事技术，最需经验，一步未做到，实际工作时，即生一种之阻碍，故农事教学，务应以做为中心，然后教一件明了一件，学一项即能做一项，教学方不空虚而切于实用，农业学校室内之讲授，最要在能与田间实习相连贯，田间做什么，教室即应讲什么，使学做能互相印证，以获得真实之知能。

设计教学为农业职业学校亟宜采用之教法，盖能谋做学之印证，以收知行合一之效，惜两校均未能尽量应用，芜湖农校学生，虽有设计之实习，然田间工作，是否与室内教学相连贯，具有真正教育上之价值，尚须注意耳。

学生生活

芜湖高级农业职业学校，标举学生组织军队化，生活纪律化，全校学生悉着制服，师生共同操练，精神因形整饬。宿县农校学生生活，则较趋于放任，多数学生，就街店包饭，每日须上街三次，校中规定每早七时上课，八时早餐，出外就食，尤不相宜，此种办法，或因学生经济困难，不能按时缴伙食费，学校又无法代垫，餐店较能赊欠，故多乐就出外包饭之一途，此点影响学校之精神至巨，生活既散漫，纪律自懈弛，学校精神自难趋于整饬，学校当局对此点宜速加矫正。职业学校为实施生利教育而设，对学生伙食费用之困难，宜有改决之方，前晓庄师范及现漕河泾农学团等乡教机关，都取农场学生耕种之收获，作学生伙食之代价，入校一年以后，学生因有农场收入，即不缴伙食费。农校均有大面积之农场，学生应给以独自经营之农地，耕种饲养所得，用作膏伙，一方学生得实地工作之训练，一方学生可养成自食其力之精神，教育意义，当莫尚于此。

宿县农校教员与学生生活似极少接触，在某班上课时，曾向学生询及该班教师之姓名，历数人而未知所答，教员与学生之漠不相关，于此可见，中等学校，最重感化教育，教员宜与学生同起居、共甘苦，使生活家庭化，以调融其感情而感化其行动，并藉此明了学生之个性及生活之需要，以便作个别之指导，否则在教室为师生，出教室若路人，教师为知识之贩卖者，学生形成知识之雇客，学校商店化，西人每谓我国学校无训育，非无因也。

农家访问

求明了一农业学校对所在地之农村社会，是否有相当之贡献，可于农民对于该校之反应中求得其真实之答案，多数农民公同之意见，常应为农业学校所注意，因农业学校之主要目的在求适应农民之需要也，此次视察各农业职业学校时，因对各校附近农家作个别之访问，以求聆取农民之真实意见，兹列表分述如次：

表十三　宿县农家访问分析表

1. 访问农家教育	12 家
2. 职校距离农家之里数?	3 里—6 里
3. 知道此地有学校否?	9 家知道,3 家不知道
4. 职校与农家有何利益或有何关系否?	完全说无利益或无关系
5. 耕作亩数(自有田地? 租用田地?)	2 亩—百亩,20 亩—百亩
6. 12 家人口总数?	104 口
7. 耕作牲畜总数?	18 头
8. 雇工数目?	3 人
9. 疾病种类?	疟、疮、泻
10. 借债所付之利息(月利?)	5%—6%
11. 主要作物?	小麦
12. 次要作物(依其重要性而列为次序)?	大豆、高粱、绿豆、棉花
13. 何时出售农产以付债款?	收获后随即出售还债者 10 家,1 家全无出售,1 家出售一部分
14. 每年总收入多少?	8 元—480 元,12 家总收 2398 元,每人平均 23 元
15. 每人生活须有几亩?	3/10 亩—17 亩,平均每人 6 亩弱
16. 小麦每家平均种几亩?	33.6 亩(只有 9 家)
17. 小麦每亩产量?	2 斗 5 升(南宿州量制)
18. 高粱每家平均种几亩?	9 又 1/2 亩(只有 9 家)
19. 高粱每亩产量?	2 斗(宿制)
20. 大豆每家平均种几亩?	8 亩(只有 5 家)
21. 大豆每亩产量?	2 斗(宿)
22. 绿豆每家平均种几亩?	8 亩(只有 5 家)
23. 绿豆每亩产量?	1 斗(宿)
24. 农家之急切需要是什么?	借债,免去水灾,好棉种
25. 需要何种补助?	识字,虫灾防止,鸡瘟防止,好棉种,农事讨论会

在宿县邻近曾访问十二农家,距离学校悉在三至六里以内,据访问结果,知有此学校者计九家,不知有此学校者计三家,至问及职校与农家有何利益

或关系时，竟完全答复无利益或无关系，该校与农民之极其隔阂，漠不相关，殆无容为韪，农业学校，具有改进当地农产之使命，农民既不识学校对于己身有何利益，则学校之未曾给农民以利益，自可断言。

访问之十二家人口总数计一百零四人，每家为八点六人强。耕作亩数，十二家共有自耕田三五二亩，租用田二八〇亩，两共六三二亩，平均每家得五二点六亩，每家以八点六人计，每人平均仅得三点一亩，而每亩小麦产量，平均仅二斗五升，大豆每亩亦仅产二升（本表 17 及 12、11 项），农作收获量，殊嫌过低，故农人岁入，每人平均年仅二十三元（第 14 项），全年之所入，不足以维持其温饱，势须仰给于借贷，该地借债之月利，竟达百分之五至百分之六，足表示农人生活之困窘，宿县之主要作物为小麦，次为大豆、高粱、绿豆、棉花（12 及 13 项），如何实施虫害之防治，种植方法及种子之改良，以增加农田之产量，宿县农业职业学校，应负其责。

表十四　芜湖农家访问分析表

1. 访问农家数目	12 家
2. 职校距离农家之里数？	3 里—10 里
3. 职校对于农家之利益与关系？	回答无关系无利益者 10 家，只有 2 家有学生在校读书
4. 农有耕作亩数（自有田？租用田？）	无自有田者 10 家，有自有田者 2 家，一家 2 亩，一家 20 亩 租用田 2 亩—60 亩，12 家总计 221 又 5/6 亩，每家平均 18.5 亩弱
5. 十二家人口总数目？	85 口
6. 耕作牲畜数目？	5 头
7. 雇工数目？	3 名
8. 借债所付利息（月利）？	2%—3%
9. 庄稼收获后随即出售以还债否？	11 家随即出售，只有 1 家存留一部分
10. 主要作物（庄稼）？	稻
11. 次要作物及其他收入（依其重要而列为次序）？	油菜、小麦、大麦、豌豆、蔬菜、鸡、猪、鹅，忙工、砍柴、渔
12. 每人生活需要几亩？	3/10 亩—5 亩，平均 2.4 亩
13. 农家生活之重要困难（依其回答家数多寡者定先后）	负债（9 家），食粮已空，秋收后无工可做，旱灾，耕地太少，子女不能读书，赋税太重，鸡瘟

芜湖农校邻近之农民，对学校之漠不相关态度，与宿县相同，平均每家人口计七点一弱，耕地面积平均每家仅十八点五亩，与宿县相差甚大，耕非牲畜，宿县每家计一点五头，而芜湖每两家仅及一头，负债者计九家，达百分之六十，该处农人生活之急需改善，殊为迫切。

芜湖之主要农作为稻，次则推油菜、小麦、大麦、豌豆、蔬菜及鸡鸭等畜产，故芜湖农校除实施改良稻麦等作物外，应注重园艺部分，如油菜及各项蔬菜之培植，兼及家畜之饲养。

表十五　东流农家访问分析表

1. 访问农家数目	6 家
2. 农家距离学校之里数？	2 里—10 里
3. 耕作亩数(自有田？租用田？)	无 4 亩—21 亩，总计 66 亩，平均每家 11 亩
4. 农家人口之总数？	25 人
5. 耕作牲畜总数？	3 头
6. 雇工总数？	2 名
7. 借债所付之利息(月利)？	2%—3%
8. 收获后随即出售否？	是(5 家)，一部分(1 家)
9. 主要作物？	稻
10. 次要作物(依其重要定其次序)？	棉、小麦、大麦、油菜、山芋、荞麦、砍柴
11. 每人需要田地几何以维持生活？	2.6 亩
12. 农家之急切需要是什么？	土质瘠薄、病、旱灾、水灾、土匪、重税、耕地不足

东流农校校址已勘定，正在筹备中，农村经济状况，较芜湖为尤苦，农作亦以稻为主要产品，惟棉花、山芋亦为农产之大宗，农校宜注意于此等作物之改良，该处土质瘠薄，土壤肥料之研究，亦为农校宜注意问题，又校址所在之林场有十余年之历史，为适宜于造林区域，该校应设森林部，以训练林业人才。

总上三处农家访问后所得之印象，即学校与社会恒处于隔离状态中，农校或仅知学校范围之教学，而未注意及学校外农民之需要，农民亦仅知一农校之外型，而不知农校究为何物。学校与社会隔离之结果，形成教育与生活之背驰，结果学校毕业生不为本地所需要，更不为他处所需要，农业职业学校毕业生之失业，此为其主因，次则农民意识之表见，为困于生活之重担，农产收入，不足以维持生存，一方需要低利之借贷，一方需要消极的减免农产之损失，如治虫与防灾，积极的求农产之增加，如改良种子与种植方法，改进土壤及增加耕地，以增加生产量。故农村社会之改进，应就农业经济与农业生产两方同时进行，且农业生产之衰落，非全原于农作技术之落后，各种社会的因子，恒为发展生产之大障碍。农业学校求改进农业，发展农业生产，除宜着重田间技术之研究外，对农村社会之各方面，亦不容加以忽视，农业职业学校似应改注重生产教育之目标为注重生计教育，或更为农村社会所急需。

农村问题提要

根据农家之访问及详细观察与调查，因觉农村问题，非一单纯之农业生产问题，而实为各种复杂的社会问题之交错，农业职校之目的为教授生活技能，以改善农人生活。然生活之改善，非可单于增加生产中求之，如何解决各种繁复的社会问题，以打通农人自由生活之路，殊为农业职业学校应有之工作。故农业学校不独求农业生活之改进，实应以改善农人生计为工作重心，前于教育原则之应用中，已提及教育应生活化，学校应社会化，职业学校既为训练生活技能而设，自应统筹解决与农人生活有关之各种农村问题。

此次访问之农家，数目虽属有限，然依据调查者之经验及分析得之统计，可以归纳为十种农村问题，现在国内各处之农村服务机关，对于此类问题，均有妥当之解救方法，兹特一一介绍，并希安徽各职业学校能利用该项方法，作为农村社会活动之各种设计，以训练学生，非徒有裨于农村社会农业职业学校之真正使命，庶可完成。

农村问题	解救方法
（一）债	（一）组织信用合作社 （二）组织粮食仓库，利用农产物作为抵押，以资放款 （三）组织农产运销合作社，以期减少中佣，而获得最高市价
（二）水旱灾	（一）组织健全之粮食储蓄会（原则与积粮仓相同） （二）责成区公所及联保，修理圩堤，掘深河道塘沟或组织农民以推行之
（三）愚（缺少教育）	（一）每一职业学校附近十里之内，应设农童补习学校，使职校学生担任教授之责任（学生成绩之优劣，须列入学业成绩表） （二）每一职业学校应利用农民之闲暇时间（11 月至 3 月）实行民众教育，使职校学生担任教授之责任（学生成绩之优劣，须列入学业成绩表）

续 表

农村问题	解救方法
(四)土地生产力减低,冬天缺少工作	(一)教农民利用绿肥 (二)教农民利用轮种方法 (三)教农民做堆肥方法 (四)冬耕与深耕 (五)组织养鹅养猪合作社,以期多获畜粪 (六)增加副业
(五)疾病	(一)设立农场诊疗所 (二)在疾病流行时期,施种牛痘、注射霍乱伤寒等预防针,并售金鸡纳霜丸以防止疟疾(此事由职业学校与医药机关合作进行之) (三)在民众教育中教授卫生常识
(六)高利租率	(一)研究当地租田制度,并建设每年平允租率于地方政府,使主佃双方均蒙其惠 (二)设法地方采纳职校之建设,组织耕地不足而努力有为之农人,借得长期借款,(分期偿还制)以购得耕地(注一)
(七)重税	(一)设法宣布当地不法吏役之舞弊事件,使当局能剔除弊害 (二)如遇水旱灾、病虫害灾,宜诚实呈报政府,使人民得减轻税役
(八)病虫害	(一)组织农民病虫害研究会,使之对于病虫害有切实之认识,然后全体进行利用新法扑之 (二)建议于地方政府,并辅助政府进行防治方法——甲、使农民切实了解,乙、组织农民,丙、介绍方法或示范
(九)食料不足,缺少营养	(一)多种蔬菜,奖励多种蔬菜之农民(耕地不足之农民必须多种蔬菜,以维持生活) (二)宣传蔬菜营养料丰富,并勉励农民多食蔬菜(民众教育)
(十)缺乏公共合作精神	(一)冬期夜间,应组织农村问题讨论会 (二)使学生研究农民组织方法及农民组织上各种困难问题 (三)宣传公民道德,引用良好娱乐方法,设法证明乡村合作之良规 (四)组织村公所 (五)组织息讼会 (六)组织联村自卫团(如政府不能合作,不可勉强进行)

(注一)现在佃农之租率,大都兴地主对分,譬如稻价每担为四元,而农民应付之租率为稻役一担,即每亩之租价为四元。倘使该地之地价为六十元,以租价除地价,商数为十五,意即此地之购买年数为十五年,如欲救济耕地不足之农民及免除苛刻地主之压迫时,可设法由政府或银行或由政府与银行合作投资于该地,一次付与地主六十元,以购其地,佃农每年按期纳付原定之租金于银行,银行加以应取之利息,使在十五年或二十年后,农民可以获得该地之所有权。

三、结论与建议

学校农场

学校农场，宜显示两种功用，一供学生之实习，使得丰富之农事经验，农校学生，应使之充分利用农场，从做上去学，一则宜充标样与示范之用，将农场采用之新式选种与种植方法及新式农具之使用，示范于农民，并藉农场优良之生产，以触引农民之惊奇与欣羡，使思起而仿效。

目前各农校农场之农事活动，极不联贯，农场生活之形态，多所遗漏，学生亦即失去多种农事之学习机会，农事试验，宜采取单纯之目标，运切于实用之方法，以求有效结果之获得。

室内讲授之题材，应与田间工作相翕合，使学做两方，得互相印证，农校学生应实习农作之全部，俾获一完整之农事知识，故中等农校宁着重于普通农事技能之训练，不必多致力于高深专门之研究。

为求农场实习工作有成效，应具有实际工作经验人员，假以充分时间，使得循序以实现其试验之计划，技能与时间，实为农事试验成功之两要素，农校教员，不惟应富有农事技能，并宜久安于职守，今日农校中教员之学识与技能如何姑不论，即就教职员之动辄更易，欲求农场试验工作有成效，诚难事也。

学生田场工作

本委员会极希望安徽教育厅对农校学生田间实习之规定，采取如下方法，即施行半日室内教学及半日田间工作是也，惟田间实习应具有教育的意义，即实习工作应与室内教学相联贯，为教学所需要，而非瞎做与蛮干，故实习工作，宜为有计划的活动，根据原有设计以进行。

至学生在田间工作时，教员应参加指导，最好能以身作则，共同操作，否则学生专事敷衍，或勤于不急之务，时间既等于虚掷，学生对于实习，亦将渐失其兴趣。

各农校中宜有能负实地指导责任及参加学生田间工作之优良教师，凡室内所讲授，悉能运之于实用，使学生在理论与经验两方皆得充分之训练。

设计实习之组织

农业学校设计实习可别为二类，一为学校设计试验，一为学生个别设计实习。

学校设计试验为学校教职员所主持，常需较长之时间，以求结果之实现，但学生亦宜在教职员指导下参加此种实习工作，藉获得较深之经验，学校设计实验应注意之点如下：

（一）一试验举行之先，宜拟一完善计划，包括试验之名称、试验之目的及进行试验之方法与步骤，最好有一田间种植计划（Planting Plan）与试验地形图（Field Map），可减少工作上错误，试验题材，应与室内购授者有关，使学生可获一实际之印证，学校施行试验工作时，宜注意指导农民，兼具示范之用。

（二）田间试验工作，须有详细之记录，工作进行之各步骤均宜详细记载，工作完毕后，应考察试验结果，登记所得成绩，编号保存，藉供日后之查考。

（三）试验设计方法及所得结果，宜用浅近文字叙述，编成报告，装订成册，分散给农民。

（四）现代学校多就学生生活上之需要，提出各种设计，复根据此设计，编配课程表，农业职业学校可采用此种方法。

忆至东流视察时，该区有广大面积之森林，但无栽植记录及森林地形图，东流林地中多属私人产业，因常发生主权纠葛，无法进行砍伐，地区界线，因缺记录，无由划分，林木主权，将多遗失。

学生设计实习应列为农校课程中之重要部分，每一学生，应有两种性质之实习，一为主修，一为辅修，实习性质，或由教员规定，任学生自行选择，或由学生方面提出，经教员认可，最要之点，须学生对此项实习具有浓厚之兴趣与热诚之志愿，学生在进行实习工作时，宜有详细之记录。

本委员会视察后，对芜湖农校之农场实习，愿贡献一具体之意见如下：

（一）芜校农场地势高低，块段太小，极不一律，拉平颇费工夫，学生实习地段之分配，自感受困难，最好即就高低地面，加以清丈，丘大者分为成亩之区，丘小者分为半亩之块，以子埂或浅沟分隔，作平均之分配，第一年级学生每人可分配高地低地各五分，由教师指导经营，材料由学校供给，收获亦全归学校。俟学生有一年田间实习之训练，第二年即每学生分配高地一亩，使其拟定计划，独自经营，取用材料及使用土地，皆须算值给价，田场生产，则归学生支配，工作须登记录，用费须载簿记，俾明工作之当否及收支之盈亏。学生藉此种工作获得农场管理与簿记上之经验，第三年学生可添给水田一亩，除办法悉如上述外，应注意学生合作活动之训练、种子肥料等之购买、农具农产品之销售等，悉以合作方法出之，使学生于农事实习工作中，兼得农场管理、农场簿记及组织合作等训练。

学生实习，教员最好能参加工作，以示共甘苦之精神，较能增进学生工作之兴趣，使乐于赴田间操作。教员亦宜划定一独自经营地面，躬自操作，以示模范。

（二）该校蚕科，闻将结束，原有桑园，树多老朽，自应砍伐，否则土地废置，殊为可惜。但可酌留幼壮之树数十株，作标本园，隙地可改作果园及苗圃，学生宜参加改造工作。

（三）校中农具颇多，闻将规定每学生分配农具一套，此种办法，常使多项农具，搁置不用，为时即久，即易脱落锈烂，殊不经济，反不如将所有农具归集一处，由农场管理处负责保管分配，借出交还，悉依图书馆借书办法，可使物尽其用，较为妥当。

（四）该校中宜建筑一种籽贮藏室，收藏改良种子，最好有室内加温杀虫之设备，所饲家畜，为数颇多，惟多肮脏，一旦发生畜疫，殊难救治，宜加管理，使畜舍清洁。畜牧班学生，宜有畜牧之实习。

（五）闻学校当局将划一部分农田作为试验场之用，自属必要，惟中等农业学校，不必做大规模之育种试验，因经费设备与人才都不允许。区域试殖(Regional Test)为时较短，收效较易，取临近各农科大学及农事试验场研究所得之优良品种，做区域实验，以比较各品种适于当地风土之程度，三数年间，即有结果，可资推广，此为中等农校选种工作应有之范围，好高骛远，徒劳无功，非计之所得也。

农业职业学校之活动，应适合社会之需要。对于农事之研究，即宜针对本地之重要农作物，芜湖之主要农产为水稻、麦作、大豆、油菜。芜湖农校，即因以改良此数种农作为主要目的。芜湖系一大商场，果品蔬菜，常为都市所必需，故该校亦宜注重园艺之改良工作。

以上数事，乃就简短时间对各种现象所得之反应，观察容有未遇，表而出之，或足供该校之参考。

农校与所在地社会

农业职业学校目的，为训练学生农事技能，以改良农人生活，故农业教育，应适合农村社会之需要，农人发生之问题，常非个人问题而实为一社会问题。欲求此种社会问题之获得真实的解决，应使学生能参加各种社会活动。

学校应尽量与临近社会取密切之联络，将学校活动扩展到社会中，以整个社会为学生研究之对象，并参加社会活动，使学生得认识社会问题及获得解决各项问题之经验。但现在学校，多不顾及学校范围以外之社会的需要，学校既不知有社会，教育亦既与生活背驰。

吾人坚决主张，农业职业学校，应注意农人生计之改善，而不仅注意于农业生产之改进。农校学生应致力于农村社会问题之研究，并应参加农村建设活动。此种工作，可列入设计实习，至少应占全部实习工作三分之一，但应于最后一年举行。每一农校，应有一富于乡村工作学识与经验之教员，指导学生社会活动，主要工作，在训练学生认识当地需要，从乡村社会调查着手，次则须研究实际方法，求解决各种专门问题。

农业学校可进行之社会活动，条举如下：

1. 组织民众学校。
2. 组织农村合作社。
3. 组织农产展览会。
4. 组织儿童四进会，注重养猪、养鸡及园艺等。
5. 组织村有林。
6. 改进乡村道路。
7. 开垦荒地，改良土壤。
8. 组织治虫会、乡村自卫团及乡村服务团。
9. 乡村卫生运动。
10. 组织农村问题讨论会。

教职员

检阅各校之记载，觉过去妨碍学校发展之最重要因素，即为教职员之不能久安于位，每一农校教员至一新环境中，对当地之气候、土壤、市场、农作方法及社会问题等认识，须经较长之时间，然后根据所有之认识，方能决定施教之方针，若勤于更调，后来者自难明了当地农业状况，所授者或不为农村社会所需要，农业教育，将失其功用。

但在另一方面，设某教员对某农业问题，无实际教学经验，即不应再使其担任该项课程，农校校长与教员应常赴其他著名学校或研究机关考察，藉得改革之借镜，至少应于每两年中出外考察一次。

为养成安徽各农校之优良师资，安徽教育厅应每年选派优秀中学毕业生数名至无锡教育学院、金大农业专修科及其他注重实际工作之□似农业教育机关，受实际工作之训练，毕业后应回本省服务数年，各农校为谋内容之充实，应增聘富有实际农事学识与经验之教员。

图书室

视察之各校，均无完善图书室，关于农业实用及乡村社会问题之书籍，数量殊少，亟应添购，以求充实。

各校对于图书室，未能充分利用，学生亦不知如何利用图书，教员应常指定学生阅读参考书，训练其自动求解决各种问题之能力，对于乡村生活有关之各项杂志，应列于杂志陈列橱，以便学生取阅。

学生自治指导

每一学生应有一教员负其生活指导之责，学生与教员应有密切之接触，一方藉感化作用，以陶镕学生人格，一方可多明了学生困难问题，俾得设法以求解决，且学生与教员既有深切之认识，自无意见之隔阂，课室讲学较易采用讨论方式，以求每一问题获得真实的解决。各农校可组织一学生生活指导委员会，将全校学生依地域年龄等分为若干组，每组最多不宜过十人，由一教员担任该组学生之生活指导，使学校精神家庭化、师生关系友谊化，受训练学生既能手脑并用，复求才德兼备，“完人教育”之意义，近如是矣。

（原载于《教育与民众》1935 年第 6 卷第 7 期）

皖鄂湘赣四省农业教育视察旅行记*

树文、之汶等此次奉教育部令派往皖、鄂、湘、赣四省，实地视察各该省农业教育；同时，金陵大学农学院亦派《农林新报》编者汪冠群君偕同出发，采访各地农林消息。兹将此行见闻所得，逐日记述于后，以求正于农业教育当局。至于正式报告，尚待返京后再行编制也。

一、安徽省

五月三日——是日下午三时三十五分至中华门车站，乘江南铁路公司车，离京赴安徽省芜湖县，车中秩序井然，员工服务尚称周到。此当归功于新生活运动之彻底推行。沿途两侧，大部均系麦作，田中大麦已将近收割，小麦方开始抽穗。惟以春季雨雪频降，致生长情形大都脆弱。

近两周来时告阴雨，今始放晴，以现时季节正系农忙之期，故沿途农人均在田中工作。轨道两侧稻秧均已茁芽，虽生长情形欠佳；但布置方面极合理想。每一块秧田，均作成宽约三四尺、相距尺许之低畦。此在从事治螟工作者眼中，认为极便于治螟工作之进行，同时除草工作，亦感相当便利。

上江农民，往昔知利用绿肥者极少；现时情形似较前进步多多，譬如在板桥、铜井、慈湖、当涂一带，一片油绿之麦田中，常可发现若干地段遍栽紫云英与金花菜，在绿浪中点缀红色与黄色之花朵，实无异于一幅染有天然色彩之图画。

自板桥以至采石，沿途多小山与土丘，其倾斜状况均在四十五度左右，然遍山竟未见栽种树木，足见该处农人尚不知造林之重要。自采石以直至芜

* 文章署名为邹树文、章之汶。

湖，小丘较少，稻田居多，农业状况似较采石以东各处为优。

六时许抵达芜湖，沿江一带有工厂数处，足见芜湖除为吾国一重要之米市场外，即在工商业方面，亦占相当地位。抵芜后，寓东南饭店，稍事休息即计划翌日工作。八时许省立高级农业职业学校校长赖君筑岩暨该校教员数人来访，当将此次携来调查表格，逐项加以解释，至十时左右始辞去。

五月四日——上午八时，由芜湖高级农业职业学校校长赖君陪同赴二区专员公署，往访高专员文伯，当承接见。据云该区共辖芜湖、当涂、繁昌、南陵、铜陵、巢县、无为、庐江等八县。教建工作由第三科主管，工作人员计有督学二人，技士二人（内中一人系农业学校出身），事务员、办稿员各一人，连同科长科员计共八人。该区各县技士多系工程学校出身，盖所以适应建筑公路之需要。区内关于农业设施，计芜湖方面有林场一所，仅有二年历史，每年经常事业费不足三千元。繁昌方面有县立初级农业职业学校一所，开办亦仅一年，设备尚欠充实。前岁行营令办农林训练班，由专公署委托芜湖高级农业职业学校代办，甚属相宜。关于教建合并之最大困难，据高专员谈，在于难得相当人才，使教建工作兼筹并顾。芜埠物产方面，以米与菜籽为大宗。

十时左右，离专员公署转往高级农业职业学校视察。该校位于芜湖东门外，创自光绪末年，于民国元年改为省立甲种农业学校，民十七春奉命与省立甲商合并，改称第二中等职业学校，设农、蚕、商三科，至廿三年始更今名。

校内组织，共分总务、教导、推广、农场四部，全年经费四六二〇〇元。此外尚有农场收入年约一四八〇元，现有学生一七三人，分高初两级；教员共二十余人，除教授学科外，尚兼任行政职务。

农场面积计二百一十九亩，分作棉田、麦田、油菜、豆田、菜园、果园、桑园、林地、牧场、苗圃及花圃等。其中划出六十亩供学生实习，每生约有实习地四五分之谱，甚感不足，闻省府方面已允再扩充一百亩。又该校饲养之牲畜，计有猪、鸡、牛、羊等九十二头，除牛供役用外，余均作为实习与生产之用。

每周上课时数，高中计二二小时，初中二三小时，实习时数，高初中各二二小时，此外，并规定高初中二年级生于暑假时在本校农场实习六星期，实习费用，除伙食由学生自理外，其他各项均由学校供给。

关于学生就业状况，以过去无此种调查，尚难加以统计，现时正在设法调查中。

该校对推广方面之设施，尚称完备，于二十五年八月成立乡村改进实验区。推广范围包括十一保，六十方里（东西十二里，南北五里）；区内合共有一四二四户，七〇八二人（男占三九五八，女占三一二七）。

推广部常年经费三〇〇〇元，内部组织分社会、农事、教育、医药卫生、出版、总务等六股。另直辖一乡村改进实验区，有专任职员七人，练习生二名，分设社会、农事、教育、卫生四组，同时当延聘区内乡村领袖合组乡村改进委员会，以供咨询协助。

工作方面计社会组举行农村调查，以为实施推广工作之根据，促进乡村建设，辅助推行保甲制度暨其他村政。农事方面，关于生产者介绍优良种苗与经营技术，并成立农事改良会八所，试行农贷以树立将来组织合作社之基础，现共有会员二四〇人。至于农村经济，则拟倡导合作组织，调整租佃制度。教育方面工作，为辅导乡村小学及私塾，办理补习教育，举行通俗演讲，映放教育电影，提倡正当娱乐；同时尚办理民众夜校，又于本年四月开办短期小学一所。医药卫生组，设有民众诊疗所，取费甚低，凡本实验区农民持有居户证者复减收四成。每日来所就诊人民平均在六七十人以上，并在濮家镇分区，实施巡回治疗（每周三次）。同时训练健康指导员，推行公共卫生。

该校高三学生并担任实验区之连络员，每周分组往附近农家访问一次，代为解答农人疑难问题。在连络员访问时，全区干事亦分担视察，以考核连络员工作之勤怠，兼补连络员能力之不足。

本日尚视察该校初级班园艺、国文，高级班化学等课程之教学情形，教员讲授多采用启发方式，各生亦尚能用心听讲，并随时抄录笔记。

下午四时，由该校校长召集全校各部主任暨专任教员举行座谈会，对于毕业生出路，初级班学生年龄幼小、教员进修、农业学校与农业改进工作之连系等问题，均曾提出讨论甚详，至六时许始毕会。

五月五日——晨八时，由安徽省立稻作改良场王场长太运陪往该场视察一周。该场系于民国二十二年成立，每年经常事业费共八千余元，本年度新增推广费二千元。场内组织共分技术与推广二部，技术方面有主任、助理员、练习生各一人，推广方面有主任一人，推广员二人，此外尚有事务员二人，分掌会计与文书事项。试验场面积共八十二亩，地块颇整齐适用，惟觉过小。另有分场一处，有农田二十七亩五分，专作繁殖种子之用。该场改良种子除在芜湖、当涂、和县三处推广以外，并在繁昌、巢县、合肥、含山、桐城等十一县设有特约农田，每处至少一百亩。此项特约农田，每于发种前、分秧时、分蘖时暨收获时，由该场推广人员分头视察。该场除本身试验与推广工作外，尚与南京中央大学农学院暨稻麦改进所合作。据云总场于不久将来拟移往安庆，现正在筹划中。

十一时应芜湖高农邀请，赴该校演讲。

下午四时登招商江安轮赴安庆，轮中计划翌日工作，并拟制视察安徽省关于农业教育与农林事业设施情形之表格六种。

五月六日——所乘之江安轮于上午十一时许抵达安庆，该轮自改进后，在秩序上，以及员工服务方面尚满人意，惟所备被褥似欠清洁，有待改善。上午在轮中编制视察安徽大学农学院之各项表格，计分：行政组织、教职员状况、学生状况、课程分配、图书数量与种类、教职员研究状况、推广情形、农场概况暨学生课外活动等九种。

抵安庆后，下榻来安旅馆，中午安徽大学校长李顺卿先生曾来旅寓晤谈。

下午二时赴省政府访杨思默教育厅长，询以安徽省关于农业教育设施。据谈，安徽全省现有农业职业学校五所，分设芜湖、东流、宿县、绩溪、霍邱等处，除芜湖为高级外，余四处均系初级。又绩溪初级农业职业学校自上年度方开始招生，以治安关系房屋尚未建筑齐全，而霍邱方面亦尚在筹办中。全省除省立五校外，尚有县立初级农业职业学校三所、合肥蜀山私立初级农业职业学校一所。

安徽全省教育经费共三百余万元（内中包含中央协款一百二十万元暨特种教育经费十万元），约占全省总收入百分之二十强，此项比率在全国各省中，要以本省为最高。至于最近三年用于农业教育之经费，计二十三年度一二九〇六二元（占全省教育经费百分之四点八七），二十四年度一二七八四六元（占全省教育经费百分之五点〇三），二十五年度一四〇二三二元（占全省教育经费百分之五点七四）。

皖省尚设有工业职业学校，经费较农业职业学校为多，如省立安庆工业职业学校近年增加设备甚多，已能自制引擎与戽水机等，以供各方需要。最近为省府修理炮船，如在上海修理至少需修理费五万元，但在该校只费二万余元，足见已趋实用之途。

该省教建合作事业委员会，系于二十四年奉豫鄂皖三省总部令组织成立，以谋全省教育事业与建设事业之切实连系，而收事半功倍之效。目前该会举办之事业计有：一、省会科学馆（经常及临时费共一五三七〇元），二、安庆高级蚕桑科职业学校(经常临时费二一八二六元),三、安庆种畜改良场(经常临时费五〇四六元),四、第一教建合作事业实验区(经常费一三九二元),五、第二教建合作事业实验区(经常费一三九二元),六、蚕业指导所(经常费三〇〇〇元),七、太湖农林场与讲习班(经常费省款二四〇〇元),八、芜湖农林讲习班(经常费省款二〇〇〇元),九、安庆农林场及讲习班(经常费省款二〇〇〇元),十、寿县农林讲习班(经常费省款二〇〇〇元),十一、滁州农林场及讲习班(经常费省款二四〇〇元),十二、泗县农林场及农林讲习班(经常费省款二四〇〇元),十三、阜阳农林场及讲习班(经常费省款二四〇〇元),十四、东流农林讲习班(经常费省款二〇〇〇元),十五、宣城农林场及讲习班(经常费省款二四〇〇元),十六、休宁农林实验学校(经常费省款二四〇〇元)等种,经费总额约八万元,统由省政府支拨。各县教育建设二科亦合并为教建科,自改制以来,事业进行尚称顺利,惟感办理农林事业人才缺乏,而教建兼长人才为数更少耳。

又据杨厅长云,该厅现尚兼办全省卫生教育,分全省为十六区,设于有省立中等学校之各县。该项卫生教育委员会现仅成立三区,分设芜湖等处,下年度(二十六年度)拟续办十三区,并设立十六个医药库,以减低人民医药负担。再于二十七年度设立三千六百个保健中心,此项保健中心与各县立小学发生连系关系,使曾受训练之小学教师推行此项工作;最近二年先行训练视导人员,然后再训练小学教师。目前用于卫生教育之经费,每年约近万元,其中公款不足五千元,余数以各校学生所缴纳之医药费充用(每学期每生二角)。

三时许由教育厅隋科长陪往安徽大学,当由李校长等导往各处视察。据李校长云,该校原分文、理、法三学院,于民国二十四年奉令裁去法学院,筹设农学院,先开农艺系一班,至二十五年度增设农业经济系,下年度再增设森林系。合该校文学院中国语文学、外国语文学、教育学三系,理学院数理、化学二系计共八系,每系每班学生数目规定二十人,每年招生一百六十名,第一年暂不分院,第二年暂不分系。经常事业费每月约二万七千余元。

安大设于省城北门外,系前法政专门学校旧址,以不敷应用,乃同时租用圣保罗中学为第一院。嗣于民国二十三年八月,经前任傅佩青校长建筑大楼一座,占地三百余方,以作教室及试验室之用,最近新建化学试验室九间暨男女生宿舍等,分布于大楼之北、西、东三方。未来建筑计划,拟以大楼为中心,成一梅花形式。并拟于最近添建科学馆、办公室暨图书室等,存贮有价值之仪器与图书。惟校址稍形狭小，现有面积仅一百数十亩，同时以南临城墙，北接湖面，可于附近扩充者亦仅数十亩云。

安大学风甚佳，现实行军事管理；设备方面亦逐渐充实，此种进展未可限量。

农学院方面现共设三班，计有学生五十七名。院内学生费用甚轻，每年每生学费二十元，体育费三元，而宿杂讲义等费用，概予免收。最近并由省府财政、建设两厅捐赠一万六千元，充作贫寒奖学基金，使贫寒学农子弟受益匪浅。

院内现有农场两处：一在东流大渡口，计二千四百亩，现已收回七百亩，供研究试验之用；一在霍邱西湖，系由省府拨款二十万元领得湖田十万亩，除去水源沟渠堤埂等占地外，实际可供耕种之用者约八万余亩。该项湖田地形平整，土壤肥美。以田内积水甚多，该院于去年四月间领得后即购置机器排水，并购入稻种三千担，用播种机直播，无须经过耕耙、除草工作，即可收获。后以常告阴雨，致淹去十分之九。但所余十分之一未淹稻田尚收获二万六千余担。去年除学校直接经营一万余亩外，其余六七万亩，悉与附近农人合作，由院方供给种子与技术指导，而由农人种植，收获时，由院方与农人对半平分，而在院方所得中再提百分之五，酬劳辅助此项工作之保甲长。现在计划，拟将全面积分作六区，自行修筑高二丈宽一丈二尺之堤埂防水。设未来之收获量以二十万担计算，则每年可收入六七十万元，即以之充作农学院经费。

按国内拥有如此大量面积农场之农学院，尚属绝无仅有，即在国外亦不多见，而且农学院之经费亦将因此以自给，深为安大农学院前途庆幸。省城与霍邱，有公路可通，乘汽车一日即达，此次以天时关系，致未克前往视察。

省府教育厅方面，现尚拟委托该院在霍邱代办初级农业职业学校一所，有校产农田一万五千亩，目前每年收入有一万二千元至二万元，即以此项收入充作学校经费。皖北原系地瘠民贫之区，现有安大农学院农场暨初级农校从事农业生产技术改良与训练农业人才工作，是未来繁荣可期。闻安大农学院之计划，拟限制训练高级人才，而以余力从事训练下级干部人才。在霍邱方面即曾办理良农训练班，使曾受训练之农民再训练其他农民，以谋农业改良工作之普遍推行。即筹办中之霍邱初级农业职业学校，亦以招收农家子弟为原则，以期养成模范农民云。

该校对于社会活动之参加亦甚踊跃，如皖省地方自治推进委员会，李校长即为该会常务委员之一(共有委员十一人,省府五人——省府主席暨民、财、建、教四厅厅长,省党部四人,聘请委员二人——其中一人即安大李校长,规定每周开会一次)。此外尚附于皖报出版农学、科学、教育等三种周刊。该校教授亦担任撰述该报之星期论文。

该校毕业生均有出路,省府各厅亦尽量分发任用,例如法学院政治系毕业生四十余人,现均由财政厅分发皖省地方银行担任仓库及县金库等处工作,最初三月为实习期,期内每名每月津贴四十元,期满视成绩优劣支薪五十元至一百元。

由省立大学造就本省需用人才,此项办法,极合理想,深盼全国各地亦能普遍推行。

五月七日——上午八时许由教育厅科员李支厦君陪往省立安庆高级蚕桑职业学校视察。该校设于东门外,系前省立一农旧址,仅有二年历史。现共开二班,计一年级学生三十人,二年级二十七人。二年级生已分发浙江实习。校内有桑园四十亩,新建蚕室五间,因限于经费,设备尚感不足。本年度共约养蚁蚕四两,由一年级学生负责担任。

十时至省立棉蚕改良场,由该场技术主任张君陪同巡视一周。据谈,该场有棉田一百五十亩,又东流分场一百零八亩,研究工作计分中美棉品种比较试验、美棉品种比较试验、纯系育种等项。试验结果,美棉以脱字棉为最优,中棉以孝感棉为佳。今年推广面积约计六万亩,计望江一万亩,寿县四万亩,怀远一万亩。

蚕桑方面,计有桑园一百二十亩,本年饲养蚁量十两。该场恰与高级蚕桑职业学校毗连,均同隶属于皖省教建合作事业委员会。皖省奉令创行教建合作,甚合理想,故希望其更能再进一步,使双方工作发生极密切之连系作用。

皖省种畜改良场以现尚无主持人员,亦暂附设该场内,闻不久即将移住当涂。

省府财政、建设两厅合组之棉豆推广委员会亦附设该场内,以豆种尚未加以试验,故仅推广棉种。

十一时由棉蚕场转往省立第一林区造林场,由该场技师陪同巡视。据称皖省共有六个林区,安庆为第一林区,第二、三、四、五、六五区,则分设于当涂、泾县、休宁、滁州暨寿州等处。除寿州系于民国二十二年设立,经费较少外,其余五区经常费各为一万三四千元左右。

第一林区总场面积共二百九十一亩，除建筑物、路沟等占地外，用作苗圃者约一百二十亩。以年来公路建设发达，行道树苗乃有供不应求之势。此外尚有分场三处，设于省城西门外暨贵池东流等处。

本日视察上列之各机关，均位于省城东门外，有大道通行，沿途行道树业已成林，绿荫遮道，风景极佳。省城娱乐场所甚少，故一遇假期多相率来游，第一林区林场与棉蚕场乃特设民众茶社与花圃，以适应市民需要，办法极佳。惟尚希望能将各项试验工作加以说明，各种林木与花卉加以标识，绘图列说均置于显著地位，俾能寓教育于娱乐中也。

下午二时，赴省政府拜访建设厅刘厅长、财政厅杨厅长，据刘建设厅长云，皖省全省建设经费，每年仅四十万元左右，近三年用于农林事业者，计二十三年度一二五二八七元，二十四年度一一五六五〇元，二十五年度二五一一二一元。全省省立农林场所计有：一、安庆棉蚕改良场（经常费二一〇三五元），二、芜湖稻作改良场（经常费八〇八九），三、凤阳麦作改良场（八六七二），四、安庆棉豆推广管理处（本年五个月经常费七〇二四八），五、祁门茶业改良场（经常费六〇〇〇〇元，内实业部三〇〇〇〇元），六、郎溪十字铺油桐林场（本年五个月经常费一三〇〇〇元），七、安庆第一林区造林场（经常费一五五二〇元），八、当涂第二林区林场（经常费一一四八〇元），九、泾县第三林区林场（经常费九四六一元），十、屯溪第四林区林场（经常费九五六九元），十一、滁县第五林区林场（经常费一三七四五元），十二、寿县第六区林场（经常费六八二一元），十三、铜陵叶山矿区造林场（经常费三四八一元）。上列各场经费预算编制，概以事业费占全部经费半数为原则，尚以各场圃地面积及事业繁简为标准云。

五月八日——上午八时，由安徽大学李校长，陪往江南大渡口该校农场视察。该处农田地块颇为整齐平坦，每块约为一方里，绕以沟渠。土壤多系冲积土，麦作生长甚旺，近江之处筑有公路，可阻江水泛澜。田内沟渠可利用养鱼，惟限于经费，尚未能尽量利用。

本日原系拟定赴东流视察省立初级农林科职业学校，以风大汽车不能渡江未果，下午在旅寓整理视察所得。

晚间，建设厅技正方君强君来访。据谈，郎溪十字铺桐油林场，于本年度播种桐子四百担。祁门茶业改良场利用机器制茶，去年共制二三百箱，获利万余元，本年度制二千箱。入春以来，雨水频降，土法制茶颇感困难，惟机制茶则可不受此天然因子之限制。关于森林方面，皖南一带现供给铁道部枕木五六十万根。自二十六年度起，建设厅侧重垦植事业，每年经费五十万元，以六年为期。最近并在芜湖设立米麦检验局，经费共十二万元，内中中央协款八万元，省款四万元。

关于各县农业行政组织，计全省设有农业推广所者二十县，森林施业所者四十县，最近并拟在每一专员区设立林务管理处一所，指导全区森林施业事宜云。但由谈话商讨结果，咸认为此种县单位农业组织既不一致，亦欠健全(据闻全省各县农业经费尚不足六万元)，而目前拟增设之十个林务管理局，亦觉无此需要。至于改进现状办法，似可于省府方面增设一科，主管全省农林事宜，并增聘专家二人充任技正。其一专长于育种工作，派往稻作改良总场，得兼该场场长，负责担任指导全省稻、麦、棉技术工作；另一人专长于森林工作，派往第一林区造林场，亦得兼任该场场长，负责担任指导全省森林施业事宜。视将来事业发展情形，再随时增聘其他专门人才。

至于各县农业行政组织，最好普设农业推广所，受建设厅指导。此项农业推广所专作推广工作，例如本省各林区造林场育成之苗木，暨各稻、麦、棉场育成之改良种子等，均交由各县推广所采用特约农家等各项方法，切实推广民间，断不可以极少量之经费，从事高深之研究工作。

各省立农林场专作研究工作，每年除派专门人才赴各县辅导主要设施外，并定期召集各县农业技术人才参加短期训练(一周或一旬)，在此期内又听取各县报告过去一年设施情形暨计划未来工作。同时尚可敦请国内专家讲演，以济工作之进展。

中国科学化运动协会安庆分会于晚间假科学馆开会，会后承该馆胡馆长子穆领导参观一周。该馆系皖省教建合作事业委员会事业之一，成立于民国二十三年，全年经常费计二二六〇〇元，临时费一七七〇元。现共分理化、生物、化验、制造四部。理化与生物二部，备有仪器暨标本多种，凡无相当设备之各中等学校暨小学，可先期接洽，前往借作试验之用，并可由该馆技术人为辅导教学。此外私人之有研究兴趣者亦可请求前往实习，并不收取任何费用。化验部可化验矿产、土壤等，外界请求化验者，略取费用。制造部设有小规模之制造场，可以自行制造一百数十倍之显微镜暨切片机等。

五月九日——上午八时，偕同教育厅科员彭兆鸾君、东流初级农林科职业学校校长陈向轩君，渡江赴大渡口，船中晤杨教厅长，系往贵池参加第八区学生运动大会者。过江后旋改乘汽车赴东流初级农林科职业学校，车行约八十里抵达。该校原系省立第五职业学校前身，设于贵池，旋于二十三年奉令停办，移往东流，至二十五年秋季筹备成立，始更今名。

东流县南倚山岗，北接江西，地形东西长而南北狭。地势东西平坦，西面起伏不平，出产以棉麦稻为大宗，人民多贫苦。现有人口十万人，境内有煤矿，湖沼亦多。

该校位于县城之东，相距约六里，现设一级，分甲乙两组，有教职员十五人，学生五十六人。全年经费计一三七三九元，内中省款占百分之三十五，国库款占百分之六十五。此外尚代办农林讲习班，训练略识文字之农家子弟，每班每期由省府津贴一千元（每期为时四月）。校舍系新建者，建筑费闻共二万五千元。

该校新增农田五十三亩，分作稻田、麦田、棉田及豆田等。地块整齐，距离学校甚近，管理上颇称便利。水源亦不感缺乏。至于农场收入，则拟充作学生奖学金与推广费用。教学时数计每周上课三十三小时，实习十五小时。

该校校址，原系安徽省教育公有林场，该场于民国九年筹备成立，十一年开始造林，每年规定为三百万株，现时成林树木，为数约计二三千万株。现该场场长由东流初级农林科职业学校陈校长兼任，每月经费九二四元，内中作业费计二八〇元。场内职员，计有技士、事务各一人。

东流环境宜于畜牧事业，现时该地私人养马者，获利甚丰，故职校方面亦拟添办畜牧事业。

五月十日——上午在寓所整理在皖视察所得之资料，十二时乘三北公司龙兴轮赴汉口，轮中继续整理材料。（待续）

（原载于《农林新报》1937 年 5 月 21 日第 14 年第 15 期）

皖鄂湘赣四省农业教育视察旅行记（续）*

二、湖北省

五月十一日——上午在轮中继续整理在皖视察所得资料。于中午抵汉口，下榻于福昌旅馆。下午二时，乘轮渡江赴武昌，拜访省政府建设厅伍厅长展空。据谈，鄂省农林事业自二十二年起，经前李厅长范一裁并以后，仅设立一农业推广处，每年经常费七八九一〇元，该处直辖八个推广区。计为：一、南湖农业推广区（设于武昌保安门外，农田面积一三六六亩），二、赫山农业推广区（设于汉阳赫山，侧重畜牧，有牧场面积九五亩），三、洪山农业推广区（设于武昌宾阳门外，有苗圃三十余亩），四、卓刀泉农业推广区（设于武昌宾阳门外，有苗圃二十亩），五、九峰农业推广区（设于宾阳门外，有苗圃四十七亩），六、京山农业推广区（有苗圃三十亩），七、襄阳农业推广区（有苗圃五十八亩），八、均郧谷农业推广区（分设均县、郧县及谷城三处，共有苗圃一百〇二亩）。

与伍厅长谈话毕，即拜访教育厅周厅长天放。据谈，鄂省现时无省立农业职业学校，最近三年用于前省立教育学院之经费，计：二十三年度七一六二六元（占全省教育经费百分之二点十二弱），二十四年度八二四二六元（占全省教育经费百分之三点五一弱），二十五年度四一二三八元（占全省教育经费百分之一点六五弱）。

现时鄂省区立及县立之农业职业学校，计有：一、江陵第四区区立高级农科职业学校（全年经费八二二〇元，现有学生五十一名），二、襄阳第五区农场

---

* 文章署名为邹树文、章之汶。

附设农林实验学校(全年经费六一七七元,现有学生三十名),三、通城县立初级园艺缝纫两科职业学校(全年经费二〇七〇元,现有学生八十八名),四、浠水县立初级森林染织两科职业学校(全年经费六八八元,现有学生六十名),五、钟祥县立初级农科职业学校(全年经费三〇二四元,现有学生七十一名),六、谷城县立初级职业学校(正在筹办中)。此外尚有私立枣阳鹿头镇初级农科职业学校,暨国营金水流域农场代办前省立教育学院农事专修科与附设初级农科职业学校(全年经费一万四千元,现有学生九十二人)等处。

五时许,由建设厅张科长天翼陪往宝积庵前省立教育学院视察。该院位于城厢之北,沙湖附近。此间原系昔张文襄公督鄂时,于光绪二十八年拨沙湖官荒二千亩,创设高等农业学堂,并附有农林试验场。不幸于辛亥年毁于兵燹;嗣后复迭遭变迁,致使前贤构造,陈迹荡然。

后于民国二十年,黄离明先生任教育厅长时,见于鄂省频遭天灾人祸,农村经济极形枯窘,乃拟训练专门人才,以适应本省之需要,而谋全省农业之复兴。因于二十年五月,于前高等农业学堂旧址收回农地八百余亩,并筹款八万元,设立乡村师范学院及高中农科学校。同年八月,奉教育部令改为湖北省立教育学院,招收本科暨乡村师范专修科生各一班,计各三十八名。翌年,添办民众教育专修科,二十三年,添办农事教育系与农事教育专修科。

二十三年八月,奉教育部令办附属初级农科职业学校,以筹备不及,于二十四年九月方开始招生。所收学生,多系薄有田地之农家子弟,盖所以养成模范农民,以负领导农事改进之使命也。此项学生,第一年不收学费,第二年则以学生经营农田之盈余津贴各生,二年毕业。

二十五年十月间,教育学院停办,全校学生,分请河南大学(计三十名)、武汉大学(三十名)暨国营金水流域农场(二十五名)等三处代办。全部校产则由一管理员保管。

下午六时,转往省立武昌乡村师范学校视察,当由该校鲍绍武君领导巡视一周,查湖北省共有省立乡村师范学校三所,分设武昌、宜昌及襄阳三处,而以武昌成立最早(民国十七年设立),嗣于民国二十三年迁移宝积庵,占地约二百五十余亩。

该校校址位于省城之东,相距约七里,其傍即系前省立教育学院。四周为乡村环境,在此训练乡村教育师资,固极相宜。校内现设六班,共有教职员二十余人,学生二百四十名,并不招收女生。毕业生就业状况甚佳,现多分别担任本省乡村教育工作,每月待遇约三四十元。

该校有农业课程,第一学年上下二学期上课与实习每周各为五小时,第二、三学年均各为二小时,其配置情形,计一年级上学期为农业大意,一年级下学期为作物学,二年级上学期园艺,二年级下学期畜牧,三年级上下二学期全系森林。此外尚于二、三年级增授农业经济、农村问题暨水利概要等课程,每周共三小时。

该校农学暨农事实习现聘请专任教员一人担任之,窃以农学课程范围甚广,仅由一专任教员担任,似觉繁重。但此种情形实为吾国现时乡村师范学校农事教学之普遍现象,而有待于改善者。

全校现有农场二百余亩,聘有专人管理。按国内拥有如此大量面积农场之乡村师范学校,尚不多见,故应予以充实。除供员生农事实习之用外,尚可利用之以供给乡师毕业生将来实施农事教学之教材,与辅导农事教学之方法。如有余力,并可指导附近农民之农事工作。

六时许,由宝积庵省立武昌乡师转往南湖湖北省农业推广处南湖推广区。

该区现有农田一千二百余亩,分为稻田、麦田、桑园、苗圃等项。推广区办事处之南,尚有大楼一座系供饲蚕之用,每年由全国经济委员会津贴三千元。

五月十二日——上午八时,由建设厅农业推广处刘主任伯轩,陪往国营金水流域农场杨林头站参观。该场于武昌暨金口各设有办事处一所,农场场址,位于武昌之西,相距约六十余里,有汽车道可通。金水流域共有农田二百六十万亩,过去原系湖地,易遭水患,自全国经济委员会于民国二十四年完成武金堤建筑金水闸后,水利有恃,乃由行营令办国营农场,目的在"创办集团农场,试行最新耕作及管理方法"。原来计划拟将二百六十万亩全部清丈整理,并向国外购置新式农具开垦以后,分田给农民,从事大规模之经营,并拟自留五万亩作为国营农场,利用机器垦殖。现该场杨林头站共有火犁十一架,耙四十二具,此外尚有畜拖播种机暨小件农具多种。

现共开垦一万五千亩,分布于杨林头站(五千亩)、复兴市(二千亩)、头墩(八千亩)三处。场内共分总务(有职员廿余人)、清丈调查(有职员二百余人)、农村建设(有职员二十余人)、农事经营(有职员二十余人)暨工程(有职员二十余人)等五组。杨林头方面农田分配,计旱地二千五百亩、水田二千亩、休闲者五百亩。

全场经常费，每年由行营支拨十四五万元，至于事业费则向中国农民银行借用，分期归还。闻已借用三十八万元，最近以产权纠纷，预计之垦殖工作遂告停顿。

下午二时仍由刘主任伯轩陪往武昌青山实验区署视察，青山位于城厢之北，相距约三十余里，乘汽车约半小时即达。

查武昌县共分五区，该区即为五区之一，以事业范围较广，故设作实验区。全区共辖十三联保，计有九五六〇六人（内中男占五一三二七，女占四四二七九）。

全区每月经费，有一〇四一元；内中县款三百九十一元，作为行政经费，省政府协款四百元（其分配情形，系以五十元充保健所经费，五十元充教育委员薪俸，一百元训练保甲，二百元充教育经费，设有联保小学十三所，代用小学十七所），教育厅短期小学经费二百五十元。

组织方面，该区共分民、财、教、建四组，现有工作人员，计区长一人，区员四人，书记一人（兼保管经费），录事二人（兼监印及外勤）。区长张植安君，系北京大学英文系毕业，区长月薪规定系六十元，但张君经学丰富，且该区事业范围较广，复由省府额外津贴八十元。区员刘君敬懋系北京中国大学学生，并毕业于区政人员训练所（按此项区政人员训练所，鄂省共办三班，每班三百人，受训资格须中等以上学校毕业生，或曾充任区长，区员二年以上，毕业后派往各县充任区长与区员，待遇每月五十元至六十元。本年度续办乡政人员训练所，第一期共一千五百人，现已毕业，拟派充各县联保主任与联保书记，每月待遇，主任三十元，书记二十五元。此次训练目标，在推行管、教、养、卫四位二人一体工作。所谓四位二人一体者，即系由联保主任兼壮丁队区队长，书记兼合作社理事长与小学教师）。

该区举办事业，过去为修堤、挖塘、开沟暨筑路，均有相当成绩。关于农林方面，计二十四年种树十万株，以适逢大旱，成活数为十分之一。二十五年播种桐子三百斤，亦以大旱未能苗芽。本年种植榆树、白杨及马尾松等共十九万株，大部已活。造林方法系采用征工方式，不分官荒民荒，全部种植；至于将来收获时，私人林地可分十分之三。

关于林木保护工作，每保设林董二人，由各保推选而经县府加委。此外尚雇有森林警察一人，长期在各林地巡视。

本年度尚组织保产管理委员会，已成立者具有六联保，经营官荒及湖沼。

并拟自七月一日起,每保设立保学一所。

该区保健工作,系与湖北省立医院合作,设有保健所一处,计有医师一人,助理、事务各一人,每日前来就诊者,平均约四五十人。每人仅收挂号费一分,药资不取,对于公共卫生方面,则不时举行公开演讲,映放幻灯,并分期赴各乡访问暨布种牛痘。

五时许,由青山实验区转往湖北棉业改良委员会棉业改良场东兴洲总场。该场原系前部立第三林场旧址,沿途林木甚多,风景宜人。

该场成立于民国二十二年,全年经费三万余元,由湖北棉业改良委员会供给(棉业改良委员会系由纱厂联合会、银行公会、进口棉商、出口棉商、汉口商品检验局、武汉大学及建设厅等机关各派代表一人组织之,经费来源,由于每担棉花经检验时所抽之六分附加)。场中现有职员十余人,棉田二百四十亩。设有徐家棚暨东湖分场二处,共有棉田面积四百余亩。

总场重要建筑,计有办公室、技术室、仓库、宿舍等各一座。现行试验项目,有品种比较与纯系育种等类,同时以脱字棉在鄂省成绩最优,乃大量繁殖,以供推广之用。

湖北省关于棉业改良机关,除上述改良场外,尚于二十四年春设立棉产改进处,经费亦由棉业改良委员会担任,改进工作,以鄂北为起点,处址设于光化老河口。二十五年春移往襄阳。同年七月,省政府与全国经济委员会棉业统制委员会暨棉业改良委员会合作,遂将棉产改进处,改组为湖北省棉产改进所,并将所址移设武昌。其经费除棉业改良委员会原担任之二万七千五元外,复增加十万元,省、会各任其半数。经费既增,事业范围亦较扩大。

五月十三日——上午八时由寓所前往国立武汉大学。该校位于路珈山上,东湖之滨,校舍建筑,极称庄严伟大。四周环境幽美,风景宜人,实为不可多得之校址。

全校现分文、法、理、工、农五学院,共有学生六百四十七名(文学院一四一,法学院一八三,理学院一二一,工学院一八七,农学院一五),教职员总数二百余位。

该校农学院系于二十五年秋季筹备成立,该院拟设立农艺、园艺、森林、畜牧等系,刻先设立农艺一系,招收学生 15 名。第一年授以基本科学,暂在该校理学院上课。

该院建筑方面,计正在建筑中者有大楼一座,预期明夏可以完成,在大楼之西首，园艺馆一座，业已落成。此外畜舍方面，已完成者有牛、羊、猪、鸡舍多座，另有青贮塔一所。

该院除在校北附近有农场外，东湖对岸之磨山亦辟有农场，面积约为一千八百亩，其中六百亩地势平坦，可供栽培农作物之用，其余一千二百亩多系山地，故拟经营森林。此外，平汉铁路局尚有林地三万亩暨农场若干亩，闻亦委托该院管理，每月并津贴管理费八千元。同时尚与湖北棉业改良委员会合作，辖有棉田数百亩。

前省立教育学院停办后，所有未毕业之学生，闻亦有一部（约二十人）委托该院代为训练云。

晚间，与鄂省民政、建设、教育三厅厅长暨各厅主管科长等商讨管、教、养、卫四位二人一体之具体办法。据伍建设厅长谈，现拟将全省农林事业机关事权集中，创办农业改进所，主持全省农业改进事宜。所以下，分区设立繁殖场，负有举行区域试验、繁殖良种暨训练农林技工等三项使命。繁殖场以下，再于各乡设立示范场，亦负有繁殖良种、训练农民暨以农场收入供给保甲经费等三项使命。此外，尚拟组织农产品联合运销办事处，对农产品自生产，以至贮藏运输，均能兼筹并顾，所拟办法，颇为完善。

教育厅方面，据周厅长谈，亦拟有教建合作办法，即拟在建设厅之农事改进所所在地，开办一农业专门学校。繁殖场所在地，设立一乡村师范学校，或农业职业学校；示范场所在地，开办联保小学，务使教建双方彻底合作，使农业学校即以试验场之材料为教材，而试验场即以农业学校所训练之人才，推行农业改进工作。

民政厅方面，据孟厅长谈，亦拟与建设厅及教育厅合作，创办保田制度，以谋保经费之自给，其中行政各阶段，均与教建工作，彻底连系。

五月十四日——上午与建设厅伍厅长暨该厅张科长及教育厅尹科长继续商讨管、教、养、卫四位二人一体之推行计划。下午在寓所整理在鄂所得资料。

五月十五日——上午七时由建设厅农业推广处刘主任陪同乘汽车沿汉宜公路往江陵视察第四区区立高级农业职业学校。沿途地势平坦，公路两侧以经营稻、麦作为多。较高之地，则颇多荒废。车行二百余里，抵属金门县之沙洋，时已下午一时左右，即在该处午餐（以沿途须渡河，故费时较久）。公路两侧之农田，有长江及汉水环绕，惟不见小河支流，故农田水源多赖小塘沼供给。

午餐后,再行二百里,约于五时左右抵江陵,即往北门视察鄂省第四行政督察区区立高级农业职业学校。由该校王主任子登暨专任教员胡荣光君等导往各部巡视一周。据谈,该校创于二十三年八月,每月经费约四百余元,均系由专员区所辖各县分摊。校内共有教职员七人,内中三人为专任教员;现有学生五十一名,亦系由担负经费之各县考选保送。

该校农田面积,共八十亩(第一场四十余亩,第二场三十余亩),分种棉、麦、蔬菜。

学生在校之书籍、制服等项费用,全由学校供给,同时尚津贴伙食费每人一元五角,不足之数,由各生自己担负。关于出路方面,本系规定各生毕业后即回本县服务三年,在此期内不得自由行动。但最近情形,似不易实现。

此外,该校曾附设农林讲习班一班,训练区内农民,三月毕业,每月经费约为二百元。

最近以鄂省对农业教育设施拟有整个计划,故该校已奉令于本年度办理结束。至于原来校址,则将改设农场,经费即由农场收入充用,待经济情形转佳,再将农业职业学校恢复。

六时离江陵转往沙市,车行约十五里,于七时许抵达,即寓福记旅馆,稍事休息。

五月十六日——上午六时半,由沙市折回十里埠,再西行向宜昌前进。于八时半抵当阳,再行一百六十里,于十一时左右抵达宜昌。自当阳以至宜昌,沿途岗峦起伏,林木为数甚多,其中大部均系松柏,间有少数洋槐。山下多系稻田,业已开始插秧。

宜昌因系川货集中市场,故市面尚佳。同时附近各地尚产大量之桐油与漆,亦经此处运销各地(惜漆与桐油现时均系外商经营)。

在宜曾晤及该处徐海关监督燕谋,据谈宜昌所产柑橘,不亚于在华销售之美橘,当地市价,在新橘登场时每元可购百枚。如于保藏运输上稍事改良,同时改良技术,大批种植,运销全国各地,则不但有补于鄂省农村经济,且亦可为国人杜塞巨大之漏卮(按宜昌产橘,外形与美橘极相似,果皮较美橘为薄,水分甚多;瓤作浅黄色,以栽植方面未能讲究,故间有稍带酸味者。如能加以改良,或可驾美橘而上之。现该区王专员铁群正计划改良之办法云)。

下午二时,由徐关监督陪赴省立宜昌乡村师范学校视察。当由该校周校长登云暨农学教员王俊文君等陪往各部巡视一周。

该校创办于民国二十年，每月经费约四千余元。现有教职员连附设小学在内共二十余人，学生二百余名（小学在外）。分设六班（省款五班，县款一班），内有女生二班。农学课程，侧重农业生产；课程项目，有作物、园艺、畜牧、森林、农产加工暨蚕桑等种。

农场面积，共一百七十余亩，并有畜舍一座，饲养杂种猪。以宜昌宜于经营果树，故该校亦辟有果园，种植柑橘、花红、梨及李等种。在农产加工制造方面，亦试行制造罐头食品、酱油及酒等，成绩尚佳。

此外，该校尚附设棉织厂两所，供学生练习纺织毛巾、袜子及棉毯之用。同时尚招收学徒予以训练。

于前坪地方附设小学校一处。现有学生一百六十余人，分为三班。前坪附近，果园甚多，如李、梨、桃、橘、柿等均有多量出产。由此西行，出产更多。

晚间晤及王专员轶群，对改进宜昌果树经营事商谈甚详。据谈，宜昌附近民产之柑橘、花红、李、梨等果品，质量均优，前途殊多发展可能。专员公署已定于最近期内聘请专人，负责主持其事。先拟举行普遍调查，明了现状，然后再请求各学术机关予以辅助云。

五月十七日——上午六时离宜昌转回武昌，离宜前曾往宜昌县立苗圃，由该苗圃主任陈保林君陪同巡视一周。该处隶属于宜昌县，在二十四年时仅有面积四亩，当年扩充为四十亩；二十五年并入东山公园，增加面积二十亩，至本年度又扩充二十亩，现共有八十亩。所育成苗木共有五十万株。以洋槐、油桐、青桐、苦楝等为大宗。已成林者约三十万株。

该场经费每月一百五十元。现有工人八名，分别照料造林区域暨苗圃内工作。

今日系由宜昌直驶汉口，故全程仅约七百一十里。于十一时抵沙洋，即在该处午餐。十二时许继续东行，以路基欠稳，颇感震动之苦。下午四时许，所乘汽车在距汉口约七十五里处，忽然损坏，以不及修理，乃附搭襄阳中学参加鄂省运动会之专车，于六时抵汉口，当即渡江赴武昌省府招待所休息。

五月十八日——因连日奔走，稍感疲劳，遂在寓处休息并整理在鄂所得资料，当晚乘八时半车往长沙。

（原载于《农林新报》1937年6月21日第14年第18期）

皖鄂湘赣四省农业教育视察旅行记(续)*

三、湖南省

五月十九日——晨六时许醒来时,车将抵汨罗站,沿途丘陵起伏,溪流交错,于晨光曦微中,一片山青水秀,颇予人以愉快之印象,铁道两侧,几全系稻田,业均插秧完竣,地块之分布,悉依地势之高下,极错综之致。

九时许,车抵长沙东站,下榻于南城青年会,略事休息,即赴教育厅拜访朱厅长经农,适朱外出未遇,由该厅第二科夏科长开权接见,当搜集若干有关湘省农教资料后,即辞归寓处,旋朱厅长来访,商谈在湘视察日程。

下午二时,由夏科长暨私立群治农商专科学校农科主任陈嘉君等陪往该校东城南元宫本部及泉塘农场视察,该校系于去岁七月筹备成立,计分农商两科,现有教职员二十余位,学生五十余名,每年经常费约三万元。该校南元宫本部,筑有两层大楼一座,分作教室、试验室、办公室及教职员学生住宿之用,全校校址计占地四十余亩,建筑费约为四五万元,现任校长系湘省府主席何芸樵氏。

该校农科原拟分农艺、森林两组,以去岁仅招收学生十五名,故第一年暂不分组,统授以基本学科,现有农学教员六七位,内中专任教员三人,学生修业期限,规定三年。

农科于最近以四万元之代价,购入某私人经营之农场一处,位于泉塘,湘赣公路之侧,距城厢约二十余里,农场内部,计有山地一百余亩,多系种植杉木、圆柏、马尾松及竹等,并于其中辟有果园十余亩,另有水田一百余亩,遍植

---

* 文章署名为邹树文、章之汶。

稻作。此外，尚有平房多间，农场四周，环境尚佳，前人布置，亦已粗具规模，该校计划于二十六年度开始，即将农科移至此处。

该校系专科学校，故农场面积似尚有扩充之必要。盖如是乃可对教员之研究工作予以便利，而学生亦得普遍实习之机会，同时，该校系一私立学校，农田面积愈多则收入亦多，当可补助开支之不足，惟扩充之农田，以在学校附近为相宜，因在管理及运用方面，均可较为便利也。

四时许，转往省立女子职业学校蚕丝科养蚕场，由该校张君陪同巡视一周，据称，该校共分蚕丝、纺织两科，蚕丝科现有教员十数位，学生一百余人，桑园面积计约十亩，可收桑叶四十余担，本年度饲育蚁量一两许，拟制种百余张云。

五月二十日——上午八时，由朱教育厅长暨私立修业高级农业职业学校王副校长希烈，陪往修业农职视察，该校位于南门外新开铺，原系普通中学，创始于光绪二十九年，后于民国七年筹改为农业职业学校，遂于民国九年冬季购置今址，添设农业部。

该校当年经费，年约近三万元，其中由省款补助者约一万余元，上年度并由中英庚款董事会暨教育部各拨补助费一万元，作扩充设备之用。全校教职员二十余位，学生一百三十一名，分作农艺与农村合作二科（下年度拟增办园艺科），此外，尚设有农艺师资科，因与乡村师范教学工作有重复之处，已停招新生。

现有农场面积，计共四百余亩，内中水田一百三十余亩，余均系山地，研究方面，侧重稻作及棉作，曾于十六年设置棉稻试验场。自二十一年后，为求学生实习便利，乃将果树、花卉、苗圃及畜产等逐渐扩充。在稻作方面，育有良种“小南粘”，据称颇适于湘省风土气候，并具有耐肥力及抗病性较强之特性，现已开始推广。此外，尚与中央大学农学院暨中央农业实验所合作，推广中大帽子头稻种，举行区域试验及肥料试验。

该校以场地狭小，不敷学生充分实习，为欲训练其独立经营农场之能力与合作之精神计，遂奖励学生创办合作农场，校内教职员，亦入股参加，以助其成，现此项合作农场，业已成立三处，各有农田数十亩。

设备方面，以上年度曾获得中英庚款董事会暨教育部之补助费各一万元，现正从事扩充，对于苗木种子、图书、仪器以及新式农具等，均购置不少。

该校于民国二十年秋季，组织农村服务社，从事社会教育工作，全校教职员与学生,均一律参加,在校学生则参加长沙南郊乡村改进会各项工作,以资实地练习。毕业生之服务农村者,亦与学校保持密切关系,使有互相研讨之机会。校内尚办第二小学一所,招收学校附近之农家子弟,由师资班学生轮流教授,使有实习机会,毕业生出路尚佳,校方对于各生就业状况,均有记录。南郊乡村改进会之工作区域,南北十八里,东西十六里,系该校商同农民教育馆发起,经费分筹,全年约三千余元。此外尚有湖南卫生教育实验处、长沙卫生院、湖南建设厅合作贷款所等机关参加合作,其内部组织分文化、卫生、经济及总务等四组。文化方面,有完全小学、义务小学、民众夜校、妇女职业等学校教育及各类社会教育,以期扫除全区文盲;卫生方面,除于第二小学设立诊疗所外,区内各小学均有卫生设备,每月就诊者约千余人,此外并组织卫生队,从事环境卫生工作;经济方面,为推广优良稻种,从事造林及保林,大都以合作方式推进之,现成立信用合作社六十余社,放款一万余元,生产合作社则有养鱼、缝纫、毛巾三社及一消费合作社;总务方面,举行户籍调查、训练壮丁、调解纠纷等,最近并成立一实验保,试验政教合一办法。

中午,由修业高级农业职业学校转往左家垅省立高级农业职业学校,沿途以须渡湘水及登山,故曾三异交通工具,于下午一时左右始抵该校,当由罗校长敦厚导往各部巡视一周。

该校创办于前清光绪年间,原为湖南农业学堂。民初改为省立第一甲种农业学校(其时尚有省立第二甲种农业学校,设于燕江),并将省立蚕桑学校并入该校,于民国十七年始改今名,校址原在长沙城内,本年初方迁至今址。现共设农艺、森林及蚕桑三科,教职员共四五十人,学生一百二十名,常年经费五万元,新建三层大楼一座,建筑费约六万元。

农场面积共有千余亩,内中五百余亩为稻田,余悉为山地,刻拟大量种植油桐及茶油。

蚕科出路比较困难,故现仅有学生五人,桑园面积五十亩,已成林者约三十余亩,本年度拟制种二百张,以一百张留作自用,余数则售与附近农家,惟湘省蚕桑事业素不发达,现谋以教育力量倡导,殊感困难。

四时许,折往该校附近之清华大学筹备处,该处刻正在建筑房屋中,闻预定建大楼三座,中为理工研究所,两侧为文化研究所与宿舍。

五月二十一日——上午往省立第一农事试验场,途中经过省立农民教育馆,乃入内参观,当由该馆周教导主任方领导巡视一周。该馆全年经费计三〇〇三〇元，现有职员四十余位，共计教导、总务、设计及卫生四科，设有民校八所，内中二所系特约民校，各校均分女职（侧重缝纫）、儿童、青年及成人四班，受教者，八校共一三六三人，其事业范围，最远者达于武岗，距省城约五百余里，此外，尚办理小本贷款及医药卫生事项，颇有成效。

十一时，由农民教育馆转往省立第一农事试验场，由该场种艺科技士谢国藩君陪往各部参观一周，该场系于民国十六年开始筹备，十九年正式成立，但不及一月即遭……迨二十年方开始工作。该场经常费每月四千余元，总分场共有职员三十一人，场内分设种艺、园艺、化验（下年度始添设）三科及一病虫害系，研究工作侧重稻作方面，现有稻作品系四百余种，已作高级者有二十余种。

农场面积计有四百余亩，内中可用作稻田者约一百四十余亩。此外常德分场面积一千余亩，湘潭方面有特约农田一千余亩，亦均以改良水稻为主。

下午往访建设厅技正刘宝书君。据谈，湘省农林机关，属于建设厅者，计有：（一）湖南省农林委员会，该会由建设厅长兼委员长，而以各科科长、技正、秘书暨各场局主管人员兼任委员，会址设于长沙，每月举行会议一次，决定各场局之施业计划，会内设事务（包括总务会计）、技术（包括农艺森林）两部，各场局事务方面工作，如账目报销等，统由该会事务部办理，据称设立此项委员会之动机，在于统一事权，并使各项农林设施得互相联系，以收兼筹并顾之效，（二）第一农事试验场（见前），（三）第二农事试验场，场内分技术、推广两股及气象组分辖长沙、常德、澧县、华容、衡阳五场，暨长沙、常德、衡阳、邵阳、彬县、南岳六个测候所，长沙、衡阳两场以改良水稻为主，澧县、常德、华容等场则以改良棉作为主，（四）第三农事试验场，场址设于安化，以改良茶业为主，另设分场于长沙高桥，（五）林务局，全省现有三局，第一林务局设于长沙，第二林务局原设南岳现移至衡阳，第三林务局设常德易山。属于省政府者，有南岳垦殖委员会，设于南岳市，原系第二林务局旧址。属于中央与省合作者，计有：（一）湘米改进委员会，于去岁三月间成立，以建设厅长兼任委员长，过去经常费共二八一一〇元（廿五年三月至二十六年二月），内中由全国稻麦改进所担任一四〇〇〇元，余由省款拨充，自二十六年三月到二十七年二月之预算额为四二〇〇〇元，计稻麦改进所负担一八〇〇〇元，省款二四〇〇〇元，该会设立之动机，在统筹湘省稻米产销之改进，现时工作项目，计有：（甲）举行纯系地方试验：去岁于衡阳、湘潭、湘乡、邵阳、攸县、岳阳、宁乡等七县,以各场校育成之优良纯系,举行地方试验,本年复就湖南之自然情势,划为浜湖、湘中、湘南三区,以各场校育成之纯系及各该分区所包括各县选得之全部良种,就各该分区之重要稻作制度,分早、中、晚三类,分别举行品种比较试验,计共常德、澧县、临澧、华容、桃源、沅陵、益阳、湘阴、岳阳(滨湖区)、宁乡、长沙、湘潭、湘乡、邵阳、武岗、攸县、浏阳、醴陵(湖中区)、衡山、衡阳、祁阳、零陵、耒阳、永兴、彬县(湘南区)等二十五县,(乙)检定水稻地方品种:去岁举行者,计有衡阳、湘潭、湘乡、邵阳、岳阳、宁乡、攸县、醴陵等八县,本年除继续去岁之八县外,其余十七县亦同时举行,以冀各县品种之简单化,与米质之标准化,(丙)推广:以中央大学农学院之帽子头为推广材料,去岁计在衡阳推广约四千亩,本年在衡阳推广约三万亩,并在岳阳、衡山二县举行示范,每县各为一千亩左右,(丁)举行肥料试验及示范,(戊)训练推广技术人员:去岁招考高级农业学校毕业生二十六名,计共训练七日,现已分发各县担任稻米改进工作,本年度尚拟继续举办,(二)湖南棉花搀水搀杂取缔所。此外,属于实业部者,尚有湘米检验所。

三时许赴湘米检验所参观,据该所吴副所长谈:该所筹办动机,以政府鉴于外米输入年达一千数百万担,而以粤省为独多,因亟谋调剂食粮,以杜漏卮,去春,实业部以粤汉路行将筑成,湘南产米素丰,谋以剩余湘米,济粤之不足,爰派员赴湘粤调查两省产销供需情形,调查结果,认为除在运输及限制洋米进口方面应加注意外,对于湘米品质及检验等方面,亦亟待予以调整,同时,湘省建设厅亦屡请设立检验所,于是乃决计筹设,而于去岁十一月间正式成立。

该所内部组织共设两股两室,计总务股(掌理文书庶务会计及填发证书等事项)、检验股(常理检验分级事项)、扦样室(掌理扦样盖印事项)、稽查室(常理稽查编码等事项),并为办事便利计,各股室均设有主任一人,以总其成。

该所成立之初,米商不明了情形,颇多疑虑,现经主管人员多方解释,已渐能就范。

至于检验范围,以此项事业尚系初创,故暂限销粤湘米,先由米商报验,经该所派员至堆栈扦样携回,按所定标准,应用科学方法逐步检验(其检验标准,根据中央大学农学院研究之结果,予以变通,大体注意水分之含量,不得超过百分之十五,无大于米粒之砂石,每升稗子粒数不得在百粒以上,碎米百分率不得超过三十五,不得搀杂石粉石膏及其他类似杂质等项),凡经检验合格者，分别等级，予以证明书，方能运粤销售，检验费用，概不收取，自报验至发给证明书之时期，最多者仅隔三四日，现经该所检验之稻米约共六十万担，合格者仅为百分之七十二。

又该所以事属创举，仓促应命，致事前未能充分准备，现时大部工作人员与检验仪器，均系向全国稻麦改进所及中央大学农学院调借云。

五月二十二日——上午八时许，乘汽车循公路往衡山衡阳两县，湘省公路以所产砂石为良好之铺路材料，故有模范公路之称，车行其上，极为平稳，洵属名实相符，两侧之行道树，大部为油桐，间杂以柳树，沿途山丘甚多，自长沙至衡山一带，以栽种松柏为多。车行约一百二十余公里抵南岳，当即往垦殖委员会参观，由该会张亦颠君接见，据谈：该会系于本年一月间成立，组织方面，以省府主席兼委员，而以民、财、教、建四厅厅长暨国立中山大学农学院长邓植仪、农艺系主任张农等为委员，会内分设总务、设计、技术三股，技术股共有职员六人，垦殖范围，为衡厢至上封寺三十里以内，包括官荒民荒，垦殖期间共为五年，大部工作在经营园林，现已造林六十余万株，计共一万亩。

该会经费，规定每年五万元，现有苗圃五十余亩，并计划设立园林模范区，面积约为四百七十余亩，另据该会技士某君谈：南岳全面积约三十万亩，现拟于五年内垦殖五万亩，惟此间造林易遭风雪之害，刻正在设法防御中云。

一时许，由垦殖委员会转往私立岳云高级农业职业学校，由该校教务主任梁君大农事主任杨镇衡二君陪往各部巡视，该校系私人创办，原系普通中学，其本部设于长沙，已有三十年历史，嗣以鉴于农业改进之急需，乃于二十五年秋季觅定衡山南岳添办高级农业职业学校。

该校原系南岳紫云书院旧址，近方新建校舍，现有高农学生一班，计十七人，农学教员三位，全年经费一三四五六元（南岳之初小部亦在其内），该校创办伊始，经费甚感困难。

该校感于一般高农学生毕业后，多服务于县农场，或其他规模较小之农事机关，事实上需要多方面之知识，始能应付环境。故课程暂采混合制（包含农艺、园艺、森林各科课程），不另分科，每周授课时数，除一年一期为二十六小时外，余均系二十四小时，实习时数，每周均为十八小时，一年一期学生，并须于暑期中实习六星期，分赴各乡调查暨采集标本，实习经费，则由学校担负其半数。

该校农场面积，共有九千六百八十二亩，内中稻田二十一亩，棉田十五亩,园地十五亩,森林九千五百亩,牧场一百二十亩,苗圃十一亩,牲畜方面,计有猪四十六头,鸡一百只,牛二头,瑞士山羊八头,鱼一万五千尾。

至于推广工作,则以农科开办不久,尚未进行。

二时许,由南岳折回衡山,拜访衡山实验县彭县长一湖,据谈:该县系二等县,全县人口约计五十万,物产以稻、棉、油桐、茶油等为大宗,县政府行政费每年三万余元,建设事业费每年五万元,于二十五年夏奉令划为实验县,规定以四年为期,四年间施政之指导原则及根本方针,由实验县县政委员会通过,再转呈省政府核准施行,刻县政府内共设四科两室,四科分掌民、财、建、教,二室为秘书室与督导室。

其指导原则,为一切设施务求适合本县人民实际需要,并以最少劳费,举最大效果,一切制度政令之内容务求简单,俾人民易于了解奉行,各项施政相互间,务使保持有机的联锁,以免发生矛盾、扞格、重复、偏畸等病端,而一切事业之举办,务求不超过地方人力财力所能负担之限度。

该县之施政方针,计关于改善县政机构者,有造成强有力之县政府及树立健全之自治制度等项;关于民政者,为改进自治,整理警卫,组织及训练民众,完成卫生行政,整理救济事业,厉行禁烟,举办户籍行政等项;关于财政者,有统一收支,厉行预算制度,划分财务行政与财务监督权限,清追积欠等项;关于经济建设者,有准备经济建设条件,增进经济组织,改进生产技术等项;关于教育文化者,为教育行政制度之改善,教育经费之合理的支配,学龄儿童就学困难之解决,成年文盲之扫除,师资之培养,教育内容之充实及建教合一之实现等项云。谈话至此,彭县长以公务待理,乃介绍陈科长治民陪同往河东该县农事试验场暨北关外省立衡山乡村师范学校等处视察,据陈科长谈:衡山全县建筑经费约二万余元,用于农林事业者为一万余元,农事实验场系于二十五年成立,所有全县农业改良事宜,即由该场主持一切,一面研究土产土法,以便应用科学方法,逐渐予以改良,一面介绍新种新法,先作区域试验,俟有成效,再行大量繁殖与普遍推广。

该场开办费计为四千五百元,内中用作建筑场址者三千余元,房屋设计尚称合理,全年经常费二千元,场内共设技术改良(又分农艺、园艺、森林、畜产、病虫害等股)、推广(分教材编辑、生计训练、巡回训练三股)、设计、事务四部,场长即由第三科科长自兼,另有技术员四人,练习生若干名。该场农场面积共一百数十余亩,内中稻田七十亩,果园三十余亩,苗圃四十余亩,稻田即在场址之前，地块尚属整齐。关于推广方面，该场鉴于农业推广之目的，在将农业改良之结果，普遍推广于农民，在实行步骤上，应以养成推广人才为先务，故本年度即侧重工作人员之训练。该场对于此项推广员之训练，曾于上年度招收初农毕业生六名，使其在场实习一年，俾在实际活动中获得关于改良农业及指导合作之知能与技术，担任农业推广及合作指导工作，同时由各乡镇招收粗通文字之自耕农二十五名，作第一期表证农民训练，毕业后即可充任表证农家，在农场指导之下，负担各项表证工作，现并拟继续开办。此外，尚拟将全县划分为若干巡回区，每区择定一集中训练地点，所有附近各保，均须选出三人至五人为推广农家，予以短期训练。关于林业方面，刻正调查全县荒山，实施分期强制造林办法，同时并设立模范林场，已成立者有桐茶模范林场（面积三百五十亩）及松杉模范林场（一百七十亩）。此外，尚拟督促各乡镇保甲，应用征工服役办法，经营公有林，即以其收益，作为各项自治事业之费用。六时，由县农场转往北关省立衡山乡村师范学校，当由该校汪校长德亮陪同巡视一周，该校创办于去秋，每年经费二万三千元，现有教职员二十余位，学生一百名（籍贯包含四十八县），分作两组。该校课程方面，有特殊之编制，其六个学期之分配情形，有如下述：（一）第一学年上期，以社会调查为中心，在校上课三个月后，即分发各乡从事调查工作，因各生虽来自乡村，但对乡村真实情形，殊少深刻认识，故宜使其接近乡村、认识乡村、了解乡村，（二）第一学年下期，以军事教育为中心，现时正在集中训练中，（三）第二学年上期，以民众教育为中心，予以实际训练，（四）第二学年下期，以小学教育为中心，开始授以有关农学之课程，（五）第三学年上期，以农事教育为中心，授以各项农事知能与技术，（六）第三学年下期，以自治教育为中心，养成推进自治工作之人才，其训练终极目标，完全在养成乡教师资暨推进乡村建设工作之下级干部。晚间，宿于衡山饭店。

五月二十三日——上午八时许，乘车赴衡阳，沿途山丘，多遍植茶树，森林状况较长沙至衡山一段为优，以适值阴雨，车行较缓，约于十时许始抵衡阳，当即换乘小划赴东州私立船山高级农业职业学校视察，舟行约四十分钟方抵该校，当由李增绶君陪往各部巡视一周，据谈：该校系前清名将彭玉麟捐资兴建，纪念先儒王船山先生者，嗣于民十改为船山国学院，民十二改称船山大学，民十六复改称船山中学，自民十九起即增加农学课程，二十四年开始筹设高级农业职业学校，二十五年三月乃告正式成立。

该校校址四周颇幽静,为一适宜读书之环境,全校现有教职员四十余位,学生五百四十人,内中初中部四百七十七人,分作十二班,高级农职六十三人,分作农艺(二十三人)、园艺(十九人)、森林(二十一人)三科。教学方面,侧重生产劳动之训练,低年级学生注重耕耘担锄,每周田间实习三次,每次各二小时,中年级学生注重农林技术之训练及分组管理指定之作物若干种,担任播种以至收获期间之全部工作,并须逐日记录工作日记,以凭查核,高年级学生进行各项试验及育种工作,并试行农场管理,以养成独立经营之能力。

该校原有学田一千五百六十余亩,山地若干亩,均因散处各乡,以人力财力之限制,现尚租与他人耕种,未能即辟作自用农场,最近于东洲洲头购买荒地七十余亩,已由学生垦殖五分之三,作为园艺场。此外金家岭农林场有水田五十余亩,山林百余亩作示范农场之用,南岳严渡水田六十余亩,婆婆塘、夏湾、钱家町等处水田二百余亩,均辟为合作及经济农场之用。

该校学田收入,年有六千五百余元,至于东州园艺场,则全由学生分区自耕,所种之蔬菜除供自食外,兼出售市场,每年可获三百元左右,而开支仅为少量之种子及肥料,甚为经济。此外,稻作方面,上年曾繁殖中大帽子头稻种二百余担,以供推广实验区及附近农家之用。

最近,该校当局复拟有扩充设备之计划,拟以六万余元供扩充农场面积,购置仪器标本,添建校舍及增加畜牧兽医设备之用,关于推广方面,亦拟增加经费扩充管教养卫各方面之设施云。

下午一时,由衡阳转往南岳午餐,旋即乘原车返长沙,于五时抵达寓处,略事休息后,即乘六时十五分粤汉车赴岳州。

五月二十四日——晨一时许抵达岳阳,下榻水安商号,八时许,乘小轮赴黄沙湾私立湖滨高级农业职业学校,舟行约半小时即达,当由余校长桂甫等陪往各部巡视一周。

据余校长谈:该校原称湖滨大学,于民国前十年由美国教会人士所创办,迨至民国十六年,以时局不靖曾一度停办,嗣于十七年重组校董会,将大学部与华中大学合并,而以大学原地开办高初中二部,复于二十一年秋添办高级农科及农艺师资科,至二十三年,高中普通科奉令停办,并更校名为湖南私立湖滨高级农业职业学校。

该校现分农科及农艺师资两科,农科下原拟分农艺、园艺、畜牧及农村社会四组,农艺师资科下亦拟分社会教育、实验小学、教学研究及农艺师资四组，现均未实现。全校现有农学教员六位，学生四十三人，分作三班，内中农科二十五人，农艺师资科十八人，此外尚有初中普通科学生三班，计六十四人，全年经费不足二万元，内中由教育厅补助二千余元，教会津贴九千余元，余则以学费充之。

农科学生每周上课与实习时数，各为二十小时，暑假期间，亦均在校实习，农艺师资科，第一学年每周上课二十四小时，实习十六小时，第二学年每周上课二十五小时，实习十四小时，第三学年上期每周上课十九小时，下期二十小时，实习时数，各为十五小时。

该校农场面积，共有一百余亩，分作稻田、园艺区及苗圃之用。此外尚饲有肉用猪多头。该校原系大学旧址，故校舍及科学仪器等设备，均属相当完善，所有学生均住宿校内，已毕业之学生，计有农科及农艺师资科各三班，出路尚佳。该校距离城市甚远，环境甚佳，惟交通略感不便，同时以田中多住血虫，农人易遭其害，多相率他往，故比较地广人稀。

五月二十五日——晨三时半，离岳州返长沙，于九时许抵达寓所，适私立开物初级农业职业学校创办人彭海鲲先生来访，据谈：该校创始于民国元年，设于距长沙一百二十里之清泰山，原系乙种农业学校，以该处地瘠民贫，人民接受教育机会极少，故同时附设小学，以作升入乙种农业学校之准备，旋于民国十六年奉令改为初级农业职业学校，同时加办高级小学，并于高级小学课程中添授农业概要。

该校原尚兼办蚕科，招收女生，旋于十七年奉令停办。刻共有初级农科学生六班，共二百余人，农学教员六位，全年经费约万余元，内中由教育厅补助七千二百元，不足之数，则以农田收入拨充，暨由校董会设法筹募。

该校农场面积，计有稻田一百数十亩，蔬菜、果树、花卉等共约二十余亩，林地七百亩（大量种植杉木、油桐、茶油等），每年收入约四五百元，此外，尚饲有肉用猪多头，每年可收入一千余元，另有水塘四口，试行养鱼。

每生每学期收学费三元，其中有三分之二，以实系贫寒，准予免费入学，至于学生宿膳费用，规定每生每学期缴纳谷米一担六斗及菜蔬茶水费四元五角，此外，别无其他费用。

在校学生年龄，约自十三岁至二十一岁，毕业生之出路，闻以升学者占大多数云。

五月廿六日——以连日疲劳，上午在寓处略事休息，并整理视察所得之材料。

下午二时,往教育厅访朱厅长,据谈:湘省年全教育经费约三百余万元,最近三年用于农业职业教育者计二十三年度八三三七四元(占全省教育经费百分之二点九四),二十四年度六三三六四元(占全省教育经费百分之二点一一),二十五年度六〇六二四元(占全省教育经费百分之一点八八)。此外省立高级农业职业学校于近三年来,先后共拨迁建经费约二一〇〇〇〇元,又省立长沙女子职业学校蚕丝科,年约共支一六〇〇〇元,均未列入上述之内。

全省省立农业职业学校,仅有长沙高级农业职业学校一处,私立者,高级有湖滨、修业、船山、岳云等四校,初级有开物及青峰两校,省立乡村师范学校计有衡山、芷江(全年经费一三〇〇〇元,现有学生八十九人)两校,另有县立简易乡村师范三十九校(内有女子简易乡村师范六校)。

最后与朱教育厅长商讨此次视察所得,约于五时许始辞归寓处,晚间整理行装,拟于明早循湘赣路向南昌出发。

(原载于《农林新报》1937年7月21日第14年第21期)

皖鄂湘赣四省农业教育视察旅行记(续)*

四、江西省

五月二十七日——上午七时许离长沙,循湘赣公路向南昌出发,沿途丘陵起伏,于烟云雨雾中,另呈一番景色,公路两侧之行道树,以油桐居多,预计三五年后,养路费当有着落,自长沙至浏阳一段,附近农人经营稻田极为尽力,并见有于田埂上播种豆类者,足见已充分利用地力。

十时左右,车抵浏阳,以连日阴雨,河水陡涨,所乘汽车无法渡过,乃宿于陶陶酒家。

五月二十八日——天气晴昙,水势稍落,以不愿浪费时间,乃请由浏阳站长招雇船夫多人,于水流湍急中,设法将汽车渡过,继续前进,车行约数十里,即入江西境内之萍乡北部,沿途亦多山丘,树木以松及野生灌木居多,惟均尚幼小,故此后施业方面,似应注重保林工作,至公路两侧之行道树,则甚稀少。

沿途稻作以双季稻居多,现大部已至分蘖期,间有若干地段,农人已插植二季秧苗,此间稻作中耕,多不用中耕器而以脚代替之,以习惯上一向如此。又见稻田中撒用石灰者甚多,盖以附近多生有树木之丘陵,经雨水之冲刷,易将腐植质带入田中,同时,见有若干稻田中每将未经腐熟之稻草踏入田中以充肥料,凡此现象,均易使稻田土壤呈酸性反应,撒用石灰盖所以中和其酸性成分也。自宜春北部以至万载北部附近,见有若干生长欠佳之老熟麦田,均尚未收割,似系人工不足所致,在万载及上高一带,并见于此项麦田中混植豆类作物,再东行,荒地渐多,有地广人稀之象。

---

* 文章署名为邹树文、章之汶。

沿途行人之御用驴马者极少,民间交通工具,似仅有独轮车及抬轿等种,此外,尚见有挑运煤块及石灰之工人多起。

于十一时许抵万载参观涂泉实验乡,该实验乡原系万载县第一区第五联保,于五月前始告成立。据县府第三科科长兼第一区区长黄孟嘉谈,该实验乡共辖四保,共计四百三十余户,一千五百余人,每月经费一百元,由第一区署拨支,其分配情形计薪工占百分之五十四,办公费百分之十,事业费百分之三十六。其初步工作,侧重整理村容,三月来之工作,计修筑宽约六公尺之乡道一公里,开塘作坝共五十余处,在农林业方面,推广江西农业院之"鄱阳早"稻种,计有特约农田四十余亩,播种桐子约数万株,并设乡仓一座,建筑费计八百余元。

又据黄科长谈,万载县政府共设三科,第一二科掌理民财,第三科主管教建,全县教育经费年约三万余元,设有小学四百余所。

下午三时许抵达南昌,下榻花园饭店,晚间,农业院董院长时进来访,对于在赣视察日程略有商讨。

五月二十九日——上午八时赴教育厅拜访程厅长,适程厅长赴浔公干,乃由张秘书桐膺接见,当即决定在赣视察程序,并据张秘书谈,赣省教育经费年约二百三十万元,关于省立农业职业学校,自农业院成立后,即分别裁并交由农业院统筹办理,教育厅则于二十三年度及二十四年度在教育经费内拨给农业院补助费各十五万元(占全省教育经费数百分之七点一三),至二十五年度,则改由省库支给。

现时全省农业职业学校,计有:省农业院附设永修高级农林科职业学校(每年经费一八三八二元,现有学生一〇三人)一所,私立者四校,计为:一、临川辅仁初级园艺科职业学校(全年经费四六六〇元,学生一一六人),二、玉山日醒初级普通农作科职业学校(全年经费一九八〇元,学生六五人),三、东乡开智初级农科职业学校(全年经费五二二〇元,学生七十人),四、萍乡鳌洲初级中学附设农林科(全年经费一一五六〇元,包括初中部,学生一〇六人)。

省立乡村师范学校,计有:一、南昌乡村师范(全年经费四九五五七元,学生二三五人),二、九江乡村师范(全年经费四六八一六元,学生八四人),三、宜春乡村师范(全年经费五八九五九元,学生八九人),四、赣县乡村师范(全年经费三五四七一元,学生一一八人),五、贵溪乡村师范(全年经费三四二七六元,学生四五人),七、宁都乡村师范(全年经费一五三三〇元,学生四五人)，八、吉安乡村师范(全年经费三八八五二元，学生一四六人，该校原系县立，自二十五年度始改为省立)。此外，尚有县立二校，计为芝阳乡村师范(全年经费九二〇〇元，学生一九八人)及信江乡村师范(全年经费一一七二二元，学生一三九人)。

上述省立各乡村师范学校，除宜春乡师外，均设有实验区，从事社会教育活动，并兼理村政，俾使政教合一，各乡师高年级生均派往区内轮流实习。

赣省……于二十二年九月间，奉令举办特种教育，旨在……主持农村建设事业，规定特教经费年为十四万元，比即于二十三年十月成立特种教育区，设于南丰第五区，并于各县设立中山民众学校二百零五所，计共五百四十一班，分布于六十五县(每县平均有三至七校，最多者达十二校)。

此外，复于各区设有中心小学，各联保设有联保中心小学，各保设有保学，推行义务及成人补习学校。

十时，由教育厅科员陶君陪往莲塘农业院，莲塘距城厢约廿余里，有汽车路可通，四周纯为乡村环境，固宜于办理大规模之农事机关也，十时二十分抵该院，当由董院长时进导往各部参观，据谈……见于赣省农业之亟待改进及农村经济之有待于复兴，乃主张设立规模较大之农事机关，负担此项使命。七月间，省府会议遂通过“改进江西农业计划大纲”，筹设农业院，主办全省之农业试验、农业推广及农业教育，并将原有之农林学校及农林试验场，统交由该院管辖。至于农业院之体制，则属别创一格，在行政系统上，直属于省政府，而事业计划之确定、预算之拟制、重要人员之聘任等，则由理事会议决定之、同年十二月，理事会举行第一次全体会议，推荐院长，请省府聘任，于二十三年三月，农业院乃告正式成立，当即接收各农林场校，迁入前省立农艺专科学校及省立南昌农业试验场旧址开始办公，五月理事会议决购筑新院址，于十二月购得坐落莲塘地方、水田及山地共一千余亩，于二十五年春全部工事完成，乃迁入新址办公。

该院组织方面，以理事会为决定施业计划机关，而省政府为最后审核机关，院长以下设农艺(分作物、园艺、昆虫、农业化学、农业经济及农具六组)、畜牧兽医(分畜牧及兽医两组)、森林、推广四部及一总务处(分会计、文书、庶务、出版及图书五股)。此外尚设有附属机关多处，计农场方面除莲塘总场外，尚有永修棉场、修水茶场、南关口稻作试验场、广丰烟叶试验场及与临川县政府合办之临川农业试验场；园艺场方面除于莲塘设有总场外，尚有乐化果树试验场、三湖果树试验场及南丰果树苗圃;林场方面,除莲塘设立森林总场外,复设有庐山林场、湖口林场、景德镇林场、桃岗山林场及合办之庐山森林植物园;苗圃方面,除莲塘中心苗圃外,并于南城、吉安、赣县、万载、贵溪、湖口、景德镇等处,各设有中心苗圃一所;畜牧方面,除莲塘总场外,尚有南关口乳牛场、宜春羊场、桃岗山羊场及三湖蜂场;家畜防疫方面,于七个行政区各设一防疫处,第七行政区各县设有家畜防疫及诊疗所各一所,此外,并于各县设立临时牛疫防治事务所共十一处;关于推广方面,除于第六暨第七行政区设立推广处外,并于各农村服务区设置农业指导员,推广改良种苗;关于农业教育方面,除附设永修高级农林科职业学校外,并计划于二十六年度开办兽医人员养成所,此外,并于院内设立兽疫血清制造所、骨粉制造厂及农具制造场等各一所,现该院之推广部业已撤消,殊为可惜,至于下层推广组织,似尚有待于充实。

该院开办费共三一七一五四元,内中由全国经济委员会补助二十万元,至于最近三年之经费总数,计二十三年度二五四四四四元(无临时费),二十四年度三三四五三四元(内中经常及事业费二五八八八四元,临时费七五六五〇元),二十五年度三九八六〇〇元(内中经常及事业费三五四三一六元,临时费四四二八四元),下年度之预算开可增至六十万元,同时各部经费之分配,以森林部为最多,畜牧兽医部次之,农业部为最少。

全院职员共计二百四十二人,内中留学生十九人,国内大学毕业生四十四人,专科毕业生五十六人,中等农校毕业生五十七人,其他六十六人。

关于该院最近工作进展情形,兹分九项略述如后:

(一)作物:该院作物试验,目前以稻、棉、菜为主,至小麦、大麦、烟草、甘蔗、大豆等试验,亦正在小规模进行,二十五年度用作繁殖稻麦良种之田地,共一百一十亩,计推广稻种六〇一一石(内中鄱阳早稻四二四九石,帽子头中稻八六五石,细粒谷中稻七九石,南昌晚稻五九五石,其他二七四石),小麦种三九二石,脱字棉及白籽棉共八〇石。

(二)园艺:该院以赣省园艺事业向不发达,果树中固有之优良果品,仅南丰蜜橘一种,蔬菜种类亦形缺少,故重良种之试验,俾多得推广材料。关于果树方面,以改良柑橘为主要使命,蔬菜方面,侧重于引种及繁殖,至于花卉,则仅繁殖其种类,以供院内外之需要而已。二十五年度,该院共繁殖果苗一一一〇〇〇株(内中枳壳六〇〇〇〇株,柏子二〇〇〇〇株,梨三〇〇〇〇株,枇杷一〇〇〇株），试验栽培之蔬菜二十八种（内中根菜类四种，茎菜类二种，叶菜类七种，花菜类一种，果菜类十四种），同年推广之数量，计果苗六种共六一一〇株，蔬菜种子二十八种共二十九点一磅，花卉种籽二十三种共一一七磅。

（三）土壤肥料：除举行土壤调查分析及肥料试验外，并设有骨粉制造厂，制造骨粉以供农民需要之磷肥，现制造骨粉共三一五袋，已售出二一四袋，此外并制造堆肥，指导农民仿制。

（四）农具：设有农具制造厂，以研究旧式农具之改良及制造新式农具为目标，厂内设备，尚属相当完善，制造之农具，计有碾米机、打稻机、中耕器、耕犁、喷雾器等多种。

（五）害虫防治：赣省虫害以积谷害虫为最烈，且极普遍，故该院治虫工作亦侧重于防治此项虫害，例如二十四、二十五两年，吉安、永丰等三十七县积谷罹虫害极烈，估计全部损失竟达七百余万元。该院以职责所在，乃呈请省府拨临时费一万元，分别派员积极督治，费时十四阅月，遂告肃清，此役计各县人民直接受治虫训练者二万余人，修建示范熏蒸室八十二所，治受虫害而得保全之谷物一五三五〇〇石，估值四十六万元。此外，对于治蝗、治螟以及柑橘害虫之防治等，均有相当收获，而蔬菜、棉花、甘蔗等害虫，亦正在分别调查为害情形暨研究防治计划中。

（六）畜牧：赣省荒地甚多，可供放牧之用，同时油饼产额亦巨，饲料绝无问题，故畜牧事业颇有发展之希望。该院对于发展赣省畜牧事业之方针，一为输入良种以改良固有之家畜及家禽（如猪及鸡鸭），一为提倡新式畜牧事业，增加农民之收益（如乳牛及羊马）。该院现饲养之种畜及种禽，计有荷兰种乳牛一八头，泰姆渥斯猪、弱克县猪、盘克县猪、酱色猪、本地种猪及杂种猪等共五七头，山羊五〇头，来航鸡、洛岛红鸡、芦花鸡、泰和乌骨鸡及本地鸡等共二五四只，北平鸭四九只，传书鸽一四三只，蜜蜂五〇箱。自成立以来由该院直接推广者，计乳牛七头，纯种及杂种猪九九头，纯种鸡一四八只，种用鸡蛋一一四二个，北平鸭三三二只，种用鸭蛋六二四个，传书鸽二六只。

（七）兽医：该院兽医工作，开始于二十三年夏季，先着手调查兽疫概况，嗣后于十二月间划定临川县农村改进实试区为家畜防疫模范区，从事家畜防疫及治疗，办理以来颇有成效，乃应第七行政督察专员公署之请，于二十四、二十五两年在该区所辖区临川、南城、金谿等十一县，分别设立一家畜防疫所暨诊疗所。此外,其他各行政区亦均于二十五年度内分别设立,经费由地方政府担任。同时,并将吉安、永新等十一县划作牛疫防治中心区,刻该院兽医防治工作范围,已达五十县,合该院及地方政府所担任之经费共五万元,各处技术人员亦增至六十人。至于工作项目,属于平时防疫者,计为:奖励发病报告(发给报告者奖金五七六元),厉行扑杀烧埋病畜(发给津贴二九三五七元,诊治病畜)共一四四五头,此外尚有施行紧急预防注射者一三五头,举行防疫演讲(共四一七次),试办耕牛保险(第一期三八四头,第二期一三〇三头)及办理畜舍清洁比赛(发给优胜者奖金共二四〇〇元)等项;属于临时牛疫防治者,计为:召开保甲长防疫会议(六七次),查禁宰卖疫牛,办理耕牛登记,调查牛疫流行情形,举行防疫演讲(共九次),抽查耕牛(共一六六〇九头),指导畜舍清洁,扑杀重症疫牛及烧埋病牛尸体(共八八头,该院有烧毁病畜尸体设备)及诊治病牛(一二七头)等项。

(八)森林:该院自创立后,除接办赣省原有之各林场外,并于莲塘南城、赣县等处设有六个中心苗圃,本年该院推广之种苗,计马尾松、油桐、油茶、乌桕、枫杨等种籽六二六七升,苗木一八〇九六六五二株,莲塘总场及各地林场共植树八一九三六七株(湖口林场尚不在内)。

(九)农民训练方面:于二十五年度举行农事演讲九二次,办理训练班二五班,举行农业竞赛会及展览会各十余次,此外,并编有供训练农民用之农业教本,三年来共分发四〇五三八本。

下午三时,由农业院转往省立南昌乡村师范学校,当由该校农事教员罗君导往各部巡视一周,该校成立于民国十七年八月,校址亦在莲塘,与农业院相距不及一里,全校现分乡村师范(五年毕业)与简易乡村师范(四年毕业)两部,计有教职员二十六位,学生二百五十余人,每年经费在四万五千元左右。

关于农事教育方面,该校特设有农事部,现有专任及兼任之农事教员各一位,每周农事课程之上课时数,计乡村师范各班各为五小时,简易师范六小时。每周实习时数,均为六小时,课程项目,计为农业大意、作物、园艺、森林、畜牧、农业推广及农业经济等项。

该校农场即在学校附近,现有面积共二百余亩,计为水田七百亩、蔬菜二亩、果园四亩、林地一百四十亩,此外,尚有猪、鸡、牛舍数处,农场收入年约千元,即充作工资及消耗等费用。

关于社会活动方面,该校设有实验区,分教育、农事、卫生三部,从事推广工作，每年经费计为二四〇〇元，此外，复于校内设有诊疗所，辟有病室数间，每日乡民前来就诊者，平均在百人左右，每人仅取号金铜元六枚，并供给普通药品。

该校毕业生出路尚佳，待遇约自二十元至四十元之间。

四时，由南昌乡村师范转往青云站省会近郊农村服务区参观，当由该区助理干事邢心广君陪往。

该区现直属于实业部江西农村服务区管理处，按江西省之农村服务事业，发轫于民国二十二年冬季，初由全国经济委员会主持，自二十三年秋，即由该会拨款三十五万元。次第组织农村服务区十处，分设于临川章舍村、南城尧村、丰城冈上村、新淦聂村、高安藻塘村、永修淳湖王村、南昌青云站、吉安敦厚村、上饶沙溪镇及宁都石上村等处，最近复应浮梁县府之邀请，设第十一服务区于景德镇之里村。

管理处方面，分设技术及事务两股，另设巡回辅导团，本年度之经常事业费共一二五〇〇〇元，内中中央协款一一五〇〇〇元，省款八〇〇〇元（每年递增八千元），其经费分配情形，规定每区每月经常费四〇五元（薪资三二七元，办公费七八元），事业费每月六十元，其余数除管理处经常费外，均作为事业费，而各有关机关之指导人员（如教育、农事、合作、卫生等）薪金均不在内，此项农村服务区已办二年，但自江西省农村改进委员会成立后，对于省内各农村服务机关复拟有三年计划，推行管、教、养、卫各项工作，三年期满后，即交归地方继续办理。

关于辅导工作方面，现有视察员四人，由管理处分别与教育厅、农业院、合作委员会、卫生署等机关会商后聘任，其经费则由管理处与各有关机关分担，此外，尚有巡回指导员四人，分任手工纺织（侧重改良夏布，使合于缝制制服）、社会教育、妇孺教育及家事等指导工作。

各区干事并兼任地方行政区区长，俾使工作推行便利。

至于省会近郊农村服务区方面之工作近况，据邢助理干事谈，该区系于二十四年五月开办，设有干事、助理干事、事务员各一人，处理总务事宜，关于技术方面，则设有农业（由农业院负责）、卫生（由卫生处负责）、教育（由教育厅负责）、合作（由合作委员会负责）等四组，各置指导员、助理员一二人，受干事之督导，分别执行其职务。

该区经常费每月四百〇五元（由实业部拨支），事业费每年一千六百元

(省政府及实业部各任其半数),工作范围包括南昌第二、四、六、七四区,计四百方里,其工作状况,关于卫生者,设有医院及三村分诊所各一所,每日乡民前来就诊者,平均约三四十人,此外,并举行巡回治疗,检查区内学生体格,预防疫疠,矫治缺点,同时尚有助产士为乡妇接生。

关于教育者,设有中心小学一所(每月经费一百五十元,南昌市政会津贴五十元,教育厅补助一百元),现有教员四位,学生一百九十余人,除儿童班外,尚有妇女及成人各一班。此外,并辅导地方保学十七所,举行社会教育活动,已组织成立之团体,有互助读书团二,少年团十六,妇女会二。

关于农业者,自设有农场,面积计十亩五分,另有鱼塘二口,每年事业费四六五元,此外,并利用成人班训练农民,组织青年农艺团,训练乡村青年。

关于合作者,计现指导组织信用社二十八社,社员九百余人,股金总额三千余元,贷出款项约近万元云。

五月三十日——上午八时由教育厅派该厅指导员周峻君陪往吉安乡师等处视察,途经距离南昌约六十里之沥口村第五号桥附近,以地面为河水所淹没,司机不慎,汽车竟陷入道旁沟中,当时情势十分危险,盖非迅速停止汽车前进,则将倾入深约二丈余之深潭,汽车既陷入沟中,其近路之一侧,亦有深约尺许之积水,前进后退均不可能,乃急呼附近小舟,前来援救,始免灭顶之祸。然以适值大雨如注衣履尽湿矣,吾人于登陆后,即招雇附近村民,设法将汽车救出险境,但以机件为水所侵,已不能行驶,同时,岗上等处,公路积水更深,无法前进,乃折回南昌寓处,稍事休息。

五月三十一日——上午拜访建设厅龚厅长、财政厅文厅长,据龚建设厅长谈,厅内现有习农林业之职员四人,计习农业化学者一人(现任第一科科长),习兽医者一人(现任秘书),习农业者一人(现任技正),习林业者一人(现任技士),各县亦有农业技士或苗圃主任。自农业院成立后,农林事业均划归该院办理,现建设厅直辖者尚有中山纪念林区,总区设于距南昌十五里之西山,此项纪念林于民国十九年设立,总区共有职员六人,所辖林地共三千亩,另苗圃一百七十亩,已造林者计二千亩,此外,并于附近设分区三处,已造林三千余亩,每年分发各县之苗木,计七八十万株,闻省党部方面,亦拟于最近增设中山纪念林十二处,建设厅方面,对于全省造林工作,拟于六年完成,闻建设厅根据过去二年成绩,觉颇有完成希望云。又据龚厅长谈,赣省八十三县中,易遭水患者十八县,易遭旱灾者六十县,故水利工作亦属相当重要,刻亦拟有六年计划，预算经费一千万元，并每年征工（义务服役）三千万工，于六年内完成之，现已经过三年，亦有完成之可能云。

下午二时三十五分，乘南浔路火车，赴涂家埠附近之桃岗山江西农业院附设永修高级农林科职业学校，车于三时许抵达新祺周站，再步行八里，于四时许始抵该校，当由该校训育主任洪尚志、教务主任周熙彬等陪往各部巡视一周。

该校系前省立沙河第四农校及庐山林校于二十三年奉令合并而成，校址原设沙河，嗣以该处地势较低，易遭水患，乃于二十三年春呈准教育厅选定涂家埠附近桃岗山为校址，经教育厅拨给临时费一万六千元，购置农田一百三十亩，山地三十四亩，开始建筑校舍，由沙河迁入此间，并更校名为江西省立永修高级农林科职业学校，至四月间归并农业院接管，乃更今名。

该校校长由农业院院长兼任，校内另置校务主任一人，由农业院聘请，秉承院长旨意，综理全校事务。在行政上，该校分农艺、森林、园艺、畜牧四部，各部行政工作均由教员兼任，现每年经费一八三八二元，分高初二级（初级三年，高级二年），全校学生九三人，共分四班（含三年级），教职员十四位，每周上课与实习时数，计第一学年及第二学年上课二十六小时，实习十四小时，第三学年，上课二十三小时，实习十七小时；第四五两学年，上课十九小时，实习二十一小时，又五年级学生于毕业前，并须在农业院实习一月。

该校农场面积共一百七十余亩，共分配情形，计稻作区四十亩，棉作区十亩，杂作区十亩，果树十五亩，蔬菜区十余亩，花卉区十亩，苗圃十八亩，余地则用作建筑校舍、牛舍、羊舍、猪舍、鸡室、兔室及农产制造室之用，此外并代经营教育林四千余亩，最近尚拟扩充农田百余亩，下年度即可实现。

关于推广方面，因附近乡民稀少，同时该校成立不久，故尚少进行，现仅办有农民夜校一所，训练附近农民，计有学生二十余人，教学工作，由校内学生轮流担任，此外并由全体教职员学生组织桃岗新村，办有合作林场二处。

晚间与该校教职员商讨教学问题，即宿于该校。

六月一日——上午五时半，曾应该校之请对学生讲演，旋即赴涂家埠永修棉场，约行十里即达，当由该场主任廖显扬君陪往各部参观，按江西棉业试验工作，起始于十九年成立之省立湖口农业试验场棉作部……迨至二十三年农业院接管后，以该处试验地区过小，无法扩充，同时不适试验条件，乃于涂家埠附近之大王庙地方收买民田一块，计三百二十四亩，于二十四年正式成立。

该场经费,计经常费每月五五〇元,事业费每月三〇〇元,现有职员七人,计主任一人,技士一,技术员二,技术助理一,事务员一,助理员一,供作试验用之棉田二百余亩,试验工作以念四年夏季遭水患,场地试验完全损失,故现尚为五行试验,试验材料大部系自行采集,并有少量系中央棉产改进所供给,据一年来试验之结果,美棉以脱字棉成绩较优,中棉以金陵大学百万棉、湖口白籽棉等为有希望,现此项脱字棉种,已在彭泽等处推广二万余亩,尚能获得棉农信仰,推广办法,多由各地合作社及保甲长介绍,接受改良种之农家,均须受该场之指导,并常时派员赴推广区内视察。

九时,离永修棉场赴涂家埠车站,乘十时开行之南浔车返南昌,于十一时许抵达寓处。

中午十二时三十分,由江西农村服务区管理处巡回指导员魏锦章君陪往高安藻塘第五农村服务区,当由该区干事张仁济君导往各部参观一周,据谈,该区系于民国二十三年成立,每月经常费四〇五元,事业费一六〇〇元,区内共分农业、教育、卫生及合作四组,各组指导人员均系由农业院、教育厅、卫生处及合作委员会分别派遣,自二十五年五月起,该区尚兼理高安县第二区区务,区长即由干事兼任,此在工作进行上方便甚多,惟应付公事,稍觉麻烦。

关于农业组工作,侧重造林及稻麦推广,现自办农场一处,计有农田三十二亩五分,造林方面,辟有苗圃育苗,二年来共计推广油桐种子三十担,苗二十万株,油茶及乌桕共九十余万株,此外并设立纪念林,与附近农民订约,由农民供给林地,服务区供给苗木及技术指导,合作期内之收益,农民平分,现此项纪念林共植油桐二万八千株,大部已结桐子。关于稻作方面,举行地域试验,早稻以“鄱阳早”最佳,中稻以“细粒谷”为优,现已大量繁殖推广,本年度计推广“鄱阳早”四十担,“细粒谷”五担,有特约农家一〇八处,并设立三个纯种区农家,此项特约农家及纯种区农家,均不时前往访问,予以技术指导。在园艺及畜养方面,本年度推广沙田柚五百株,北平鸭种蛋七百余枚,意种来航鸡种蛋一百余个,均尚能获得农民信仰。

关于教育组工作,计现有区中心小学一所,除办理学校教育与社会教育外,兼负全区教育辅导工作,保联中心小学八所,亦兼负各该保联之教育辅导工作,此外尚有保学一〇三所,兼办成人班及妇女班,关于妇女班教学,现拟采小先生制,并于中心地带设立民众教育馆及民众中心茶园,关于妇孺教育方面,除文字教育外,尚设有手工厂,教授妇女缝纫,并于农忙期间办理托儿所，均已有相当成就。

关于卫生组工作，可分作六点：(一) 设有诊疗所，于每日上午办理门诊(假期均不休息)，初诊收铜元十枚，复诊五枚，药金亦仅收铜元十枚至二十枚，每日就诊人数，平均为二十余人。(二) 在附近选择五校办理学校卫生，于校内组织卫生队，设置医药箱，每年举行健康检查一次，矫正学生弱点，存有纪录备查。(三) 在附近五六里以内，试办环境卫生工作，如水井消毒、厕所消毒、疏通沟渠、举行大扫除运动等项。(四)布种牛痘及注射防疫针，本年度预计种一万人，但以时间不及与交通不方便关系，现已种痘者有六六五五人，内中初次种痘者约为三分之一。(五) 设有助产士为乡妇接生，每月平均约十人，甚得农家信仰。(六) 办理卫生员训练班，参加者共有九个保联，此项卫生员毕业后每人发给贮有十种普通药品之医药箱一具，现尚拟训练区内稳婆，正在筹办中。

关于合作组工作，现共组织合作社十九社，社员一〇七五人，收入社股一一四三股，计四九三八元，其性质分信用及利用二种。

下午五时许离第五服务区返南昌，于六时许抵达寓处。

六月二日——上午七时半由教育厅指导员周君陪往距南昌一百八十里之临川县，以正值夏汛，沿途村落田亩遭水淹没者甚多，水利问题，殊值注意。于十时许抵临川县，由县政府邹秘书仁隆陪往私立辅仁初级园艺科职业学校，当由该校黄校长辉导往各部巡视一周。据谈，该校原系普通初级中学，自民国二十二年秋改为园艺科职业学校，全年经费七千余元，内中教育厅补助九六〇元，县政府补助一〇〇〇元，学费收入二四〇〇元，农场收入五〇〇余元，校董会筹一四〇〇元，现全校共有教职员八位，学生一一六人，分作三级六班。

该校农场面积共七十余亩，分在三处，大都系果园及稻田，饲有蜜蜂八十余箱，每年可收蜜五百斤，并办有林场二处，计一百余亩，植桐一万一千余株。

该校已毕业学生共有三班，第一班二十二人，内中实地经营园艺事业者一人，第二班二十二人，经营园艺事业者四人，第三班十五人，经营园艺事业者五人。

下午一时赴鹏溪临川县农村改进实验区参观，由该区主任萧培棻君陪往各部参观一周，该区于二十三年六月开始成立，区址位于县城东南，面积一一六六方里，共有十二保联，一百四十保，设有实验区促进委员会，以行政督察专员兼任委员长,县长兼任副委员长,下设主任及副主任,对区务负设计及推进之责,主任由专员公署派员充任,副主任则由实验区所在地之临川县第二区区长兼任,主任以下,分设教育指导员一人(由区署派员兼充),合作指导员一人(由合作委员会派充),农业指导员数人(由实验农场各技士兼任),卫生指导员一人(由该区诊疗所医师兼任),妇女指导员一人,事务员二人。据萧主任谈,该区每月经费一七九元,用作人员薪资者一五四元,余则为办公费,至于专员公署调派人员与各兼任人员均不支薪,该区初步工作,注重组织民众,计于二月内成立保董会一百四十所,青年服务团一百四十分团,计有团员一一三八二人;妇女会一百四十所,会员一二七一二人。

该区二十四年度以教育为中心工作,全区现有保学一百二十五所,分甲乙两种。甲种每年经费二〇四元(教师每月薪金十四元,办公费三元,伙食则由各生轮流供应),乙种每年一八〇元(教师薪金每月十二元,办公费三元,伙食亦由各生轮流供应)。此外有区中心小学一所,保联中心小学十二所,县立小学一所,区中心小学及保联中心小学均附设民众夜校,男子部以留生,稍有问题,成绩不大,女子部则采用小先生制,每一户至三户分作一组,指定一户为教学区,由小先生前往每日教授四字,每月并举行集中测验,凡成绩优良者,该组之小先生奖以文具用器,学生则颁给奖状。刻全区妇女能识能写字五百以上者,计六百余人,二百字至三百字者,计有二千余人,此外,并将全区划为四分区,每分区设立一妇女家事训练班(现已成立二班),目的在培养妇女领袖人才,训练方式分文字、技术(缝纫为主,园艺、畜养为辅)及社活动三方面进行。

二十五年度以改良农业为中心工作,自办实验农场,面积计四十九亩,地块虽感狭小但尚整齐,现有技术员五人,该区农业改良工作,系与农业院合办,开办费(七百元)及每年经常费(一千八百元)由临川县政府担任,技术人员以及推广材料等则由农业院供给,技术人员之薪金亦由该院担任,全场共分作物、园艺、畜牧、农艺、化学、兽医及病虫等六组,作物组占地二十亩,繁殖"鄱阳早"稻种,业已推广五百余亩,关于麦种,计于去秋推广南宿州小麦及江东门小麦共三十亩,成长均佳,颇得农民信仰。

园艺组方面,以该区所产西瓜在赣省为质量最佳,惟以成熟期晚,不能畅销,乃利用温床育苗,分给各保瓜户种植,结果可提早两星期,甚得瓜户欢迎,最近并拟推广果苗,现已勘定荒地百余亩,试栽桃、梨、枇杷、果树。

农业化学组工作，现举行各种肥料试验，以为施肥标准，本年度并推广农业院自制之骨粉二万斤，颇得相当成效。

畜牧组工作，于二十四年一月开始，以大约克县公猪一头与区内土种猪交配共四十一次，产有第一代杂种猪三百九十五头，其生长速率，较土种猪增加五分之一，现并拟推广纯种猪（中约克夏及盘克），此外，本年度并推广北平鸭七十六头。

兽医组方面，与农业院家畜防疫委员会及家畜治疗所合作，担任家畜疫病防治，并于二十四年秋季，划定第四保联内各村为范围，办理耕牛保险，规定保险费为百分之五，赔偿费为百分之七十，投保耕牛共三百四十八头，估价总数为六千五百四十元，至二十五年秋季止，投保之牛死去二头，比即照竟赔偿，以此深得农人信仰，本年开始续办第三及第五保联，现已登记完竣，此项保险社之盈利，仍归投保农民，故多乐于加入。

此外在森林方面，有区林场（五十亩）及区苗圃（十五亩）各一所，保联林场十二所（共三四〇亩），苗圃九所（共六〇亩），保林场一百所，面积共一千另四十六亩，造林办法，由区、保联及保，分别负责栽植之。

合作事业方面，计正式成立信用合作社二十一社、利用合作社三社，信用社除放款外，兼办仓储抵押，利用社分别办理抽水灌田、西瓜运销等业务。

此外，该区尚设立公园及运动场多所，并建筑民众会堂一座，可容千人，农忙期内办理托儿所。区内街道整齐清洁，各村均筑有干路，可通自行车，区民甚有礼貌，足见曾经严密之训练。

四时许，离该区返南昌，于六时许抵达寓处。

六月三日——上午在寓处整理在赣所得资料，于下午二时半乘南浔车赴九江，于七时许抵达，下榻花园饭店。

六月四日——上午八时往甘棠湖省立九江乡村师范学校，当由该校缪校长正暨农事教员徐量如君陪往十里铺该校农场暨实验区等处参观一周，该校之前身原系省立第四中学，创办迄今，业已三十年，在此三十年中，校名迭更，直至民国廿二年秋添办乡村师范部后，治更今名，全校现有学生二百八十余名，内中乡村师范部六班，计九十人，初中普通科七班，计一百八十余人，农事教学方面，计有专任教员兼农场主任一，助理员二，全年经费共四八〇〇〇元（包括初中部）。

关于学生农事实习方面，该校另有一种制度，即第一学年与第三学年学生,均在校内农场实习,每周各为二小时,第二学年学生则分作两组,轮流在该校十里铺农场暨实验区各实习一学期,至于本年内应习课程,则于一学期内授毕(农事课程即于实习时补授),使学生对于各项农事工作,暨乡村服务工作,均能有深刻之体验。

该校农场场址,原系租用江北小池口地方民田三十四亩,自二十三年九月后,复于距校约八里左右之十里铺地方选购民田四十七亩,连合甘棠湖学校附近之田地五十六亩,共计有一百零三亩(江北小池口之民田业已退租),同时,开始建筑办公室、仓库、温室、畜舍等多间。

农场内部,现分作物、畜牧、兽医、园艺及森林等五组,工作目标在供给学生实习材料暨从事良种繁殖,以作推广之用,该场经费无独立预算,每月工资消耗等费用,仅规定为五十元,以此少量费用办理如是之农场,主持者自有煞费经营之感。

此外该校复于二十三年九月设立实验区以推行管、教、养、卫各项工作,现并于潭家畈、东城畈及邹家河等处,增设分区各一所,实验区经费每年共一八〇〇元,内中薪工占百分之七十,事业及办公费占百分之三十,至于分区设备,则由地方自给,并每月筹款五元,为分区活动之用。

实验区组织方面,计设主任一人常驻总办事处,下设保健所一、分区三,保健所设主任及护士各一,分区设主任一,管、教、养、卫各科,各设干事一人,最近正计划兼理区政,俾使政教合一,以利工作之推行。

十一时许离该校,即登长兴轮返京。

(原载于《农林新报》1937年8月17日第14年第22—23期)

彭县视察记

一、视察缘起

彭县东邻广什，西接崇灌，北连汶茂，南达新郫，面积计一十六万九千二百一十七方公里，共七万二千五百一十三户，三十六万九十零八十二人，土壤膏腴，物产殷富，城市街道整洁，商旅辐辏，素有小成都之称，实为川中之大邑。自中央颁布新县制以还，四川因为民族复兴根据地，自应普遍推行，蔚为模楷。惟四川省政府期计策万全，有利无弊，乃决先就成渝两政治中心区，选择四县，成立新县制示范县，分别由内政部与省政府就近负责辅导，俾对各项方案之推行，研求最合理之方法，以为他县实施新政之准绳，彭县以具备卓越之条件，遂膺成都区新县制示范县之选。省府复以辅导工作之重要，乃有四川省实施县各级组织纲要辅导委员会之组织，并由辅导委员会推荐皮达吾君为彭县示范县首任县长，经于三十年十月到职视事。彭县示范县因告成立。之汶不敏，猥蒙省府邀约，参加辅导工作，思就积年从事农林事业之经验，对于该县农林建设计划与实施，有所努力，爰于本年三月初前往彭县作实地考察，期与该县建设工作人员共同检讨过去，策划将来。勾留彭县时间，除参观各项农林建设事业外，计召集建设讨论会及举行公开演讲共两次，对于该县今后一年之建设曾拟具初步计划，今将视察所得，略述如后：俾关心新县制者能晓然于五个月来彭县示范县进展之状况，或不无若干之意义欤。

二、由蓉赴彭

晓色濛泷中，驱车出蓉西城，未几丽日悬空，和风轻拂，菜花初黄，麦芽新绿，交织田野，有如画图，三时过崇宁城，渡长桥不数里，即睹巍峨碉堡，署彭县西界，知已入彭县境。隔公路与碉堡相对，为一乡中心小学校，校舍内部修建虽尚未完工，然外观颇庄严整饬，邻碉堡有学校园，约六七亩，分区栽植小麦果木蔬菜，井然有序，殊于人以极愉快之印象。

自西界抵彭县，公路所经，两旁悉植行道树，疏密颇适宜，惟间有损折，殊为可惜。沿途多见杉木，挺立河干，为华西盆地所不易见。居民藉牛力取井水灌田，牛井茅舍，点缀田野间，殊疏落有致，颇具华北农村风味，惟河流所经，河床类多污塞，似无一定水道，春水陡发，必致洪水横流，冲压禾作，若能加以修濬，建筑河堤，可耕之地，必能增加不少，殊属有关彭县民生之一大问题也，傍晚六时安抵彭城。

三、彭县教育状况

推进国民教育，为新县制之中心工作，彭县计有三十一乡镇，五六一保，现已设乡镇中心学校三十三所，保国民学校一九六所，余在积极推进中。本年最有效工作，即在发动各地人民捐款筹集学校经费，现已募集二十五万余元，为改建各地校舍之用。县府特向有关方面，借聘土木工程师一人，为各校设计打样，现正奔走各乡镇学校间。

乡村小学农事教学，极形重要，过去因农事师资缺乏，故多因循敷衍，刻彭县各乡村中心学校，因得县农业推广所之合作与协助，决于各乡中心小学所在地，开辟学校园，由推广所派员驻校，担任学生农事劳作课程及指导学生从事学校园之经营，推广所则藉用学校园以为推广示范之用。现彭县已成立致和、丽春、隆丰、棚口、檬阳、通济等乡中心学校园十所，面积五至十五亩不等，多植苹果、柑桔、桃、梨、蔬菜等项，此种互助合作办法，为最经济而合理，殊有普遍推行之价值。

彭县中等教育，亦渐发达，除自外县迁至该县之省立成都女中及华美女中外，尚有私立福彭初中及县立初中两校，县中内分男女二部，现又增设师范科，以期大量造就国民教育师资。

刻该县为训练农村工作干部人才，特考选初中毕业生二十名，送至金大农学院农业指导人员训练班受训，上课期限为七个月，期满后，即悉由县府分派各乡，担任乡公所经济股主任，兼负该乡推广工作之责，七个月后之彭县农村工作，因增加此一批生力军，当更能突飞猛晋。

四、建设事业

（一）兴修水利：彭县关口湔江堰为全县重要灌溉水源，因年久失修，致有多量田地，不能灌溉，今春彭县县府，即计划动工修造，改用水门汀筑成强固而较高之堰堤，三月初即已完工，动用经费达四十余万元。该县邻近崇宁之太平场，如引都江堰水支流，可灌田三四千亩，惟因中隔崇宁辖地里许，致坐视重大水利，弃置不用，殊属可惜，刻彭县县府经与崇宁县官绅开诚协商，双方同意，开掘支流，引水灌溉太平场田亩，所需经费，由受惠田主均摊，约需费十万元，刻已动工修建。

（二）修建公路：该县趁冬季农闲，发动民工，修建县道，共达二四九里，路面宽度悉为四点五公尺，计有（1）县红路（县城至红岩子）长四十里，（2）县万里（县城至万年乡）长五十五里，（3）县罗路（县城至罗家场）长四十五里，（4）县濛路（县城至濛阳）长五十二里，（5）县竹路（县城至竹瓦乡）长五十五里。此外自海窝子通至河霸场之县道，亦正计划修建中。

县境成彭公路，亦重加修造，将县辖之十五里，悉铺成碎石路，又新建彭郫公路，县城经太平场至井水河，接成灌路，可减短彭县至成都之行程十余公里。

（三）农业推广：该县农业推广所，自增聘人员调整机构后，工作极其紧张，两月来之具体活动，约为下列各项：（1）与乡中心学校合作，开办学校园十所，由所派乡中心区推广员驻校教授农事劳作课程与指导学生经营学校园，藉供学生农事推广示范之用。（2）补植县城内外各街道行道树共二千余株。（3）栽植安彭公路县辖十五里、彭宝公路县辖八十五里、成彭公路县辖十五里之全部行道树木。（4）调查全县官地荒山，普遍强迫造林。（5）开辟所内苗圃十余亩，全部播种经济树种。（6）推广油桐、女贞、枫杨等苗木四万二十六百株。（7）该所就彭县之重要农作，进行各种推广活动，如访问农家、指导玉米选种、防除水稻螟虫、预防牲畜瘟疫等项，均分派指导员积极推进，该县四区所产之马铃薯，为川西北各县之主要薯种来源，故现正筹办试验场从事马铃薯之育种工作。

（四）合作事业：该县现有信用合作社一百零七所，区联合社一所，保合作社六所，共计一百一十四所，合作金库资金约八十万元，惟因信用紧缩、资金周转不灵，目前因少新社之组设。刻该县府已商得中国农民银行农贷处之同意，划该县为合作实验县，故将来之合作事业，自可有长足之进展。

五、整理民政经过

该县皮县长就职以还，首即致力于民政之整理，以期完成县政建设之基本工作，最重要者有下列诸事：

（一）振作工务员工作精神：县府职员，闻前多有半日到署办公者，自皮县长视事后，即采集中办公方法，严令全署职员，全日到署办公。

（二）调整乡保长人选：乡保长为亲民之吏，不得其人，覆雨翻云为害滋大，皮县长到职后，即亲赴各乡，探访考察，对于不法之乡保长，立加撤换，故县政推行，较前极为顺利。

（三）修理民众运动场及县署：县署房屋陈朽不堪，现经修葺，焕然一新，县署前民众运动场亦经平治，并于县署周围隙地，栽植花木，到处令人感有蓬勃之朝气。

（四）完成粮政：彭县征粮与购粮数额，共计十五万石，已扫数收齐。

六、社会福利事业

县卫生院刻已成立，院内有专任医师数人，实予民众以极大之便利，现复与金大社会福利行政组合作，协助县救济院，推行社会福利事业，刻正积极推进中。

七、将来建设计划

彭县将来建设计划，经纬万端，现仅就建设部门，概述本年内之工作计划如下：

（一）建设原则：对于该县之建设，拟根据下列两原则：(1) 做最基本工作，树立建设事业永久基础。(2) 做彭县最需要工作，并期切实有效。

（二）建设计划：

(1) 举办农事调查：欲实施农事改进，首须认识当地农事情形，以为从事改进之根据，故农事调查，实属必要，本年内预定完成下列调查工作。

(甲) 全县农业资源普查：拟于本年暑假中，与学术机关合作，利用高年级学生从事彭县全县农业资源调查，现正积极准备中。

(乙) 山区森林调查：已于本年二月间由金大副教授周蓄源亲赴山区以旬余之时间，调查竣事，刻已编有彭县森林调查报告。

(丙) 土壤冲刷情形调查：彭水河床污塞，土壤冲刷情形，甚为严重，金大农学院土壤学教授黄瑞采曾亲赴关口等处，实地调查勘测，现正编制报告中。

(丁) 全县学田官荒测量：为增加县经费收入，对全县学田官荒，实有予以实地测量之必要，金陵大学农学院将于暑期中，派员生赴彭作实地之测勘。

(2) 兴修水利：预计于春耕前，全部完成太平场开渠工作，至于高地平原，则指导农民凿井，利用畜力车水灌田。

(3) 改良农事：本年度在农事改进方面，预定进行下列各项：

(甲) 举办四区马铃薯育种场，因川西北各县之种薯，多仰给于彭县，而以四区为中心产地，现拟在该区开辟农场，进行马铃薯品种比较试验，以期提高马铃薯产量与品质。(乙) 指导农民从事玉米选种。(丙) 指导农民防除螟虫害。(丁) 计划实施牲畜防疫注射。(戊) 统计全县农产产量。(己) 其他如省农业改进所交办事项。

(4) 普遍造林：

(甲) 完成全县县道及公路行道树之栽植计划，并推行严密管理方法。(乙) 散放苗木，普遍墓地造林。(丙) 强迫荒山造林及供给需要苗木。

(5) 推广学校园：学校园为该县将小学生产教育与乡区推广工作配合实施之一种新试验，除现已成立者外，将逐渐推及于全县之三十一乡镇中心学校。

(6) 改进合作事业：彭县过去合作社组织，类欠健全，资金调拨，又极困难，刻经于此次县建设讨论会中拟具有下列改进之步骤：(甲) 与中国农民银行农贷处取得合作，俾有充分资金之供给，刻已接农行农贷处来信，定划该县为合作实验县，计划正草拟中。(乙) 改组现有之合作社为乡或保合作社。(丙) 依据地方生产情形，预计于本年内组设马铃薯生产运销合作社及煤炭运销合作社。(丁) 举办家畜保险合作社，本年度拟选定一乡，先行试办牲畜保险，以猪牛为限。(戊) 筹组造林合作社。(己) 举办乡镇合作社员讲习会，推进合作教育。

(7) 人才训练:县政建设,端在有健全干部人才,否则建设工作,必无法推进,该县除考选学生二十名,送金大农业指导人员训练班受训外,并拟于本年暑假间,开办暑期教师讲习会,训练国民学校师资,现正计划进行中。

(原载于《农林新报》1942 年 6 月 21 日第 19 年第 16—18 期)

章院长欧美考察通讯

……上月十七日来渝，本月九日由渝乘中航机飞往加城，住中国旅行社招待所。该所地点适中，环境优美，就宿者多为中国人，每天宿食在内，取费十五元印币，合国币四千余元，不为不贵矣。现在本校校友在加城者不多，仅有数人而已。……国人来加城者，大半来自三省，即广东省以制革为主，山东省以卖土绸为主及湖北省以补牙为主，彼等冒险精神，至可钦佩，独惜我国政府尚未能多加扶持耳。此时印度天气最好，无风无雨，像南京初夏天气，最适宜旅行。在加城时曾晤见谢所长之女公子谢咸杰及金女大教员粟尔兰女士候船赴美，此外尚有教育部派出研究之教员十余人，据云共计九十五名，其分配办法即国立大学六十五名，中央研究院十名，教育部十名，中学十名，而私立学校不与焉。每名二年，每年五千元美金，第一年加给旅费及制装费一千八百元美金，此种办法，富有奖励之意思，值得推行。……十八日早起飞约十四小时而达埃及开罗，因时间已晚，无法参观，早睡。十九日早天方明即起身，参观市面，埃及年来进步甚快，尤以水利工程为最有成绩，可惜无参观机会。是日飞行六时半到达西西里岛，因时间尚早，到街上观光，此岛仍由英国军事机关加以控制，市面萧条，居民毫无精神，无所事事。二十日早继续飞行，约十小时而达英国大陆，旋即改乘汽车行四小时而达英伦，适英国文化委员会派员到站迎接，招待住宿，毫无人地生疏困难，盛情至可感激。……二十一日早到英国文化委员会报到，承蒙款待备至，一切食宿由其招待，并接洽参观地点，每日备有小汽车一辆及引导者一名，陪同参观，至感方便。查英国文化委员会系于一九三五年七月间由外交部创办成立，但其行政机构，则自成一系统，盖所以避免政治之纠纷也。最初每年经费仅有五千磅，而今则增至二百六十万镑矣。在全世界共设有三十一个办事处，在中国办事处即由罗士培先生主持，此委员会对于文化交流，关系至大，去年该会在科学部门之下，增加农业一课，弟在此时当注意加强联系，以谋今后之合作。目前计划系在英国三个月，研究（一）农业行政与组织、（二）农业教育、（三）农业改良、（四）乡村工业等。英国援华会已邀请担任讲演数次，无法推辞，只好应允。今午访问农业部，不日即将出发考察。四月初到北欧一行，四月底返英，转往美国，此为大概计划。出国后，见闻所及，感念至多，容后为文，向国人报道。吾院名誉在国外甚好，此次自应利用机会，作更进一步之联系，凡有应行注意之事项，望随时函示，无不努力以赴。

章之汶拜上

十二月三十一日于英伦旅次

（原载于《农林新报》1946年1月21日第23年第1—9期）

演讲

由农村现状讲到农村改良问题*

一、农村问题是否重要？

甲、从经济讲起

(1) 民国十六年海关统计入超九千四百余万两；

(2) 民国十七年海关统计入超二万〇四百余万两。

出口几全为农产品(如丝茶豆等类)，而入口又以粮食及棉花为大宗。我国号称地大物博，又自古以农立国，而衣食尚须取给于外人，其耻孰甚！不仅金钱外溢已也。

乙、从人口讲起

浙江旧属杭嘉湖二十县农村人口的职业分配百分率(浙江大学农学院调查)：

农人(%)	商人(%)	手艺人(%)	教员(%)	无业者(%)	其他(%)
85.11	5.17	5.01	1.38	2.34	0.99

农人要占全国人口百分之八十五！现在人说革命离不开民众，不如说革命离不开农民，因为农民是我国人民大多数！

二、农村现状

甲、贫穷

(1) 最近各国平均每人所有之富力(日本内阁统计局发表)

* 文章系章之汶在金中中华女中及中央陆军军官学校讲演大纲。

国别	美国	英国	法国	日本	德国	意大利	俄国	中国
每人平均摊额（日金）	6,607	5,247	2,549	1,731	1,441	1,117	756	101

（2）中国七省十七处二八六个农家统计（金陵大学农学院调查）

平均每农家收入	平均每农家支出	两比盈余
376.14 元	136.64 元	239.60 元

全家过年生活费皆取给于此。

（3）浙江旧属杭嘉湖二十县（浙江大学农学院）

（子）负债的农民百分率：

负债的　　48.6%

不负债的　　51.4%

（丑）被抵押的田地百分率：

抵押者　　21.7%

未抵押者　　78.3%

我国农民终年在债里讨生活啊！浙江农民尚且如此，至于我国北方同胞，其困苦状况，更不堪设想了！

乙、文盲

全国人口受教育者与未受教育者比较：

（1）全国人口　　436,094,953个

受教育者（其中一部分仅能说识字者）　　8,738,990个　　20%

未受教育者　　348,875,963个　　80%

（2）全国学龄儿童入学者与未入学者比较

全国学龄儿童　　43,600,000个

已入学校者　　6,410,000个　　15%

未入学校者　　37,190,000个　　85%

（3）首都特别市各区识字及不识字人数统计（民国十七年九月社会局调查），人口总数四十九万七千五百二十六人，不识字者占百分之七十一。

（4）首都全市学龄儿童数

学龄儿童总数　　46,456 个

已就学者	26,543 个	57.11%
未就学者	19,914 个	42.89%

古语说“十年树木，百年树人”，足证培植人才之不容易，观上表则知首都教育尚且如是，所以最近胡汉民等提议，首都建设应以小学建设为起始。

(5) 各国军费与教育费之比较

(子) 各国之军费

中国	87%
美国	33%
日本	27%
意大利	22%
英国	14%
法国	13%
德国	8%

(丑) 各国之教育费

日本	8.22%
英国	7.00%
意大利	6.66%
法国	5.49%
中国	1.70%

我国军费要占全国用费百分之八十七，而教育费仅占百分之一强，难怪我国教育之不易普及，甚望军政时期赶快过去才好！

丙、衰弱

(1) 生死百分率

	生殖率(%)	死亡率(%)	自然增加率(%)
中国每千人	42.2	27.9	14.3
荷兰每千人	24.2	9.8	14.4

照上表，中国每个人生殖率虽然比荷兰多，但死亡率亦比荷兰多，实际上自然增加率还不及荷兰，我们如果以四万万之人口计算，则每年要比荷兰多生八百万人，也要比荷兰多死八百万人，这种多生多死的痛苦和经济上的损失，是多么大啊！

(2) 衣食住皆不合卫生　乡下人虽然享受大自然,但衣食住方面皆不合卫生,常见厕所或牛舍就在厨房或卧房的傍边。

(3) 体质孱弱　秃头、聋耳、痧眼、肿腿、疟疾、痢疾,这是乡村中常见的病态。

丁、堕落

(1) 杭州市皋塘区百户农家(浙江大学调查)

饮酒者	26%
吸烟者	55%

(2) 芜湖一〇二农家调查(金陵大学农学院)

田主组中品行坏者	45%
佃户组中品行坏者	39%
半田户组中品行坏者	15%

观上表则知田主中品行坏的比较多数,半田主中品行坏的比较少数,足证有钱的人容易为不善,而凡想向上如半田主的都是能克苦守分的。

(3) 河北盐山县一五〇农家调查(金大农学院)

赌博者	63%
饮酒者	31%

戊、混乱

(1) 天灾

(子) 旱灾

(丑) 水灾

(寅) 虫灾——蝗虫——螟虫

(2) 人祸

(子) 战争影响　最近河南省府主席向国府请赈呈文中云,河南省内战壕填土工程约需一百六十万元,此仅就填土一项而言,若论因战争而荒废之田庐,这种损失,不可胜计,中国此后不能再有反动发生了,不能再有战争了!

(丑) 匪灾——绑匪、盗匪到处皆有,人民何能安居乐业呢?

三、改良方法

甲、普及义务教育——公民教育

（子）孙总理说："必须使教育普遍，使受教育者得到平等的机会。"

（丑）胡汉民先生说："要救现在的中国，教育比什么还要重要……假如这个目的不能达到，就可以说是革命还没有成功。"

浙江省义务教育的起码计划：

全省学龄儿童	2,495,000 个
已就学者	506,000 个
未就学者	1,989,000 个

每人每年教育费（照十六年度平均数目）六元一角，共需经费一点二一四万元。

每教员平均教二十四人，共需教员八万二千九百人。

乙、改良农业——提倡生计教育

丙、组织公共娱乐场所——提倡康乐教育

丁、建筑道路以利交通

我们的口号是：富教合一！使无业者有业！使有业者乐业！

（原载于《金大农专》1930 年第 2 卷第 1 期）

中等学校与农村建设*

I 乡村建设之意义及重要

如何建设农村，是现在复兴农村之最大问题，据世界著名农业专家美人碑力氏(L. H. Bailey)言，建设农村，有三方面，此三者皆宜并重，而后始能达到复兴农村：

(甲) 改良农林耕作(Better Farming)　这方面的目的，就是要应用农林科学的知识，如农艺、园艺、森林、蚕桑、昆虫、土壤、农具、农业化学、植物病理学等等，去改良农林耕作，育成良好种子，减少水旱蝗虫等害，增加生产，而裕农民。以前小麦的生产量非常平淡，现在经过应用科学的改良，生产量能够增加至百分之六十，是以教育是研究此种种之科学，而应用此种科学去增加农民的收入，如此才能建设农村。

(乙) 改良农业贸易(Better Business)　这方面是要研究农业经济学等，以改良农民对于农产品贸易的方式，使其能直接的增加收入，而免除间接的无味损失，这就是如组织运销合作社、消费合作社等，使农产直接的到市场，待善价而估之，免除中间人转售，至蒙间接的剥削，如金陵大学农学院在陕西省曾组织一棉作运销合作社，去年直接运销市场之棉花，产地达六万四千余亩，如此可免除中间人之渔利，当时每担最高曾增加至五元六角之收入，故改良农业贸易，实为建设农村之要素。

(丙) 改良农民生活(Better Living)　改良农民生活，乃建设农村最要之

* 文章系 1934 年 8 月 1 日章之汶先生对金陵大学所办之中等学校教员实习班讲演记录稿，秦文运记。

目的，我国以农立国，农民占全国人口百分之八十以上，故欲提高我国国际之地位，必须先提高我国农民之人格，这就是要先改良农民的生活，据美国康奈尔大学农学院院长（Dean of Cornell U.）A.R.Mann云，改良农民生活有六要点：

（一）卫生生活（Health） 人之事业，全恃康健，始能工作，故卫生生活，实为重要，我国农民，对于卫生，太不讲求，近据各地调查，农民多患皮肤、沙眼、口、鼻等病，闻近来卫生署与江宁县合作办一医院，设法补救，此法甚善，但望全国皆能一致仿效行之。

（二）智识生活（Knowledge） 人须有相当之智识，始能增加人生之乐趣。

（三）丰裕生活（Wealth） 所谓“仓廪实而知节，衣食足而知荣辱，山深而兽居之，人富而仁义附焉”之意。

（四）美感生活（Beauty） 美感生活，可以陶冶性情，造成良好国民，蔡元培先生曾提倡以美感生活代替宗教。

（五）社交生活（Sociability） 人类以互助生存，故必须有相当社交生活，以建功业，而增生趣。

（六）公平生活（Righteousness） 享受平等之待遇，不受贪官污吏势利之压迫。

我国定县实验区诸学者，亦曾提倡“四育”建设农村，即（1）卫生教育，（2）文艺教育，（3）生计教育，（4）公民教育。

考其内容，亦与上六点相仿也。

Ⅱ 介绍几个农事试验机关

（一）河北定县实验区——成立于民国十五年，工作分为卫生、文艺、生计、公民教育四部，现在生计教育则与南京金陵大学合作，其他三者，亦已有相当成绩。

（二）上海徐公桥乡村改进区——民国十五年成立，其后暂停，十七年夏复兴，乃中华职业社办者，六年以来，成绩斐然，今已交还地方办矣。

（三）晓庄乡村师范——民十六年成，十九年即停，其目的为教学做合一，其办法亦多有可取者。

（四）无锡教育学院——民国十七年成立，注重提倡民众教育，有实验区二所。

（五）乌江实验区——民十九年中央政府与金陵大学农学院合办，区内之合作社及农会等组织特别优良，乌江合作社，几等于该处之银行，每月营业，亦几超过五万元，至于该处之农会，则由自动组织而成，非受他人利用或主使者，其他如医院等，亦甚完备。

（六）山东邹平乡村建设研究院——内分研究、训练、实验三部，研究院则为国内各大学生研究者，其他两部，则为训练本省人并予以实验。

（七）江宁自治实验县——县政革新以来，各项多有进步，对于整理财政，成绩更为显著，收入已由二十万元整理增至九十余万元，故除政费外，余款则以建设农村，增加学校，以增进农民知识。

其他尚有三数机关，与此相类者，兹不多赘矣，上列各机关，分析起来，其以教育建设农村之方式，大概可分为四种：

（一）用实验区名义，以改进乡村事业。

（二）利用乡村小学，以改进乡村事业，如徐公桥学生毕业后，可当小学教员，教育幼童，或充警察以维持地方秩序。

（三）以县为对象者——以一县为出发点，以推广至各县，如河北定县及江苏江宁县。

（四）以研究院为推进者——以研究院为出发点。

Ⅲ 国内教育机关受农业实验区之影响

以前人人都喜唱高调，不顾实际，所以弄得一筹莫展，现在受了这种种的影响，已渐觉悟，以前谈的是国际政治，现在谈的是农村建设，以前注重的是欧美文学，现在是民众教育，以前做的是城市建设，现在是做乡村国道，以前要讲都市经济，现在是讲农业经济，农村与教育其影响乃有如是之大。

Ⅳ 农村建设之新趋势

（一）科学化——现在建设农村，已渐有一定的科学化步骤，不如以前一味盲从，其步骤为：(A)调查，(B)研究，(C)训练，(D)实验，(E)推广。

（二）经济化——中国农村太广，如缺乏经济，则实办事不易，故须经济，以前定经费为二十万，但现亦增至四十万矣。

（三）合作化——国内各种有关系之机关，应互相合作，以增进农产之收入。

（四）统计化——有统计始克知全国农产之多寡，如此丰收则可如美国之限制产量，以免谷贱伤农，水或旱时亦可预算存谷防灾。

Ⅴ 中等学校与农村建设

中等学校可分为普通中学及职业学校，职业学校毕业的学生当然是要到社会里去找位置，而一般普通中学之毕业生，也有大多数是要去找职业的，因普通在一百个中学毕业生中，有能力升大学者，又有几个，中国的社会，大半都是农村社会，故这大批的中学毕业生一到农村里去，若无相当职业，就会影响农村的建设……故现今之中等教育，实有改进之必要，办农业职业学校者，应注意下列四点：

（一）择定目标——视其地其时所需要研究何种事业，即定一种为社会所需要者之工作，互相研究，如此始学有所用，万勿无目的无头绪的去研究。

（二）训练——择定研究的目的，则应规定训练的任务。

（三）介绍学生出路——训练既毕，学校则应为学生谋出路，介绍位置，此乃培植人才之真义。

（四）考查任务——考查其技能及性情，而给以适宜之工作，如此始能使之尽展其长，即办理普通中学，吾人对于学生亦宜注意二点：生活教材、课外活动。

总之今日建设农村，各种人才，都很需要，尤其是需要上等优良之人才，故吾愿今日之办中等学校者，其多为农村建设造就优良人才也。

（原载于《农林新报》1934年8月21日第11年第24期）

我国中等农业教育问题*

一、引言

中国是一个农业国家，工业尚未发达，全国主要的生产，完全是农业生产，要发展国民经济，无疑的应力求农业生产之发展与改进，以稳定国家经济的基础。农业教育之推进，实为国民经济运动中最重要之一部，故杨开道先生云："中国之能否成为一个现代国家，完全要看中国之能否完成他的产业革命，中国之能否完成他的产业革命，完全要看中国农业之能否应用现代科学，中国农业之能否应用现代科学，完全要看中国农业教育的效果如何，农业教育没有办法，农业教育没有成绩，中国国民经济是不会改善的，中国产业革命是不会成功的。"这几句话，可谓切中肯要。

农业教育之范围，大概可分为(1) 高等农业教育(2) 中等农业教育及(3) 农民实习教育。农业教育之终极目的，在灌输农业知识，训练农业技能，增加农业生产以改善农人生活，故农业教育之重心在于农民职业的训练，高等农业教育是为推进农民职业教育的一种准备工作，与农民的本身所发生直接的接触范围不大。中等农业教育，在我国今日确是实施农业改进之下级机关，与农人发生直接的影响，因为他是造就农业技术辅佐人才、培养农民职业教育的师资及训练实地经营农业的人员，我国教育当局，因鉴于农业生产之日趋衰落与中等学校毕业生失业问题之严重，觉得发展中等职业教育，实为当前之急务，而尤侧重于中等农业职业教育，故教育部曾于民国廿年四月二日训令中，明白规定各省市对于中等教育设施之纲领如下：

---

* 章之汶在中央广播电台讲演。

（一）“自二十年度起，各省及行政院直辖各市所设之普通中学过多、职业学校过少者，应不添办高中普通科及初中……”

（二）“自二十二年度起，各省应酌量情形添设高初级农工科职业学校。”

（三）“自二十年度起，各县立中学应逐渐改组为职业学校或乡村师范学校。”

（四）“自二十年度起，各普通中学应一律添设职业科目或附设职业科。”

（五）“自二十年度起，各省市及私人呈请设立普通中学者应分别督促或劝令改办农工等科职业学校。”

年来因公私各方之努力推进，中等农业学校之数量激增，据教育部二十三年度统计，全国中等农业学校数达一百〇二个，学生计七千五百七十三人，全年经费共为一百六十一万九千九百一十三元，然考其实际，中等农业学校之办理有成效者，实属极少，对于农业之改进，似无若何影响，而逐年中等农校毕业生之出路，反成问题，恐非提倡农业职业教育者意料之所及，吾人对此，应加以深刻的探讨。

二、中等农业教育过去失败之原因

吾人已认识中等农业教育之重要性，而中等农业教育之未克完成其应有之使命，已无容韪言，考其失败原因，主要的约为下列数项：

（一）无具体目的：目的为行程之终点，无目的，则工作进行，即无方针，各地就其自身之便利，为应付上峰功令计，开办若干农业职业学校，究竟希望训练学生具有何种农业技能，改进当地何种农业问题，均无一明晰之观念，彼办一职业学校，我亦办一职业学校，彼教这种课程，我亦教这种课程，教者不知为什么要教，学者不知为什么要学，敷衍搪塞，自无成绩之可言。

（二）书本的教育：农业职业教育，主要的在职业技能的训练，而不仅在刻板知识的灌输，因无事业技能，即不能从事于所学，过去我国中等学校之教学，太偏重于书本知识之传授而忽略职业技能之训练，结果学生学无专长，毕业即成失业。

（三）农校与农民相隔：中等农业学校之目的，不应专注重学校以内之教学，尤应注意于当地农民生活之改善，故中等农校应扩展教育力量到社会方面去，以整个社会为活动的场所，使学校自身变为改造社会活动的中心，所谓生活即教育、社会即学校的主张,即要使学校与社会打成一片,但现在中等农校多与当地社会相隔离,学校既不知有农民,农民亦不知有学校,结果农业学校高踞于农民之上,形成社会中一点缀品,农校即不知为农民的福利而努力,结果亦不为农民所需要。

以上几种为中等农业学校失败之重要原因,余如经费之不充、课程编制之不适合于地方需要、管理之疏忽及对学生选择之不严格等,均为中等农业教育失败之因素,吾人将进而讨论中等农业教育应改进之方针。

三、中等农业教育应取之途径

吾人既了解过去之错误,深觉今后中等农业教育之设施,宜履行下列各条件,兹分述如次:

(一) 划分校区:农业极富于地域性,每一地区之农校,仅能谋当地农事需要之适应,甲地农校所造就之人才,每不能尽适用于乙地,故每省应按农作物自然分布状态,划分为若干农校区,每区按社会之需要,开办一个或数个农业职业学校,专门致力于当地农事之改良及人才之造就,如当地所需要之人才无多,则少收学生,而应多致力于当地农事之改良,农校自应位于乡村环境中,以利教学。

(二) 确定具体目的:每一农校应有其具体之目的,因为各地农事情形不同,各地农校自应有其不同之具体目的,是故各校宜就其当地农事之需要,决定学校教学之方针,如在安徽省祁门或六安开办农业职业学校,无疑的应侧重于茶叶之栽培,惟农校目的之决定宜简单而具体,否则目的太笼统,课程必广泛,训练自难专精,至于决定农校之目的,尤应从调查当地农业情形着手,如农民田场经济的研究及物质与经济的因子,均为决定农校目的重要的根据。

(三) 注重合作:各中等农校应设法与省立农场及高等农业教育机关充分合作,如省立农学院可负责训练本省中等农校之师资及指导中等农校农事教学问题,省立农事试验场可负责供给各种推广材料,而中等农校自身,亦应与校区内各乡村小学以及人民团体取得密切之联络,使推广工作易进行。

(四) 训练师资:教师若无教学之经验与能力,自难望养成优秀之学生,所谓工欲善其事,必先利其器,故农业学校师资之训练,实急不容缓。现教育部有鉴于此,决于本年暑假中开办一中等农业职业学校农科教员暑期讲习会,通令各省农校推派一人到会听讲，用意至善，惟此种组织，仅有补于教员之进修，对农校师资之养成，实宜有一专门训练机关，最好由教育部指定设有健全农业教育系之农学院负中等学校师资训练之责，学生毕业后，由教育部检定，予以合格之教师证，方得为中等农校教师。

（五）加紧实习：中等农校在训练学生从业之技能，欲求技能之熟练，非从做上学不可，故实习课程在中等农校中为尤要，过去中等农校或仅有实习之名而无真正之实习工作，或仅有农事之劳作，而缺乏具有职业性之实习，结果一无所得。中等农校实应力矫此弊，实习时间，应占全部课程时间百分之五十，每一学生，应分配二亩至三亩实习地，在教师辅导下，从事有目的之设计实习，学生实习生产之所得，除去田亩租金及种子等费用外，悉应归学生所有，实习工作之性质，尤应与课室讲授之教材相联贯，使理论与实际工作能得一实际印证机会，教师对学生实习成绩之考查，尤应严密，实习成绩应为计算总成绩最重要之一部。

（六）考查任务：农校学生毕业后，学校当局，仍应常与之通讯，考查其能否胜任职务，并应设法代解决各种困难，毕业生学识与能力之是否足用与适用，均足供学校各项改革之借镜，故农业学校与毕业生应继续发生关系，此于双方均为有益。

关于中等农业教育应兴革之事项颇多，上述六点，胥为最要，欲求中等农业教育有成效，教育当局宜下大决心，力求此最低限度工作之实现。

（原载于《农林新报》1936年7月1日第13年第20期）

抗战期中之社会改造*

一、引言

今天要和诸位讨论的题目，是"抗战期中之社会改造"。在未谈到社会改造以前，我们先要研究今天的社会，究是怎样的一个社会？为什么需要改造？换一句话讲，也就是要对社会现状先加以检讨，看其能否适应抗战期中的需要。

谈到目前社会的状况，首先我们应当了解，中国社会是由许许多多的乡村社会所构成，所以乡村社会就是中国社会的基础。自从全面抗战发动以来，平素极度繁华的都市，大部为炸弹或炮火所毁；然而我们的抗战情绪，却越打越起劲，我们的信念，全都认为越打越接近胜利。这就是因为我们有无数的乡村，而无数的乡村中，居住有广大的群众的缘故。蒋委员长在南京失陷后，曾发表谈话谓："……今日形势，勿宁谓于我有利。且中国持久抗战，其最后胜利之中心，不但不在南京，抑且不在大都市，而寄于全国之乡村，与广大强固之民心。"这足见中国乡村地位的重要，所以今天我们讨论的社会改造，亦是偏重在乡村社会的改造。

二、现在社会的状况

说到中国的乡村社会，早已为各方所重视，根据一般研究的结论，认为组成乡村社会的个体——乡村群众，是具有贫、愚、弱、私的普通现象。

---

* 文章系章之汶在新繁龙藏寺对成都基督徒学生夏令会讲稿。编者辑录文集时删去部分与学术主旨无关的文字。

乡村群众以业农占最多数，而中国农民最普遍的情形，是围着“出超”，即是收入不够抵补支出，自然就日趋贫困。其所以造成此种现象，自有种种的因子；现在随便提出几点，便可窥见一斑。

（一）土地太少　根据金陵大学农业经济系的调查估计，全国耕地分配情形在淮河以北小麦区，每家平均是三十三亩七分五；在淮河以南水稻区，平均是十九亩九分五。至于每一农民所得的耕地，全国平均是四点一六亩。在欧美国家，每一个农家所有的耕地，美国是三九点五亩，丹麦是二一二亩；以五口之家而论，每一美国农人有七十九亩，丹麦农人有四十二亩四分。比较之下，中国农人所得的耕地，确实太少，收入自然亦微。

（二）灾祲病虫的侵害　农业上的灾害，如水患旱灾之类，很显明的是予农人以重大的损失，例如民国二十年的大水灾，据金陵大学农业经济系的调查报告，谓：灾区一百三十一县的农作物损失，竟达九万万元以上。又如民国二十三年的大旱灾，根据实业部的调查报告称：灾区共达六百三十七县，农作物损失，约计为十七万万元。还有不大为一般人重视的病害和虫害，亦是相当的严重。根据中央农业实验所的调查，谓小麦黑穗病仅在冀、察、鲁三省中，每年损失有二千万元。又据浙江省昆虫局的估计，该省的稻螟为害，在民国十八年一年中，就损失二万万元。这自然亦影响到农民的收入。

（三）租税的繁重　仅以田赋一项而论，农家每年担负的数额，尝占其全部耕种费用的百分之四十以上，或是每年总收入的百分之五。此外，还有种种临时的其他捐税，不断的要付出，农民的支出，因而增多。

（四）嗜好的浪费　据金陵大学农业经济系在苏、皖、冀、豫、晋、闽等省的调查，谓有百分之一的农家，每年因吸食鸦片，平均支出五十二元六角四分；有三分之一的农家，每年因赌博，平均负债十二元二角一分；百分之八十左右的农家，每年消耗于烟酒两项，平均是六元二角；三分之二的农家，有佞佛敬神的费用，平均为五元五分。此外，还有新年期中的浪费，婚嫁及丧葬的铺张扬厉，这些不必要的开支，亦是致贫的原因之一。

其次，谈到乡村群众的愚，亦是很严重很普遍的现象，仅就识字教育而论，差不多有百分之八十以上的乡民，还是文盲；而乡村间的学龄儿童，平均有百分之七十以上，没有就学的机会。即如四川仁寿县的统计，全县学龄儿童共十二万四千余人，而全县小学的学生总数，仅有一万二千多人，没有机会进小学校的，竟占百分之九十。偌大数目的国民，字且不识，遑论获得满足生活的知识与技能。

而说到弱，也可以提出一些统计数字，以供参考。先来谈寿命，中国人的寿命，平均是三十四岁，日本人是四十二岁，美国人是六十岁，纽西兰人是六十五岁。当人在三十多岁的时候，正是一生事业的开始，此后的发展，尚不可限量；但不幸的中国人的寿命，平均是到了这个关头就告中止，这是多末重大的损失。还有，中国人的生产率尝较外人为高，在一千人中，平均是四十与十六之比，就是中国人生了四十个小孩子，外人才生了十六个小孩子。但是中国人的死亡率是和生产率成正比，亦较外人为高，平均是三十五与十一之比。这两组的数字虽然不同，但其结果则相等。因为生了四十个的，死去三十五个；生了十六个的，却仅死去十一个，活着的数目，都是等于五。比较之下，我们生的多，也死的多；不问是国家或私人，都蒙受重大的损失。

最后说到私，亦是普遍的现象。人人只知道小我，而忽略了大我，更没有人想到国家和民族，不仅是自私，且更因而散漫。一年来的抗战经验，告诉我们在前线和后方，有无数失去灵魂的同胞，在干出卖民族的勾当；或是企图规避抗战期中国民应尽的义务。这种种的事实，都是以反映出过去社会组织的不健全暨平素忽略了民众训练工作。

三、怎样改造我们的社会

在前面，我们约略讨论过现社会的大体情形，现在，该研究怎样去改造。这里有一点，要提请诸位注意的，就是我们改造社会的目的，是在使其适应这个伟大时代的需要，要在决战时候，发挥她的坚强力量，把握着最后的胜利。所以我认为目前的改造工作，应从物质的和精神的建设方面入手。

谈到乡村社会的物质建设，不是说要使乡村和都市一样的繁华，却是仅求乡村群众的生活资源自给自足暨生产多量的原料与食粮，贮供长期抗战之用。过去中国农民终年胼手足的辛劳，家人仍不能求得一饱。古人所谓："衣食足，而后知荣辱。"他们终岁勤劳，仍不免流为饿殍，强悍者自然易于挺而走险。所以目前首决问题，是在安定他们的生活，然后宝爱家乡、珍惜土地之心，乃能油然而生。

怎样才能够安定农民的生活，这个问题是非常的广泛；而且有若干问题是需要运用政治力量才能解决的，这里暂不加以讨论，仅提出几点简而易行的办法，以供诸位参考：

（一）开源　所谓开源，就是设法增加农民的收益，现在可以分作几部分来讲：

（1）介绍优良品种　近年国内公私农林研究机关，对于品种改良工作，非常的努力，并已有相当的收获：在稻、麦、棉、杂粮、果品及家畜等方面，都育成有改良品种。这些改良种曾经多年的研究和试验，确定了它的优良禀性。例如金大二九〇五号小麦，在四川省生长很相宜，产量要比普通种子高百分之二十三，质量亦较当地种为佳，倘能普遍地为农民所采用，自能增加他们的收入。

（2）介绍病虫害的防除方法　病虫消蚀农作物的威力，已为一般学者所重视，进而研究多种合乎经济原则的防除方法，例如用硫酸铜粉拌种，可以防除麦之黑穗病；又如将梨园三里以内之桧树砍去，可以使梨锈病绝迹。这一类的简易方法，应尽量介绍给农民。减少病虫的为害，亦是增加农家的收入。

（3）提倡农村工业，充分利用劳力　根据金陵大学农业经济系的调查报告，中国农人每年仅有一百一十九天的十小时工作，可以说是在一年中有三分之二的时间是空闲着。这样悠长的时日，假如不能利用它去生产，反会成为助长不正当消费的动机。所以凡是不需要多量资金，而确实为我们所需要的手工业，我们应当尽量介绍给农民，并鼓励他们去经营。

（二）节流　所谓节流，就是设法减少农家的支出和可以避免的损失。这也可以分作几点来讲：

（1）提倡合作组织　关于推行合作运动，久为全国朝野人士所注视，它所能帮助农民的，是可以低利获得流动资金（信用合作），避免中间商人的剥削（运销合作与消费合作）暨增高生产品的质与量（生产合作）。然而，这个合作运动在中国，究竟没有多久的历史，它的意义尚未能全为农人所了解，它的作用也就不能如预期的强大。合作指导机关虽是逐渐的设立，事实上却有人少事繁之感，热心的青年能够帮忙去介绍合作真理，辅导社员教育，自是一种有价值的工作。

（2）劝导农民戒除嗜好和迷信　在前节我曾提出农家关于嗜好和佞佛敬神的支出数字，在诸位看来，也许觉得是为数甚微。但在农村中，一二十元，已经不是一笔小数目，因为这些农家每年的全部生活费用，平均仅在二百二十元左右，内中更低的，像河北平乡县某农家，他的全年生活费仅有八八点六二元，所以这十数元的数目，更是多末的宝贵。原来可以负担的，大可移作有益身心的建设费用，设若因嗜好而负债，更应决心戒除，以破贫困。

关于乡村社会物质改进方面的工作很多，上面仅根据现在的环境，侧重开源和节流两方面的几点重要工作：一方面是求农民的足食足衣，再一方面是谋积极培养抗战建国的资源。

现在再来讨论乡村社会的精神改造，谈到精神改造，我认为应能达到三个希望和一个目的。第一个是希望乡村群众人人具有民族意识及敌忾同仇之心。因为他们所最缺乏的，就是完全不知道什么是国家，什么是民族，这种缺憾，最足影响我们抗战的前途。

第二个，是希望每一个乡民有铁一般的体魄，不但是要戒绝恶劣嗜好，减少它的毒害，还要积极地锻炼，成为保卫国家的壮士。

第三，是希望有一个严密的组织，把每一个抗敌的力量，冶于一炉，成为一个坚强无比的大势力。

能够实现这三个希望，也就能够达到适应抗战需要的目的。现在该来研究怎样使它实现。最好的办法，也是唯一的办法，是运用各种不同的教育方式，去达到我们的目的。最简单的，是利用假期，或是课余的时间，到乡村去用口头宣传。告诉他们，在沦陷区域，敌人如何恣意蹂躏，战区同胞的横遭杀戮，使他们知道在异族人统制下是如何的痛苦！告诉他们，汉奸的如何丧心病狂，到结果，没有卖掉了国家民族，倒断送了自己的性命。再引证事实告诉他们保卫国家民族的光荣，打破"好男不当兵"的旧观念，劝导他们踊跃应征服役，共同保卫祖国。诸如此类的工作，除口头宣传外，还可以利用图书说明，或是表演街头剧，种种不同的方式，只要能达到预期的目的，都可以随机运用。

关于精神改造方面的工作，自然不仅是前面提出的那几点，然而那是最基本的，也是最合目前所需要的。能够做到这些，也就更能完成整个的精神建设工作。

四、什么人去负起这个使命

社会改造工作是相当的繁重，不但是要有娴熟的技能，还要平素有纯朴的修养。这里尤其要特别提出的，是修养工夫更比技能来得重要，因为前面提出的几点属于农事方面的工作,并不需要高深的技术。同时在农业行政系统上,或是为了慎重的关系,都应当与当地农业机关,或是农业学校合作。因此,在工作者的本身,只要具有普通的农事知识,就足以应付裕如。

至于说到修养方面,也就是工作者的精神方面,我认为只少应具备三个条件:

(一)要能不屈不挠始终如一　干社会改造工作的,一定要有不屈不挠始终如一的精神,才能完成他所负的使命。

(二)要能见义勇为　干社会改造工作,亦必具有这种精神,才能进行无阻。

(三)要能牺牲

五、结语

中华民族已在存亡绝续的最后关头,因为中国国家组织机构的特殊,她的抗战前途,完全决定在乡村社会组织的是否健全、广大的民众能否彻底觉悟。然而事实上,贫、愚、弱、私的现象,笼照着整个的乡村;为了适应抗战需要,社会改造工作,就必然的成为目前最重要工作中的一种。

进行社会改造工作,一面要使工作内容针对需要,再一面,要工作者能克尽其职……为乡村社会的贫、愚、弱、私而工作,担负起改造社会的重任。

(注)资料来源:农村问题之成因范围及其特质。

(原载于《农林新报》1938 年 9 月第 15 年第 26 期)

学校与社会*

今天和诸位讨论的题目，是“学校与社会”。

一、学校的重要

学校是一个教育机关，培养人才的场所，测定文化水平的寒暑表。一个国家的兴衰、全视人民文化水平高低为转移。我们试把历史上记载的世界各国兴替情形，与当时各该国文化程度的高低加以比较，无疑的，是成为“正相关”的局势。我们再看这次暴日侵我的战争中，有两件更显著的事实，足以证明文化与国运的密切关系：一件是自“七七”事件以迄全面抗战展开以来，敌人不断的破坏我们文化机关，企图澈底消灭我国的文化，以达消灭我全民族的野心；另一件，是战区各级学校，向后方作有计划的迁移，赓续其作育人才、继往开来的神圣使命。

再如当世界大战期中，协约国各级学校的教学工作，依然照常进行，而德国当时曾将一部青年优秀学生编成学生军，开往前线作战，结果，全部牺牲。这种重大的损失，是德国无法补偿的，其影响于战后德国的复兴工作，亦是非常的巨大。

无论是在城市或是乡村中，学校总是成为地方文化的中心、人才荟萃的场所。因此，对于地方应兴应革的事项，她是应站在领导的地位，她当了解当地的需求暨怎样适应当地需求，本人前曾参观美国加州州立某预科大学，该校校本部共有学生七百多位，但该校推广班，竟有学生四千多人，在学校区域内的居民，几全部为推广班学生。其所以能博得地方人士如是的信仰，完全

* 文章署名为章之汶讲，冠群记。

因其能满足在学校区域内各种兴趣不同的居民的需要。原来这个学校对施教区域内的居民，曾作详细的调查，按着他们的兴趣和环境，分别班组，即以班组为单位，传授他们所需求的知能，譬如加州特产柑桔，境内经营柑桔的人，可以单独组成一班，敦请对柑桔栽培、管理、加工、运销各方面的专家，为他们讲演，又如对国际问题，或是对远东问题有兴趣研究的，亦得分别集合小组讨说。记得当本人前往参观时，正值“九一八”事变以后，日本所派的某宣传员曾去该地宣传，而该组的主持人为求明了中国人民的意见，亦同时邀本人讲演。这种力求切合地方需求的结果，最易使学校与社会溶成一片，以达互相策勉、互相晋益的目的。

二、我国的学校与社会

中国开办学校已数十年，但仍延袭“学优则仕”的一贯心理。“学优则仕”，是过去帝制时代不合理的产物。而所谓“仕”，即是作皇帝家的官，为皇帝作事，其对象是皇帝个人，或指皇室。根本就忘却社会，自然是说不上去适应社会，改进社会。民国成立二十多年，各方面都有所改革，唯独“学优则仕”的思想，依然盘据在一般人的心头。尽管数十年来的教育，时而模仿西洋，时而抄袭东洋，而学校仍只学校，社会仍只社会，两者之间不但不能相辅为用，以收水涨船高之效，且多不能相互沟通。学校与社会既不能发生联系，办学者亦昧于现社会的认识，然则所造就的人才，又安能期其了解社会、服务社会？

所以谈到目前中国各级学校的教学情形，我们似乎不必讳言，大部分仍旧脱不了书本知识的传授，只知高谈理论和原则，绝未顾及到如何切合实际需要。记得某校有一位学生，曾指中国的教育是一种轮回教育，因为一般的情形，是留学生教大学生，大学生教中学生，中学生教小学生，而小学生毕业进入中学，中学生毕业进入大学，大学生毕业出洋留学。这的确是目前中国教育界一个很毕肖的写影。

先生既是如是的教授，学生也是如是的习读，结果，所造就的人才，就免不了要发生很多的流弊，诸如此类的实例，我们很容易指出许多来。某次在国外遇到一位本国的留学生某君，他对本国内地情形非常隔阂，所以听到同学间讲述内地一般社会状况，总是难于置信。原来这位留学生是在上海修毕中学，在北京读完大学，他所见到的，只是国内极少数的大都市，自然与内地状况非常隔膜。不过,国家所以要派遣留学生出国研究,目的原在取人之长,补我之短;而先决条件,是要能知己知彼。假如留学生竟不认识本国情形,则其在国外所研究,又怎能切合本国的需求?以不合实际需要的制度或办法硬搬到国内,其影响所至,唯有使社会情形更趋繁杂纷乱。设集再此多数不了解国情、不讲求实际的留学生于一处,则每易各自高列门墙,形成派系,互相磨擦倾轧,纷争不已,非但与社会无益,社会且将从此多事。

美国四十八州,各州有州立农科大学一所,因气候土宜不同,各农科大学均以其所在州的农业问题为研究对象,所造就的人才,亦注意适应本州所需要。足见即在其本国内,因各州间农业状况的不同,尚不能相互适应,自然更不会全盘适合中国的农业情形。假如一个仅受书本知识传授、而无实际经验与深切认识的中国农科学生,去到美国研究,则虽学成归来,充其量不过是把别人的办法,别人的制度,生吞活剥搬到国内,于实际又有何裨益。

今日中国留学界有所谓德国派、英国派、美国派、日本派的说法,实即肇端于少数留学生不了解国情,不认识本国社会所致。

三、学校兼办社会教育

全国抗战展开以来,我们看出各方面都得大加改进,才能适应抗战国的需要,尤其是在作育人才方面,更是要力求改善。主持全国教育大计的教育部,对于这个目标已经有很多的设施,本年初夏又训令各级学校应兼办社会教育,以符合"国家兴学,在培育人才、服务社会,藉使百废俱举、复兴民族"的本旨。

谈到兼办社会教育,我为便利计,且以金大农学院为例,略加说明,金大农学院所造就的是农业人才,所研究的是农业问题,因其与社会关系非常的密切,远在十数年前就注意到兼办社会教育,并在距南京不远的乌江,设立农业推广实验区。这次来到四川,我们更是积极的注意到社教,承政府机关和当地人士的协助,在仁寿和温江,也各设置了一个农业推广实验区。

在温江的实验区,是以促进地方建设事业达于尽善尽美的境地为最终目标,她的工作方法,是由当地政府、党部、地方法团及金大农学院合组乡村建设委员会,由乡建委员会来推动农民组织农会,使有组织的农民在外力辅导之下,完成当地的建设事业,这方面的工作是自本年七月间开始,四五月来,已能照预定的步骤进展。另一个在仁寿的实验区,因为本院农业专修科迁往该县,所以就由该科直接的辅导社教工作,她的最终目标,亦如温江实验区。但她的工作方式,则是以学校为推动的中心,现在已成立四个中心推广区,每区并由地方人士合组区乡村建设委员会,辅导区内中心小学的生计教育,并开办农业补习学校,纯粹以乡村学校作为促进乡村建设的动力。自本年九月成立以来,工作亦有进展。

在新都方面,我们也曾派去三位农业推广员,进行推广工作,工作刚在开始,新都事件突然发生,推广员郜克治,刚到任不及三天,即惨被杀害。事后地方民众认为郜君之死系出于误会,乃自动筹措二百元为其丧葬费用,并将其安葬于县立苗圃内,足证地方民众尚有是非之见,但郜君死于非命,固不胜惋惜。

金大农学院所以要从事这种工作,是有三个理由。一个是受中央农产促进委员会之托。在寻求一种合理化的县单位农业推广制度和办法,因为推广工作的实施阶段是在县,所以县单位的农业推广机构和实施办法的确定,很值得我们审慎的研究。而研究的结果,又必须加以实验,才能决定取舍。第二个理由是我们将因此有更实际的材料供学生实习、更实际的问题供教师研究,必须如此,研究始不致有闭门造车之弊,学习亦才能趋于实用。第三个理由是在这抗战时期中我们希望对于后方生产乡村建设,有所贡献。

四、学校兼办社教组织及经费问题

事实告诉吾们,过去的学校很少注意到兼办社会教育,而这次教育部训令各级学校兼办社教的令文中,也没有提到具体的办法,尤其是关于学校本身的组织和经费问题,一种事业的成功,必须具备完善的机构、适当的人才和经费这三个不可缺少的条件。

国内一般大学校,因为限于经费,大都只能从事教学,很少兼理研究工作,既无研究工作,自然谈不到推广,即是教学工作,亦离不了书本知识的传授。以如是的机构、如是的方式去兼办社教,则有等于无,又安能肩负“百废俱举,复兴民族”的重任?!所以我觉得调整各级学校的组织机构和充实各级学校的经费与人才,应是学校兼办社会教育的先决问题。金大农业专修科现在仁寿,即作这种问题的实验,待到告一段落,当公开报告,以供各方参证。

在国外，我们可以找到不少的参考材料，譬如美国各州的州立农科大学，他们的组织都分作教学、研究、推广三部，各部的经费分配，计研究部占百分之五十，教学及推广二部各占百分之二十五。工作的进行，则以绝对适合本州实际需要为原则，每一教授均有研究和推广设计，并与教学工作相互联系。因此，研究的结果，均能针对本州农业社会的需要，作育的人才，多是本州所需求的实用人才。同时，尽量努力社会事业，使社会与学校打成一片。这种与实际社会相辅相助、互求精益的制度，颇足供我们的参考。

五、社教工作人员应注意的事项

教育部陈部长曾说过，所谓政治就是管理众人之事，在中国，众人之事即是农事，因为我们有百分之八十以上的同胞，是以从事农业经营为职业。那末，我们要是普遍的去作社教工作，自然亦是离不了乡村，更是离不了乡村的群众。然而若干主观的和客观的条件，使得中国的乡村仍旧脱离不了恶势力的掌握，因此，去到乡村工作的人，必须要能了解群众的心理，采用最适当的方法，才能化阻力为助力，完成事工。

譬如这次成都五大学基督徒学生，利用暑假闲暇，去温江服务，其中一部拟在某镇假小学校址开办短期小学，事前由女生数人去拜访当地某士(绅)接洽，结果挡驾未见，后又直接去小学校交涉，亦被响以闭门羹。原来当地风气比较闭塞，对女性观念仍如昔日之鄙视，后来由几位男生去接洽，事情就很顺利的进行。再如，温江乡建会某次发动组织农会，因为获得当地某乡绅的赞助，亦是异常的顺利。在另一方面，我们也可以听到很多社教工作者因为没有获得当地士绅的谅解而荆棘丛生的实例，所以我觉得社教工作人员，必须要具有相当熟练的技巧，才能在任务环境下，使阻力技巧的化为助力，其次，在工作进行期间，还应注意下面各项：

(一) 态度　下乡作社教工作的，态度必须和平诚恳，绝对不容许傲慢夸张，惟其如此，才能接近乡村群众，能与乡村群众接近，才能发生情感，而各种预定工作，也才能顺利进行。

(二) 语言　中国地域辽阔，各区方言多不相同，为求工作进行顺利及减少阻碍误会，社教工作人员必须言语通俗，如能操熟练的当地口音，对工作推行更不无小补。

（三）服装　服装以简单朴素为宜，应亟力避免与乡村群众悬殊太远，以减少误会。

（四）材料　所采用之推广材料必须求其适合乡村群众的需要，并能适应其经济的能力，才能得到欢迎。

（五）使群众由被动而自动　要想事业继续不断的发展，必须使乡村群众由被动的地位渐渐变为主动的地位。社教工作人员，仅能从旁辅导，最好联合当地政府和法团组织委员会，成为推动事业进行的枢纽，再训练当地人才，使能自己处理。不仅工作基础将因此而愈趋稳固，且亦免得因人事变迁，而有人亡政息之虞。

现在我国后方各级学校，不下万余所，如果学校内容稍加充实，教师稍加训练，使兼负社教工作，则学校将成为地方建设中心，不仅对于目前抗战建国有莫大之助，抑且培养实际人才以供战后建设之需要，深望全国教育界努力实行是幸。

（原载于《农林新报》1939 年 1 月第 16 年第 1—2 期）

本院过去现在与将来*

第一、引言

诸位:我们知道现在全国所有的农学院,国立的有八所,省立的有五所,私立的有三所,共计十六所。除此以外,尚有公私设立的农工学院及农业专科学校七八所,合计有二十三四所之多。其中历史最久、事业最广、人才最多、贡献最大的,恐怕要算本院为第一。诸位初进本院,尚不识"庐山真面目"。现在把本院情形,分为过去、现在与将来,和诸位谈谈。因为这是诸位的母校,好比诸位自己的家庭,应该认识清楚。何况本院有这样光荣和悠久的历史,对于我国农业建设,有显著的贡献呢!

第二、过去

本院过去这一段,可包括自民国三年创办时起,到七七抗战时止,中间有二十三年历史。回忆创办时的动机和所定的原则,实在合理而值得我们赞美。因是年长江下流,水灾奇重,哀鸿遍野,本院创办人裴义礼先生发起组织义农会,以工代赈,但需要农事指导员甚多,无处聘请,乃设学招生训练,以解决此种需要。此本院创办动机,是为解决问题,非普通为教育而教育者可比。至当时所定原则约有二端,第一,注重实际教材。注重实际教材,以期学以致用,用有所本,如担土、平地、栽树、播种、耘草、收获等工作,皆由学生躬亲力

---

* 章之汶 1941 年 7 月 14 日向中国银行委托金大农学院代办高初级农贷人员训练班之讲演词,周绍麟记录。

役。因我们深知可从书本上学些理论,但须在实习中,求些真知,这样学的,才不致蹈入空虚,才于国计民生发生直接的利益。那时风尚文质彬彬,以躬亲力役为可羞,然而创办人独具慧眼,毅然主张知行合一,变更该时风气。第二,从大处着眼小处下手。社会普遍情形,随对何事,总是头痛医头,脚痛医脚。殊不知要事业成功,须有百年大计。而大处着眼,小处动手,更为立功立业的唯一步骤。如我们校舍的布置,特请世界著名建筑工作师,费两万元设计绘图经费,以后逐步建筑,现在有如此伟大规模者(指南京校舍),实创办人独具匠心的缘故。在创办时期,本院仅有经费五千元,教员二三人,学生十数名。然卒因方针对,办法对,主持人有步骤有毅力,所以奠定了本院的永久基础且逐年扩大起来。好比建屋于磐石之上,大风吹不倒;好比植树于肥土之中,枝叶扶疏,滋长不已。兹将本院事业,分教学、研究与推广三类,逐类报告一下。

一、教学——大学本部、农业专修科及各种训练班之毕业生,到七七事变时止,约计一千二百余人,占全国高等农业教育毕业生三分之一。而从事农业教育及农业改进工作的,占总数百分之九五。曾无一个失业的学生,且有时还有供不应求的时候,至于我国在欧美二地留学研究农业的,至七七事变时止,共约二百四五十人,而本院毕业生,却占一百一十二人,几居半数。因此全国各农事机关,几无不有本院毕业学生服务其中。

二、研究——本院农事改进工作,最大规模,除在南京校本部设有四千余亩农林实验场外,在他省又设分场四个,合作农场十数个。华中华北,几乎每省皆有本院的农事改进工作。这些试验农场,多半有十数年以上的历史,改进籽种,计有三十六个新品种,包含八大类农作物。大家可看了这个简表,就知道了。

作物	品种	产量 (斤/亩)	超过标准品种 (%)	超过农家品种 (%)
小麦	金大二九〇五号	226	25	32
	金大二六号	208.1	7	7
	金大开封一二四号	238.6	12.5	17.7
	金大南宿州六一号	284	33.5	32.9
	金大南宿州一四一九号	264	23	56.9

续 表

作物	品种	产量 （斤/亩）	超过标准品种 （%）	超过农家品种 （%）
小麦	金大燕京白芒白标准小麦	—	—	19
	金大泾阳白芒麦	—	—	19
	铭贤一六九号	水地 370 旱地 226	13.5 9.2	—
	定县七二号	267.5	15	—
	定县七三九一四号	255.8	18.3	—
	徐州一四三八号	245.9	16.5	22.5
	徐州一四〇五号	251.9	21.2	27.5
	济南一一九五号	303.5	32.4	—
棉花	金大特字棉	180	—	—
	金大爱字棉	180	—	—
	金大百万棉	150	—	—
	金大爱字棉四八一号	187	8.5	—
	金大爱字棉九四九号	220	18.5	—
	斯字棉四号	200	—	—
	德字棉五三一号	200	35.5	—
水稻	金大一三八六号	直播 361.2 移植 394.8	9 12.9	—
大豆	金大三三二号	133	44.9	淳化镇 82.7 句容 90.8
粟	金大燕京八一一号	303	26.8	17.8
	金大南宿州三七三号	353	13	50
	金大开封四八号	370.5	31	—
	金大泾宿谷	424.3	34.9	—
	定县燕京二二号	417	7.8	—
	济南金大植物组八号	479.7	53.4	—
高粱	金大开封二九一二号	284.1	21.2	13.4
	金大南宿州二六二四号	328	18	39
	定县三三号	250.9	28	—

续 表

作物	品种	产量（斤/亩）	超过标准品种（%）	超过农家品种（%）
大麦	金大九九号裸麦	211.8	17.9	17.9
	金大南宿州一九六三号大麦	358	18	21.9
	金大南宿州七一八号裸麦	224	13	—
	金大开封三一三号大麦	266.6	7	—
玉蜀黍	铭贤金皇后	550.4	21	—

前任中央农业实验所副所长、现任农林部次长钱安涛先生曾经说过："若无金大农学院农事改良成绩可资应用，则中农所实验工作，至少要展缓六年之久。"这是本院小小的贡献，亦足以自慰的地方。

三、推广——有了好种子，还要推广到农家去，使农家普遍种植优良种子，增加作物的产量。这是办农业学校的最终目的。本院所属各农场的优良种子，即由各场繁殖、推广。其中可资申述的地方甚多，限于时间，未能一一报告。例如：安徽省乌江农业推广实验区，最初是与中央农业推广委员会合办，后由本院独办，经过六七年的努力经营，使每年所需七八千元经费，能够完全自给。最后由当地人士组织，交其自己办理，这种推广事业，永在地方生根繁盛，造福当地农民，这是本院引为欣喜的一件事。

研究、教学、推广，三步事业，是具有连环性的，缺一不可。由研究而得材料，由教学而得人才，由推广而直接造福于农民，使农民生产量增加，经济丰裕，生活提高，间接即培厚国家税源、增加国家物资。任何一件事，无不由推陈出新，进步不已。农业上所谓好方法好种籽，也不是绝对的好，所以继续研究，继续教学，继续推广，是不能停止的，并且是循环性的。本院对于这三项经费的支配，研究经费占百分之五十，教学经费占百分之三十，推广经费占百分之二十，可说合理之至。本院对国家社会有区区之贡献者，于经费支配有很大的关系。许多机关，没有事业费的预算，所以他们的成绩，也就仅仅表现在口头上和笔头上罢了。

第三、现在

"现在"的意义，本只有"刹那之间"，刹那之间过了，即算"过去"。但本院的“现在”，要算自七七抗战后迁移成都之日起，至卅年暑期为止，以便讲述。七七事变之后，南京时被空袭，迁移来蓉，本院主张最力，因农作物试验，非收获后不能随时搬走，为求一劳永逸起见，乃不远数千里，一迁而至成都。此较其他学校一迁而再迁者，其损失自较轻微。迁移时，本院同仁，组织运输团及防护团，转辗跋涉，辛苦异常。路经数月，始安然抵蓉。此本院同仁共同努力之功劳，更有提出报告之必要，而过去所以能有一些成绩者，亦全赖同仁廿余年来，始终如一的努力，继续不断的工作。天下无不劳而幸得之收获，亦无徒劳而不获之耕耘，这是我们对于事业应该如此看，更应该如此做，“事无偶然”，也就这个意思。

迁蓉以后，蒙华西大学借用房屋，又华大四川省府及无线电台，借用农场，英美会借用仁寿校舍，潘主任仲三借用农场，皆足感谢。他如中央政府机关、省府机关、县府机关及中外各种基金会，或资助或合作，均予本院裨益不小，而各项事业，得因开展甚快，以范围论，似超过在京时期。再将现在的教学、研究、推广三步事业分别报告一下。

一、教学

教学部门，可分六种：（一）农科研究所四部，（二）大学本部——七个主修学系，（三）园艺师资科，（四）农业专修科，（五）各种短期训练班（已举办三班），（六）农民学校（分基础与初级学校）。以上各种学生，三十年春季，共计四三九人。所有毕业生，皆有相当出路，且深感供不应求，难于应付。

二、研究

研究设计：共有一百二十四种，计（一）农业经济类十二种，（二）农艺类六十二种，（三）森林类十一种，（四）园艺类十三种，（五）农林生物类二十种，（六）蚕桑类三种，（七）农业教育类三种。以上所有设计工作，皆注重彼此间之联系与调和。已印成设计一览，以供同好。最近组织柑桔改良委员会及烟草改进委员会，凡有关同仁，均参加研究，以谋社会之福利。本年暑期，预备刊行研究设计进展报告，分中文英文二种，分别赠送国内外各机关人士，以作交换学术上之情报。

三、推广

1. 举办五个县单位农业推广实验县。

2. 繁殖籽种推广各地。本年六月十一日，《中央日报》载本院二九〇五小麦云：据中央讯，川北稻少杂粮多，优种小麦推广很重要，根据实际调查，金大二九〇五麦种，生长特别优异，在绵阳等七县，每亩产量，平地超过本地小麦百分之二十九，即每亩可增收一双市斗至二双市斗，故推广顺利。二十六年推广四一〇亩。二十七年五五〇〇亩。二十八年四二〇〇〇亩。二十九年七三〇〇〇亩。卅年计划种者，约一五〇〇〇〇亩，换种者一四五〇〇〇亩，合计二九五〇〇〇亩。我们根据这种记载来推算一下，一亩只算增产一双市斗，一双市斗乘这五年来的推广亩数四一五九一〇亩，则可增产小麦四一五九二双市石。现价每双市石约五〇〇元，则共得国币二〇七九五五〇〇元，即以五年来麦的假设平均价约百元计算，则增加的价值约法币四一五九一〇〇元。此仅本院一个优良品种的贡献，仅在绵阳等七县的成绩。这二九〇五麦种，不但产量高，并且出粉率大，比普通麦子可多出粉百分之十一，且含胶质甚多，所以吸水多，发头好，最便拉面。他的坏处，仅分蘖不多，种时须多放种子，宜于较肥之地，至其植株及生长情形，此时不能详细介绍。

3. 森林函授学校。

4. 农民学校。

5. 推广刊物——《农林新报》及实用农业课本。

6. 短期训练班——农事指导员、农业督导员、农场管理员。

7. 其他。

四、教职员

在抗战建国大时代之下，后方农工商业，异常发达。新设机关，真如雨后春笋。所需工作人员，亦数倍于往日。本院人才较多，遂被新设机关认为拉人之所。于是，本院留聘教职员，殊非易事。然而本院仍有百多教职员，这确是一件可忻慰的事情，兹将三十年春季教职员分别报告一下。

教授	38 人
副教授	9 人
讲师	12 人
助教	32 人
助理	73 人
共计	164 人

五、合作事业

本院又与中外机关合作，办理各种事业，在本院而言，可利用教学之余，从事调查研究，以谋教材充实与实际应用，在与本院合作机关而言，只要动用少量经费，就可得到专家之助力，使事业迅速成功。现在把合作的机关与合作的事业，报告一下：

1. 教育部——合作办理园艺师资料。
2. 农林部——资助办理蚕桑推广及人才训练。
3. 财政部——资助办理烟草研究改进及人才训练。
4. 中央农业实验所——资助办理小麦病害研究及良种繁殖。
5. 农产促进委员会——资助办理农业推广人才训练、籽种繁殖等。
6. 农本局——合作办理柑桔贮藏研究。
7. 四川省政府——举办土地陈报与农校辅导。
8. 美国洛氏基金会——资助办理农业经济研究事业。
9. 中华文化基金会——资助研究稻病工作。
10. 中央庚款董事会——在院设置讲座。

第四、将来

讨论本院过去与现在，于人才贡献，可算吃苦、耐劳、负责；材料贡献，要算农艺、园艺、农具、森林等方面为多；方法贡献，要算农业经济与农业推广为多，其所以有如此区区之贡献者，实因研究、教学与推广三步事业，经费支配适当，连环运用合理，有缜密的计划，有实事求是的精神，以及和政府与社会打成一起，决非闭门造车的缘故。本人深恐与国内比较，蹈“夜郎自大”之讥。故拟于本年冬季，赴国外考察农业，以期取人之长，补己之短，使本院一切长足进步，与国际农业界争光辉。则是时贡献吾政府与农民者，必更多于今日。以后打算积极工作数事，以谋本院内容的充实与效能的发挥。第一，充实教学设备，如图书、仪器、农场等项。第二，充实研究工作，提高学术水准。第三，充实训练工作，培养各级实用人才。第四，充实服务工作，多与政府社会合作，力谋工作实际化，务求学以致用，裨益民族国家。这是本院的最终目的。要能实现达到上述目的，必须大量培养高深人才，是以本院一面积极举办农科研究所，一面选派同仁赴美留学，数年后，本院教授人才，可以增多，教学自能日趋充实矣。今日，时间所限不能多讲，完了。

（原载于《农林新报》1941年8月21日第18年第22—24期）

农业与农贷*

诸位！你们不远数百里或数千里来此学习农贷，而中国银行不惜巨款来办理农贷训练班，究竟农贷为什么这样重要？农贷与农业有什么关系？假若教者与读者，对于这个问题，均无彻底了解，则万难想出妥善办法，来发展农贷这门事业。农贷是根据农业而发生，若无农业，则自无农贷，若无农贷，而农业亦苦于金融调剂，故二者如“轮车相依”。今分三项为诸君言之。

一、农业的重要

人类生活资源，多来自农业。工业发达国家，亦必赖农业国家接济原料。如近代战争，几无不为夺取工业原料而发生，其重要性约可分为五项来说明它。

（一）为民食军需之资源——语曰：“民以食为天。”又曰：“衣食足然后知礼义。”第一次欧洲大战，德国败于缺乏粮食。这一次欧亚大战，英不惜重大牺牲护航运输食品，否则英伦军民即有饿毙之虞。德国攻苏，说者谓专在夺取乌克兰谷仓，以解英国所予粮食封锁之威胁。同时日本之侵占越南，觊觎泰国，为解决军需民食，亦系主因之一。外国人所谓面包问题，中国人所谓饭碗问题，换言之，可说是人类生存问题。而此生存问题，也即是粮食问题。无论何人，须饭后方能工作，而饭之为物，均来自农业，任何科学家，尚未发明以全部矿物能够裹腹者。故欲解决粮食问题，须从农业上着手。至于军需赖于农业品者甚多，如棉花之于炸药，即为最显著之例证。

（二）农业为大多数民众之职业——中国为农业国家，百分之八十的人口，以农事为职业，而中国经济也以农业为中心，每逢水旱荒年，农村经济濒

---

* 文章系章之汶对中国银行委托金大农学院代办农贷训练班讲演词，周绍麟记录。

于破产时，社会秩序，就无法维持。历代不乏实例，如洪杨大乱，即系统率广西饥民而起。今年六月缺雨，加以人造米荒，闻各地就有坐吃大户之事，幸政府举办平粜制止之。总之农业国家，多赖天时地利，经济方得活动，人民生活方得解决，社会秩序方得维持。地利方面，还以人力可以改进，天时方面，人力尚无法左右。农业既系多数人之职业，又赖天时之力甚多，故每有问题发生，即待研究解决。而农业之重要性，也就由此可知矣。

（三）为国家财富之源泉——我国税收如关税、统税、盐税、田赋等，无不直接间接来自农民身上，故农业实为国家财富之源泉。前清时之国税，百分之五十至七十，来自农业身上，目前田赋为国有，且改征实物，换言之即加收田赋。而国税中也只有田赋可靠，藉以挹注战时财政之亏累。

（四）为抵补入超之出口品——抗战以来，国家一切用费浩繁，而购买外来军火，为数尤巨。此种入超之抵补，除用原有一部硬币外，全赖土产输出，据国际贸易委员会报告：目前出口物品，共约廿四种，除头发、矿砂外，余如丝、茶、桐油、猪鬃等，均系农产物。我们并不自矜以农产物去兑换人家工艺品为上策，但在工业不发达之前，而固有之农业，须加以讲求改进与利用，藉以补救目前之财源。

（五）为发展工业之基础——农产物，经加工之后，即变成了工艺品。如小麦之于面粉厂，棉花之于纺织厂，橡胶树之于橡胶厂，以及罐头厂、制革厂、植物油厂、丝厂、糖厂等，不胜枚举，要之多赖农业品为原料。列强之角逐互相夺占殖民地，亦即在掠取工业之原料与寻找市场。今苏美之努力发展农业，盖所以巩固工业之基础也。我国目前较有希望之出路，只有利用固有之农业原料，竭力发展轻工业，除供全国销费外，所余全部，运销外国，以换取重工业之机器。庶提倡中国现代化与工业化，方有希望。陶知行先生有两句名言："中国须在农业上安根，在工业上出头。"我认为是对的。世界各国，其于农工均能希望自给自足者，仅中美苏三国而已。其他国家，工业虽日趋发达，而农业方面，以天时地利之限制，则难如其希望。中国天赋农业环境特厚，实为发展工业之优良基础，现在只待人事上来解决这个问题。

二、增加农业生产

农业之重要，已经说明，如何增加农业生产，为目前急须研究解决之问题。据一般而言，不外两种方法：第一为扩大耕地面积，此问题农林部正在调查设计，并拟开辟国营农场若干所，藉以拓殖耕地；第二为增加每单位面积生产量，如改良种子、肥料、水利、农具，防除病虫害，研究农场管理，仓库贮藏，加工制造以及运销等工作。上述第一第二两种方法之推动，一面要靠政府力量，大刀阔斧，努力前进，一面要靠广大民众普遍接受农业推广，努力改良。年来各省设立农业改进所，于农事改进，不遗余力。惟中国农村过大，农民过多，欲使同时动员，非大量增加资本，灵活农村金融不可。农贷即负此使命，更赖各位农贷员去完成此使命，然则各位之责任，也就无以衡量其重矣。

三、农贷须配合农业生产

先有农业，然后才有农贷，农贷之发生，系根据农业生产上之需要。二者若能配合适当，则效率甚大。如何配合？简言之，约有二端：一为勿失农时；二为指导农民生产。大家都知道农业是有季节性的，古语说“春耕夏耘秋收冬藏”，可见农事各季工作不同，而所需之资本也就有缓急之别。农贷须按此缓急而定放款收款之日，若错误时机，则收效微矣。农贷不但不能误时，并且于放款前后，要能指导农民生产，庶贷款用之得当，而农民可以实收其惠，农贷亦易收回其款。诸位不但要彻底了解农贷之理论与方法，还要明了一般农事知识，庶能完成你们的任务，而达到利国利民的目的。完了。

（原载于《农林新报》1941年9月21日第18年第25—27期）

新县制与人才训练*

一、新县制之由来

近百年历史，乃吾国外交失败惨痛史，同时亦是我中华民族争取独立自由奋斗史。自一八四〇年鸦片战争失败割地赔款以后，凡与外国有所交涉，总是失败，总是丧权辱国，不是割地，就是赔款，因此激起人民义愤，痛恨政府之无能，乃发动爱国运动。例如一八五〇年太平军兴起、一八八八年维新运动、一九〇〇年义和团起义、一九〇八年清末宪政运动等，不幸皆未成功。及至一九一一年国民党发动辛亥革命，推翻满清政府，创立中华民国，不幸袁世凯野心勃勃，想做皇帝，创设督军制度，造成群雄割据局面，乃引起多年之内战，结果生灵涂炭，国势日衰，土匪遍野，人民不能安居乐业，流离失所。当此时也，有识之士，乃发动人民自卫、自治、自救运动，其中最著者，当推河南镇平县之自治运动，领导者为彭君禹廷，主张“自卫、自治、自富”“求人不如求诸己”“自力更生”等，经其努力，不数年而地方大治，真是做到“路不拾遗，夜不闭户”。于是各地闻风响应，所谓乡村改进区，到处林立，真如雨后春笋。同时广西省政府推行三寓三自政策，不数年而全省大治，被誉为全国模范省。民国二十一年内政部召开第一次县政会议，通过实验县办法，因是江宁、兰溪、邹平、荷泽及定县五个实验县之设置，试行管、教、养、卫四大治理工作。前由各乡村改进区所举办之事业，今由政府推行之矣。待至抗战后于民国二十八年九月十九日，政府公布县各级组织纲要，于是全国各省普遍实行新县制。

---

* 文章为章之汶向学思社讲演大纲。

二、四川省推行新县制情形

四川省政府为推行新县制，订有四川省实施各级组织纲要三年计划大纲及四川省实施县各级组织纲要第二期中心工作计划，同时由省府组织四川省实施县各级组织纲要辅导会议，并于首都所在地指定江北与巴县二县为新县制示范县，由内政部迳予辅导，在省府所在地则指定彭县与华阳二县为示范县，由辅导会议予以辅导，现彭县工作业已开始进行，而华阳尚未发动。

三、新县制需要新人才去推行

四川实施新县制，迄今年余，一般民众对于新县制之内容与重要，多未了解，在多数县份，不免有名无实，因此引起人民对于新县制发生怀疑，而加以责难。吾人试思新县制乃改变昔日之旧县制，由无为政治一变而为有作为之设施，为人民谋福利，为国家树立民主政治基础，兹事何等重大，断非毫无训练习于官僚政治之人员所能举办。即以彭县而论，如欲达到彻底实施新县制，则全县上至县府，下至保甲长，共需一万一千四百七十二人，试问于短时间内，是否能物色如许人才，如曰不能，而反责新县制之无成绩，是诚不公之论也。

四、新县制人才如何产生

新县制之重要，前已言之，考其中心工作，为组训民众与乡保造产，民众无组织无训练无生计，何从谈起自治？更何从谈起民主政治！是新县制之推行，实为真正民主政治之前驱。我全国人民自应协助新县制之顺利推行，我教育界尤应协助政府培养新县制之推行人才。

新县制人才产生之先决条件，首在确定各级教育之目标，俾收分工合作之效益。县长为主持全县行政大计，应由各大学有关研究院负责培养。至于县长以下各级人才，新县制之中心工作既为训练民众与乡保造产，故大部均应由各级农业学校负责训练。大学农学院为培植农业行政、农事技术之全能人才，故应培养县政府建设科人员及县中等农业职业学校教员。农业专科学校及农业专修科，应以培养合作指导人员、合作金融人员及农业推广人员为其中心目标。中等农业学校应负责培养合作指导、合作金融、农业推广助理人员及乡镇公所经济干事人员。同时努力推行新农教育，以造就现代农民，训练农民领袖，使有接受一切推广指导之能力，而实际参加造产工作。至各级小学教育，应加重农业生产课程，以培养儿童生产兴趣，改变其对于劳动之轻视观念。如此上下齐心，协力推行，新县制之前途，庶几有象。

（原载于《农林新报》1942年8月21日第19年第22—24期）

自然科学与农业*

一、何谓农业

汉书云:"辟地植谷曰农。"此种古代未开化之农事经营方式,即现时边区夷民种田,犹存此风,实未足以言农业也。所谓"农业"者,乃使所经营之农事,成为一种企业(Enterprise),亦如工业商业然。故引用汉书成语解释现代之农业,已嫌不够。塔尔氏谓"农业者,乃由于生产植物的物品与动物的物品——有时且予以加工——以收得利益或获得金钱为目的的之营业也"。此种解释,颇合现代农业之意义。盖一切企业最后之结果,在求经济上之收益,依此可知农业必须受一切经济原则及科学技术所支配。如收益虽大而投资甚多,结果得不偿失,亦不得称之为"业",必须详细核算其成本与纯益,而予以适当之经营,俾能将本求利,而使所投资本完全合乎经济原则,始得谓之为农业。昔语所谓"只问耕耘,不问收获",用之于作事精神,固属正常,但用之以经营农业,则颇值吾人考虑。其次请再谈及生产技术问题。

二、我国农民农事经验丰富

中国自黄帝时,即开始固定之农业生活,历代相传,子以继父,直至鸦片战争为止,纯为闭关自守、自给自足之农业古风,所谓耕田而食,凿井而饮,完全画出其满足现状不向外求之传统思想。故数千年来,农民技术高超,令人钦佩。此种经验之彼此相传,恒表现于各地之农谚。姑以故乡皖南若干农谚

* 文章系章之汶 1942 年 5 月 30 日在中华自然科学社讲演词。

为例：

1. 气象：(1) 早看东南，晚看西北；(2) 东虹日头西虹雨，南虹北虹虹到底；(3) 月晕而风，础润而雨；(4) 春雾雨，夏雾热，秋雾寒霜，冬雾雪；(5) 清明要晴，谷雨要雨；(6) 雪兆丰年。

2. 耕田：(1) 深耕易耘；(2) 田要深耕，儿要亲生。

3. 选种：(1) 好种出好苗；(2) 龙生龙，凤生凤，老鼠生的儿子会打洞。

4. 播种：(1) 谷雨前好种棉，谷雨后好种豆；(2) 芒种栽秧家不家，夏至栽秧普天下，小暑栽秧喂老鼠，庄稼宜早不宜迟。

5. 防虫害：蝗虫打，结虫梳，桃心虫，没奈何。

6. 积谷：养儿防老，积谷防饥。

故农民根据此种农谚，一年四季，春耕、夏耘、秋收、冬藏，到时即作，不违农时。凡此丰富经验结晶，可惜尚未有人利用科学方法加以编纂。即古人文章之内亦恒有意无意之间，渗入老农之良好经验与技术，例如陶渊明名句有“农人告予以春及，将有事于西畴”。又如柳宗元种树郭橐驼传内有“其本欲舒，其培欲平，其土欲故，其筑欲密”，颇合乎现代森林家之科学种树方法。凡此经验，概为历年实地从事经营而得，故亦可谓之科学，惜无人利用发挥之耳。

三、农业与自然科学

欲求农业之改良，首须研究农学，而所谓农学，必须建立于自然科学基础之上，始能满足吾人之欲望。例如增加生产，须利用改良种子，已往农民，亦知换种，即以自己较劣之种子换得别人较优之种子，此亦由实地经验而来。但往往换种后，不一定完全能如理想之完满。如采用应用科学方法，加以试验，以视其究竟是否良好，则比较可有把握。犹忆战前华北大旱，华洋义赈会一西籍人士，用美国玉米散种，结果失败，损失不赀，即因缺少应用科学方法试验之故。如能事先试验栽培，则此损失，当可避免。美国康乃尔大学教授马雅斯曾以小麦为材料作如下之试验，而求得十年之平均数字：

表一　种于肥瘦不同田内

形性	瘦土	肥土
株高 Cm.	54.044	81.026
穗长 Cm.	4.960	8.231
产量 Grms.	0.650	5.095

表二　种于普通田内

形性	来自瘦土者	来自肥田者
株高 Cm.	70.043	70.324
穗长 Cm.	7.504	7.785
产量 Grms.	3.371	3.735

由上表可知，同样小麦在两种不同之肥土与瘦土情形之下差别甚大，但如反回再种于同样普通田间，则相关甚微。故可断言由环境改变而获得之性状不能遗传，仍可因环境之改变而变异其性状。如欲使优良性状永久遗传下去，则有赖于自然科学为基础，始可达到目的。盖育种必须研究遗传，进一步则必须研究细胞学，而研究细胞学，则必须研究染色体与遗传因子(Gene)，再进一步则为生物学、物理学与化学。故只由应用科学不能达到吾人之需要与欲望，欲求达到需要与欲望，应于自然科学领域中求之，待无疑义。

具有应用科学常识，于举行区域试验时，固可获知因土地肥瘦关系而改变之性状不能遗传，但欲使品质改善而求其所以然，则需于生物、物理、化学中求得答案。老农知其然而不知其所以然，现时一般学农者，亦不免具有同样错误，即因基本科学知识不足之故。欲求进步，非有丰富之自然科学基础不可，现时一切事业必须跟从时代向前走，学农者须知纯粹科学乃应用科学之基础，否则亦与老农相同，又何贵乎有农学？即农业上各个部门，均与自然科学息息相关，不可分离，如数学之于生物统计学；物理之于农业工程学；化学之于农产加工学、肥料学及药剂学；生物学之于育种学及遗传学；地质学之于土壤学等。故总裁谓："苟理论科学无深厚之基础，则应用科学不能有确实这进步"。

抗战前一般学农者对于自然科学恒加忽视，遂使应用科学失却基础，每每在农业上发生某种问题，不能求得答案，而感觉痛苦与烦闷。如自然科学基础丰富，经详细研究后，立即获得答案，此种快乐，当非区外人所能明悉。快乐各人不同，有者追求升官，有者追求敛财，有者收藏古玩，有者声色走马，而读书人则于求知中寻求快乐。但如无自然科学基础，则结果仍为痛苦与烦闷，毫无快乐可言，只能如一机械匠而已，别人研究，自己照用，甚至所用是否适当尚系问题。

四、结论

总结以上所言，中国已往农业，仅恃老农经验，近二十年来始知引用应用科学，此后当努力引用自然科学，由自然科学中，始可求得一切答案，获得真正快乐，愈做愈有成绩，而愈做亦愈有兴趣，如此继续努力，夙夜匪懈，始能达到农业改良之目的，而与外人一争短长，正如古诗所谓："欲穷千里目，更上一层楼。"

（原载于《农林新报》1942 年 11 月第 19 年第 31—33 期）

农业与国民经济*

今天本文讲的题目是“农业与国民经济”。当前大家所注意到的是民主问题，但要知道必须民生问题得到解决，民主问题才能解决。谈到民生，当然就涉及经济问题。今后我国经济建设的方策，不会走英美资本主义的旧路……中国要走的路乃是国民经济建设之路。

我们站在农业界的立场看，中国今后应从农业经济着眼。因为我们百分之八十为农业人口，先须谋此部分人口生活的改进，才是对策。即或谈中国工业化吧，但工业发达初期，工厂不能立刻便消纳如此大量的农业人口，同时工业产品尚须销售于农村。据个人私见，中国农民每人只平均耕耘三英亩多地，比美国农民每人一百余英亩，生活水平相差太远。因此中国发展经济的途径，应为农工商密切联系才行。

现在先谈农业：第一要增加生产，第二要改良产品品质，第三要减低生产成本。以此为目标来改进，中国农业才有办法。今天大家注意的，多限于第一项，即增加生产方面。对于第二、三两项注意人较少。其次谈到工，此处即指农产加工等范围而言，如纺织藤工等，多是中国旧有的家庭副业，但全听自生自灭，政府未加协助，社会亦不注意，因此始终没有进步。今后学工学农的都应下乡指导农民，才能发生大的效果。例如张季直先生在南通提倡改良棉业，到今天南通成为棉业和纺织业中心，就是农工配合的显例。本人对金大乌江实验区，今后计划筹办一棉纺改良合作社，同时希望有学工的去介绍小型新式而且适合乡村的纺织机，将农民所生产的品质好的棉花，先指导农民如何纺，然后送到合作社去织。由此兼可收到组训农民的效果。最后谈到推销问题，便是属于商的范围，将织好了的布匹运到各地去推销，让农民得较大

* 文章是章之汶的演讲词，张廉记录。

的利润，农村经济定可丰裕无疑。所以本人主张应将生产、加工、运销合而为一，也就是农工商合而为一的道理，今后我们应按此原则作去。总理说“政治为管理众人之事”，而目前的县政府与人民此种事业毫无联系，此种错误，应加纠正。

另外本人觉得我国农业应划分区域，各置重心。例如东北以大豆为主，该区农业经费，即应以百分之五十用于大豆；华北区应为棉业中心；华中区应为植物油中心；华南应为茶叶水稻中心；西南区应为桐油等中心。各区域应侧重主要作物的生产、加工、运销，农工商三者均应彻底配合。如此则第一全国劳力不愁无消纳之处；第二中国工业区域可自然形成疏散，以免妨碍经济均衡发展原则和国防的重大意义；第三如此循序以进，民生宽裕，政府易取得民众信仰，以后推行政令，必更便利。此外，上次美国副总统华莱士访华时对本人说，希望中国能够尽量使用电力。这话很有道理，因电力若能普遍使用，乡村工业化更快，并少浪费。所以盼望学农工商的都能下乡，则政治的进步，国民经济建设的成功当无疑义。

我的结论是：只谈生产，不谈加工、运销，是只做到三分之一，不能全部解决农业问题。盼望今后农界人士，多多注意这三者联系问题的重要性，中国农业前途才有希望。

（原载于《农会导报》1945 年第 1 卷第 3 期）

欧美农业近况*

本人前年奉邀赴英考察农业，系经印度、埃及、西西里前往，考察毕，曾到荷兰、比利时观光，复折回参加伦敦世界粮食会议，会后经九日旅程抵美，遇邹秉文、谢家声诸先生，欢叙之余，万感交集。旋又往加拿大一游。原拟去秋返国，以便参加美国农业考察团草拟工作报告。适美国海员罢工，无船行驶远东，未得启程，候船期间又随冯玉祥将军参观水利工程，此次先后共到十个国家，其中有五个国家所耽时间较久，印象较深，今日所讲，即为此五国最近农业状况。以后有机会，当再去苏联、日本一趟，俾对世界农业有概括之认识。

一、考察动机

本人服务教育界凡二十余年，此次考察不过在搜集些材料，供献学子，其目的仅在求对欧美各国战时农业之设施及战后农业建设之方针，有更深一层之了解。

二、五国农业概况

（一）英国　旅行途中，极为便利，本人考察特别注意了解：1.英国政府农业政策及设施，如农业行政组织、人才之培养、推广机构及土地政策等。2.农民团体活动及农家生活。前者费时两周，后者由英国文化委员会排定四十五天行程。我们知道英国为一工业国家，七十年来因过分谋工业之发展，而忽略农业之发展。农家房舍均为七十年前所建造，这七十年来农业不过维持现

* 章之汶 1947 年 1 月 13 日于中林所纪念周讲演，李毓华记录。

状而已。战前英国便将工业品输出以换取农产品，及至大战爆发，海岸线被德国封锁，此时粮食假若不能自给自足，只有失败一途，才知道发展农业之重要性。

农业政策："政府之责任在使全国土地、农田有适宜之耕种、栽培、利用与管理，农民所需农具，得适当之供给，农民住于农场有合理之报酬，农产品价格，政府予以相当保障，人民享有丰富之生活。换言之，政府对农业之看法和设施，如同对工业一样，城市中各种便利，如卫生、娱乐设施等应推广到农村。"这种政策可谓非常合理。

实行政策中央有农部，无省级组织，下面只有县级机构，但此仅包括英格兰与威尔斯，苏格兰不在内。研究机关政府所办有限，全为私人所办，政府稍予补助。教育推广均受农部管理。苏格兰在爱丁堡也有农部。研究机关在中央有 Agricultural Reasearch Council，各种研究均受其统筹指挥，经费不多，然从事研究工作人员无不刻苦自励，埋头实干，其精神诚堪钦佩。研究机关与大学均有密切联系。农业教育，最著名大学有牛津、剑桥、锐丁，其长处在注意人才之教育，农业推广办法，系将全国分为九区，每区包括若干县，每县设农业指导员若干人，均受中央任命。

本人曾详细参观剑桥附近一农场，英国在一九二三年通过了一种法律，限制大地主大房东，土地或房屋自己不利用时，政府科以重税，故人民土地房屋多时，即拍卖一部分，政府出价收买之，除房屋出租外，土地则安置退伍军人，教之耕种。这个农场面积约有三百英亩，三至五英亩为一单位，共六十四单位。耕种者为一退伍军人，政府只设一管理员管理此中心农场。此军人在一年间时共收入一千磅，除开支外净得五百余磅。其出品有生菜、萝卜、萌椒、番茄、鸡蛋等。其办法系耕种等工作，由指导员协助，买卖亦由指导员办理，平日记账，年终结算，管理员方面除开支外，一年亦盈利五千余磅。

英国战后农业。由于美加尽量供给农具，已在突飞猛进，战前仅有曳引机五万五千具，现在却有十五万具。其机械化程度，已超过美国。为指导农民应用新的机械，各县设有战时农业执行委员会，委员由农民自己推选，政府予以委用，农家分三种，甲等可以独自营，丙等由会协助，乙等界于二者之间。如有不堪协助者，即着其改业。各县设有机械工作站，并有分站。农民能使用机械者，可予租借，不能使用者，由工作站代为耕种。土地改良之结果，荒地悉已变为良田。

今后生产方针有三：希望英国每个人每日有一磅牛奶，改进畜种，增加杂粮生产。总之印象最深者，厥为英国人办事精神，沉着、坚毅、有组织，人人努力从事建设工作。

（二）丹麦　虽只有四百万人口，但生活水准比英国高，从事农业工业及他业者各占三分之一，经常以农产品输出换取工业原料。其合作事业之发达，为世界冠，有各类合作社，由下而上，指挥员薪金合作社及政府各出一半，来往旅费由政府负担。借合作社发展农业生产，再将其产品输出，换取原料来发展工业。战时农民损失不大，目前最感辣手者，为生产成本太高及产品销售之不易。

（三）荷兰　已往借殖民地获利，建设本国。工业以造船最发达，农业以农田水利及观赏花卉著名。因其地低于海面，故对水利异常注意。兴办农田水利步骤：首由土壤专家取土层，制图表，次由土木工程专家计划筑堤，再除碱，辟为耕地，全部约三五年可完成。

（四）加拿大　一千二百万人口中百分之四十为法人，余为英人，城有一农事试验场，土势平坦，一切有条不紊。研究集中，在中央有三十四个分场，二百个示范场。推广属各省，各省派代表至各县作农事推广员。教育属州。仓库网之兴设，有政府及私人办二种，大小仓库网共五百，能容四亿三千万蒲式尔，由小仓到大仓，再到出口仓，其设备之完善，有口皆碑。

（五）美国　真可谓集世界农业之大成，发扬光大，故罗斯福总统辄以“美国为世界兵工厂为世界仓库”自诩。现有人口一亿四千三百万，从事农业者，估百分之十八。人民均相当富庶，一九四五年每年平均收入有千五百美元，生活安定，购买力强，人民有大规模之生产，为商业式之农业。考其农业发达原因：1. 地大物博，新大陆之开辟仅三百年，共人口迄今不过一亿四千万左右，有广大之土地，供给农民耕种，物产又称富饶。2. 交通发达，公路铁路四通八达，人民可散至四方，农产品运输方便，治安良好。3. 应用机械，曳引机飞机等农民普遍使用。

摧残农业资源情形：美国森林面积最初有八百亿英亩，经人民滥发辟为农地，面积遂逐渐减少，一九〇一年老罗斯福乃将森林收归国有，此时森林尚存原有四分之一，而由政府回收作为国营林场者，达一千四百八十亿英亩，及至小罗斯福执政时，乃于一九三六年拟妥水土保持方案，土地才得合理利用，森林亦得以保护。

农部有三七主义，即办公厅有七层楼，走道长七千哩，工作人员有七千，规模之大，可以想像。总试验场有一万四千英亩，工作人员二千，此外尚有四个区域农场，省设有农务厅。

水土保持事业概况：小罗斯福总统鉴于战后经济恐慌，失业者众，于一九二九年成立联邦农业局，由政府收买农产品，维持其价格，至一九三二年忽取消 Farm Board，阅二年国会通过设立 Agricultural Adjustment Administration，农民则专耕种良地，瘠地放弃利用，生产照样增加，而国家成立 AAA 用费浩大，政府遂改变方针，推行水土保持，使农民合理利用其土地，不宜种植作物者，改营其他，如是失业问题解决。最初其机构设于内政部，其后因有成绩，又受人民欢迎，故改为农部。

要之：欧洲虽古老，尚能自给自足，人民生活亦在水准以上，美国力求锐进，生产过剩，人民生活最为舒适。各国农业系经各国人民风俗习惯而演变成今日一种制度，欧美制度绝对不能解决中国农业问题，其办法亦不能贸然采用。今后欲发展我国农业，必需与其他方面，如经济、交通、教育等互相配合，同时借鉴欧美，才有希望。

（原载于《农业通讯》1947 年第 1 卷第 1 期）

序言

《植棉学》序

衣食住为人生之三要素，丝麻棉又为衣之三要素。吾国以农立国，普通农民，固尝从事于丝麻棉矣，然丝为奢侈品，麻则仅为御暑之需，惟棉为适中材料。环顾国中业棉之农，率皆墨守旧习，罔知改良，于五谷而外，随意种植，其收获之丰歉，悉听自然，坐使八口之家，终岁之衣，不能自煖，则甚矣植棉之学不可不讲也。之汶世处农村，目击农作之不知改良，致令地有余利，尝引以为憾。自肄业金陵大学农科，从美国植棉专家郭仁风教授，研究棉之选种、育种、布种、培养、防害、收获、推广诸法，修毕后于母校教授植棉。以学理证诸实验，略有心得。今不揣浅陋，编书三十五章，列为五篇，名曰植棉学。非敢自炫，实愿就商于海内实业专家，谋裕人生衣之要素云耳。行文之陋劣，知所不免，尚乞阅者谅之是幸。民国十三年十二月，来安章之汶序。

［原载于章之汶著《植棉学》(中国科学社丛书之二)，商务印书馆，1926 年］

《农业推广》序

"农业推广"在中国为一新兴名词,社会人士,对于此种事业,向少注意。过去虽有少数教育机关团体,直接或间接在各乡村从事各种推广工作;然在主持者,既不以办农业推广自居;而局外之人,亦不以办农业推广视之也。至于一般农业学校及农事试验场,则埋头从事训练农业人才,与研究改良作物之品种、栽培、管理、病虫害等问题而已,盖一般观念,皆以农业学校造就学生愈多,则成绩愈大。是否适应社会需要?是否能各用其所学,而有所贡献于农业?则不暇计及!其职掌研究试验者,则互以试验之门类多、试验之计划大、试验之方法繁复相争胜。其研究成绩,虽属可观,而确能推广于乡间,为多数农民乐于采用者,不过十之二三!所谓农业教育、农业研究,与实际农村、农民、农业,相去不知若干里?即偶有接触,每因真相欠明了,或方法未精当,所得影响,亦至有限,此皆过去社会偏重农业之研究与教育,而忽视农业推广,有以致之。殊不知农业之研究、教育与推广,乃鼎足而三,互相依附。有研究,始可解决疑难,发现新异,而树立农业改良之基础。有教育,则可根据研究结果,启迪后进,作育人才。有推广,则可将改良成绩,广为分布,以增进多数农民之福利;同时可得种种实际问题,供研究之资料。而研究与教育之功效,乃益显著!此三者实互相关连,而必须同时并进者也。

农业为民生根本至计,尤以在我国之背景与环境之下,无论从土地与人口言,从人民生活习惯言,从国家财政收入言,以及从全国经济状况言,舍亟图农业之改良与发展外,似无更普遍而重要之途径。农业推广之重要任务,即在改良农业与发展农业,将最新之农业知识,优良之农业成绩,介绍于一般思想落后生活困苦之农民,以增进其经济收入。然而农业推广之最大目的,尚不仅注重农业生产方式之改良,尤在改善农民实际生活,促进整个乡村建设,如关于农村组织之改良、农村文化之开发、农民道德及生活之提高等。务使一切落后之乡村与农民，得追随时代而进化，充分享受一切新文明之赐给。是农业推广，不但解决民生，且藉以培养民权，复兴民族。其有助于国家建设者，实重且大也。

最近十年来，我国农业推广事业，经政府之倡导，与各界之努力，已日见进展，朝气蓬勃。自中央至各省与各地方，皆有相当之推广组织与推广事业，重以全国农村，已濒于破产之绝境！农民胼手胝足，终岁辛勤，且不能维持其水平线下之生活，亟待提携改进，已成为迫切而普遍之需求！故农业推广之普遍之推行，亦势所必然耳。惟关于推广之制度、人才、经费、材料、方法等应如何斟酌损益，期于至善。则在推广事业方植基础之今日，实值得吾人之注意与研究者也。

著者对于农业推广，素有兴趣！于民国八年，即随郭仁风教授（J. B. Griffing）从事棉花育种与推广，奔走南北，趣味盎然，并先后主编金陵大学《农林新报》，致力于宣传农林知识，推广改良成绩。曩岁之汶游美，亦尝于研究之余，实地调查彼邦推广状况，以为攻错之资。深知美国农业之所以有今日发达者，实归功于农业推广之努力，所出版关于农业推广之书报，琳琅满目，美不胜收。我国近年对于农业推广，虽渐知注重，惜推广之专门书籍，尚付阙如，关于推广之知识，犹未能普遍介绍于社会。同时国内各农科大学，多已增设农业推广学程，而皆苦无完善之教材。外国书籍，虽不乏善本，然皆不能适合我国之国情。取供研究参考，未始不可，若实际应用，则不免削足适履，其扞格难行矣。此著者等所以有本书之作也。

本书自收集资料，至编辑成书，时逾两载。其中屡经增删，并曾选作金陵大学农业推广班之教材。内容重在推广理论之阐明，推广要素之研究，与我国推广事业之探讨。文字力求简明，立论只举纲要。其有关涉他种专门学科之处，则以各有专籍，概从简略。各章皆附有问题，以为研究之助。

本书材料，得之于各机关团体之丛刊报告者不少，参考书籍，亦有多种，悉于本书附录中撮要举出，此应向各著作家与出版者深致感谢者也。

章之汶、李醒愚序于南京金陵大学
二十四年三月

［原载于章之汶、李醒愚著《农业推广》（大学丛书），商务印书馆，1936 年］

《乌江乡村建设研究》序言

安徽和县之乌江农业推广试验区，为中央农业推广委员会及金大农学院所合办，主要工作，除推广优良品种外，并包括经济、教育、卫生、政治及社会诸项，虽以农业推广为工作之重心，实兼谋整个乡村之建设，值此举国营求农村复兴之际，乡村改进工作，几如风起云涌，然以农业推广作出发点，以谋乡村之建设，在乡建运动中尚属一种崭新姿态，是否为可采取之路线，殊值得我人之研究与讨论者也。

乌江农业推广工作，实始于民国十二年，因少文字之宣传，遂缺乏具体之工作报告，蒋君杰专攻农业经济及乡村教育，因目睹乌江之建设事业，深觉有研究与探讨之价值，乃亲从事与乌江农业推广实验区现状之调查，旁搜远索，几及两年，关于该区之事业范围及所在地之社会，藉周密之考察与分析，悉有准确数目字之报告，今根据其研究所得，用客观态度，思将乌江真面目，不加藻饰，尽情暴露于吾人之前，特辑为《乌江乡村建设研究》一书，分过去、现在及将来之乌江三篇，举凡该区事业进行之困难得失暨服务人员之心得，地方各界之舆论及该区将来之计划，均详述无遗，都廿万言，诚研究乡村建设工作之巨制也，蒋君将刊而问世，行见其不胫而走矣。是为序。

谢家声、章之汶于金陵大学农学院
民国二十四年四月十五日

（原载于蒋杰编著《乌江乡村建设》，金陵大学农学院，1935 年）

《中国农家经济》序

本书为本院卜凯教授苦心孤诣费时五载所贡献之成绩。其目的诚如著者所云，一方面在训练学生使知如何利用调查方法，以研究农业经济与农业经营，并使其能了然于本国农家经济之机构与内容。同时在另一方面，使国际间对于占中国人口绝对多数之农民，其生活资源与生活状态，得有更深切之认识。世界和平胥赖于国际间之互相谅解，斯则本书之作，对于世界和平，或亦不无裨益也。

本书不特材料丰富，持论亦复公允，盖一切论断完全根据于调查所得之数字，故其准确程度，远非一般仅能代表个人观感之著作所能同日而语也。

本书出版于一九三〇年，原为英文，对于不谙西文者颇多不便，兹由本院张履鸾先生译为汉文，张君治农业经济学有年，著述宏富，造诣甚深，译笔既审慎忠实，而文字亦复流畅生动，吾知其必能餍读者之望也，爰为之序。

谢家声、章之汶

民国二十五年二月

［原载于（美）卜凯著、张履鸾译《中国农家经济》，商务印书馆，1936 年］

《农业职业教育》叙言

人类生活之所需，多取之于农，故农业与人类之生存至有关系，此在农业国家，固应重视农业，即工业发达如英、美、德、日、法诸国，对于农业之研究亦复猛进不已，推其原因，要以工业品之原料，多为农产物，农业不兴，工业发展胥受其障碍。我国为一生产落后国家，至今犹停滞于农业社会阶段，欲求当前国家经济基础之稳定，或进而谋工业之发展，均非先求农业之改进不为功。

我国自古以农立国，农业有其悠久之历史与重要之地位，然过去对于农事之学习，悉本历代相传之经验，陈陈相因，向未作有系统之研究，故过去仅有农事操作而无农业教育，有农事经验而无农业科学，农业生产之日趋衰落，原因虽多，农业之缺乏系统的研究，实为其主要者。

近年来国际经济之斗争日趋加剧，我国农村经济，乃日形崩溃，复以天灾人祸，交相煎迫，农业生产，日趋衰落。上下忧于国本之飘摇，均觉非发展生产教育以推进生产不足以图存，职业教育之扩充乃当前之急务，而尤着重于农业教育，农业教育机关，因以林立，重农政策，几风行全国矣。

农业教育最后之目的，在普遍增加农民生产之知识与技能，以图农场收入之增加，而谋人民生活之改善。故农业教育之设施，应以此为其鹄的。

然过去农业教育之推行，鲜有一贯之政策，农校当局，恒为办学校而办学校，农校教师，几亦为教书而教书，学校学生亦莫不为读书而读书，彼此均以书本知识相传授，其与实际农事相去远矣。

农业为一种应用科学，复富于地域性，各级农业教育机关宜有其特殊之使命，各地农业学校，尤贵能适应当地农业上之需要。教师对于学生之指导，尤须有教学能力与经验，方能养成学生专业之能力。巧器之成，端赖良匠，学生之学识、思想、态度与人格之陶冶，其权亦操诸教师，教师苟缺乏教学经验与能力，学生实难望其有专业能力之养成。故农事师资之培养，殊属急不容缓之举。

我国教育当局，现已注意于农事师资之训练，今夏曾举办全国中等农校教师暑期讲习班，近复有委托各大学农学院训练各种农事师资质计划。惟对于农业教育，国内向少专门之研究，关于师资训练教材，极形缺乏。之汶前就学美邦，尝致力于农事师资训练之研究，返国后即主持金陵大学农学院乡村教育系，兼讲授农事师资训练课程，而尤注意于农业教育材料之搜集。近年先后受苏、皖、鲁、桂等省之聘，担任农业教育设计，深感农事师资训练需要之迫切及师资训练教材之缺乏。爰就作者之认识与经验，将所得之材料，辑为《农业职业教育》一书，计分四编共十五章，首在介绍当前农业教育之状况，提示农业教育应有之政策；次则对农业职业教育之设施，作一具体之建议；因实习工作之重要，对农事实习之辅导，并作专编之讨论；最后则指示农校应有之校外活动及方法。除可供师资训练材料外，兼可作农业教育行政人员之参考。

本书自搜集材料以至成篇，历时三载，几经删改，并曾选作金陵大学农业教育班教材，颇合于一学期每周两小时讲授之用。至本书材料，除采自有关册籍，悉于每章之末标注外，本校农具学教授林查理先生及农具学助教王启美先生关于农场工艺与农场机械两章材料之供给，对本书之增色殊多。邓君桂森代为制图，聂君锡山代为抄录，均应致其深切之谢意者也。

章之汶、辛润棠合序于金陵大学农学院
民国二十五年十一月一日

（原载于章之汶、辛润棠著《农业职业教育》，商务印书馆，1937 年）

《私立金陵大学农学院行政组织及事业概况》叙言

本院年来，深蒙各方之提携与协助，事业规模，日益完备，回忆本校创办之初，仅有教职员三数人，同学十余名，经费则年仅五六千元，廿余年来，赖新旧同仁之努力，截至战前，全院已有教职员百二三十人，学生合本部与农专达四百余人，历届毕业生合计一千二百余人，经费则年及四五十万元，合作事业，遍于全国。本院对各方爱护之殷拳，实不胜其感奋。

现本院教学事业，计有农科研究所农业经济部、农学院本部及农业专修科，此皆属于高级农业教育范围。近复与四川省教育厅合作，从事八个中等农业学校之辅导，同时复蒙教育部委托办理园艺职业师资科，并着手编辑园艺职业学校教材，此外，复与洛氏基金会合作，在仁寿县本院推广区内，试办农民补习学校。故自高级农业教育，历中等农校之辅导与农事师资之训练，以达于农民补习教育，本院皆有其工作活动，如何使各级农业教育一切设施，趋于合理化与制度化，俾能适应我国社会之实际需要，实为一急宜解决问题，本院同人于教学之余，对此当三致意焉。

本院内刻有十二个行政单位组织，教职员达百七十余人。为求确定各人工作责任计，特将院内各部之研究教学与推广事业，详细划分，以期职务各有专司，藉收分劳共成之效，因于本年度之始，编制一《金陵大学农学院行政组织及事业概况》，敬希阅者诸公，不吝指教是幸。

章之汶谨识

二十八年秋九月

（原载于《私立金陵大学农学院行政组织及事业概况》，1939 年）

《农学大意》叙言

农业之重要，尽人而知之矣。然试叩以农业重要之意义何在？过去吾国农业改进工作若何？今后之计划奚似？农业科学究包含若干部门？以及各部门之内容为何？鲜有能明确置答者。不特一般人对于农业，多存隔阂，即青年学子于升学选系之际，恒凭直觉与臆测，结果学非其所长，自难有专业能力之养成，毕业后服务社会，更难有优良卓越之成绩，农业教育之效率，感受极大之打击。

农学大意现为部定农学院必修课程之一，其目的即于新生入学后第一学期内，授以农业与其他各方面关系，俾于整个农业得一综合之认识，并了解农学各部门之内容大要，与夫彼此间之关联，藉审学生兴趣能力之所在，以为转院或改系之标准。法良意美，无可非议，惟迄今尚乏适当之课本可资采用，以致收效不易见宏。

本书计分前后两编。第一编为农业概论：首述农业与国防、新县制、工业、商业之关系，而明其重要性；重要性明矣，继即检讨我国过去农业改进工作概况，并试拟战后农业建设计划；随即分别简述农业改进工作之三大联系单元，如推广，如研究，如教育，以补农业建设计划之意所未尽；最后殿以农业与自然科学，俾明农业改进之先决条件，所以我农界百尺竿头，日进不已。第二编为农学分论：就当前各大学农学院分系一般状况及农业科学主要部门，作一系统与简括之介绍，一以引起学生攻读农学之兴趣；一以启发学生躬自反省，俾不致选读与个人兴趣能力相左之学系，而半途废弃，或遗误终身。

本书经编者等实地教学之经验，认为不但可供农学院及农业专科学校第一学期农学大意班课本，即高级农业职业学校与普通高级中学之农业课程，授此一书，亦可作为学生升学择业之准备，乡村工作人员及农业学校教员，手此一册，以为工作教学之参考，尤感便利。

本书于二十九年十月刊行第一版，系集合对于各部门学科有深刻研究之专家撰述而成。此次将原书材料，重新编整，复新增第一编十章，俾内容更臻充实。惟新增各章，有若干系在各地场合下之讲稿，不免自成段落，所望读者不以其文而害其意，则幸甚焉。

本书之作，承农业教育系副教授兼园艺师资组主任辛君润棠及农业教育系讲师兼农林新报编辑郭君敏学竭力襄助，文字之编撰，稿件之整理，乃至印刷校对等事，贤劳备至，附此致谢！

章之汶序于金大农业教育系

（原载于章之汶、辛润棠、郭敏学合编《农学大意》，商务印书馆，1940 年、1943 年、1948 年）

《实用农业活页教材》叙言

增加农业生产，改善农民生活，为我国既定政策。然如何使农业生产得以增加，农民生活得以改善，殊值吾人之注意与研究也。自七七抗战以还，我中央政府鉴于军糈民食之重要，特于中央创设农林部，于省设置农业改进所，于县成立农业推广所，上下一贯，系统分明，战前我国农业界人士昕夕祈求之农业机构，于今实现，快何如之。

然指导农民增加生产，非有大批农事指导员从事指导不可，例如采用改良种籽种苗种畜，改良农具以及动植物病虫害防除方法等，必须有农事指导员向农民宣传介绍，示范推广，否则农民与农事改进机关相隔离，农事改进机关研究之结果，农民无法加以利用也。但农事范围广泛，包括甚多，断非一人所能精专，且农业富于地域性，适于彼者未必适于此，是以农事指导员必须具有参考资料，以便随时查考应用。而此项参考资料，必须简单明了，不仅为科学知识之传布，尤应具有方法启示之功能，使阅者于阅读后即知如何仿照施行。此种参考资料，中国向感缺乏，一般学者每喜著述高深研究文字，而不屑于通俗文字之编撰，而一般从事农事指导工作者，又因农事门类太多，常感有不能深入浅出之苦，结果农事改进机关之成绩，农事指导员每感无所知或无法利用，遑论农民群众，此乃我国目前农业界之现象，亟应有以改进之也。

四川省政府自张岳军先生兼理主席以来，对于省政颇多建树，而于新县制之推行，尤形努力，于省政府内特设四川省实施县各级组织纲要辅导会议，之汶不敏，被邀请充任委员之一，乃乘机提议编辑实用农业活页教材，当蒙全体委员一致通过，并由省府拨款二万元，作为编辑费用，同时教育部中等教育司亦以此项教材重要，切合实用，复拨款四千元，经费既有着落，乃请农业界同仁分任编述，由之汶及金大农学院园艺师资科主任辛润棠先生总其成，此乃活页教材编印之经过也。

本活页教材计分十九类，称为总编号，而每一总编号复按照工作性质，分为若干单元，每一单元编为一活叶，称为分编号，如此可便利查考。此种活页教材之优点，系在以一个活动为一单元，比较具体；各地农事情形不同，可选择应用；农业推广所，初级农业职业学校，简易乡师，短期训练班，以及中心小学，皆可采作农事教材；即对于实地从事农事经营者，亦为极有价值之参考资料。

本教材之编著者，皆为国内农业专家，知名之士，不吝珠玉，至为感激，本教材拟编印数百种以供各地选择应用，刻因编印困难，一时不易全部出版，每编印五十种，即装订成册，以供同好，各地同志如因需要翻印一部或全部，甚为欢迎，惟须注明原作者姓名及原出版机关即可。

章之汶序于金陵大学农学院

（原载于章之汶、辛润棠编《实用农业活页教材》，金陵大学农学院印行，1942 年）

《金陵大学农学院三十年来事业要览》序言

民国初年，长江下游，遽遭水灾，黎民流离失所，为状至惨。本院创办人美籍数学教授裴义理氏，感当时环境之需要，本袍舆为怀之夙志，复荷政府及党国诸先进之赞助，首创义农会，以工代赈，从事营造南京钟山及江宁县青龙山之森林，并兴筑南京太平门外之干路。惟组织灾黎，辅导工作，最感困难者，厥为技术佐理人才之缺乏，致建设事业，进展不易，乃联合苏、皖、鲁各省当局，发起人才训练计划，培养实用人才，此为本院创设之动机也。第创办之初，经费有限，设备殊多简陋，幸美国救济会，鉴于救灾莫若防灾，乃将赈济余款，拨给本院，充实设备，以宏作育，本院员生，秉此昭示，努力不懈，继后光前，三十年来未曾中断，人事既鲜更易，组织复日趋健全。又荷政府机关之奖掖，社会人士之爱护，乃得略尽农业建设，服务人群之义务。兹值而立之辰，为检讨过去，策励将来，特举行纪念并展览各项成绩。惟双七事变后，本院随校迁蓉，教学研究等一切设备，大半存置南京本校。此次陈列展览敬请教正者，仅系一部，并将此三十年来事业概述一册，公诸社会，惟因限于篇幅，仅撷述其要端耳。是为序。

章之汶序于院长室
民国三十二年一月

（原载于《金陵大学农学院三十年来事业要览》，金陵大学农学院印行，1943 年）

《农林新报·烟草改良专号》卷头语

抗战期间,食粮衣被原料之增产,为政府既定国策,亦我农界同人努力目标。烟草虽非人类生活必需品,但就社会习惯言,已成为多数人之日常嗜好,而此等嗜好品,非由欧美购入,即外商在国内经营,间有国人设厂自造,而其原料则一部或全部仰赖外货。国内所产烟草,品质窳劣,只可供水烟旱烟之用,以之制造销路最广而且市场日益扩大之纸烟,则不适用。故就国家经济立场言,吾人既无法断然禁绝此项普遍流行之嗜好品,而本国所产又不能配合加工制造之需要,以致每年漏卮,为数至巨,是烟草之改良,实属目前切要之图。惟于改良工作进行之际,应注意下列各点:

一、增加生产　烟草生产之增加,应以不扩大栽培面积,而注意于单位面积产量之增进。盖衣食原料为维持长期抗战争取最后胜利之两大重要物资,改良烟草,须以不侵占生产衣食之土地为原则,利用原有甚至更小之面积,而生产较多之原料。

二、改良品质　吾国自产之土烟,不合现代市场之需要,首应输入国外现有之改良品种,经区域比较试验后,选其生长优良者推行农家应用;同时并举行育种工作,利用自交或杂交方法,以期获得适合制造纸烟之优良品种。

三、减低成本　生产成本过高,则不但提高售价,阻碍市场销路,并可减少农民实际收入。故应利用优良种子,选择适当肥料,改良栽培方法,防除病虫灾害,以减低生产成本。

四、加工制造　后方各省纸烟之制造,概系采用手工包卷,不但出品数量有限,而且难望整齐划一。在战时人工缺乏之际,乃以制造嗜好品而占去如许人力,殊不经济。应利用简单机器,设厂制造,使出品迅速划一,并减少人工之使用。

本院历年对于烟草之改良,即本上述原则,积极进行。三十年与财政部合作成立烟草改良委员会，并与郫县烟草示范场取得联系，以加强烟草之研究试验工作。去年四月曾于《农林新报》刊行专号，俾明研究工作进行梗概，迄今一年，绩有所得，特再公布，藉以引起社会人士之注意焉。

（原载于《农林新报》1943年5月21日第20年第13—15期）

《农林新报·我国战后农业建设计划纲领草案专号》序言

中华农学会理事长邹秉文先生，对于农业建设，向具热忱，凡我国重要农业设施，无不由其参加策划，以底于成。今年春因鉴于最后胜利在望，建设事业行将开展，特与之汶合著有关战后我国农业建设论文四章，由《中华农学会通讯》第二十八号发表，恭请本会全体会员共同参加讨论。今年四月间，秉文理事长由行政院简派赴美出席世界粮食会议，临行前坚属之汶起草《我国战后农业建设计划纲要》。乃不揣冒昧，于公余时间，一面根据理事长之提示，一面与农界诸先进商讨，将本计划纲要第一篇建设计划纲领草拟就绪，共分六章。复经中华农学会成都分会理事长胡子昂厅长招集座谈会，成都区农界首长皆出席参加，对于本计划纲领讨论修正后，作为成都分会之共同主张。今先由《农林新报》发表，以便邀请本会全体会员以及社会热心人士，详加指示，以求妥善，同时将此草案寄往美国，请秉文理事长斟酌损益。希望于本年十二月底以前，再根据各方意见，加以修正，以作定稿，然后检奉中枢，藉供采纳。本草案之完成，承荷同事郭君敏学、辛君润棠、汪君荫元及农行黄君贻孙协助整理编辑，贡献至多，特此一并志谢！

章之汶谨识

（原载于《农林新报》1943 年 9 月 21 日第 20 年第 25—27 期）

《农林新报·植物病理组二十周年纪念号》卷首语

本院于创立之初，对于植物病理，即极重视，邹秉文、谢家声诸先生，均先后来校讲授此项学程，其正式植物病理学组，乃民国十三年美籍教授博德先生来华之后所创设，迄至今日，恰满廿载。深赖国内植物病理学著名教授如戴芳澜、俞大绂、林传光及现任主任魏景超、凌立诸先生之苦心擘划，除加强教学充实设备之外，并成立研究室，研究工作达六大门二十九项之多，在国内农学院中，尚属难能可贵，深致庆幸。

过去二十年中，先后蒙华洋义赈会、中华文化基金董事会、中央农业实验所及有关热心人士之爱护，或拨款资助，或恳切指导。尤以文化基金董事会，自十九年起，合作至今，迄未中断，使该组研究设备及图书仪器，得以逐渐充实。是该组之所以能有今日之成就，得力于文化基金董事会之助益至多，兹值纪念之期，特表隆重之谢忱！

该组二十年来之工作，除至力于植物病理及实际防治方法之研究外，尤注意人才之培养。新生录取标准特高，在校课程督导极严，并培养深厚之科学基础，俾领导其从事于高深之研究。以故二十年来，毕业人数，虽不甚多，但均能单独负责一部分繁重工作，且大多数曾赴国外作进一步深造，返国后复从事于其所学，为国致用。

抗战七年，公教人员之生活，日益困难，兼因经费支绌，事业之进行，时感捉襟见肘之苦。幸该组工作人员，均能深体时艰，埋头从事于其所负之工作，毫未懈怠。兹于廿周年纪念之期，检讨过去，瞻望未来，自应倍加努力，黾勉支持。尚希社会人士，鉴于是项工作之重要，爱护维持，则幸甚焉。

（原载《农林新报》1944 年 11 月 21 日第 21 年第 31—36 期）

《我国战后农业建设计划纲要》序言

三十二年春，中华农学会理事长邹秉文先生鉴于最后胜利在望，大规模生产建设行将开始，特于赴美出席世界粮食会议之前，面嘱之汶主持起草《我国战后农业建设计划纲要》，以备送政府采纳施行。爰乃不揣谫陋，于是年暑假期间，邀约本院同仁郭君敏学、辛君润棠、汪君荫元及中国农民银行黄君贻孙，根据邹理事长之提示及成渝两地农界先进商讨之计划内容，于秋季先将本计划纲要第一篇"建设计划纲领"草拟就绪，分送成都《中央日报》及本院《农林新报》公开发表，以资讨论，而求尽善。同时加印单张四百份，除以一部寄送重庆中华农学会备用外，复分寄后方各地有关人士，借求指正。

荷蒙各方不弃，先后收到回信六十余封，或表示赞同，或藻饰有加，其中提有补充意见者，均已依据修正。农林部钱安涛次长特颁赐勉辞："原计划体大思精，面面顾到，堪称抗战以来仅见之杰作，且与国家政策农民需要完全符合。"十一月六日接奉邹理事长自美来电，略谓：第一篇已由蒋森博士带到，表示完全同意，并将提议由中华农学会采纳；至于第二篇"专业计划提要"，盼从速完成之。当将第一篇译成英文本，寄请邹理事长在美印行。同时于十二月十二日，将中文修正本印成小册，除分请中华农学会及各地专家学者重加修正外，并以一部分留存本校，借作教材，并供研讨。

第二篇"专业计划提要"之草拟，系于第一篇完成后着手进行。全篇计分八章，每章复分为若干节，每节为一农事作业。前七章皆系论述各种重要农业生产事业，末后一章则论及各生产事业所需要之工具与其灾害之防除方法。每一农事作业，均分请对该项问题有特殊研究之专家主稿，先叙述其在我国之重要性，次述及目前问题之所在，最后则论及改进方针与步骤，以为着手推进之依据。至若每年推进程度，因基本数字不全，似应留待战后，再根据实际情形，详为订定。

全计划初稿于三十三年秋完成，当即抄录二份，除以一份寄美，请邹理事长主持译成英文本出版外，一份则留存本校。现为便于分送研究及供教学参考计，特将上下两篇一并付梓。本计划之编纂，大部分利用三十二年及三十三年两个暑期，于校务极端繁忙之际，抽暇挥汗草成，兼因中华农学会会员及各方关心人士分散各处，讨论磋商，诸多不便，错误遗漏，自知所在多有，尚祈国内外专家学者，不吝指教，详加斧正，借作进一步修正之依据。

本计划第一篇完成后，承福建省立农学院、国立中山大学农学院、国立西北农学院、福建省农林处、广西省农业管理处、贸易委员会茶叶研究所同仁及各界贤达纷纷赐示具体修正意见，至足珍贵。全编文字，承郭君敏学自始至终，全力襄助，并负责草拟果树一节，特为提出，借志谢悃！

章之汶序于成都金陵大学农学院
三十四年一月

（原载于邹秉文、章之汶主编《我国战后农业建设计划纲要》，中华农学会印行，1945 年）

《我国战后农业建设计划纲要》再版序言

《我国战后农业建设计划纲要》书，系于一九四五年一月出版，该书计分两篇，第一篇是建设计划纲要，分为六章如次：总论、建设方针、建设事项、建设机构、经费与金融及建设人才；第二篇是专业计划提要，计分八章如次：食粮类、衣被原料类、畜产类、水产类、木材类、园艺类、特产类及其他类，此八章又分成二十六节叙述。

当时我国农林部钱安涛次长于接到此计划后，特赐勉辞"原计划体大思精，面面顾到，堪称战以来仅见之杰作，且与国家政策农民需要完全符合"。可惜战后时间短促，未能付诸实施，殊为可惜。

战事结束后，余到欧美各国考察农业一年，及到美国时，接我国农林部来电，要余到芝加哥万国农具公司接洽，因该公司将派三位农具专家，到我国协助三年，该公司嘱余到 Iowa State College of Agriculture 与该校农业机械系主任商谈。该主任首先问余：两点之间，何者为最短之距离。余说那是一直线。他说对的，但余说这个原理，不适用于你到中国的任务。他说为何不可，要迎头赶上，余明知无法说服他，否则他不能领队到中国去。因为万国农具公司的目的，是要向中国推销大型耕种机与收获机。

余说在中国目前情形之下，不要一直线型的升降机到一高楼屋顶，而是要一楼梯式的层次，每四年或五年计划完成后，要详细检讨，何者成功，何者失败，各部门间是否彼此配合，然后再拟定下一阶段计划，如此前进，直到终点为止。美国专家自不会同意，但到中国各地考察一年以后，他对余说：你是对的。余说一年荒废了。

现今我国政府推行"四化建设"，其中自以农业建设为首要，以安定人民生活，提高生活水准及树立其他建设稳固基础。农业部杨显东副部长原款请余回国服务，盛意可感，余以年高辞谢，但内心总觉不安，爰将本建设计划书，一字不改，加印多册，寄请副部长，分送有关单位，以作参考与讨论资料。

此计划书，原系与北京老友邹秉文先生合作主编，因距离太远，不克当面商洽，尚希原谅。

章之汶序于美国加州南部寓次

一九八一年五月

（原载于邹秉文、章之汶主编《我国战后农业建设计划纲要》，农业出版社，1981 年再版）

《金陵大学农学院通讯·二年来回顾专号》序言

本院过去数十年来，随时发行中英文通讯，刊载研究、教学、推广乃至其他事项，藉以流通本院与外界声气，并求各方之批评与指正。近二年来，因印刷费用高涨，悬搁时久，本院各地校友及社会关心人士，时以最近工作实况见询。爰特于经费极端困难之情形下，编印二年来之回顾专号，将各部重要事业，简要披露，藉资分送，用副各地校友及社会人士关切之至意。

本院最近二年来之工作，因受战时种种条件之限制，大多就过去规模，徐徐迈进，其挖疮补肉捉襟见肘之苦况，想必为各方所洞鉴，然环境日趋困难，益使吾人感觉所负使命之重大，加之各方与本院合作事业，日多一日，足证本院之工作，尚深蒙各界贤达之热烈赞助，此种有形无形之鞭策，实使本院同仁，夙夜努力，毋敢或懈。故本专号之编印，非敢有丝毫之自矜自许，盖所以就教于明达而期有以匡助之也。

对于今后工作，本院现正着手战后发展计划，藉以适应战后国家建设之需要。幸本年内农林部选派本院同仁二十一人赴美实习，返国以后，教学人才，更趋充实，自可提高教学水准，加强研究工作，瞻望前途，曷胜向往。夫一国事业，概以人才为主，得人则昌，失人则亡，故今后如何罗致人才，如何培植人才，并如何使其安心工作，均在吾人日夕考虑之中。本专号对于同仁同学出国进修及历届毕业生统计数字，搜罗靡遗，意即在此。

（原载于《金陵大学农学院通讯》1945 年 8 月第 1 期）

《迈进中的亚洲农村》自序

作者在本书第四章对于未来亚洲国家农业推广发展的国际合作问题，特别提出：

对于亚洲国家，或许在推广哲学和推广理论方面的文献尚不缺乏；但是对于从事推广工作者实际可用的教材却非常稀少。有些问题如“本计划如何在此一区域内广泛应用?”和“用什么方法以评定其成功或失败?”经常会被人提出。现在，时间似乎业已成熟，而须由若干教育机构有如位于洛斯般诺斯的菲律宾大学农学院者，从事于推广方面的出版计划而编撰一系列精选题目的丛书，以供亚洲国家的应用。

这段话系根据作者自身于一九四九—一九六六年在联合国粮农组织工作十七年，担任国际稻米协会执行秘书和该组织农业顾问以及亚洲及远东区农业教育顾问期间的经验和考察而累积所得者。

本书除了显示作者自身在过去四十年中，大部分时间在亚洲国家从事农业教育和乡村发展观察与体验所得的结论外，并着重于个案研究。这些个案大部分系应作者的邀请，而阐述在此一地区为实际从事农业发展工作各友好的心血结晶。本书之作具有两大目标：第一，希望它可作为农业及乡村发展工作人员举办训练班的教材或者参考书；第二，希望它能提供决策人士以及农业和乡村发展从业人员所需的参考读物。

本书内容包括两大部。第一部以亚洲整个区域为基础，而叙述农业教育、农业研究、农业推广和农业发展的现实情况，并根据粮农组织在曼谷的区域办事处现存文献和作者在此区域内的观察和心得而加以检讨和评论。这些评论除了尽量显示对亚洲各国最近发展一般情况的意见外，并尽可能表示其未来发展的趋势。为求表现此等情况和趋势，特别强调农业和乡村发展的两个主要因素，即：一方面由政府充分提供特殊的和有关的服务协助，另一方面鼓励地方人民经由其自有组织而积极参与。盖农业发展为一种社会运动，二者任缺其一，均难望有所成就。因之，农民组织和地方领导才能的培养遂居于极端重要的地位，特别在农场面积狭小而且个别农民资源有限的地区为尤甚。

第二部为个案研究。这些个案的选择，均为作者亲自观摩同时操作已久所产生的结果。可分为下列各类：

一、丰富农村生活的训练

二、居住于较好的家庭

三、提高土地生产力

四、发展更进步的社区

五、运用国际援助

盖世界上任何地区农业和乡村发展的主要目标，均不外“发展较好的家庭，使之居住于较好的房屋，使用更具生产力的土地，而且生活于更进步的社区”。这是由下而上的国家建设计划，并与每个国民发生关联。

然而，由于亚洲地区多数开发中国家资源缺乏，在未来若干年间势将资源仰赖外来社会和经济发展的援助。如何有效运用这些支援，经常为若干国家一大问题。因此本书在最后一章，对于中国农村复兴与联合委员会有效运用美援的方法特作详尽的报导。

事实上由本书内容可以发现，各项个案研究系由许多专家所提供。内容精简而且用相同类型的写作方式表达出来。这些个案如再增加若干材料，均可成为单行本的教学手册。对于这些友好的合作，作者深致感谢之致意。

作者对于菲律宾大学校长罗慕洛博士(Dr. Carlos P. Romulo)、副校长兼农学院院长伍玛利博士(Dr. Dioscro L. Umali)对此书编写的鼓励表示由衷感激。对于研究院主任沙基基博士(Gil F. Saguiguit)和农业教育系主任嘉民博士(Dr. Martin V. Jarmin)给予作者机会，邀请在菲大和美国康奈尔大学研究教学计划项下担任农业教育客座教授，使能从事于本书的编写，至表钦敬。同时对农学院内外同事和朋友所给予作者的种种协作和鼓励，愿在此一并致谢。其中必须特别提出者为：屈柏格博士(Dr.George W.Trimberger)、麦滋博士(Dr.Joseph F.Mets,Jr)、安斯利博士(Dr. Harry R.Ainslie)、波尔森博士(Dr.Robert A.Polson)、斯模克博士(Dr.Robert M. Smock)、谢森中博士、汤姆博士(Dr. Frederick T.Tom)、西森博士(Dr. Obdulia F. Sison)、加布教授

(Prof. Melanio A .Gapud)和张教授(Prof.E. C. Chang)。

金美尔博士(Dr. Don C. Kimmel)于其担任罗马粮农组织总部农村机构暨服务组副组长时,自始至终鼓励并催促作者对此书的编写,应特别在此致谢。

作者对茱丽安诺夫人(Mrs. Priscilla A.Juliano)、巴达丝小姐(Miss Concepcion G. Batas)和密勒尔夫人(Mrs. Dorothy S. Miller)的审阅本书手稿并予编辑方面适当的修正,于此亦表谢意。

本书系由菲大农学院教科书委员会(UPCA Textbook Board)出版。对于该委员会主任委员詹美雅斯博士(Dr. JuanF. Jamias)和主编黛比欧丝小姐(Miss Cloria S.Tabios)给予本书的特殊协助,并致谢忱。

农业教育客座教授章之汶

(原载于章之汶著、吕学仪译《迈进中的亚洲农村》,台湾商务印书馆,1976 年)

《农林新报》编者小言

专门人才之缺乏*

迩来政局日趋稳定，各种机关，渐次林立，专门人才，乃大感缺乏，即以农业人才而论，每多访求，而无一人可以应聘者，或有一二知名之士，恒为数方所争请者，此种现象，实令人悲喜交集，悲者悲我国人才之不足，喜者喜我国机关能为事择人，以求进步也。

盖专门人才之造就，实非易事。一则年限久远，非身体强健，经济充足，难以登峰造极，一则学者意志每不坚定，常见异迁，或中途改业，故欲求一人具有专门学识与多年之经验，诚难乎其难矣。

我国不求进步则已，欲求进步，非从造就专门人才入手不可，造就之人才，应量才聘用，与以相当之酬劳，使其生计宽裕，安心供职。遇有特别专长者，应予以研究之资及应需之设备，以求深造，夫如是则各种事业始有进展之望，国计民生，乃得解决。甚愿执政者，其于此三致意焉。

（原载于《农林新报》1929年1月11日第158期）

大　雪**

有一句俗话说“雨雪年年有，不在三九在四九”。今年三九时候下了两场

* 文章署名为鲁泉。

** 文章署名为鲁泉。

雨雪，四九又下了一大场，正和这句俗话相符合。可是今年下的雪，为近年来所罕见，不但下的大，日数多，而且下的最普遍，世界各国差不多都受它光顾了，而尤以欧洲下的为最大。据说房屋压倒不少，火车不能通行，一片银世界，煞是美观。

今年的大雪，是与农民为最有利益，因为那些蝗虫子，这一来都要冻死了，不致再为农人之害，如此庄稼可望丰收，所以下雪是受农人欢迎的。可是那一班灾民，际此冰天雪地之时，家无积谷，外无草皮树根可寻，只好束手待毙，这又是下雪声中的一种凄惨景象。天下事情总是这样，有一利即有一弊，利于彼，未必利于此，何独下雪然呢？

（原载于《农林新报》1929 年 2 月 1 日第 160 期）

旧历新年*

“桃符换新，椒酒送年”，这是旧历新年中的一种快乐景象，在这时候，大家都忙着穿新衣，吃年饭，大人小孩，都是欢天喜地，快乐非常。我国习尚，一年四季，皆可节俭度日，惟于过年时，总要阔着一些。以为一年到头，只此一次，不能吝惜的，而且新年时期，恰在一年农事之末，次年农事之始，农人终年辛苦，到此时才得快乐一下，所以这种快乐，于是于理皆属应有的。

最近国民政府，曾有禁止刊印旧历实行新历之举。不过我国人民，过半目不识丁，若骤然废止旧历而实行新历，于农事方面，不免稍有影响。因为我国农事皆根据节令而行，例如“夏至栽秧家不家，芒种栽秧普天下，小暑栽秧喂老鼠，庄稼宜早不宜迟”。诸如此类的农谚非常之多。他们也能凭着月亮推算日期，例如“十五月圆”，又能根据日期推算节令，例如“春打五九尾”，像这一类的话也是不少。所以若是要废除旧历实行新历，非待教育普及不可呢。

（原载于《农林新报》1929 年 2 月 11 日第 161 期）

---

* 文章署名为鲁泉。

可怕的害虫*

世界上各种植物，皆有害虫，例如稻子有螟虫，棉花有赤实虫、象鼻虫，而其中尤以象鼻虫为最可怕。因他为害最剧烈，又不易扑灭，因他的嘴角如象鼻一般，能锥入棉桃，吃棉桃的肉部组织，棉桃一被他咬伤了，就腐烂不能成实，纵用毒药喷在桃上能毒杀他，但是棉田广大，棉桃太多，毒药喷多了，又不经济，且他所吃的，是棉桃的内部，仅在桃外咬一小口，就是吃了一点毒药，为量太少，不能把他毒死，这就是这个虫可怕的道理。

我国本来没有这种虫，是可欣幸。不过近几年来，我国政府和私人常向美国购买棉子，这些种子多未经过消毒手续，这种害虫是否已经输入到我国来，尚不可知，不过未曾发现罢了。我国此时亟应以美国为前车之鉴，赶紧在上海或天津设立种子检验局，凡由外国输进来的种子，必须经过该局，施以消毒手续，如此则我国棉业前途才有振兴的希望呢。

（原载于《农林新报》1929年2月21日第162期）

---

* 文章署名为鲁泉。

译文

农村心理*

农村心理者，农民习惯性之表现，农村社会之特点也。夫人之习惯，随其环境之变迁，而生差别。例如赤带之人，与寒带之人相比较，其思想，其习惯，其风俗，莫不大相迳庭。此特就环境绝不相同者之二处而言，即环境相同之地，如在温带之人民，其思想、习惯、风俗，差异之点，亦不胜枚举。由是观之，人之心理，既各不相同，当有善恶之分，然则社会进步之道，盖在除去恶者，递补善者尔。陶镕人民习惯性之环境，可分数条如下：

一、人烟之疏密　人民稠密之区，与人民寥落之境相比较，其群众社交之感情，多不相同。譬如穷乡僻野之人，有下列之特性：（甲）服从家族制度；（乙）对于服式与用具，罕受外界之影响；（丙）喜悦极警奇之游戏，以求满足人类之欲望；（丁）家庭之大小，无有限制；（戊）个人主义，守旧主义，极易养成，盖由于环境孤独，社交稀少故耳。此一主义，实为农村社会进步之大障碍。

二、人民之来源　吾国人民，合五族而居中原之地，历时湮久，各族之特殊色彩，业已消除，但南方人之风俗习惯，与北方人之风俗习惯，常有不同之处，此不过受环境之影响也。说在美国，则此条人民之来源，颇关紧要，因彼国之人民，有来自英国者、德国者、法国者，均带有各国不同之色彩，是以人民之心理，多不相同也。

三、事业之性质　农夫者，亦营业界中之一人也。对于农务，彼有进行之计划，成败之责任，因而彼之独立性，得以养成。兼之农务，多属独自经营之事业，个人之操劳，农夫行之，几成惯性，故对于共同工作，常少学习，且有时对之生疑，与不赞成之意，此亦缺点也。

---

* 译者未指明原文作者及出处。

四、依赖自然性　农夫终日与自然界相接触，常感人生之无定，痛驾驭自然界之乏术，遂想到天地间，必有鬼神为之主宰，故农民之信仰宗教者，较之各界人民为多。

五、家庭之生活　农民因环境孤独之关系，不得不常居于室家之内，与父母子女，聚首言欢，叙天伦之乐事，故父慈子孝，家庭多融泄之气。工作既毕，家人团聚一室，或谈天或讨论田间之工作，进行之方针。斯时也，虽幼稚儿童，亦得参与其间，陈述意见，故彼等之判断力与自信力之养成，较之城市儿童为早。

六、工作之变更　农民作事，按照节令而行，所谓春耕夏耘秋收冬藏是也，工作之种类常更，则农民之兴味常新，而无烦倦之苦。至若城市之事业，多系机械之性质，故日复一日，月复一月，无甚变更，操作此业者，值不过一机械耳。

七、孤独之农村　乡村孤独，人民稀少，前已言之矣，但世有素性好静者，怨城市之喧扰，乐就居于宽闲之野，以尽其修身养性之功，如仁者之乐山，智者之乐水，斯故不足奇者。

八、繁华之城市　人民自乡间，迁居于城市者，往往皆是今日之现象也。彼等入城居住，有经营商业者，有谋入宦途者，有好城市之繁华者，等等不一。综观第七第八两条，可悉城市与农村生活之不同，人民遂分为二：（甲）喜清净者，就居于农村；（乙）喜交际者，好迁入城市。

造就人民习惯性之环境，既如上述，今请就农村之环境，描写农民之特性如下：

一、富于感觉性　农民因社交稀少，常富于感觉性，殆与人往来时，每会精凝神，提防一切，惟恐失足，受害于人，故注意琐末，计较锱珠，此农居之所以易于触怒也。

二、易于冲动　乡间人民，因缺少共同聚会之举动，常乏伦理之思想，而好冲动之争辩，喜悦具体之解释，而恶抽象之演讲。

三、思想迟钝　农民之思想，所以迟钝者，由于社交稀少，但乡间之问题，须敏捷之思想，即刻之判断者，实寥落无几耳。

四、沉静缄默　城市人民，受报纸之影响，舆论之感化，易为群众心理所惑乱，而激成暴动。至于乡间人民，因报纸传递迟滞故，一时之激烈言论，不能入于农民之耳鼓，城市纵有暴动，乡间安泰自若也。且农民思想反复，即遇激烈言论，然常以沉静缄默之态度应付之，故乡间较城市，常为安宁也。

五、易受突然之激刺　农民因少节制之能力，易为突然激刺所感化。譬如一种计划，若系巧妙陈出，激刺其冲动性，再以迅雷不及掩耳之方法，迫其立时接纳，则农民以思想迟钝，故往往不克审其计划之利害，遂冒昧接受之，异日定必悔恨也。

六、多疑　对于新奇事业，农民每生疑惑，殆由于彼等常受平日所信者之欺骗也。

七、不尚习俗　农民性喜朴实，不尚繁华。对于城市中衣冠华丽者，常呼之为花花公子，轻视之词也，盖彼等所尊重者，乃人之内心，非其外表也，对于工人有用手套或洋伞者，常反对之，以为此种物件，乃城市中柔弱者，所用之物，非强健农民，所应有者也。

八、德谟克拉西主义　此种主义，最倡行于农村社会间，例如主人之待遇佣工，总是相亲相爱，犹如一家之人，且主人常与佣工同工合作，谈笑怡然，会无阶级之臭味，存乎其间也。

九、轻视农业　许多农民，对于自身之职业，往往轻视之，以为别界事业，性质高上，且容易致富，故有令其子弟入学校读书，非为求学明理也，乃希望将来彼等子弟，可以改业，而求贵显，但是今日这种态度，已渐消灭，大凡青年人，已承认乡村为居住之理想地，并可谋高上之生活。

十、不愿解囊为公　农民常反对捐资与政府机关，办理共同事业，例如乡间田赋，彼等目之，为一忍痛之负担，以为彼等所出之金钱，徒供少数办公者之挥霍，有何益哉。

十一、胆怯　乡间农人，于集会时，每显出一种畏首畏尾、踌躇不前、言语迟钝之状态，惟恐措施失当，见笑于人，此乃交际稀少之明证也。

十二、人格高尚　乡间空气新鲜，环境宽闲，幼稚儿童，居于其间，则发育甚速，体质健全，至于坚忍耐劳性与开创性，亦得充分美满之发展，故乡村洵为养成人格之佳境也。

十三、偏重个人之进步　昔时农民多系自营自食，与外界不生关系，故个人主义，得以养成，以致对于共同之事业，则不愿提倡之，办理之，但在今日，时势变迁，农民已成为一营业者，不能不与社会相接触，殆社会之幸福、之利害，与农民个人有切肤之关系，不能置诸度外也。

上述农民之特性，并非到处皆然，要随各地发展之程度如何，以定夺之，至于以下所须讨论者，乃研究如何可使城市与农村差异之点，消除净尽，若约而言之，不外下列之四种途径。

一、建筑道路以利交通　农民特性之所以养成者，端由于离群索居，与世隔绝，有以致之也。大凡乡间，道路崎岖，行人往来，故感跋涉之苦，且孤村远隔，欲求社交常开，尤为难能之事。试观交通便利之区，商业愈发达，则农民与商人往来之时机亦愈多，彼等之关系亦深，久之，则彼等自相同化，无所谓农民之特性矣。

二、增加田地价值，提高农业目标　处今日商业发达之时，而论农民之孤独，已为过去之故事。盖今日之农业问题，甚形复杂，农民对于栽培植物，因须经验，然对于贩卖物产，以及与滑头商人相往来，尤须老练，如是行之，则彼等原来之特性，不得不改变矣。

三、新闻报纸及丛刊　近来报纸及丛刊，农间有购阅之者，则他界人民之思想，农民亦得而知之。设此种文件，一旦广传，则农村与城市人民之思想，行将同化，无差别之处矣。

四、公民学校添授农学　于农村及城市之公民学校，加添农学一班，以使青年学子，对于农民之职务，得一真确了解。盖农民之职业，与城市中之职业，处于同等之地位，毫无尊卑之分也。

以上所述之四种方法，业已见诸实现，农民受其影响者甚多，兹略举数条，以为证：

一、衣尚华丽　农民对于衣服，渐进讲求，每逢赴会之时，或值休息之日，衣冠必整齐，必华丽，此在昔时，乃农民之所不注意者也，而今则不然，常于一社会间，见有数种服式，如此一味从新，日趋奢华，以致旧时朴实之风，全形抛弃，殊可叹也。

二、身求安适　昔时农民，于劳动之际，有用手套或洋伞者，莫不受舆论之攻击，但不今日，农民利用此物，谋求身体之安舒，已为常事，盖对于任何方法，若能减少形体痛苦者，农民应有采纳之自由，不受舆论之牵绊也。

三、谙练商业之手段　不数十年前，守旧农民，对于典当田地，借贷银圆，以为不利之事，而城市商人，则不然，殆请借贷愈多，资本愈大，获利亦愈厚，故商人往往以百元之资本，而作数百元之营业也，然今日之农民，已明此理，并有效法之者矣。

四、渐好娱乐　今日之通都大邑间，皆有游戏场、球场、戏园等，任人游玩,以供消遣,而农民亦间有仿效者,例如组织农村俱乐部、同乐会等,以谋正当之娱乐。

五、倾向阶级制度　田主与佣工,向无阶级之分,尊卑之列,佣工为田主家中之一人,同居同食,即在今日,吾国犹有是风也。然在美国,则不然,田主与佣工,泰半分居,俨然有尊卑之别矣。

六、提高生活程度　衣不重裘,食不兼味,已成过去之故事。盖农民渐好奢华,与城市人民相齐驱,循是以进,则农村与城市生活程度之差别,行将他除矣。

七、道德　颓风恶习,道德沦亡,今日城市之通病也。而农村社会则不然,乡下人民,立身行事,莫不遵守古训,勤俭朴实,孝敬长幼,此种风化,依仍保存,将来可为城市之模范。惟与城市附近之区,青年幼子,一旦与城市之恶风相接触,设若立志不坚,则易为薰染,恐将一劫不复,殊可惧也。

八、宗教　农民信仰宗教之心,较之别界人民为甚,前已言之矣。及至农民与城市人民相接触,受城市之影响,遂将其平日所奉行之教条,遵守之仪式,悉行改良,而移信于有价值之信仰。

以上所论者,乃专就农村社会,受城市之影响而言,而以下所述者,适与上段相反,乃就城市社会,受农村之影响而言。

一、资助教堂　试观今日各教会之教友,泰半系乡下人民,彼等对于教堂,莫不尽力维持,解囊捐输,热心为道。

二、增进道德　乡下坏风恶习,较之城市为少,故农民所受之试探,亦自较少,此古风美德之所以常存而不朽也。试观今日为社会中之领袖者,多来自乡间,彼等幼时,受家庭之训练,环境之陶镕,遂铸其坚忍不拔之志愿,光明磊落之思想,及至学成,为社会谋幸福,为人义除恶习。可断言也,夫美国禁酒之所以得成者,皆是美国农民之力也。斯后城市社会仰望农民于道德事业上之扶助者,正未艾也。

三、减低生活程度　生活程度愈高,则人民贪财心亦愈大,否则不足以维持生计之状况。故城市人民,多孜孜不息,为利是图,设农村社会之生活程度,能倡行于城市中,则幸甚矣。

综观以上所述之变迁,意在调和农村社会,与城市社会差异之点,然农村社会,尚有数种美德,宜永远保存,不应更改,兹述如下:

一、不应效法城市中之服式,以求美观,总之以适合工作者之式样为主。

二、德谟克拉西主义，应当保存阶级之习惯，尊卑之观念，务使铲除净尽，以维旧日之风化。

三、凡为农者，应有私自田产，以求做法完美，出产丰登。

今之为农村社会领袖者，宜熟习农民之心理及农民所居之环境，然后施行改良，则事半工倍，否则虽惨淡经营，煞费苦心，而终于社会之进化，无甚裨补，有何为哉。

（原载于《金陵光》1923年9月第13卷第1期）

乡村新教育*

今年阳历七月七日，本校农林科乡村教育系主任郭仁风先生，应中华教育改进社之请，于该会乡村教育组，演讲乡村新教育，以为进行改良我国乡村教育之考镜。兹特录之，以广传观。

为乡村社会建设一适合乡村生活之学校之需要，久为研究乡村教育者所公认，无庸赘述。夫改良乡村学校之动机，先现于欧洲，后继于美国，考其结果，即产生一种优良乡村学校。而今此项运动，已波及中国，且多处已在进行图谋建设之中，而举国教育家，亦已先后感觉是项运动之重要。故今日吾人所要研究讨论者，即寻求实现此种改旧换新之方法耳。

若一味摹仿欧美方法，以为中国实行改良乡村学校之计，自非所宜；然若引之以作他山之助，进行之借镜，亦未尝不可。至于实施方法，还须审察中国之特殊需要与问题，自行斟酌审定可也。今为研究斯题准确起见，请先自思索，吾人对于新教育之要求为何？及吾人对于改良乡村学校所希望之结果复为何？

现今注重书本式教育之学校，无论其所授之课程，系古代之理论，抑系近世之学说？设其观念，仍为旧日之习惯所熏染，则其所得之结果，难期美满。殆谓一般青年学子，于此校学成之后，或迁入通都大邑中，以谋范围较大之事业；或仍居乡间无所事事，坐享先人之遗业。此种人物，非特与社会无所裨补，且有害焉。

对于此种不良教育制度，其自然之反响，即教育方针，应行改良也。普通学校，应改为实业学校也。至如农业学校，应以造就良农为目的。学校课程，

---

* 文章系(美)郭仁风讲演稿，章之汶译。

应注重教授改良作物与改良种植方法，以及少许句读、习字及算术等课程，以求能助学者应用上述之技能而已。此种思想变迁，实为今日之自然趋向。然与社会舆论，仍相背驰；盖社会人民，每鄙视农人，以为彼等身体污浊，智识浅陋，与牲畜同工，值不过一牲畜而已，不克向前进步也。

然考其实际，则大有不然者。盖农民所秉赋之机能，非特与别界人民完全相等，且农民之健全体质，磊落思想，高尚道德，远非都市中人民所能及也。余考泰西诸国，其实业界、政治界、教育界，或宗教中之领袖人物，泰半出身于乡村草野之间。设中国能有适当之乡村学校，其结果亦将如是也。

由是观之，则乡村学校之真正目的，系为造就优秀国民，使各个人，能顺其才能之大小，以行事业。为农与否，非所计也。

然则欲实现上述之目的，其要素将为何乎？余在中国，为时虽少，然耳所闻、目所见者，确使余信有一难题，亟待解决者。此难题为何？即破除相沿成习之旧观念，即谓凡读书者，应衣冠楚楚，文质彬彬，与夫采取实验主义，以工作为寻求知识之门径是也。

此种难题，西国亦有之，但不及中国之甚耳。美国乡村儿童，于幼年时期所得之教育，大约有三分之二，系由农庄各种生活中得来者。而由书本中所得之教育，仅占三分之一耳。

乡村儿童，于幼年时期，既有此种实习经验与负担责任，以养其创造力与自信心，则其将来置身社会，必能蒸蒸日上，断非城市儿童，仅受学校中之教育，而无实地之训练者，所能望其项背也。

至于实习之机会，要以于乡村间为最多，而儿童对于实习之兴趣，亦以于乡村间为最浓，是以乡村学校，应行实业化，非为造就有技能之人民，乃为养成有人格之国民也。

请观菲律滨乡村学校之办法及其进步之速，则知斯言为不谬矣。彼处小学，注重实验教学法。学校中有校园、藤工、木工等，以使学生由工作中，求得智识。于二十年内，能使懒惰马来人，于热带之气候中，由野蛮时期一跃而为世界文明之邦，岂偶然也哉！设以中国之优秀人民，于温和之气候中，一旦能仿效而行，则其进步之速，当更有可惊者也。

实业化之学校，美则美矣。然则将用何法以实现之乎？曰：每一乡村学校，应备有空地一方，以为设置校园之用。园内可分作蔬菜园、苗圃园及农作物场，种植改良作物。总以地面充足，能使各个学生，于全年中实习各种工作为宜。

设置校园，添购农具，经费问题，亦随之而生矣。常人视之，以为不可能者，今请申论之。

要知今日之乡村学校，其中亦已有田产者，然每荒闲之，或为少数之租金，租与农人，而不知利用之，殊可惜也。至于向无田产之学校，亦可向急公好义之人，借用若干；否则即租地为之，亦未尝不可。譬如南京神策门外，有一乡村小学，曾以四元，于其校傍租得美田一方，以作苗圃园及蔬菜园之用。该校每年经费，约三百元。而租地费用，仅及四元，非不可能之事也。

吾人所希望盼祷者，是求一般办学人员，能有一种新觉悟，即于创办乡村小学时，应筹备校园，以供学生实习之用。其价值或比书籍、教员或校舍，还为重要也。

新式乡村学校之第二要素即编制新学程，以使各种课程，与农学相连串，相互应，而以农学为各学程之中心。至其第三要素，即采用实验教授法，以期校内之研究，与校外之工作能相联络，而收实际之效果也。

农业与学生之生活，既有密切之关系，则农学一班，自应为学校各种课程之中心，以期顺势而利导之。然难者曰：现今学校中之课程，已嫌繁杂，再加入农学一班，毋乃太多乎？如此吾恐正式课程，将无充分时间教授矣。彼之所谓正式课程者，系认城市学校所定之课程为正式者也。

吾人应改变吾人对于乡村教育之观念，即凡最能符合学生之需要之课程，吾人当目之为正式者，倘如是行之，则吾人自当重视农学。而其他学程，皆为附属者，而与农学相连串也。

由互应方法，吾人能增进教授之效率。譬如句读、作文、地理、卫生、公民学与手工、图画等课程，若能以农业材料教授之，则学生之兴趣必深。盖所学者，乃为彼等生活中所习见之事实。学生之兴趣既深，成效自易，而执掌教鞭者，亦将感其教授之顺利。即举凡昔日为学生所不愿学习之课程，而今亦能欣欣然学习之矣。

至于教授方法，亦须随新定之学程而有所改进。现在鄙人欲介绍设计教授法于诸君之前，然心中实有所顾忌。盖近数年来，学校假借设计教授法之名，以致社会中增加许多青年游子，与教育上之罪恶，言之痛心。

凡人欲于教育上求进步，其速度与其实际所用之功夫之多寡，为正比例。工作愈多，进步愈速。设吾人不由是而行，而欲效哲学家推谷尔。寻求一捷径方法，以达登峰造极，是由缘木求鱼，岂可得乎？而今日之办学者，每减轻学校中之课程，减少学生之工作，而欣欣然语人曰：我们学校采用设计教授法，诚可叹也。

故吾人应先下一定义曰：设计教授法之所以能促进学生之进步者，是在能激发学生对于工作之兴趣，而引之前进，非减少学生之工作也。

若以设计方法，教授农学，必须有一种新式课本。而今世出版之初级农学教科书，或自然学科教科书，均不能适合时宜，以为进行一年四季之设计工作也。

为达到此种需要起见，鄙人曾费若干时日，按照一年四季，编辑一种新式课本，以期设计工作，于全年中均可顺序进行，继续不断。譬如于秋季开学之始，先研究园艺学及园中工作；次及种子，例如种子试验、种子采集等事；及至园中植物生长时，进行植物之研究。于寒冬时期，百物凋残，校外工作有限，可于室内进行各种简单土壤试验，遮盖植物，防御风寒，以及修剪枝条、蕃殖树木等工作。于初春时，可从事于苗圃园内之工作。迨至开花吐蕊时，可从事于花之研究，及后天气渐热，百物向荣，可进行树、木、花、草之研究与采制标本等。

第二年可照第一年之次第，进行各项工作。再进而研究改良植物与土壤之方法，由浅入深之道也。

以此方法，教授农学，其成效自速。于初级学校，切不可用演讲式教学法，殆其影响有二：即学生不能于听讲中学习农业，而学生反觉其若有所知，形成一书本式之农学生也。

农业推广　新式乡村学校，尚须进行农业推广事业。吾常闻人指摘高等农业机关，谓其与农民毫无联络，而乡村小学设立于乡村之间，确为彼等之极好介绍物。因为小学教员，素为一方农民所景仰者，是以农民对于彼等所介绍之事物之信仰心，自较对于农业机关新派来之推广人员为深也。

为乡村教员者，幸勿自暴自弃，仅任校内之教授而已也。应以远大事业相期许，进行一方农事之改良也。

于公务之暇，小学教员，可倡办成人教育，使彼等能于最短之时间中，学习应用之学识。例如卫生学、公民学与农学等。倘教员之精力有限，可将小学课程，改定于每日上午教授完毕；则每日下午，教员可得进行推广事业，晚间或可开一识字班，以教育成年人。

造就师资　于实现乡村新教育时，要以造就相当教授人才，为最难之事。盖此类人才，其学识，其观念，其能力，必须宽大；而其脑海中，亦须具有博爱精神、牺牲主义。殆今日之乡村学校，多系因陋就简，景况不佳；且教员之薪金，亦极微末，是以今日之为小学教员者，每以学校为暂时之栖薮，进升之阶梯。初非真爱教育，而以之为其终身之职志也。

现今农业学校所造就者，仅一般工艺人才；而师范学校所造就者，仅一般教授人才。各有所偏，均不克认为新式乡村学校之教员。设令师范卒业生，复于农业学校，学习农学，则其将来之要求必高，薪金必大，又非乡村学校所能给也。

所以创办一种新式师范，造就新式人才，自为当务之急。此种学校，应教授最能适用之农学，与新式之教授法。休业期限，至多二年。一切费用，必求低小。而所收录之学生，其程度以低浅为限，非谓收录缺乏聪明能力之学生，乃以家境之关系，不克前进之学生也，其程度既属低浅，而其在学校期内所用之金钱，又属有限。于卒业后，自可乐于乡村学校之职务，愿为乡村社会改良之领袖也。设此种教员，向系乡间人民，复有农事之经验者，正合新式乡村学校之要求也。

（原载于《金陵光》1923年9月第13卷第1期）

附录

悉心致力农教推广，立志农兴民富国强

——章之汶先生学术小传

近代中国农业发展历程中，诸多杰出农学家留下了不朽的业绩，实现传统农业向现代农业转变的同时，更引领着中国社会朝着“民富国强”的方向迈进。近代农学家、农业教育家、金陵大学农学院院长章之汶怀揣报国热情，力求推动传统农业改进与乡村振兴，深耕农业六十余年。在此期间，章之汶在农业研究、教育、推广以及传统农业向现代农业转变上创造了丰厚的学术成果，发表论文百余篇，出版专著十余部，为现代社会积累了珍贵的实践经验与农学理论，恩及来者，泽被后人。

章之汶，字鲁泉，安徽省来安县相官乡板桥村人，1900 年 10 月 20 日出生。来安章氏为皖东地区望族，因追溯章氏先祖功德而有“板桥章”之称，世代以耕读传家为业。章之汶幼时便敏而好学，因深感家乡农业之困顿，于 1918 年 9 月入金陵大学预科金陵中学学习，翌年秋入金陵大学农科学习。就学期间，师从美国农学家、金陵大学农科教授郭仁风(J. B. Griffing)学习棉业改进与棉产推广。1920 年 7 月，章之汶作为郭仁风的助手之一从事棉产改进的研究，并参与了“百万华棉”的选育工作。1923 年 7 月，章之汶以优异成绩从金陵大学农林科毕业，获农学学士学位。同年留校任教，任棉作改良部助教一职。

在金陵大学农林科就学及棉作改良部任职期间，章之汶开始接触农业推广相关工作，参与了金陵大学在安徽和县乌江地区的农业推广区建设。同时，章之汶的研究领域扩展至乡村教育，1923—1924 学年兼任农业特科[1]副主

① 农业特科成立于 1922 年，最初为三学期制，1924 年改名为农业专修科，1928 年开始改为两年制。

任（Associate Director），1924 年时任农业专修科主任，之后 1924—1925 学年开始兼任乡村教育系助教。为推进农业事业发展、扩大现代农学传播，1925 年章之汶担任了由金陵大学主办的农业期刊《农林新报》主编一职（1928 年 8 月—1929 年 2 月再任），并在期刊上发表多篇文章，对农业生产技术进行探讨。因在农业推广领域的显著业绩，1931 年 9 月，章之汶被聘为中央农业推广委员会专门委员。

因对农业研究、推广与教育事业的兴趣以及职业发展需要，章之汶在本科毕业 8 年后再次进入高校深造。1931 年秋，章之汶赴美国康奈尔大学农学院农业教育与乡村社会科学习，一年后获康奈尔大学农业教育硕士学位。毕业时，康奈尔大学希望他能留在美国继续农业研究，但因强烈的爱国情怀，章之汶回到金陵大学农学院，将他在国外所学付诸实践。1933 年，章之汶任金陵大学农学院副院长；1937 年正式担任农学院院长。在章之汶的努力之下，金大农学院在抗战西迁四川时期的科研工作得以稳步推进，在四川温江、仁寿、新都，陕西南郑、泾阳等地创办农业推广区，进行农业技术与良种推广及乡村教育工作。同时有针对性地对四川地区农业专科学校教员进行专业辅导，以提升中等农业教育教学质量，产生了广泛的社会影响。

在农学实践上，章之汶十分注重理论与实际相结合。多次参与实地考察，并为多地乡村建设撰写规划纲要。1937 年夏，章之汶与邹树文等赴皖、鄂、赣、湘四省视察农业教育并撰写考察报告，于《中央日报》《农林新报》上全文发表。考虑到战后农业建设恢复的需要，章之汶积极参与战后农林建设草案的设计。1943 年 4 月，章之汶应邹秉文邀请，主持编纂《我国战后农业建设计划纲要》，当年 12 月出版第一编《建设计划纲领》。1945 年冬，章之汶应英国文化委员会邀请去往英国考察，并在丹麦、荷兰、加拿大、美国考察农业，回国后著文以便国人了解欧美农业现状，并提出“今后欲发展我国农业，必须与其他方面，如经济、交通、教育等互相配合，同时借镜欧美，才有希望”[①]。

1949 年，应联合国粮农组织（Food and Agriculture Organization of the United Nations，FAO）邀请，章之汶改任联合国粮农组织副总干事兼国际水稻协会执行秘书。与国际农界研究工作的接轨使得章之汶的视野也逐渐从

① 章之汶：《欧美农业近况》，载《农业周讯》1947 年第 1 期，第 27—28 页。

中国农业扩展至亚洲农业。在联合国粮农组织工作的17年内，章之汶多次参与实地考察工作，组织学术会议，撰写多部远东及亚洲农业推广情况报告。1966年于联合国粮农组织退休后，章之汶受菲律宾大学邀请担任农学院和东南亚高级农业教育与研究中心客座教授。在此期间出版有《迈进中的亚洲农业》《亚洲农业发展新策略》等英文专著，对亚洲农业的发展状况有着深刻认识，并且对未来农业发展方向有着详细切实的规划方案。

1973年从菲律宾大学退休后，章之汶定居美国的同时也心系祖国农业建设。1974年，章之汶委托女儿章荷生将其于1943年编著的《我国战后农业建设计划纲要》一书在国内出版，以供参考。章荷生自费重印800册，于1981年由中国农业出版社再版。周恩来总理也曾邀请章之汶于1976年2月回国访问，但因周总理逝世未能成行。此后金陵大学农科毕业生、农业部副部长杨显东访美时曾于电话中邀请章之汶回国访问，最终因章之汶身体欠佳难以远行，未能实现。1982年1月5日，章之汶因心脏病于美国洛杉矶逝世。

一、学工并行，传创农业新境

章之汶在其一生的学术生涯中一直坚持着理论与实践并行的原则，这与他在金陵大学本科时期的棉产改进实习工作密切相关。1919年，受美国农业部专家及植物病理学家施永高(W. T. Swingle)的推荐，美国棉业专家郭仁风赴金陵大学任教，开启了金大农科的棉产改进工作。在进行棉作试验时，因试验样本体量巨大且较为繁复，郭仁风在金大农科就读学子中招募一批有志青年进行协助，并每月支付薪资，章之汶便是其中之一。1920年7月25日，章之汶与郭仁风签订了关于协助进行改良植棉业相关工作的合同，开始了为期两年的棉作实习。在跟随郭仁风研究期间，章之汶不仅接触了棉花选种、育种、布种、培养、防害、收获的基本科学方法，也对农业推广、乡村教育有了基础认识。同时，章之汶因于金大预科时便已学习英语且能力突出，于是在金大任职早期多次承担了将外籍学者的英文论文翻译为中文的工作。如卜凯编写的《农村调查表》、郭仁风《乡村新教育》《再得救》《一个最小的(推广寓言)》，以及《农村心理》《白德斐氏的十条农业大纲》《二百零二个农家的调查》《交通救国论》等。1924年，受陶行知所托，章之汶与徐仲迪等翻译了《美国退还庚子赔款余额经过情形》。[①] 英文文献的翻译工作拓宽了章之汶的学术视野，而实践中积累的经验与感悟为其在农学理论领域的深耕奠定了基础。

在早期研究阶段，章之汶发表的与农作物改进相关的农学研究论述，均是其结合实践与理论的学术成果。1923年章之汶在《金陵光》上发表《改良农作物之方法》，认为改良农作物之方法主要为选择良种、使用改良农具、去除病虫害等三个方面，这样才能做到"产量丰登，产质改良"[②]。1924年，章之汶完成《植棉学》一书。1926年3月该书由商务印书馆作为"中国科学社丛书"之一出版。《植棉学》全书共5编35章，内容主要分为棉业通论、棉之种植法、棉之病虫害、棉之育种法、棉之推广法，是章之汶跟随郭仁风学习植棉的经验总结，也是其留校教授植棉课程时的心得感悟。从书籍内容及体量来看，为当时国内棉学专论中内容最为全面的一部专著，作为教材也受到诸多农林院校推崇，是章之汶在棉学研究领域的高度学术总结。

作为现代教育所培养的新农学家，章之汶并没有忽视中国古老、传统、深厚的农业文明，而是对其中诸多的科学经验有着客观评价。对于传统农业，章之汶一直持有敬仰态度，"吾国积数千年之农事经验，至可宝贵，于栽培技术，尤多独到之处"[③]，"农民技术高超，令人钦佩"[④]。在推进传统农业向现代农业转变时，亦不能忽视传统农业中的优秀经验。对于农艺学发展，章之汶曾强调"在栽培技术方面，慎勿忽视老农固有之经验……实地经验，至多至善，应尽量搜集研究，尽量提倡利用，再加之以采用改良农具，讲求农田水利，施用充足肥料，农业生产之增加，始能确获实效"[⑤]。这也反映出章之汶在农学角度上对传统农学的认识，即传统经验农学在一定程度上也是具有科学性的，但"可惜尚未有人利用科学方法加以编纂"且"无人利用发挥之耳"。[⑥] 为

① 陶行知：《美国退还庚子赔款余额经过情形（序）》，载《陶行知佚文集》，四川教育出版社1989年版，第13—14页。

② 章之汶：《改良农作物之方法》，载《金陵光》1923年6月第12卷第4期。

③ 章之汶：《农艺与农业生产建设》，载《农林新报》1942年第19卷第27—30期，第3页。

④ 章之汶：《自然科学与农业（三十一年五月三十日在中华自然科学社演词）》，载《农林新报》1942年第19卷第31—33期，第3页。

⑤ 章之汶：《农艺与农业生产建设》，载《农林新报》1942年第19卷第27—30期，第3页。

⑥ 章之汶：《自然科学与农业（三十一年五月三十日在中华自然科学社演词）》，载《农林新报》1942年第19卷第31—33期，第4页。

解决这一问题，章之汶在《农林新报》等报刊多次发表评论，论及传统农业经验对于当时农业生产的促进作用。如1929年第161期中《小言·旧历新年》一篇，章之汶肯定旧历在农事上的重要性，认为“禁止刊印旧历实行新历之举”对于农事“不免稍有影响。因为我国农事皆根据节令而行”[①]。再如1941年发表的《农业上的太平水缸》，肯定了传统农家设缸备水的做法，并建议全国省级农业推广改进所在一些容易遭受干旱的县乡责令农家设置水缸备水抗旱。

对于现代农学理论，章之汶有着不同一般的详细论述，展现出其作为现代农学研究者的专业素养。1940年与辛润棠、郭敏学合编的《农学大意》一书是章之汶在近代科技发展的背景之下进行的农业思考，也是具有学理性思考性质的农业相关问题论述。该书于1940年10月刊行第一版，第二版于1943年10月出版并增加第一编十章，1948年10月刊行第三版。此书第二版第一编为农业概论，论述农业与国防、新县制、工业、商业、自然科学的关系，以及农业研究、推广、教育与农业改进工作的联系；第二编为农学分论，论述各学校农学院分系状况及农业科学部门。一经出版，《农学大意》被作为农学教材在诸多农林院校使用，金大农学院一年级生所修《农学大意》课程便由章之汶教授。此外，章之汶还著有《农贷与农业》《农艺与农业生产建设》《自然科学与农业》《农业与国防》《农业与工业》《农业与商业》等文章，论述农业的重要性及其与社会各部门的关系。

章之汶认为，农业生产建设工作主要由农艺、畜养、森林、园艺四大部门展开。农艺学，是农业生产建设中的关键因素之一。“欲求农业生产建设之推行尽利，并迅速获得优良成果，当以提倡农艺为首要之图。”[②]并且需要在品种改进与栽培技术改良上颇下苦工。林业，也是章之汶尤为关注的一点。在1941年《总理逝世纪念植树节吾人应有之认识》一文中，章之汶谈及林业对于生产生活的重要性，同时强调合理经营林业，加强林业人才培养，正确认识全国森林现况，确定森林政策，解决滥伐、水土流失、荒坡垦植、薪炭迫切等问题，“倘各地一致推行，中国森林繁荣，材木当不可胜用也”[③]。

---

① 章之汶：《小言·旧历新年》，载《农林新报》1929年第161期。

② 章之汶：《农艺与农业生产建设》，载《农林新报》1942年第19卷第27—30期，第3页。

③ 章之汶：《总理逝世纪念植树节吾人应有之认识》，载《植树节专刊》1941年专刊，第17页。

章之汶对于农学理论的研究，仍旧以强烈的实践风格一以贯之。农业作为一经世实用之学必须与现实需要密切结合，是章之汶一直强调的观点。受金陵大学农学院与康奈尔大学农学院所践行的“研究、教育、推广”三一制的影响，章之汶坚持农业基础研究必须为现实农业问题服务，且研究、教育、推广缺一不可。“农业属于应用科学，极易受环境之支配，甲地生长优良之品种，或每不适宜于乙地之种植，故就地研究，就地应用……”[①]研究、教育、推广也成为章之汶农业研究生涯中最为重要的三个方面，并且深刻影响着章之汶源于理论、终归实践的农学思想的形成。

二、著书立言，建树推广事业

农业推广，是金陵大学农学院尤为重视的社会事业之一。在金陵大学农林科棉作改良部成立之初，经美国棉学家顾克（O. F. Cook）及上海华商纱厂联合会的专家学者联合考察，划定长江流域为推广驯化爱字棉的主要地区。其中安徽和县乌江因其所产乌江棉——乌江卫花在芜湖、南京等地驰名良久，引起郭仁风的好奇，于是派遣研究人员前往乌江进行棉产调查。1920 年秋，金大农科助教李积新、棉作改良部助教赖毓埙与邵德馨在乌江调查棉产后发现，乌江棉丝粗短不合纺纱之用，随即制订改良计划。[②] 1921 年春，金大农林科派遣两名学生前往乌江推广爱字棉新品种，为金大在乌江进行农业推广工作的开端。[③]

从 1920 年协助郭仁风进行棉作改良事业开始，章之汶便参与乌江农业推广工作，农业推广亦成为其学术研究方向。在棉作改良部实习期间，章之汶多次参与了乌江推广工作，与当地农民交流棉花种植情况，了解农民的种植意愿及棉花市场价格，为推广工作的开展搜集了真实的一手资料。1923 年留校任教后，章之汶继续推进乌江推广区的工作，并且将推广内容由良种与农技扩展至乡村基层教育方面。1930 年，中央农业推广委员会与金陵大学合

① 章之汶：《筹办安徽大学农学院计划草案》，载《农林新报》1934 年第 11 卷第 18 期，第 373 页。

② 李积新、赖毓埙：《乌江植棉之概况及其改良方法之我见（附表）》，载《华商纱厂联合会季刊》1921 年第 3 期，第 234 页。

③ 章之汶著，吕学仪译：《迈进中的亚洲农村》，台湾商务印书馆 1976 年版，第 328 页。

作，成立乌江农业推广实验区，由中央农业推广委员会供给经费，金陵大学农学院供给服务人员及推广材料。后因九一八事变，改由农学院全权负责经费及运行。1933 年 9 月，金大农业推广部改为农业推广委员会（1933—1937 年），章之汶任主席，统领金陵大学农学院农业推广事业。1934 年，章之汶力求乌江推广事业之扩大，增加其预算及人员，聘任马鸣琴为总干事，将推广事业分为政治组、卫生组、经济组、社会组、生产组、教育组与总务组 7 组进行，并与和县县政府展开合作。① 同年，安徽和县县政府与金陵大学扩大乌江农业推广区范围，由县政府划定和县第二区为新增实验区，并组织和县第二区乡村建设委员会，主持并计划该区乡村建设工作。1936 年 7 月，乌江农业推广试验区实现经济独立，一切经费自筹；由教育组指导的农民小学与卫生组设立的农民医院及分诊所，亦可自负盈亏。②

乌江农业推广区的实践经验令章之汶意识到农业推广的重要性，并且将学术兴趣延伸至农业推广理论。在康奈尔留学期间，章之汶接触到美国“中央统筹、省农学院设计、乡村实践”的农业推广模式，扩展了其推广理论视野。1931 年 9 月，章之汶被选为中央农业推广委员会专门委员。③ 1933 年，章之汶与李醒愚合著《农业推广概论》一文，简要论述了农业推广的意义、目的、需要解决的先决问题等，是章之汶对于农业推广理论的第一次系统论述。1936 年，章之汶与李醒愚出版《农业推广》一书，由商务印书馆刊行。该书共 14 章，分次论述农业推广相关概论、国内外农业推广历史、组织方法、事业进程、农事指导方式、家政指导内容、青年团指导、设计方案、推广方式方法、农村心理、推广人才素质培养、经费来源、研究内容及乡村建设。无论是作为农业推广教材还是理论专著，《农业推广》一书具有高度的理论完整性与实践实用性，是近代农业推广研究领域的代表性专著之一。此后，章之汶还发表有《大学农学院应兼办社会教育》《县单位农业推广实施办法纲要》《农业推广政策》等文，进一步完善对于农业推广的学术认知。

章之汶认为，农业推广的定义可分为狭义与广义而言。“所谓狭义之农业推广，即以农业学术机关研究改良之结果，推广于农民普遍种植或使用，以

① 马鸣琴：《乌江农业推广试验区工作报告》，载《乡村建设实验》第 519 页。

② 章之汶：《介绍乌江农业推广实验区（附图表）》，载《经世》1937 年第 9 期。

③ 《中央农业推广委员会职员名录》，载《农业推广》1935 年第 9、10 期合刊。

增进农业之生产而已。至广义云者,除推广改良成绩外,且教育农民,培养领袖,进而改善其整个的适当生活。"[①]基于美国康奈尔大学副校长孟恩(A.R. Mann)提出的对于组成适当生活的六个成分"健康、财富、智识、美丽、社交、公平"理论,章之汶认为如若要在乡村实现这一种适当生活,必须通过推广手段,增加农民财富,同时"提倡卫生运动,以促进农民之健康。实施农民教育,以增长农民之智识。改造乡村环境,以养成农民之美感。倡导合作组织,提倡正当娱乐,辅助地方自治推行,以及改善儿童、妇女、家政,与乡村社会之种种不良习惯,使农民知有适当之社交,享受真正之公平。如此方可尽推广之能事"[②]。所以广义上的农业推广,乃中国今后最宜采用者。

在章之汶看来,农业改良支柱可分为三个系统:农业人才培养系统、农业推广指导系统与农业研究改良系统,并且"一切农业研究改进以及农业人才培养,皆以农业推广指导为中心"[③]。农业推广的目的,在于使农业、农民、农家及乡村社会得到整体改良。"然而农业推广之最大目的,尚不仅注重农业生产方式之改良;尤在改善农民实际生活,促进整个乡村建设……务使一切落后之乡村与农民,得追随时代而进化,充分享受一切新文明之赐给。"[④]开展农业推广工作首先需要解决推广材料、推广人才、推广组织、推广经费等先决问题。[⑤] 推广组织机构按照中央—省—地方三级设置,推广人员除了介绍先进农事生产技术之外,还对家政、乡村领袖建设负有指导责任。推广方法可分为访问、研究、创办推广学校与短期训练班、编印推广手册、实物展览等方式,以推广效率为标准进行选择。同时,章之汶也多次强调,农业推广与农业研究、农业教育三足鼎立,互相依附,必须同时并进,才能实现农业改进的目标。

对于教育机构的农业推广工作,章之汶认为,大学农学院对于本省推广机关应负有辅导之责,定期派遣专家巡回辅导,开办直属实验区,并由农学院直接管理、指导与试验一切推广计划,以备普遍推行。[⑥] 针对地方农业推广机

---

① 章之汶、李醒愚:《农业推广概论》,载《农林新报》1933年第10卷第12期,第226页。

② 章之汶、李醒愚:《农业推广概论》,第226页。

③ 章之汶:《县单位农业推广实施办法纲要》,载《农林新报》1943年第20卷第16—18期,第4页。

④ 章之汶、李醒愚:《农业推广》,商务印书馆1936年版,序。

⑤ 章之汶、李醒愚:《农业推广概论》,第223—227页。

⑥ 章之汶、辛润棠:《我国农业教育政策》(续),载《经世》1937年第2期,第22页。

构，章之汶曾撰有《县单位农业推广实施办法纲要》一文，详细说明实际实施办法。推广机构方面，县农业推广所应直属县政府，办理全县农业推广事宜，并设置县立种苗繁育场、农业推广中心区、保合作示范农田、中心学校校园等事业单位；乡村公所经济股则负全乡农业推广指导之责。推广指导内容方面，应涉及农业生产、农产加工、农产运销、农民教育，必须合理运用团体组织、采取示范方法、访问农家农友以达到推广目标。此外，推广材料与工具、举办展览会、农业指导人员应作的调查研究与编制工作报告、组织县农业推广协进会、经费预算，章之汶均在论述中提及。同时，章之汶还曾强调无论中央还是省、县、乡镇的预算中，农业推广之经费应占有一定比例，决不能任意挪用，以保证推广工作的顺利进行。[①]

除了理论研究，章之汶也尽金大农学院院长之责，积极参与农业推广区的建设。1937—1948 年，章之汶在担任院长期间，曾组织农学院在四川温江、仁寿、新都，陕西南郑等地建设农业推广试验区，研究县单位农业推广制度与推广方法，均取得一定成绩。1941 年后，民国政府普设农推机构，金大农学院乃致力于农业推广辅导及训练工作，除受四川省政府委托辅导彭县及华阳两县新县制示范工作外，还开办各种农业推广人员训练班。[②] 金陵大学农学院为当时全国首屈一指的农业推广研究与实践机构，在学界具有领导作用。

“是农业推广，不但解决民生，且藉以培养民权，复兴民族。其有助于国家建设者，实重且大也。”[③]在近代动荡时局之下，章之汶认为农业推广的价值与意义不再局限于农业、农村与农民的发展建设，而与民族复兴、国家富强息息相关。这一认识不仅对于当时中国社会之建设颇具现实意义，也依旧启发着如今中国社会的未来发展。章之汶深刻认识到农业在中华民族形成发展过程中的重要作用，遂以农业改进为社会进步的第一要务，而农业推广又为农业改进中之重点，“推广事业为农业改进程序中之最后与最要阶段”[④]。对于推广事业的不遗余力也是他对农业改进工作的坚持，也是他怀有强烈报国情怀的真实写照。

---

① 章之汶：《农业推广政策》，载《中农月刊》1943 年第 10 期，第 19 页。

② 章之汶：《本院创办农业推广示范场计划书》，载《农林新报》1946 年第 23 卷第 1—9 期，第 29—30 页。

③ 章之汶、李醒愚：《农业推广》，序。

④ 章之汶、辛润棠：《我国农业教育政策》，载《经世》1937 年第 1 期，第 54 页。

三、农教为本，构架人才体系

农业教育是章之汶最为深耕的学术领域，所著论述诸多，也与其一生从事农业教育工作有关。1924年，金大农学院棉作改良部下设乡村教育系与推广部。章之汶出任乡村教育系助教，以及农学院农业特科主任。此后，章之汶一直在乡村教育系与农业专修科任职。1930年，章之汶为农业专修科主任、总务处主任及乡村教育系代理主任。1931年8月，章之汶赴美国康奈尔大学农学院农业教育与乡村社会科攻读硕士学位，1932年秋获硕士学位回国，任乡村教育系主任，讲授"农业师资训练"等课程。1933—1936年任农学院副院长以及1937—1948年任院长期间，章之汶依旧时常兼任乡村教育系主任与农业专修科主任。① 另外，章之汶还积极兼任社会职务，为推广农业教育不遗余力。1931年夏，黄质夫、梁漱溟等为推进乡村教育事业拟成立"中华乡村教育社"，翌年10月征求社员。1933年11月，章之汶被加推为中华乡村教育社筹备员。1934年1月27日，中华乡村教育社在南京正式成立，作为筹备会主席团成员之一，章之汶代表致辞。② 1937年5月，章之汶与张伯谨、徐澄、章元玮等30人发起成立中国乡村教育会。③

此外，章之汶还曾多次参与农业教育考察与教育提案。1937年5—6月，章之汶、邹树文奉教育部令前往安徽、湖北、湖南、江西四省视察当地农业教育，《农林新报》编辑汪冠群全程陪同。调查期间，曾于安徽芜湖、安庆、东流，湖北汉口、武昌、江陵、宜昌，湖南长沙、衡阳、衡山、岳阳，江西南昌、临川等地考察，实地调研学校、农林试验场及农林改进机构30多所。对机构组织情况、学科建设、人员数量、设施情况、经费预算都有详尽了解，并得到当地农林部门接待。抗战期间，金大迁至四川后，章之汶也曾率领农学院教师对四川农业教育进行考察与研究。1938年7月，章之汶赴重庆参加教育部农业教育委员会会议，讨论大学农学院课程标准问题，并应教育部所聘，任川、滇、黔三省农业职业学校暑期讲习会教务副主任。1939年7月，章之汶率农学院教师对

---

① 1935年8月，改为章元玮任农业专修科主任。1945年1月，由章元玮接任农业教育系主任。

② 《中华乡村教育社史料》，载《黄质夫乡村教育文集》，东南大学出版社2017年版，第317—320页。

③ 蔡鸿源、徐友春主编：《民国会社党派大辞典》，黄山书社2012年版，第101页。

四川省30余所农业职业学校进行考察，并对新都、温江、眉山等8所农业学校进行辅导。1940年12月，章之汶与邹秉文、钱天鹤、赵连芳等8人为改进农业教育联名上书教育部。1941年2月，再与邹秉文、钱天鹤等48名中华农学会成员联名上书教育部部长陈立夫，提出改进农业教育的五点意见。

在农业教育理论方面，章之汶著述颇多。1923年9月，章之汶便发表第一篇与农业教育相关的文章《乡村教育谈》。1924年9月，翻译郭仁风所著《乡村新教育》一文并发表于《农林新报》。1924年，又发表《农村教育》一文，论述农村教育的内容、目的、组织计划，以及解决农村教育问题的理论依据等。从美国留学归来后，章之汶愈发关注中等农业教育，撰写有《美国的中等农业教育》《对于江苏省中等农业教育改进之意见》《中等农校与农村建设》《我国中等农业职校与农事教员训练问题》《我国中等农业教育问题：在中央广播电台讲》等文章。1937年，章之汶与辛润棠出版《农业职业教育》一书，论述农业职业教育的起源、政策、组织机构、课程编制、教学方法、农事实习以及社会活动，为近代中等农业教育研究中的代表性学术成果。担任金大农学院院长后，章之汶对于高等农业教育也有了更加深刻的见解，发表有《农村建设声中我国大学教育》《大学农学院应兼办社会教育》《对于大学农学院课程标准之检讨》《论我国目前大学教育》《一个家庭化的大学举例》等文。对于农业教育改进，章之汶也有诸多论述，《改进我国农业教育意见书》《我国农业教育政策》《草拟我国农业教育改进方案》《改进我国中等农业教育之意见》《改进我国中等农业学校教学方案》均为其代表作。此外，章之汶还曾为诸多农业学校设计教学方案，如《筹办安徽大学农学院计划草案》《创办安徽合肥私立蜀山初级农业职业学校计划草案》等。

从理论体系来看，章之汶认为，“农业教育之终极目的，在灌输农业知识，训练农业技能，增加农业生产以改善农人生活”[①]。按照教育层次范围可以分为：高等农业教育、中等农业教育、新农教育及小学农事生产教育。制定农业教育政策时，需要考虑到研究、教育、推广的连环性，并且要将研究与教育成果推向农村，做到物尽其用。

高等农业教育，以大学农学院、农业专门学校、农业院及教育学院农事教

---

① 章之汶：《我国中等农业教育问题：在中央广播电台演讲》，载《农林新报》1936年第20期，第550页。

育学系等机构为主。大学农学院以造就专门技术人才以从事高深研究及大规模农事经营、训练中等农校师资、培养农业行政人才及农事指导人才为目标，为农业人才最高学术机构。农业专门学校训练农业技术辅佐人才，注重农业经营及农业推广工作。农业院注重农事研究与推广。教育学院农事教育学系则着重造就农事师资，注重农业推广及农民生活之改善。① 同时，"高级农校之事业可分为研究、训练与推广三部"，并且应涉及植物生产、动物生产、农业经济、乡村社会等学系。大学农学院课程制定应遵循适合高级人才培养、养成学生专业技能、辅修与主修相关课程、充实自然科学基础、扩展学生事业、具备一定适应性等原则。②

中等农业教育，是章之汶在农业教育领域尤为重视的部分。高等农业教育的重点在于培养高层次研究人才以及为中等农业教育提供师资，中等农业教育的重点则在于农业推广。"大学之中，经济充裕，设备完善，人才集中，是最适宜于研究的。至于中等以下的学校，人才经费和设备都很有限，只能与大学农学院联络，以所研究的结果去推广。"③由此，中等农业教育的目的为"造就农业技术辅佐人才，培养农民职业教育的师资及训练实地经营农业的人员"④，并且为新农学校及小学农事教育提供师资。⑤ 中等农业教育机构在开办时应注意选录适宜学生，施以恰当教导，为毕业生介绍合适职业，并且与毕业生时常联系，调查其工作状况以及在学校所受训练是否足以就职后应用。⑥ 针对当时中等农业教育师资不足的问题，章之汶多次呼吁对中等农业职业学校教员进行训练，并委托各大学训练职校师资。⑦

同时，章之汶还曾构想建设"乡村中学"。因当时中国农村社会濒临破产绝境，乡村师范与农林实验学校无法解决现实问题，于是章之汶提出将二者融为一炉，"以期造就农业经营，农事指导，乡村小学师资及农村服务人"，学

---

① 章之汶、辛润棠:《我国农业教育政策》(续)，第22页。

② 章之汶:《对于大学农学院课程标准之检讨(上)》，载《农林新报》1924年第1—3期，第2—6页。

③ 章之汶:《中等农业学校与农业推广》，载《安徽教育周刊》1935年第89期，第39页。

④ 章之汶:《我国中等农业教育问题:在中央广播电台演讲》，第550页。

⑤ 章之汶、辛润棠:《我国农业教育政策》(续)，第24页。

⑥ 邹树文、章之汶:《对于江苏省中等农业教育改进之意见》，载《农林新报》1933年第16期，第307页。

⑦ 章之汶:《抓着痒处》，载《农林新报》1936年第23期。

校宜设置于乡村环境中，遂以“乡村中学”名之。[①] 组织方面，乡村中学下设社会组、教育组与农事组。社会组培养农业合作人员与农村自治人员；教育组培养乡村小学师资；农事组培养乡村小学农事教员与农事技术人员。[②] 所授课程应具有地域性，适合地方社会需要。[③]

新农教育，为实业农业教育的最终目的。“新农教育之目的，在对青年与成年农人，施以合于实用之农事知识与农业技能之训练，以造成一进步的农民。”[④]新农教育直接面向农民，向农民灌输新农事生产知识、训练新农事生产技能，使科学农事理论能实际应用于农事工作，由此提高农民整体素质。[⑤] 小学农事教育，章之汶在早期从事农业教育时便已关注。1923 年，他在《乡村教育谈》一文中曾提到，因当时中国社会经济贫困、人才缺乏，于是建议乡村教育可仅限于小学农事教育。[⑥] 小学农事教育的目的在于启发乡村儿童农业意识，“养成儿童之劳动习惯与生产兴趣，使其认识乡村社会之事务，并了解与其生活所发生之关系，以引起从事生产之活动”[⑦]。教育活动主要以乡村小学农事课程的方式进行。同时，因乡村小学的普遍性与适用性，所以建设乡村亦以小学为中心枢纽。[⑧]

除了对上述四种农业教育模式有着细致研究外，章之汶对于中国农业教育改进也极为关注。章之汶认为，开展农业教育工作首先要对以下原则有着深刻认识，即农业的地域性、研究教育推广三者间的连环性、各地区大学农学院的重要性以及农业的目的——培育现代农民。整体而言，对于农业教育改进的建议，主要分为以下几点：(1) 分区设置各级农业学校；(2) 充实农业教育机构；(3) 规定课程设备标准；(4) 培养筹划农教师资；(5) 加强改进机关与教育机关的联系；(6) 视察各农业教育单位；(7) 补助经费、编审教材、推进建

---

① 章之汶、辛润棠：《我国农业教育政策》，载《经世》1937 年第 1 卷第 1 期，第 57 页。

② 章之汶、辛润棠：《我国中等农业职校与农事教员训练问题》，载《教育与民众》1935 年第 6 卷第 8 期，第 1409 页。

③ 章之汶：《中等农业学校与农业推广》，载《安徽教育周刊》1935 年第 8—9 期。

④ 章之汶、辛润棠：《我国农业教育政策》(续)，载《经世》1937 年第 1 卷第 2 期，第 25 页。

⑤ 章之汶：《草拟我国农业教育改进方案》，载《农林新报》1941 年 2 月第 4—6 期。

⑥ 章之汶：《乡村教育谈》，载《金陵光》1923 年 9 月第 13 卷第 1 期。

⑦ 章之汶、辛润棠：《我国农业教育政策》(续)，载《经世》，1937 年第 1 卷第 2 期，第 25 页。

⑧ 章之汶：《建设乡村应采取统一途径刍议》，载《农林新报》1933 年第 18 期，第 353—360 页。

教合作等。针对不同级别的农业教育机构，章之汶建议，高等农业教育学校如大学农学院应独立设置，并且根据所在地区的农业生产情况调整农学院事业中心，统一农学院学系名称，充实高等农业教育内容。农学院应设法与中央及省级农业改进机关合作，避免研究工作重复。中等农业教育应改为一级制度，废除初级农业学校。同时加紧实习与考察任务，多多深入农村实践，缩短农校与农民的距离。此外还需加重并改进乡村师范学校农事教学，促进中学及师范学校农事生产教学工作。新民教育方面，要注重实际，培养农民学习兴趣，注重教育与推广相结合，培养农民的自主学习应用意识。

章之汶在出国去往康奈尔求学期间曾感叹："我此次到了外国以后，更觉教育要紧，国家之强弱，民性之好坏，几全视乎教育之优劣。"①"教育为国家根本所寄托"，农业教育更是中国这一农业人口占大多数的国家所必须重视的。这一思想展现了章之汶作为一位农业教育工作者"农教为本"的理念。章之汶所设想的教育愿景，摆脱了"学而优则仕"的传统，学校与社会密切联系，学生所受之教育得以为社会所用，学校对于学生也有人文关怀。就近代现代教育培植领域而言，章之汶是近代农业教育家中的优秀代表，推动近代中国农业教育事业朝着高水平、多层次的方向迈进。

四、农业复兴，致力民富国强

自鸦片战争战败之后，中国社会逐渐步入内外困顿、积贫积弱的泥淖。救国自强为当时社会讨论的主题。在章之汶看来，农业是中国社会的发展根基，并且有着不可取代的重要作用。农业是大多数民众的职业，提供民食军需之源；同时农业也是国家财富源泉，农产品为当时抵补入超的主要出口品。② 所以，改进社会首先应从改进农业开始。"吾国以农立国，一切衣食原料，普遍取之于农。是以欲求生产建设工作之实际惠及农民。应首先着重农事改良工作。"③特别是战后，"农业既如此之重要，即战后建设工作，亦非农

---

① 章之汶：《致专修科毕业及在校同学书（自美国寄）》，载《农林新报》1931 年第 31 期，第 259 页。

② 章之汶：《农贷与农业（讲演稿）》，载《农林新报》1941 年第 25—27 期，第 2—3 页。

③ 章之汶：《农艺与农业生产建设》，载《农林新报》1942 年第 28—30 期，第 2—3 页。

不办”[1]。

全面抗日战争爆发之前,章之汶认为农业改进的重点在于传统农业向现代农业转变。1923 年,章之汶发表第一篇学术文章《道路》,论述交通对于社会进步的重要意义。“交通若便利,则人民之思想新,社会之进步速,此不易之理也。”[2]此后,章之汶翻译《农村心理》一文,提出“今之为农村社会领袖者,宜熟习农民之心理,及农民所居之环境,然后施行改良,则事半功倍……”的观点,并提及改进农业的四条途径:完善交通、提升农业价值、促进现代文化传播、建立公民学校等。[3] 之后,章之汶不断完善农业改进理论,从组织机构建设论及具体改进方式,强调农业技术改进的同时也强调对于乡村社会的正确引导。这段时期,章之汶认为,农业改进应该从以下几个方面进行:(1) 建筑道路以利交通;(2) 普及生产教育及卫生设施;(3) 改良农业增加生产;(4) 提倡副业增加收入;(5) 建设仓库、合作社;(6) 组织公共娱乐场所。另外,章之汶还指出乡村建设不是慈善事业,也不是以农林高校或政府农业改进机构所主导的。乡村建设工作应培养农民的自主意识,使其了解改进工作意义,才可长久延续下去,不至于人亡政废。

1937 年,抗日战争全面爆发。针对战时农业发展方向,章之汶发表《非常时期乡村工作计划纲要》《抗战期中之社会改造》等文,号召农村在维持生产生活的同时,加强自卫能力,加强农村组织力量,增强抗战力量;征集失学及失业青年以及在学就业知识分子空闲时间深入乡村进行后方工作以稳定农业生产。对于中国农村社会内忧外患的艰难局面,章之汶认为应该从物质与精神入手改造。物质上推广优良品种及抗击病虫害最新技术方法,提倡农村劳动力投入到农村工业生产中,建设农会等合作组织,并劝导农民戒除不良嗜好和迷信。精神上,建设农民的民族意识、坚韧体魄与团结精神。

随着抗日战争局势逐渐明朗,章之汶的研究方向逐渐转向战后农业建设与复兴。1939 年章之汶发表《战后我国农业教育与农林建设计划草案》一文。1943 年 4 月,受邹秉文之托,章之汶主持编写了《我国战后农业建设计划纲

---

① 章之汶:《农业与国防》,载《农林新报》1943 年第 1—3 期,第 3—6 页。

② 章之汶:《道路》,载《金陵光》1923 年第 4 期。

③ 章之汶:《农村心理》,载《金陵光》1923 年第 1 期。

要》第1编《建设计划纲领》。[①] 该书于同年12月出版，并计划编写第二编《专业计划提要》。1945年，章之汶受英国文化委员会邀请去往欧洲、北美各国考察，对各国农业发展近况有所了解，从中汲取经验用于国内农业复兴事业发展。对于过去农业教育与农林建设存在的弊端，章之汶认为，主要由政府对于农业改进投入不足、改进工作未契合实际、农业人才缺乏等原因造成。针对这些问题，战后应加强农业教育建设、健全农林机构以及增加农业改进的资金投入。针对农业改进的组织机构，应成立中央农业建设设计委员会和省农业建设委员会，统筹全局工作，并根据实际情况需要建立县级农业建设委员会。[②] 针对农业改进的具体方向，应从生产、分配、金融和生活方面进行改良。生产上，利用先进农业技术增加种植面积及作物亩产。分配上，建立全国仓库网、厉行分级制度、举办农产检验、改良包装运输、提倡农场制造、树立外销机构等。金融方面，增加合作社业务种类、树立合作金融制度、健全合作组织系统等。生活方面，普及农民教育、提倡正当娱乐、改善乡村卫生、促进团体生活、提倡农民自卫等。此外还需改良土地应用、发展特种商品、举办牲畜保险、改善租佃制度、普遍农情报告、改进农业调查等。[③]

同时，章之汶还将理论投入到实际，带领金陵大学农学院积极参与农业社会改进事业。1928年8月，章之汶在金陵大学农林科成立农林研究会，旨在"改良农业，解决民生，增进人民幸福"[④]。1935年，章之汶受邀担任南京市农村改进委员会委员，并委托起草工作计划。[⑤] 1937年，章之汶与章元玮参加华北农村建设协进会年会之际，齐鲁大学请金陵大学农学院设计山东潍县县单位农场，并请提供技术人才。[⑥] 1948年，章之汶参与组织成立浙江省农业推广委员会，同时浙江省政府设立农民学校筹备委员会，邀请章之汶担任该会

① 该书出版前，邹秉文与章之汶曾将书稿于《中华农学会通讯》上发表。详见《中华农学会通讯》第28号1943年第1期特载《战后我国农业建设计划纲要》《论我国农业研究》《论我国农业推广》《论我国农业教育》。

② 章之汶：《对我国政府农业建设设施进一言》，载《农林新报》1940年第1—3期，第2—5页。

③ 章之汶：《论战后我国农业建设》，载《学思》1942年第7、8期。

④ 杨瑞：《中华农学会研究》，生活·读书·新知三联书店2018年版，第416页。

⑤ 《编辑后记》，载《金大农专》1935年第9期，第401页。

⑥ 《本科近闻一束：(3)章之汶章元玮二先生代表参加华北农村建设协进会年会》，载《金大农专》1937年春季号，第119—120页。

委员，指导农业教育工作。[①] 1948年10月，中美合作成立中国农村复兴联合委员会，章之汶被任命为“自力启发组”组长。

对于农业改进这一问题，章之汶的学术理论从战前对农业技术与农村改造的初步认识，发展到战后对农村社会的系统改造。在章之汶看来，因当时中国农业粮食生产力低下，农业改进依旧需要以发展种植业为核心。农业改进的先决条件为自然科学的发展[②]，所以对于高等农业教育的支持尤为关键。农业研究、教育与推广都要与乡村实际相联系，三者最后的目的是农业改进、乡村振兴。农业改进也不仅局限于物质层面，乡村精神层面也是重点改进内容。此外，农业作为社会生产部门中的基础，需要与工业、商业联系合作，借由加工运销等手段促进社会经济发展。

作为一名农学家，章之汶不遗余力发展农业改进事业，期望中国社会能够实现“民富国强”之目标。即便晚年长期身居海外，也依旧关心国家农业建设发展。推动农业技术发展、推进农村社会改良、维护农民身心健康，是章之汶农业改进思想的三个层次，这一思想贯穿其学术始终，展现了其淳朴的学术初心、仁厚的人文关怀与浓郁的家国情怀。也正是因与章之汶一般的近代农学家的艰辛付出，中国近代农业在风雨飘摇之际得以勉力维持，并最终迈向现代化历程。

五、放眼世界，推进亚洲农业

1949年后，章之汶受国际农林机构的邀请，长期于海外任职。这一阶段，章之汶将学术视野由中国扩展至东南亚以至整个亚洲，并将毕生所学在亚洲各地农村进行实践。在联合国粮农组织任职期间，章之汶多次组织学术会议，建立培训中心，对政府官员及农民群众进行农业生产技术指导，对战后亚洲饥饿问题的缓解有着积极作用。1960年与1964年，章之汶以联合国粮农组织专家的身份撰写了名为*Present status of agricultural research development in Asia and the Far East*（《亚洲及远东地区农业研究发展现状》）的

① 《农学院章之汶院长参加浙省推广及教育工作》，载《金陵大学校刊》1948年第374期，第3版。

② 章之汶、辛润棠编：《农学大意》，金陵大学农学院编辑部1940年版，序言。

年度报告；1963 年撰写 *Directory of agricultural research institutes and experiment stations in Asia and the Far East, supplement*（《亚洲和远东地区农业研究机构和试验站名录补编》）。在这段时间，章之汶还曾发表有 *Increasing food production through education, research, and extension*（中译本为《农业教学、研究、推广综合体制》）、*Extension education for agricultural and rural development*（中译本为《农业推广理论与实际》）等著作。在对亚洲农业进行实地考察、现状研究的同时，章之汶积极结合理论，对农业研究、教学、推广"三一制"进行更为系统的论述，不仅是他个人学术积累的总结，也是农业实践研究方向的理论推动。

1966 年，章之汶于联合国粮农组织退休后，受菲律宾大学农学院邀请，前往任教。在菲律宾工作的 7 年间，章之汶极其关注亚洲农村发展，也曾多次将农业推广理论于社会中付诸实践。1969 年，章之汶所著 *Rural Asia marches forward: focus on agricultural and rural development*（中译本为《迈进中的亚洲农村》）一书由菲律宾大学出版。该书总结了章之汶在四十年农业研究生涯中与农村发展、农业改进相关的调查结果与理论研究，同时收录大量实际案例，论述了当时亚洲农业研究、推广与教育的发展情况并给出长期建议。该书不仅作为理论传授教材使用，还为农业及乡村发展工作人员提供了具有实践价值的意见参考。

另外，章之汶仍旧十分注重理论实践，在菲律宾多地推行农村改进实验。1970 年，受到菲律宾大学与美国基金会的资金支持，章之汶在菲律宾内湖省（Laguna）皮拉市（Pila）进行了名为"社会实验室"的社会改革项目。实验区以 5 个村落构成，居民人口数达 6000 以上。"社会实验室"的目标是"发动人力以充分开发土地和水资源，将现存的传统农业转变为现代化的商业农业"。这一实验并不以单纯地追求农业增产为目标，而是在于水土利用技术是否能够得到充分开发利用，实现农业生产的商业化，从而使"19 世纪的农业转变为 20 世纪的农业"。1974 年，在章之汶离开菲律宾之后，菲律宾大学仍旧为其出版其在职时撰写的第二部著作 *A strategy for agricultural and rural development is Asian country*（中译本为《亚洲农业发展新策略》）。该书总结了菲律宾内湖省皮拉市"社会实验室"项目的开展过程及经验教训，也是对"社会实验区"工作开展的理论总结。经章之汶及其同仁不懈努力，该项目最终成功实践并且在菲律宾多地得到推广。

作为近代农学家之中的翘楚，章之汶步入晚年依旧笔耕不辍，这一时期的学术成果被诸多学者传颂，对农林事业的发展有着广泛且深远的影响。1969 年章之汶所著《迈进中的亚洲农村》出版后，被亚洲许多国家农林工作者购买阅读，并获得海内外学者的极高评价。同时，“社会实验区”项目在亚洲顺利开展。至 1979 年，菲律宾已在 7 处农村开展“社会实验室”项目，1982 年时增加为 14 处，并吸引了其他国家学者的关注。韩国农村社会学家郑址雄曾在 1973 年撰文介绍“社会实验室”。章之汶也获得了“社会实验室之父”的称号。

六、心系农兴，矢志一流办学

虽然长期担任行政职务，但章之汶一直保持着高质量与高密度的学术产出，并且应各地邀请发表演讲或是为他人撰写书稿序言。出于对农业事业的热爱，章之汶曾表示最希望能够从事最为纯粹的学术研究，为国家农业发展做出贡献。虽因身兼数职，这一夙愿难以实现，但章之汶依旧认真对待工作，履行职务。于学问上“勤勉”，于为人上“通达”，是诸多同仁与学生对章之汶的评价。特别是在 1937—1948 年执掌金陵大学农学院的十二年内，章之汶更是兢兢业业，处处以学院发展为先，将金陵大学农学院建设为近代中国农业重要教学科研机构之一。

1936 年始，章之汶以副院长身份代谢家声行金陵大学农学院院长一职。1937 年，章之汶正式担任金大农学院院长。与此同时，抗日战争的紧张局势使得金大农学院的教育事业面临着前所未有的危机与挑战。全校西迁仅仅是解决问题的第一步，如何在战时状态下依旧维持金陵大学农学院的教育、研究与推广事业不至于衰退，则是章之汶最为关心的问题。经过章之汶的不懈努力与多方奔走，抗日战争时期金陵大学农学院的学科建设与人员规模都有了明显的进步与增长，学院的社会事业也处于发展之中。

在担任农学院院长期间，章之汶延续并发展了金大农学院“三一制”模式，使金陵大学农学院成为当时国内最为著名的高等农业教育机构之一，并且在学界具有权威性与号召力。农学院教育建设发展迅速，形成了农科研究所、大学本科、农业专修科及短期训练班四个层次。1936 年，金陵大学农学院成立农科研究所农业经济部，培养高层次农业人才 1940 年增设农艺部，1941

年增设园艺部，学生于农科研究所毕业后授予硕士学位。1938年，受四川农村合作委员会的委托，农学院开办暑期合作训练班。1939年，章之汶主持在仁寿开办"金陵大学农学院附设仁寿县煎茶溪农民初级学校"，由包望敏兼任校长，推进农学院在仁寿地区的农业推广事业。据统计，1937—1942年，金陵大学农学院在四川共开办短期训练班15期，培训人员547名。

在农学院学科建设上，章之汶也在不断完善体系构建，由1936年的6主系1辅系的结构转变为8系1专修科的结构。诸多学科在这一阶段完成了改组，使得学科研究方向更加明晰，学科体系得到优化。1937年农艺系重新划分为作物改良组、土壤肥料组、农业工程组、农事试验场组。1939年，农业经济学系重新划分为农政组、农场管理与农产贸易组、农业历史组、农村金融与农村合作组、农村社会组及农产物价与农业统计组。

另外，诸多农界贤才也在章之汶的邀请下于金大任教，其中包括农艺系主任王绶(1934—1941，1940年兼任农科研究所农艺部主任)、汤湘雨(1941)、靳自重(1941)，森林学系主任陈嵘(1930—1938，1946)，植物学系主任焦启源(1937)，蚕桑学系主任单寿父(1934)，农业经济学系主任卜凯(Buck，1935年冬之前)、徐澄(1929—1930，1932—1933，代理)、孙文郁(1934年冬—1935年春代理，1946年兼任)、乔启明(1935年冬)、应廉耕(1941)，农业学系主任胡昌炽(1928—1948，1943年兼任农科研究所园艺部主任)，植物病虫害系植物病理学组主任俞大绂(1934)、魏景超(1938，1946)、樊庆笙(1939，1948)，植物病虫害系昆虫学组主任司乐堪(B. A. Slocum，1932)、程淦藩(1946)，农业教育学系主任童德福(1945)、辛润棠(1946春)、章元玮(1946秋)，以及农科研究所园艺部主任章文才(1941)、沈隽(1942年春代理)、丁锡文(1948年秋兼代)，农艺部主任郝钦铭(1941)、吴绍骙(1942)，等等。

上述金大农学院教授中，大部分本科毕业于金大，如徐澄(1918)、童德富(1923)、王绶(1924)、孙文郁(1924)、乔启明(1924)、章元玮(1924)、郝钦铭(1924)、焦启源(1924)、章文才(1925)、俞大绂(1925)、吴绍骙(1929)、程淦藩(1930)、应廉耕(1930)、魏景超(1930)、靳自重(1932)、汤湘雨(1933)、樊庆笙(1933)、辛润棠(1933)等。不仅说明金大农学院人才辈出，也表明章之汶对金大学子学术能力的信任与认可。此外，在章之汶执掌农学院期间，诸多学子与青年教师得到了全面发展，并且在深造后选择回归金大，推动金大农学院的发展。大豆遗传育种专家马育华，1935 年毕业于金大农学院并留校任教，1945 年考入美国伊利诺大学考察实习，被破格授予硕士学位，1950 年回国于金大任教，1952 年转入南京农学院。农业微生物学家樊庆笙，1933 年毕业于金大农学院，因章之汶多次与美国洛克菲勒基金会协商，该会愿资助三名中国学生赴美深造一年，樊庆笙因此得以于 1940 年赴美国威斯康星大学研究院学习，1943 年获哲学博士学位，1944 年回国，翌年于金大任职。金大毕业生及在金大任教的中国科学院及中国工程院院士有俞大绂、戴松恩、裘维蕃、吴中伦、庄巧生、阳含熙、卢良恕、汪菊渊、陈俊愉、黄宗道、蒋亦元。

在章之汶的领导之下，农业学术研究亦成绩斐然。农学院研究工作分为：调查研究，如农业经济调查研究；采集研究，如昆虫与植物标本的采集；试验研究，如作物品种改进试验。其中较为有代表性的研究成果为：豫鄂皖赣四省农村经济调查，农业历史研究，四川省土地分类调查研究，成都市附近七县米谷生产成本及运销研究，以及四川省农产物价与成都市生活费用研究。至 1943 年农学院改良完成新品种计有：小麦十三种，棉花七种，水稻一种，大豆一种，粟六种，高粱三种，大麦四种，玉蜀黍一种，改良江津甜橙、金堂大形甜橙、江津红橘、甘蓝、榨菜及番茄等。1944 年，应教育部农业教育委员会及中等教育司邀请，金大农学院编纂职业学校农业经济系教材 3 种：《农村合作》《农业经济学》《农场经营》；园艺系教材 7 种：《果树园艺》《蔬菜园艺》《花卉园艺》《造园学》《观赏树木》《园艺品利用》《普通园艺学》。1943 年，农学院还成立了各组研究委员会，包括稻作改良研究会、小麦改良研究会、棉作改良研究会、柑橘改良研究会、烟叶改良研究会及调查委员会。

金大西迁期间，章之汶认为，农学院在完成在南京未完成的研究工作的同时，还要集中力量探讨四川省农业问题。“如主要作物中稻、麦、棉，特种作物中之油桐、柑桔、烟、茶、蚕桑与畜产之研究改进，以及农村经济状况与农村教育之调查实验，均在积极推进之中，盖亦思于此抗战救国时期，对此后方伟大华西重镇，稍尽其负之任务。”[①]由此，金大开始了针对四川特色农业的试验与研究。1940 年，受财政部委托，农学院开始进行烟草改良问题研究。为此，章之汶特意聘请金大农学院毕业生、美国康奈尔大学博士汤湘雨担任研究教

① 《金陵大学农学院研究计划一览序》，1940 年。

授,并且向财政部游说设立烟草奖学金。1940年夏季开始,金陵大学农学院每年可选六名学子受财政部奖学金支持从事烟草专项研究。1940年,汤湘雨主持"烟草品种改良"与"烟叶栽培研究"项目。1940年12月,农学院建立烟草改良讨论会,左天觉(当时为学生)任主席,推动烟草改良研究。1938—1942年,章文才等进行柑橘繁殖研究,以期用简洁方式繁殖柑橘幼苗替代四川地区流行的实生繁殖。1939—1942年,章文才开始对柑橘贮藏及果实处理方法进行研究,取得了显著成果。

金陵大学农学院成立三十周年时,章之汶作为时任院长,主持了一系列的纪念活动,并且也对农学院三十年来的工作进行了总结与反思。"因受战时种种条件之限制,大多就过去规模,徐徐迈进,其挖疮补肉捉襟见肘之苦况,想必为各方所洞鉴,然环境日趋困难,益使吾人感觉所负使命之重大……"虽然困难重重,但是农学院的规模较之前已有明显扩大。至1943年,金陵大学农学院共有教职员160余人,其中教授35名,副教授15名,讲师21名,助教28名,技术及助理60余名,并培养硕士学位毕业生14名。同时,金陵大学农学院还与国外美国洛氏基金会,国内中央大学农学院、岭南大学农学院等农林高校及各级政府部门开展多种合作。金陵大学农学院也成为近代最为著名的农林高等学府之一。

作为一名农业教师,章之汶也多次勉励学子积极进取,以发展农业为己任,同时也竭尽全力为金大学子争取深造机会。1940年,美国洛克菲勒基金会愿资助金大农学院一名学子赴美留学三年,经章之汶争取,名额增加至3人,留学时间缩短为一年,最后由樊庆笙与程淦藩前往留学。章之汶曾向校方美籍教师借200美元作为樊庆笙与程淦藩赴美路费,并亲自至成都送行。1944年,金大农学院校友及植物病理学家殷恭毅与黄淑炜、胡国显在进行柑橘防腐保鲜贮藏试验时因经费短缺问题向章之汶求助,章之汶随即向成都农民银行担保贷款,遂帮助他们顺利完成试验。[①] 受各大学邀请,章之汶曾向青年学子发表演讲,以唤起其社会责任意识,如《女子教育与乡村建设》《农村之危机与青年之责任》《从农村合作事业的重要说到农村工作人员应有的努力》等。在美留学期间,章之汶曾致信鼓励金大农学院农业专修科学子认真学习。同时,章之汶也曾在抗战遗族学校成立周年之际建议遗族子女从事农林

① 李扬汉主编:《章之汶纪念文集》,南京农业大学1998年版,第105页。

建设工作，以承先烈之志。[①] 在对金陵大学毕业学子的寄语中，章之汶也多次号召青年学子投入农林事业，为国家乡村建设发展群策群力。

作为近代最具影响力的农学家之一，章之汶也积极担任社会职务，多方面推动农业改进。1933 年 1 月，章之汶任中华乡村教育会筹备员。1934 年 1 月 26 日，于成立大会上代表主席团致开会辞。1937 年 1 月 24 日，章之汶出任中国农工生活改进会常务理事；3 月 19 日，出任教育部农业教育委员会委员；同年发起成立中国乡村教育会。1937 年，乔启明、毛雍等在南京发起成立中国农业推广协会，章之汶为筹备委员，该协会于 1939 年在重庆正式成立。1939 年 1 月 4 日，金陵大学成立社会服务委员会，章之汶任委员。

因杰出的学术能力，1946 年 8 月 1 日，章之汶入选私立金陵大学提名院士候选人名单。在行政职务管理能力方面，章之汶也尤为突出。1944 年，在金大校长陈裕光应美国国务院邀请赴美讲学考察期间，章之汶代理校务。在日常事务管理方面，章之汶也因出色的领导能力赢得众人信服。据章之汶的学生及秘书郭敏学回忆，章之汶出席各种会议及场合时，均能侃侃而谈，掌控全局且口齿清晰，语言流利，待人亲和有礼，从未高声斥责过他人。平素行事极具条理，办公文件与学术资料均亲手分类，位置摆放有条不紊，写作记录时出口成章。对学院教师、学生的各类请求，能答复者一一答复，践行“在校教授，个个安心研究；在校同学，个个安心用功；毕业同学，个个安心做事”这一准则。章之汶也因此受到学院师生之爱戴与尊敬。1949 年，章之汶离开南京之前，金大农学院校友陈嵘、李扬汉、林礼铨、戴龙荪等前往章之汶寓所送行。

纵观章之汶的学术研究历程，他始终践行着“学理证诸实验”的这一格言。“农业是富于地域性的”，地域性不仅强调选择研究课题时需要因地制宜，还强调研究农业时应注重理论实践。无论是求学时期的棉作改进与推广实践，还是任职农学院院长时期的多次农业考察调研，章之汶都做到“知行合一”，针对农业实际问题，详尽而切实地提出改进对策。深厚的学术素养、高尚的学者风范、求实的钻研精神、质朴的家国情怀展现了章之汶丰富的人格

---

① 章之汶：《遗族教养与生产建设》，载《抗战遗族学校周年纪念特刊》，抗战遗族学校刊 1948 年，第 17 页。

魅力,展现出近代农学家的专业学者风范。

章之汶的学术历程展现的不仅是其本人对于学术的孜孜不倦与极高追求,也是近代农学家在家国危难中奋力承担社会责任的真实写照。“我们要努力前进,要切切实实的为我国同胞尽一点责任。”[1]正是在这一追求的感召之下,章之汶不仅为学林留下诸多引人深思的学术成果,也为中国乃至亚洲农业发展做出了实质贡献。章之汶的学术史,不仅是对章之汶本人学术历程的还原,也是近代农业先贤高尚人格品质的体现,值得当今农学学子追慕敬仰。

(段　彦　陈少华　朱世桂)

① 章之汶:《致专修科毕业及在校同学书(自美国寄)》,《农林新报》1931 年第 8 卷第 31 期,第 259 页。

章之汶著作目录

章之汶先生1949年前的中文著作及译作

1.《美国退还庚子赔款余额经过情形》(徐仲迪、章之汶等译),商务印书馆,1925 年。

2.《植棉学》(中国科学社丛书之二),商务印书馆,1926 年。

3.《农业推广》(章之汶、李醒愚著),商务印书馆,1936 年 2 月初版、5 月再版。

4.《农业职业教育》(章之汶、辛润棠著),商务印书馆,1937 年。

5.《农学大意》(章之汶、辛润棠、郭敏学合编),金陵大学农学院印行,1940 年初版、1943 年增订再版、1948 年第三版。

6.《实用农业活页教材》(章之汶、辛润棠),金陵大学农学院印行,1942 年

7.《我国战后农业建设计划纲要》(邹秉文、章之汶主编),中华农学会印行,1945 年;农业出版社,1981 年。

章之汶先生1949年前的英文文章

1. A New China in the Making.

2. The Rural Reconstruction Movement.

3. Wukiang Reconstruction Center.

4. Impressions of British Agriculture.

5. A Post War Program for the College of Agriculture and forestry. The University of Nanking, Nanking, China.

章之汶先生的1949年后英文书籍4部及中译本

1. *Increasing food production through education, research and extension*, Food and Agriculture Organization of the United Nations, 1962.

《农业教学、研究、推广综合体制》,郭敏学中译,台湾地区政府农林厅印行,1968年。

2. *Extension for agricultural and rural development*, Food and Agriculture Organization of the United Nations, Regional Office for Asia and the Far East, Bangkok, 1963.

《农业推广理论与实际》,林世同中译,台湾地区政府农林厅印行,1963年。

3. *Rural Asia marches forward: focus on agricultural and rural development*, College, Laguna, University of the Philippines, College of Agriculture, 1969.

《迈进中的亚洲农村》,吕学仪中译,台湾商务印书馆发行,1976年。

4. *A strategy for agricultural and rural development is Asian country*, College, Laguna, Philippines: Southeast Asian Regional Center for Graduate Study and Research in Agriculture, 1974.

《亚洲农业发展新策略》,郭敏学中译,台湾商务印书馆发行,1974年。

章之汶先生在金陵大学就学期间发表的文章

1.《农村调查表》(卜凯编,章之汶译),《中华农学会报》1923年4月第39期。

2.《道路》,《金陵光》1923年6月第12卷第4期。

3.《改良农作物之方法》,《金陵光》1923年6月第12卷第4期。

章之汶先生在金陵大学杂志《金陵光》中文版和英文版还刊登了三篇文章:

1.《乡村教育谈》,《金陵光》1923年9月第13卷第1期。

2.《农村心理》(译文),《金陵光》1923年9月第13卷第1期。

3. "An Untilled Field of Rural Activity," *The University of Nanking Magazine*, September, 1923, Vol XIII no. 1. [《未开垦的农村》,《金陵光》(英

文版)1923年9月第13卷第1期]

章之汶先生在金陵大学农学院(农林科)杂志《农林新报》刊登的文章

1.《金陵大学棉作系报告》,《农林新报》1924年2月1日。

2.《洋犁的优点和他的用法》,《农林新报》1924年4月16日。

3.《南宿县全县大会经过的情形》,《农林新报》1924年4月16日。

4.《何以我们要研究棉花改良呢》,《农林新报》1924年5月1日。

5.《环境与棉稼之关系》,《农林新报》1924年5月1日。

6.《再得救》(小说,郭仁风著,章之汶译),《农林新报》1924年7月1日。

7.《乡村新教育》(郭仁风讲,章之汶译),《农林新报》1924年9月16日。

8.《白德斐氏的十条农业大纲》(译文),《农林新报》1924年10月16日。

9.《二百零二个农家的调查》(译文),《农林新报》1924年10月16日。

10.《金大农林科进行之状况之一斑》,《农林新报》1924年12月。

11.《金大农林科进行之状况之一斑》(二),《农林新报》1925年1月。

12.《一个最小的》(推广寓言,郭仁风著,章之汶译),《农林新报》1925年1月1日。

13.《劝农人种棉花》,《农林新报》1925年1月1日。

14.《交通救国论》(王正廷著,章之汶译),《农林新报》1925年2月1日。

15.《劝农人不要赌钱》,《农林新报》1925年2月1日。

16.《世界产棉国之将来》(署笔名鲁泉),《农林新报》1925年3月1日。

17.《华棉和美棉在我国将来的地位》(署笔名鲁泉),《农林新报》1925年3月1日。

18.《种棉法》(郭仁风著,章之汶译),《农林新报》1925年3月1日。

19.《适宜我国种植的棉花》,《农林新报》1925年3月1日。

20.《试验场的任务》,《农林新报》1926年1月11日。

21.《新式乡村小学应注意几件事》,《农林新报》1926年2月1日。

22.《我向农人一个提议》,《农林新报》1926年3月。

23.《种棉法》,《农林新报》1926年3月11日。

24.《用播种机种棉的好处》(署名章鲁泉),《农林新报》1926年3月11日。

25.《利用当地官产办当地事业(讲稿)》,《农林新报》1926年3月。

26.《二十世纪之主人翁》,《农林新报》1927年1月1日。

27.《主人翁之自觉》,《农林新报》1927年1月1日。

28.《吾为县教育局进一言》,《农林新报》1927年4月21日。

29.《校长资格》(鲁泉),《农林新报》1928年8月1日。

30.《来安县南乡水口镇创办警钟记》(署笔名鲁泉),《农林新报》1928年8月1日。

31.《来邑水口镇创设公园记》(署名章鲁泉),《农林新报》1928年8月11日。

32.《水口二高更换校长之经过》(署名章鲁泉),《农林新报》1928年8月21日。

33.《县教育局应公布全年收支》(署名章鲁泉),《农林新报》1928年8月21日。

34.《安徽省来安县公田之沿革》(署笔名鲁泉),《农林新报》1928年9月1日。

35.《由农村现状讲到农村改良问题(讲演大纲)》,《农林新报》1931年1月第1期。

36.《致专修科毕业及在校同学书》,《农林新报》1931年2月1日第31期。

37.《美国的中等农业教育》,《农林新报》1932年1月第2期。

38.《农业推广概论》(章之汶、李醒愚),《农林新报》1933年4月第12期。

39.《对于江苏省中等农业教育改进之意见》(邹树文、章之汶),《农林新报》1933年6月第16期。

40.《建设乡村应采取统一途径刍议》,《农林新报》1933年6月第8期。

41.《答苏农校长廖家楠"对于江苏农业改进之意见"》,《农林新报》1933年第18期。

42.《基督徒与农村运动(讲稿)》,《农林新报》1934年1月第1期。

43.《江宁自治县乡村教育初步调查》(章之汶等),《农林新报》1934年1月第2期。

44.《筹办安徽大学农学院计划草案》,《农林新报》1934年6月第18期。

45.《中等农校与农村建设(讲稿)》(章之汶,秦文运),《农林新报》1934年8月第24期。

46.《南京市社会局二十四年度生产教育实施计划草案》,《农林新报》

1936年1月第1期。

47.《我国中等农业教育问题:在中央广播电台讲》,《农林新报》1936年7月第20期。

48.《抓着痒处》,《农林新报》1936年8月第23期。

49.《创办安徽合肥私立蜀山初级农业职业学校草案》,《农林新报》1936年8月第23期。

50.《农村建设声中我国大学教育》,《农林新报》1937年3月第9期。

51.《对于我国乡村建设前途之展望》,《农林新报》1937年第12期。

52.《皖鄂湘赣四省农业教育视察旅行记(待续)》(邹树文、章之汶),《农林新报》1937年5月第15期。

53.《皖鄂湘赣四省农业教育视察旅行记》(邹树文、章之汶),《农林新报》1937年6月第18期。

54.《皖鄂湘赣四省农业教育视察旅行记(续)》(邹树文、章之汶),《农林新报》1937年7月第21期。

55.《皖鄂湘赣四省农业教育视察旅行记(续)》(邹树文、章之汶),《农林新报》1937年8月第22—23期。

56.《改进我国农业教育意见书》,《农林新报》1937年第24—25期。

57.《非常时期乡村工作计划纲要》(章之汶、乔启明),《农林新报》1937年第24—25期。

58.《抗战期中之社会改造(讲稿)》,《农林新报》1938年9月第26期。

59.《学校与社会(演讲记录)》,《农林新报》1939年1月第1—2期。

60.《对我国政府农业建设设施进一言》,《农林新报》1940年1月第1—3期。

61.《对于我国农业教育改进贡献几点意见》,《农林新报》1940年2月第4—6期。

62.《向我国农业教育与行政当局进一言》,《农林新报》1940年9月第25—27期。

63.《农业建设与人才培养》,《农林新报》1940年11月第31—33期。

64.《草拟我国农业教育改进方案》,《农林新报》1941年2月第7—9期。

65.《农业上太平水缸》,《农林新报》1941年7月第19—21期。

66.《本院的过去现在与将来(讲演稿)》,《农林新报》1941年8月第22—

24 期。

67.《中等及师范学校农业生指导书》(章之汶、韩麟凤),《农林新报》1941 年 8 月第 22—24 期。

68.《改进我国中等农业教育之意见》(章之汶、辛润棠、林礼铨、钱淦庭),《农林新报》1941 年 8 月第 22—24 期。

69.《农业与农贷(讲演记录)》,《农林新报》1941 年 9 月第 25—27 期。

70.《对于大学农学院课程标准之检讨(上)》,《农林新报》1942 年 1 月第 1—3 期。

71.《对于大学农学院课程标准之检讨(下)》,《农林新报》1942 年 2 月第 4—6 期。

72.《烟草改良专号序言》,《农林新报》1942 年 4 月第 10—12 期。

73.《彭县视察记》,《农林新报》1942 年 6 月第 16—18 期。

74.《新县制与人才训练(讲演大纲)》,《农林新报》1942 年 8 月第 22—24 期。

75.《本院农业教育系之使命》,《农林新报》1942 年 9 月第 25—27 期。

76.《农艺与农业生产建设》,《农林新报》1942 年 10 月第 28—30 期。

77.《自然科学与农业(讲演词)》,《农林新报》1942 年 11 月第 31—33 期。

78.《农业经济与乡村建设》,《农林新报》1942 年 12 月第 34—36 期。

79.《农业与国防》,《农林新报》1943 年 1 月第 1—3 期。

80.《我国战后农业建设计划纲领草案专号序言》,《农林新报》1943 年 9 月第 25—27 期。

81.《三十年来之金陵大学农学院》,《农林新报》1943 年 3 月第 4—9 期。

82.《(烟草改良专号)卷头语》,《农林新报》1943 年第 20 卷第 13—15 期。

83.《县单位农业推广实施办法纲要》,《农林新报》1943 年 6 月第 16—18 期。

84.《我国农林建设前途之展望》,《农林新报》1943 年 7 月第 19—21 期。

85.《我国过去农业改进工作之检讨》,《农林新报》1943 年 8 月第 22—24 期。

86.《改进我国中等农业学校教学方案》,《农林新报》1944 年 3 月第 7—12 期。

87.《新学风运动》,《农林新报》1944 年 5 月第 13—18 期。

88.《论我国目前大学教育》,《农林新报》1944 年 7 月第 19—24 期。

89.《植物病理组二十周年纪念号卷首语》,《农林新报》1944 年第 31—36 期。

90.《参加中国科学社年会会后感》,《农林新报》1945 年 1 月第 1—9 期。

91.《向农林部进一言》,《农林新报》1945 年 1 月第 1—9 期。

92.《我国农业善后》,《农林新报》1945 年 7 月第 19—27 期。

93.《一个家庭化的大学举例》,《农林新报》1945 年 10 月第 28—36 期。

94.《本院创办农业推广示范场计划书》,《农林新报》1946 年 1 月第 1—9 期。

95.《章院长欧美考察通讯》,《农林新报》1946 年 1 月第 1—9 期。

章之汶先生在《农林新报》刊登的“编者小言”(署名为章鲁泉或鲁泉)

1.《那就得了》,《农林新报》1927 年 8 月第 143 期。

2.《喂！要小心》,《农林新报》1927 年 8 月第 144 期。

3.《还是乡间好》,《农林新报》1927 年 9 月第 146 期。

4.《民生问题》,《农林新报》1927 年 9 月第 147 期。

5.《秋收》,《农林新报》1927 年 10 月第 148 期。

6.《家庭园》,《农林新报》1927 年 10 月第 149 期。

7.《量入为出》,《农林新报》1927 年 10 月第 150 期。

8.《哀哉小民》,《农林新报》1927 年 11 月第 151 期。

9.《人民怎样才能安居乐业》,《农林新报》1927 年 11 月第 152 期。

10.《我国乡村社会前途的危机》,《农林新报》1927 年 12 月第 154 期。

11.《南北统一以后的新希望》,《农林新报》1927 年 12 月第 155 期。

12.《十七年之回顾》,《农林新报》1929 年 1 月第 157 期。

13.《专门人才之缺乏》,《农林新报》1929 年 1 月第 158 期。

14.《田不在多而在精》,《农林新报》1929 年 1 月第 159 期。

15.《大雪》,《农林新报》1929 年 2 月第 160 期。

16.《旧历新年》,《农林新报》1929 年 2 月第 161 期。

17.《可怕的害虫》,《农林新报》1929 年 2 月第 162 期。

18.《推广》,《农林新报》1929 年 3 月第 163 期。

章之汶先生在《中央日报》刊登的文章

1.《皖鄂湘赣四省农教》(邹树文、章之汶),《中央日报》1937 年 5 月 16 日。

2.《皖鄂湘赣四省农教》(邹树文、章之汶),《中央日报》1937 年 5 月 17 日。

3.《皖鄂湘赣四省农教》(邹树文、章之汶),《中央日报》1937年5月18日。

4.《皖鄂湘赣四省农教》(邹树文、章之汶),《中央日报》1937年5月21日。

5.《皖鄂湘赣四省农教》(邹树文、章之汶),《中央日报》1937年5月22日。

6.《皖鄂湘赣四省农教》(邹树文、章之汶),《中央日报》1937年5月23日。

7.《皖鄂湘赣四省农教》(邹树文、章之汶),《中央日报》1937年5月24日。

8.《皖鄂湘赣四省农教》(邹树文、章之汶),《中央日报》1937年6月14日。

9.《皖鄂湘赣四省农教》(邹树文、章之汶),《中央日报》1937年6月15日。

10.《皖鄂湘赣四省农教视察纪行10》(邹树文、章之汶),《中央日报》1937年6月16日。

11.《皖鄂湘赣四省农教视察纪行11》(邹树文、章之汶),《中央日报》1937年6月17日。

12.《皖鄂湘赣四省农教视察纪行12》(邹树文、章之汶),《中央日报》1937年6月18日。

13.《皖鄂湘赣四省农教视察纪行13》(邹树文、章之汶),《中央日报》1937年6月20日。

14.《皖鄂湘赣四省农教视察纪行14》(邹树文、章之汶),《中央日报》1937年6月21日。

15.《皖鄂湘赣四省农教视察纪行15》(邹树文、章之汶),《中央日报》1937年6月22日。

16.《皖鄂湘赣四省农教视察纪行16》(邹树文、章之汶),《中央日报》1937年6月23日。

17.《皖鄂湘赣四省农教视察纪行17》(邹树文、章之汶),《中央日报》1937年6月24日。

18.《皖鄂湘赣四省农教视察纪行18》(邹树文、章之汶),《中央日报》1937年6月25日。

19.《皖鄂湘赣四省农教视察纪行19》(邹树文、章之汶),《中央日报》1937年6月26日。

20.《皖鄂湘赣四省农教视察纪行20》(邹树文、章之汶),《中央日报》1937年6月27日。

21.《皖鄂湘赣四省农教视察纪行21》(邹树文、章之汶),《中央日报》1937年6月28日。

22.《皖鄂湘赣四省农教》,《中央日报》1937 年 6 月 29 日。

章之汶先生在《大公报》(天津)刊登的文章

1.《介绍一个农业推广实验区——乌江》,《大公报(天津)》1935 年 2 月 10 日。

2.《纯种场》,《大公报(天津)》1935 年 3 月 31 日。

3.《一个训练农村服务人员专门学校的剪影》,《大公报(天津)》1935 年 5 月 19 日。

4.《广西普及国民基础教育研究院二十四年度生产教育实施计划草案》,《大公报(天津)》1935 年 9 月 25 日。

章之汶先生在《金大农专》杂志刊登的文章

1.《由农村现状讲到农村改良问题(讲演大纲)》,《金大农专》1930 年第 2 卷第 1 期。

2.《参观棉织品展览会以后》,《金大农专》1930 年第 2 卷第 1 期。

3.《建设乡村应取统一径途之刍议》,《金大农专》1933 年第 3 卷第 1/2 期。

4.《对于江苏省中等农业教育改进之意见》(邹树文、章之汶),《金大农专》1933 年第 3 卷第 1/2 期。

章之汶先生在《经世》杂志刊登的文章

1.《我国农业教育政策(未完)》(章之汶、辛润棠),《经世》1937 年第 1 卷第 1 期。

2.《我国农业教育政策(续)》(章之汶、辛润棠),《经世》1937 年第 1 卷第 2 期。

3.《农村建设声中我国大学教育》,《经世》1937 年第 1 卷第 4 期。

4.《对于我国乡村建设前途之展望》,《经世》1937 年第 1 卷第 6 期。

5.《介绍乌江农业推广实验区》,《经世》1937 年第 1 卷第 9 期。

6.《非常时期乡村工作计划纲要》(章之汶、乔启明),《经世》1937 年战时特刊 3。

7.《学校与社会》(章之汶、汪冠群),《经世》1939 年战时特刊 31/32。

章之汶先生在《学思》杂志刊登的文章

1.《彭县视察记》,《学思》1942 年第 1 期。

2.《论战后我国农业建设》,《学思》1942 年第 7 期。

3.《论战后我国农业之建设(续)》,《学思》1942 年第 8 期。

4.《三十年来之中国农业教育》(章之汶、郭敏学),《学思》1943 年第 12 期。

5.《改进我国中等农业学校教学方案》,《学思》1944 年第 3 期。

章之汶先生在《农业推广通讯》《农业推广》杂志刊登的文章

1.《战后我国农业教育与农林建设计划草案(上)》,《农业推广通讯》1942 年第 4 期。

2.《战后我国农业教育与农林建设计划草案(下)》,《农业推广通讯》1942 年第 5 期。

3.《金陵大学农学院研究事业纪要》,《农业推广通讯》1943 年第 6 期。

4.《农业与工商业》,《农业推广通讯》1943 年第 9 期。

5.《农业推广概论》(章之汶、李醒愚),《农业推广》1933 年第 4 期。

6.《战后我国农业教育草案》,《农业推广》1946 年。

章之汶先生在《中华农学会通讯》杂志刊登的文章

1.《对于改进我国农业教育意见》,《中华农学会通讯》1940 年第 8 期。

2.《战后我国农业建设》,《中华农学会通讯》1943 年 28 期。

章之汶先生在其他杂志刊登的文章

1.《农村教育》,《劝农浅说(西安)》1924 年第 29 期。

2.《乡村新教育》(郭仁风、章之汶),《新教育》1924 年第 9 卷第 1—2 期。

3.《乡村新教育》(郭仁风、章之汶),《河南教育公报》1925 年第 4 卷第 2 期。

4.《棉农生活》,《中华棉产改进会月刊》1933 第 2 卷第 1/2 期。

5.《建设乡村应取统一途径之刍议》,《河南教育月刊》1933 年第 12 期。

6.《建设乡村应取统一途径之刍议(未完)》,《农业周报》1933 年第 2 卷第

20期。

7.《建设乡村应取统一途径之刍议(续)》,《农业周报》1933第2卷第21期。

8.《农村复兴与乡村教育》(章之汶、叶德备),《青岛工商季刊》1934第2卷第1期。

9.《农村之危机与青年之责任(讲稿)》,《金陵女子文理学院校刊》1934年第12期。

10.《本院生产教育人员训练班二十四年度农业组指导员工作计划大纲》,《广西普及国民基础教育研究院日刊》1935年第189期。

11.《广西普及国民基础教育研究院二十四年度生产教育实施计划草案》,《生活教育》1935年第2卷第16期。

12.《安徽省立农业职业学校视察报告书》,《教育与民众》1935年第6卷第7期。

13.《我国中等农业职校与农事教员训练问题》(章之汶、辛润棠),《教育与民众》1935年第6卷第8期。

14.《中等农业学校与农业推广》,《安徽教育周刊》1935年第8—9期。

15.《我国中等农业教育问题》,《广播周报》1936年第94期。

16.《应由大会呈请教育部从速实施农业职业学校师资训练案》,《教育与职业》1937年第186期。

17.《一个大学农学院兼办社会教育之实例》,《教育通讯(汉口)》1939第2卷第19期。

18.《对于我国农业教育改进贡献几点意见》,《教育通讯(汉口)》1939第2卷第47期。

19.《农业建设与人才培养》,《西南实业通讯》1940年第5期。

20.《参加四川省生产计划委员会成立会以后》,《西南实业通讯》1940年第6期。

21.《如何建设新四川?关于四川农业建设》,《新四川月刊》1940年第1卷第10—11期。

22.《导民新法(题词)》,《陕西蜂业》1941第1期。

23.《对于大学农学院课程标准之检讨》,《高等教育季刊》1941年第3期。

24.《总理逝世纪念植树节吾人应有之认识》,《植树节专刊》1941年。

25.《论战后我国农业建设》,《新认识》1942 年第 5 卷第 4 期。

26.《自然科学与农业》(章之汶、郭敏学),《科学世界(南京)》1942 年第 11 卷第 6 期。

27.《农业推广政策》,《中农月刊》1943 年第 10 期。

28.《新学风运动(上)》,《燕京新闻》1944 年第 10 卷第 20 期。

29.《新学风运动(二)》,《燕京新闻》1944 年第 10 卷第 21 期。

30.《农业与商业》,《经济论衡》1944 年第 4 期。

31.《农业与国民经济(讲稿)》(章之汶、张廉),《农会导报》1945 年第 1 卷第 3 期。

32.《我国农业善后》,《流星月刊》1945 年第 1 卷第 5 期。

33.《欧美农业近况》,《农业周讯》1947 第 1 期。

34.《复员后一年来之本校农学院》,《金陵大学校刊》1947 年第 364 期。

35.《由参观英国一个垦殖农场谈到我国农村建设问题》,《大学评论》1948 年第 2 期。

36.《正视棉产危机》,《中国棉讯》1948 年第 2 卷第 18 期。

37.《遗族教养与生产建设》,抗战遗族学校周年纪念特刊 1948 年特刊。

其他出版物

1.《金陵大学农学院工作概况》,《乡村建设实验》第一集篇五,中华书局,1934 年。

2.《金陵大学农学院工作报告》,《乡村建设实验》第二集篇四,中华书局,1935 年。

3.《金陵大学农学院研究事业纪要》,《全国农林试验研究报告》1943 年第 1 卷。

(陈少华辑录)

章之汶生平大事记
（1900—1982）

1900 年

10 月 20 日　出生于安徽省来安县板桥村。

1918 年

9 月　修读金陵大学预科。

1919 年

9 月　入金陵大学农科学习。

1920 年

在学期间，随棉作改良部主任美籍专家郭仁风（J. B. Griffing）从事棉花选育推广工作。

1921 年

春季　随金陵大学农林科推广系主任郭仁风赴苏、鲁等省进行农业推广工作，同行人员还有章元玮、邵仲香、周明懿和陈燕山。当年秋间到达安徽省和县乌江镇，在该镇中街，举行农作物展览，陈列标本、图表、模型等，农民前来参观者甚多，这是金陵大学农林科在乌江镇推广的开端。

1922 年

春季　与陈燕山两人携带棉种赴乌江推广；秋季棉花收获时，又前往进行推广工作。

4 月　和魏学仁、李贵诚等代表金陵大学参加华东地区的沪宁杭教会学校之间的英语辩论赛，获得冠军。

1923 年

7 月　金陵大学农科毕业，并留校任“农业特科”助教，在棉作改良部工作。（注：农业特科 1922 年成立，1924 年改组为农业专修科）

1924 年

任农业专修科主任，负责乌江农业推广工作。

9 月　章之汶与徐仲迪等合译《美国退还庚子赔款余额经过情形》一书，陶行知 1924 年 9 月 1 日为此书作序，次年商务印书馆出版。

12 月　《植棉学》编就，自撰序言。

1925 年

1—12 月　担任《农林新报》主编。

1926 年

3 月　《植棉学》由商务印书馆出版，为中国科学社丛书之二。

1927 年

主持农业专修科迁阴阳营。

1928 年

8 月　任院长办公室秘书。1928 年 8 月—1929 年 2 月再次任《农林新报》主编。

8 月　创办农林科农林研究会，宗旨为改良农业，解决民生，增进人民幸福。1930 年，改为金陵大学农学院农林研究会。

1930 年

春　依教育部颁布的大学规程，金陵大学农林科改为农学院。

秋　农学院成立园艺部，由章之汶任主任。

秋　兼任乡村教育系代理主任。

10 月　主持本院农业专修科新屋落成典礼。

1931 年

8 月 31 日出发，9 月 24 日抵康奈尔大学农学院农教系深造学习。

1932 年

秋　获康奈尔大学农业教育硕士学位，回国任乡村教育系主任，讲授《农业师资训练》等课程。

9 月　被实业部聘为中央农业推广委员会专门委员。

先后接受苏、皖、鲁、桂等省聘请，负责农业教育设计。

1933 年

春　开始撰写《农业职业教育》一书，凡三年完成。

7 月　应安徽省政府邀请，赴皖协助创办合肥私立初级农校。

9 月　金陵大学农学院农业推广部改为农业推广委员会(1933—1937),任主席。

本年　任农学院副院长。

1934 年

1 月　主持编写《江宁自治实验县乡村教育调查报告》。

3 月　率师生参加乌江推广实验区农会临时代表大会。

5 月　应安徽大学邀请,参与筹办安徽大学农学院,写出办学计划草案。

11 月　应南京市政府邀请,任南京市农业改进委员会委员,撰写 1935 年度实施农业改进计划草案。

1935 年

3 月　主持召开农村合作事业讨论会。

4 月　陪同教育部督学郝更生等人视察农业专修科。

7 月　参与电影《农人之春》编剧等相关工作。影片《农人之春》后由中国教育电影协会选送比利时农村国际电影比赛会并获得特奖第三名。此片为中国参加以专事竞赛为宗旨和目的国际电影比赛活动中荣获的首个国际奖。

8 月　不再兼任农业专修科主任,由章元玮接任。受邀主持广西研究院生产教育人员训练班开学。

11 月　应华北农林建设协进会邀请,与章元玮到华北考察,协助办农场,并参加山东济宁、河北定县农村改进工作。

1936 年

3 月　出版《农业推广》,由教育部列为大学丛书。

9 月　主持招收研究生工作,农业经济学部、植物病理研究组先后成立。

10 月　任农学院推广委员会主席。

11 月　设裴义理奖学金以纪念金大农林科创始人。

本年　由于院长谢家声兼任中央农业实验所所长,院务工作由章之汶代理。

1937 年

3 月　出席华北农村建设协进会年会,研究华北几个合作农场工作,返回时参观南开、齐鲁大学。

4 月　乡村教育系开设乡村教育研究会,担任指导工作。

春　担任农业部农业教育委员会委员,继任实业部中央农业推广委员会专门委员。

夏　与邹树文等赴皖、鄂、赣、湘四省视察农业教育并写出考察报告。

7月　与辛润棠合著《农业职业教育》出版。

7月　卢沟桥事变，随全校搬迁，院长谢家声离任，正式担任院长，主持全院西迁工作。

1938年

3月　复校工作就绪。借华西大学明德楼开学，任农学院院务委员会主席，兼乡村教育系主任，兼职教授《农学大意》《农业行政》等课程。

3—4月　赴温江、新都、仁寿等县商洽农学院与当地的合作、推广研究工作等事宜。决定农业专修科于仁寿开学。接受洛氏基金会及农产促进委员会补助，主持成立仁寿温江两县农业推广区。

5月　陪同教育部吴俊升司长、郭有守秘书及董时进、陈可忠等专家视察金陵大学农学院。

7月　赴重庆参加教育部农业教育委员会召集的会议，讨论大学农学院课程标准问题。

在渝期间，应教育部所聘，任川、滇、黔三省农业职业学校暑期讲习会教务副主任，并参加讲学。

7月　赴新繁县基督徒学生夏令营讲习会演讲。

8月　应广西省教育厅邀请，到广西南宁参加生产教育设计工作。

1939年

1月　赴渝参加教育部召集的全国社会教育会议，议决社会教育的推行方案。

5月　参加行政院召开的全国生产大会，决定成立农业建设设计委员会。

7月　率有关教师对四川省30余所农业职业学校进行考察。

7月　受四川教育厅委托，对新都、温江、眉山等八所农业学校进行辅导。

7月　接教育部专函，金陵大学农学院由于社会教育工作成绩突出，颁发奖金1000元。

9月　为《私立金陵大学农学院行政组织与事业概况》一书写序言，全院已有教职员170人(教授33人)，本专科学生400余人。

11月　偕包望敏、钱淦庭、辛润棠赴四川省新都中等农职校辅导。

1940年

春　赴贵州定番乡政学院农艺部视导，并讲演多次。

6月　出席在重庆召开的农村建设协进会年会。

秋　兼任农学院推广委员会(复改为推广部)主席(至1945年),设农艺学部,招收研究生13人。

下半年应农业教育界同人之请,草拟我国农业教育改进方案。由《中央日报》刊出,并由《农林新报》转载。

11月　为《金陵大学农学院研究设计一览》写序言。

12月　与邹秉文、钱天鹤、赵连芳等8人为改进农业教育联名上书教育部。

1941年

1月　与梁希等48人上书教育部,提出教育与建设的意见。

2月　与邹秉文、钱天鹤等48名中华农学会成员联名上书教育部长陈立夫,提出改进农业教育5点意见。

8月　主持设园艺学部、昆虫学组,招收研究生13人,成立农科研究所,担任所务委员会主席。

10月　在重庆参加洛氏基金会议,获得资助农科研究所经费与研究生奖学金。

1942年

1月　出席卜凯主编《中国土地利用》一书获图书奖的仪式。

3月　赴新县制的示范县四川彭县视察。

4月　赴渝参加洛氏基金会会议,回校后接待农业部部长沈鸿烈到院视察。

6月　继续受聘担任教育部第二届农业教育委员会委员。

6月　参加教育部农业教育委员会会议。与邹秉文等提出“全国农业教育规划”提案。

7月　赴灌县考察演讲。

11月　发起庆祝邹秉文先生50诞辰,编印《三十年中国农业改进史》。

12月　赴重庆和政府有关部门联系庆祝建院30周年事宜。

12月　参加昆虫组庆祝司乐堪(B.A.Slocum)主任工作十周年活动。

1943年

1月　金陵大学农学院创办30周年,为《金陵大学农学院三十年来事业要览》和《金陵大学农学院三十年来毕业同学录》两书写序言。

2月　金陵大学农学院开展庆祝活动，校长陈裕光主持大会，章之汶报告，四川省主席张群莅会致词，行政院颁文嘉奖。

春　受中华农学会理事长邹秉文先生委托，开始编拟《我国战后农业建设计划纲要》，第一篇建设计划纲领。

4月　农林部部长沈鸿烈复函章之汶，同意拨款补助大豆、果蔬和战后农业对策研究等项目。

6月，在金陵大学农学院与万国鼎先生等接待了前来成都访问的李约瑟(Joseph Needham，1900—1995，时任英国驻华大使馆科学参赞、中英科学合作馆馆长)，当时李约瑟受英国文化委员会之命，来中国援助战时科学和教育机构，双方的交流为日后中国农业史、生物学史、古农书交流打下了重要基础。

8月　赴西北考察农业与农业教育。

1944年

春　代理金陵大学校务工作(陈裕光校长赴美讲学并考察高等教育，次年6月返校。)。

5月　金陵大学成立55周年，主持庆祝活动。

6月　接待美国副总统华莱士参观金陵大学农学院，并赠送本院出书籍40余种。

秋　受中华农学会委托主编的《我国战后农业建设计划纲要》定稿并印行。

11月　金陵大学知识青年自愿从军委员会成立，章之汶为主任委员。

1945年

1月　不再兼任农业教育系主任，由章元玮接任。

7月　接待中美农业技术合作团来院参观。

10月　赴重庆参加中华农学会会议，欢送赴台湾地区工作的陈仪、赵连芳等，并发言。参加中国科学社年会。

11月　金陵大学成立复校委员会，与陈裕光校长等研究迁回南京事宜。

12月　经加尔各答、开罗到英国、北欧和美国考察战后农业建设并讲学，由孙文郁代理院务。

1946年

3月　于英国伦敦参加世界粮食会议。

4月　组织金大农学院由水陆两路迁回南京。

9月　考察结束,自美回国。

1947年

2月　对学院太平门外各农场进行整顿,确定各场负责人,召开农场管理委员会会议。

3月　列席中华农学会常务理事联席会议。

5月　出席中华农学会、农政协会、中国农业推广协会等召开的招待农林部部长左舜生会议并发言,呼吁政府重视农业和保障农业技术人才。

5月　偕章元玮等赴开封、泾阳等地指导工作。

6月　出席中华农学会欢送钱天鹤出任联合国粮农组东区顾问茶会。

8月　与邹秉文、陈方济等同赴美国驻华使馆,与魏德迈代表团座谈中国农业赋税与农业改良问题。

11月　出席中华农学会第26届年会,并任大会财务审查委员。

1948年

1月　率各系系主任到太平门外各农场勘察,决定农场场部由尚庄迁往黑墨营。

10月　应江苏建设厅邀,任丹阳县运用美援复兴农村示范区筹备委会主席。

10月　应浙江省主席陈仪之聘,兼任浙江省农业推广委员会委员。

10月　协助晏阳初等筹建中国农村复兴联合会(JCRR)并建议设4组,即农业组、综合示范组、农业教育组、自力启发组(Inticfive Encouragement Drvision)被采纳,并被委任为执行长兼自力启发组组长,成员有郭敏学等。

11月　改任联合国粮农组织副总干事兼国际水稻协会执行秘书,金大农院院长一职改由孙文郁代理。

1949年

7月　受农复会派遣偕章文才、郭敏学赴台湾调研农民组织。于8月10日完成"台湾农民组织调查报告",设计了改进原则,建议台湾地区政府将办理供给、运销、信用业务的合作社,和办理生产指导的农会改组合并,树立多目标功能的农会体制。

8月　开始担任泰国曼谷联合国粮农组织亚洲及远东办事处农业顾问。

1951年

在美国农业部对外关系办公室主办期刊 *Foreign Agriculture*,发表文章

Technical assistance and an agricultural college。

1958 年

在《国际稻米协会通讯》(曼谷:联合国粮农组织亚洲及远东区域办事处出版)发表英文文章 Farmers'school in China。

1961 年

9 月　出版英文书籍 *Present status of agricultural education development in Asia and the Far East*(《亚洲及远东农业教学发展现况》),内容包括1950—1959 年,为罗马联合国粮农组织总部出版物。

1962 年

出版英文书籍 *Increasing food production through education, research, and extension*,为罗马联合国粮农组织总部出版物,列为"免于饥饿运动研究丛书"第 9 种。

出版英文指南书籍 *Directory of agricultural research institutes and experiment stations in Asia and the Far East*(曼谷:联合国粮农组织亚洲及远东区域办事处出版)。

1963 年

出版英文指南书籍续编 *Directory of agricultural research institutes and experiment stations in Asia and the Far East.Supplement*(曼谷:联合国粮农组织亚洲及远东区域办事处出版)。

出版英文书籍 *Extension for agricultural and rural development*(曼谷:联合国粮农组织亚洲及远东区域办事处出版),是粮农组织的教学手册。同年出版中译本《农业推广理论与实际》(林世同译,台湾地区政府农林厅印行)。

12 月　主持联合国粮农组织协助马来西亚政府在吉隆坡举办农会讲习会。

1964 年

9 月　出版英文书籍 *Present status of agricultural research development in Asia and the Far East*(曼谷:联合国粮农组织亚洲及远东区域办事处出版)。

1965 年

出版英文书籍 *Present status of agricultural education development in Asia and the Far East*(《亚洲及远东农业教学发展现况》)第 2 卷,内容包括1960—1964 年(曼谷:联合国粮农组织亚洲及远东区域办事处出版)。

7月　出版英文书籍 *Directory of agricultural institutions of higher learning in Asia and the Far East*(亚洲及远东高等农业教育机构指南)(曼谷:联合国粮农组织亚洲及远东区域办事处出版)。

1966年

2月　担任联合国粮农组织亚洲及远东区域办事处农业顾问17年后退休,应邀担任菲律宾大学农学院客座教授。

1968年

出版《农业教学、研究、推广之联系体制》(台湾省政府农林厅印行,郭敏学译自1962年出版的 *Increasing food production through education, research, and extension*)。

1969年

出版英文书籍 *Rural Asia marches forward: focus on agricultural and rural development*(菲律宾大学农学院)。

1970年

与人共同发起创办菲律宾大学等资助承担"社会实验室"社会改革项目,以社区为试点重点研究土地利用和水资源以改进作物生产、传统农业向现代农业转变。

1973年

6月　从菲律宾大学退休,菲律宾大学在学校大礼堂为之颁奖,以表彰他对菲律宾大学所作的有益工作,为菲律宾农业和农村发展所作的杰出贡献。

离任、赴美。

1974年

出版英文书籍 *A strategy for agricultural and rural development is Asian country*(菲律宾大学农学院)。

出版《亚洲农业发展新策略》(台北商务印书馆发行,郭敏学译自 *A strategy for agricultural and rural development is Asian country*)。

同年　获得菲律宾"社会实验室之父"盛誉。

1975年

应周恩来总理邀请,章之汶拟率留美金陵大学同学会农业代表团于1976年2月回国访问,因周总理逝世未能成行。

1976 年

出版《迈进中的亚洲农村》(台北商务印书馆,吕学仪译自 1969 年出版的 *Rural Asia marches forward: focus on agricultural and rural development*),该书对他承担的"社会实验室"推广项目在亚洲顺利执行进行了总结。

1980 年

8 月　金陵大学 1927 年农科毕业生、农业部副部长杨显东访美期间,邀请章之汶回国访问,后因身体健康欠佳,未能成行。

1981 年

委托其女章荷生安排再版《战后中国农业计划纲要》(农业出版社出版),赠送各界。

1982 年

1 月 5 日　在美国加州洛杉矶逝世。

(朱世桂　陈少华)

后　记

20世纪的中国农业，经历了从落后、改良到科技腾飞的曲折发展历程，艰难困苦之多，然建树业绩之广，面貌焕然之新，是历史上任何时代所没有的，而谱写这一历史篇章的，正是我国农业科学界一代又一代的前辈，其中包括从南京农业大学走出来的先贤，章之汶先生是杰出代表人物之一。

章之汶是我校前身金陵大学农学院的院长，是我国近现代高等农业教育的拓荒者，在中国乃至国际上都有着重要的影响。我们将章之汶先生有关农业的论著进行编研出版，不仅是对南京农业大学先贤的缅怀和纪念，更是借鉴其学术思想、教育理念和奋斗历程，将其汲取为当今乃至未来农业教育与科技发展的精神动力，薪火相传，砥砺奋进。

章之汶先生一生笔耕不辍，论著丰富。本文集编写组历时一年多，搜集了自20世纪20年代起章之汶先生的论文、著作、考察和调研报告、译文演讲、相关代表性影像等。文集以主要代表性论著、文章、图片组成，论著部分按农业教育、农业推广、农业农村农民、金陵大学农学院等进行了分类，最后由编写组撰写的章之汶学术传记、所见论著目录、生平大事记作为附录，全书共计60余万字、10余张影像图片。

学校十分重视《章之汶文集》的出版工作，成立了文集编写委员会，并得到了多方的关心、支持与帮助，校教育发展基金会立项资助了专门的出版经费，章之汶的小女儿、解放军艺术学院章荷生教授，章之汶嫡孙、多伦科技股份有限公司董事长章安强夫妇等提供了相关档案资料，并对图书装帧等提出宝贵建议。校党委办公室、校长办公室、校友总会办公室、图书馆（文化遗产部）、宣传部以及相关学院等也给予了大力支持，在此一并致以诚谢！

章之汶先生学农爱农、强农富民的使命担当，已融入并成为“诚朴勤仁”南农精神的重要组成。我们怀着追寻先贤足迹、赓续“兴农报国”初心的真挚感情，自始至终认真开展文集的资料搜集、整理、编写、出版等工作，经过多方努力，文集终于付梓出版。由于年代较远、时事变迁、档案资料的缺失以及水平有限等，文集编写的内容尚有许多不足之处，恳请广大读者朋友提出、批评指正！若有反馈，请联系南京农业大学图书馆（文化遗产部）朱世桂（邮箱地址：sgzhu@njau.edu.cn）。我们真诚希望和关心《章之汶文集》的读者朋友们一起，共同加强校史人物的编研，弘扬“诚朴勤仁”的南农精神，助力学校建设农业特色世界一流大学，为农业强国建设、中华民族的伟大复兴做出新的贡献。

《章之汶文集》编写组

2023.11.18

图书在版编目(CIP)数据

章之汶文集 / 南京农业大学编. —南京：南京大学出版社，2023.11

ISBN 978-7-305-27139-7

Ⅰ. ①章… Ⅱ. ①南… Ⅲ. ①农业教育－文集 Ⅳ. ①S-53

中国国家版本馆 CIP 数据核字(2023)第 122905 号

出版发行 南京大学出版社
社　　址 南京市汉口路 22 号　　邮　编 210093

ZHANGZHIWEN WENJI
书　　名 章之汶文集
编　　者 南京农业大学
责任编辑 官欣欣

照　　排 南京紫藤制版印务中心
印　　刷 南京新世纪联盟印务有限公司
开　　本 787 mm×1092 mm 1/16 印张 34 字数 620 千
版　　次 2023 年 11 月第 1 版 2023 年 11 月第 1 次印刷
ISBN 978-7-305-27139-7
定　　价 198.00 元

网　　址：http://www.njupco.com
官方微博：http://weibo.com/njupco
官方微信：njupress
销售咨询热线：(025)83594756